集成电路科学与工程丛书

半导体存储与系统

[意] 安德烈·雷达利（Andrea Redaelli）
　　法比奥·佩利泽（Fabio Pellizzer）　等著

霍宗亮　王　颀　胡　伟　陈　珂　译

机械工业出版社

本书提供了在各个工艺及系统层次的半导体存储器现状的全面概述。在介绍了市场趋势和存储应用之后，本书重点介绍了各种主流技术，详述了它们的现状、挑战和机遇，并特别关注了可微缩途径。这些述及的技术包括静态随机存取存储器（SRAM）、动态随机存取存储器（DRAM）、非易失性存储器（NVM）和 NAND 闪存。本书还提及了嵌入式存储器以及存储类内存（SCM）的各项必备条件和系统级需求。每一章都涵盖了物理运行机制、制造技术和可微缩性的主要挑战因素。最后，本书回顾了 SCM 的新兴趋势，主要关注基于相变的存储技术的优势和机遇。

本书可作为高等院校微电子学与固体电子学、电子科学与技术、集成电路科学与工程等专业的高年级本科生和研究生的教材和参考书，也可供半导体和微电子领域的从业人员参考。

Semiconductor Memories and Systems
Andrea Redaelli，Fabio Pellizzer
ISBN: 9780128207581
Copyright © 2022 Elsevier Ltd. All rights reserved.
Authorized Chinese translation published by China Machine Press
《半导体存储与系统》（霍宗亮 王顺 胡伟 陈珂 译）
ISBN：9787111777366
Copyright © Elsevier Ltd. and China Machine Press . All rights reserved.

注意

本书涉及领域的知识和实践标准在不断变化。新的研究和经验拓展我们的理解，因此须对研究方法、专业实践或医疗方法作出调整。从业者和研究人员必须始终依靠自身经验和知识来评估和使用本书中提到的所有信息、方法、化合物或本书中描述的实验。在使用这些信息或方法时，他们应注意自身和他人的安全，包括注意他们负有专业责任的当事人的安全。在法律允许的最大范围内，爱思唯尔、译文的原文作者、原文编辑及原文内容提供者均不对因产品责任、疏忽或其他人身或财产伤害及／或损失承担责任，亦不对由于使用或操作文中提到的方法、产品、说明或思想而导致的人身或财产伤害及／或损失承担责任。

北京市版权局著作权合同登记　图字：01-2024-0093 号。

图书在版编目（CIP）数据

半导体存储与系统 /（意）安德烈·雷达利
（Andrea Redaelli）等著；霍宗亮等译. -- 北京：机械工业出版社，2025. 3. --（集成电路科学与工程丛书）. -- ISBN 978-7-111-77736-6

Ⅰ. TN303

中国国家版本馆 CIP 数据核字第 2025QX6574 号

机械工业出版社（北京市百万庄大街 22 号　邮政编码 100037）
策划编辑：刘星宁　　　　　责任编辑：刘星宁
责任校对：闫玥红　李　杉　　封面设计：马精明
责任印制：李　昂
北京捷迅佳彩印刷有限公司印刷
2025 年 4 月第 1 版第 1 次印刷
184mm×240mm · 18.25 印张 · 440 千字
标准书号：ISBN 978-7-111-77736-6
定价：129.00 元

电话服务　　　　　　　　网络服务
客服电话：010-88361066　机　工　官　网：www.cmpbook.com
　　　　　010-88379833　机　工　官　博：weibo.com/cmp1952
　　　　　010-68326294　金　书　网：www.golden-book.com
封底无防伪标均为盗版　机工教育服务网：www.cmpedu.com

译者序

半导体存储技术是现代信息社会的最重要的基石之一,从个人电子设备到云端数据中心,无一不依赖其高效、可靠的存储解决方案。本书《半导体存储与系统》汇集了全球顶尖半导体存储器企业及研究机构专家的智慧,系统性地梳理了半导体存储器的发展历程、核心技术及未来趋势,为读者呈现了一幅全面的技术图景。作为译者,我们有幸将这部著作引入中文世界,希望能够为国内相关领域的学者、工程师以及广大科技爱好者提供一个重要参考。

本书从半导体存储器的发展历程入手,详细回顾了从早期的 MOS 存储器到现代的 SRAM、DRAM、NAND 闪存以及新型的非易失性存储器(如 PCM、RRAM、MRAM、FeRAM 等)的技术演进。每一章节都紧扣主题,深入浅出地探讨了各种存储器的原理、结构、性能特点以及应用场景。特别值得一提的是,书中不仅介绍了这些存储器的静态特性,还深入剖析了它们在动态环境下的行为表现,如可靠性、耐久性和功耗等,为读者提供了全面的技术参考。此外,本书还在系统应用层面深入探讨了存储层次结构的优化逻辑,解析了 SRAM、DRAM、NAND 闪存以及各种新型存储器在不同场景下的权衡与协同,为系统设计者提供了宝贵的实践指南。在翻译过程中,我们力求保持原文的准确性,同时注重语言的流畅性和可读性。面对书中大量的专业术语和技术细节,我们进行了反复的推敲和校对,以确保译文的准确无误。同时,我们保留了原书丰富的图表与数据,并对原书存在的错误加以修正,以便读者直观准确理解关键技术参数与演进趋势。

本书中文版的引入恰逢其时。随着人工智能、物联网、自动驾驶等技术的爆发式增长,存储系统正从"附属单元"跃升为"核心引擎"。如何通过存算一体、近存计算等范式突破"冯·诺依曼瓶颈",如何借力新材料与新架构实现性能与能效的跨越,本书均给出了前瞻性思考。同时,本书不仅适合作为半导体存储器领域的教材,也适合作为相关工程技术人员的参考书。

同时,我们也要感谢参与本书翻译和校对工作的每一个人:夏志良、靳磊、侯春源、王兴强对本书重点章节进行了校阅,给予了很多专业意见;张保、王斯宁、侯婧文、崔梦瑶、李前辉、裴青松、龚新、冯骅、彭博做了大量工作;元心悦、王薪翰、赵宇航、李禹欣参与了本书校对及整理工作,正是他们的辛勤付出和无私奉献,才使得这部译著顺利出版。

霍宗亮
2025 年春

原书序

半导体工艺技术的不断发展使得集成电路（Integrated Circuit，IC）产品中晶体管集成水平不断提升。在过去的 25 年里，半导体工艺技术已经从 20 世纪 90 年代的亚微米工艺技术节点发展到 21 世纪的亚纳米工艺技术节点。如今的集成电路产品集成了数十亿个晶体管，以帮助从数据中心中使用的服务器到消费者使用的笔记本电脑和移动电话等各种设备提供动力。

半导体内存和储存技术是系统/设备的关键组件，帮助用户储存和访问关键数据位。系统内重要内存和储存元器件包括动态随机存取存储器（Dynamic Random-Access Memory，DRAM）、静态随机存取存储器（Static Random-Access Memory，SRAM）和 NAND 储存器（Storage）。DRAM 是连接到处理元件并以极低延迟提供数据访问的器件。储存器件通常构建在非易失性闪存技术之上，比如 NAND 电路。

随着半导体工艺技术的进步，每一代新的 DRAM 和 NAND 产品都为最终用户以更低每比特成本，分别带来了更大的内存和储存密度。由于亚纳米工艺技术和相关光刻技术的日益复杂，尽管晶体管集成的传统步伐（即每 2 年晶体管增加 1 倍，也称为"摩尔定律"）已经放缓，但半导体设计和封装方面的各种创新，如芯粒（chiplet）和 3D 芯片堆叠，业已使更大的晶体管集成度成为可能。

内存和储存容量不断增长而成本更低的趋势使得系统和设备制造商能够更充分地利用系统和设备中可用的计算能力。当前一代的智能手机配备 4 核处理器，笔记本电脑配备高达 8 核处理器，台式机配备高达 16 核处理器，工作站和服务器配备高达 64 核处理器，驱使系统和设备中内存的需求增加。基于前沿处理器的服务器支持每个插槽 8 个内存通道，从而实现每个插槽 4TB 或每个双插槽服务器 8TB 的内存容量。前沿的服务器处理器还支持高达 128 条 PCIE Gen4 通道，可直接连接到高带宽的 PCIE Gen4 储存设备。游戏应用和数据中心应用中使用的图形处理单元（Graphics Processing Unit，GPU）也严重依赖于大内存容量来储存数据。新型储存类内存（Storage Class Memory，SCM）技术，如 3DXPoint，可用于实现分层存储方法，其中DRAM 内存托管"热"数据，具有最低访问延迟，而 3DXPoint 内存器件托管"冷"数据，具有更高延迟，但成本更低。与传统储存驱动器相比，基于 3DXPoint 的储存器件以更高的成本提供了更好的性能。

半导体内存和储存器件是用户体验的关键因素，因为内存和储存空间不足的系统/设备会导致用户体验不佳。本书深入探讨了当今使用的不同内存和储存技术细节，并展望了未来几年可能成为系统和设备一部分的先进存储技术，为读者提供了一些关键见解。

Dilip Ramachandran
AMD 市场部资深总监

原书前言

从自动化历史发端以来，长期安全保存输入和输出数据的能力，一直是人们对于机器设备（特别是对电子计算机而言）尤为强调的关键需求。

在现代电子计算机中，依据所谓"冯·诺依曼架构"发展而来，存储功能和数据处理功能是分开并明确定义的。计算机的发展变化使存储功能越发复杂，带来了运算存储器和数据存储器的分化，前者用于运算，必须快速而且具有近乎无限次的写入能力；后者用于记录操作系统、应用程序和用户数据，应该随时间推移仍然理想地保存信息，即使断电也不容有失。

在过去 50 年里，集成电路领域飞速发展，提供了越来越高速的处理芯片 [中央处理器（CPU）]，以及越来越高密度但相对低速储存的存储芯片，造成这两种功能之间越来越大的性能差距。因此，需要更复杂的存储层次结构来解决这个所谓的系统性能瓶颈。

人们将高速、低密度且高成本的静态随机存取存储器（SRAM）直接集成到处理器芯片中，允许对关键数据进行几乎实时传输。主存储器 [动态随机存取存储器（DRAM）] 暂存操作系统，通过专用高速总线连接 CPU。高密度、低成本且非易失性的数据储存器则被置于具备不同接口的外部驱动器上，数据和代码从其中被下载到 DRAM 中以供执行。传统的数据驱动器利用磁性储存介质，被称为硬盘驱动器（Hard Disk Drive，HDD）。最近的趋势已经从 HDD 转向使用半导体非易失性存储器（通常是 NAND 闪存）的固态硬盘（Solid State Drive，SSD）。

存储器与系统性能息息相关：一方面，RAM 容量已经成为个人计算机或游戏机的关键规格；另一方面，智能手机和平板电脑的型号由闪存容量来标识。全球对所有存储层次元素存储器需求量的攀升，由半导体市场趋势得到了很好印证。

这种基于半导体的系统的强劲迭代，使得愈加复杂的功能成为可能，加上高精度传感器应运而生，为大数据分析、自动驾驶、图像处理、人工智能以及机器人（仅举几例）等新应用开辟了道路。所有这些新应用生成必须被处理的数据，要求越来越多的计算能力和储存能力，推动正向反馈，促成一个可能永无止境的技术循环。物联网（Internet of Things，IoT）和工业应用也依赖于存储可用性。在此情况下，存储器通常被直接集成在微控制器的同一芯片上，以尽量减少功耗并提供更高的性能。

尽管半导体存储器在当前系统中发挥了关键作用，但我们已经意识到，关于这个专题的文献往往是碎片化的，缺乏可供初学者使用的明确参考。因此，本书试图从技术和系统的视角提供这一领域的基本知识，在第一部分中，本书概述了存储器层次结构，包含 SRAM、DRAM、闪存、嵌入式存储器等广受好评的存储器件；在第二部分中，本书介绍了新兴概念，如相变存储器（PCM 和 3DXpoint™）、磁阻存储器（MRAM）、铁电存储器（FeRAM）和阻变存储器（RRAM）等，侧重于现状、机会点和局限性。在每一章中，作者们都提供了对于基本器件物理、制约其可靠性的机制和所使用到的技术的真知灼见。

此外，本书还对采用经典存储器层次结构的当前系统体系结构进行了细致讨论，以使其与各类应用相联系。本书探讨了储存类内存（SCM）的概念作为存储器层次结构的一种合理的修改，讨论了它的优势和挑战。最后一部分聚焦在用于人工智能的存内计算等新应用，作为克服当前系统性能和功率消耗界限的一种合理的手段。

Andrea Redaelli
Fabio Pellizzer

致　谢

　　我们感谢所有使这一系统工程成为可能的人。我们要特别感谢 Scott DeBoer、Greg Atwood 和 Russ Meyer，他们赞同在存储领域工作的这些不同的公司和公共机构中采集和分享知识的努力。当然，我们还要感谢为本书做出贡献的各位写作技艺超群的作者们，以及感谢所有为这种专有技术发展做出了巨大贡献的同行们，尽管并未在此一一直接提及。

Andrea Redaelli
Fabio Pellizzer

目　　录

第 1 章

半导体存储器的历史回顾

Roberto Bez、Paolo Fantini 和 Agostino Pirovano
意大利米兰美光科技公司美光研发部

1.1 20 世纪 80 年代初：先驱者

回顾硅时代，从一开始，能够支持 CMOS 逻辑的存储器件就是半导体行业中最引人注目的话题之一。然而，此时业界还没有发现比较理想的存储体系以及探索各种概念和技术，其可以同时满足所有的要求。

尽管基于双极晶体管的半导体存储器件在 20 世纪 50 年代已有研究，但在 1959 年 MOS 晶体管发明之后，一些研发人员立刻意识到此新机遇，随即采用这一新技术来开发半导体存储器件以实现首个电子系统。随后几年中，早期的几种基于 MOS 的半导体存储器被开发出来，例如在 60 年代中期，4T2R（4 个晶体管 /2 个电阻）结构的静态随机存取存储器（SRAM）和 1T1C（1 个晶体管 /1 个电容）结构的动态随机存取存储器（DRAM）。DRAM 器件的发明者通常被认为是 Robert Dennard，他在 1968 年取得了美国专利 3'387'286，该专利涉及一种场效应晶体管存储器（见图 1.1a）[1]。DRAM 的主要优点是其存储单元的结构简单：每比特只需要 1 个晶体管和 1 个电容，即所谓的 1T1C 单元，而 SRAM 有 4 ~ 6 个晶体管。这使得 DRAM 可以实现非常高的存储密度，即每比特的成本更低。1970 年，成立不久的英特尔公司发布了第一个 DRAM 芯片 1103（1kbit PMOS DRAM），到 1972 年，1103 超越磁芯型存储器，成为世界上最畅销的半导体存储器芯片。第一台使用 1103 的商用计算机是 HP 9800 系列（见图 1.1b）。

DRAM 器件规模和芯片密度开始提升，先后在 1976 年出现 16kbit，80 年代早期出现 64kbit 产品。第一个具有多路行和列地址线的 DRAM 是 Mostek 在 1973 年推出的 MK4096，这是一款由 Robert Proebsting 设计的 4kbit DRAM 芯片。其寻址方案使用相同的地址引脚来接收低半部分和高半部分的地址，通过交替的总线周期来实现高低部分的切换。这是一个巨大的技术进步，有效地将地址线减半，使芯片能够使用更少引脚的封装，存储容量越大，这一成本优势表现越明显。MK4096 证实了其对应用场景的强大适应性。容量提升到 16kbit 后，成本优势进一步增加；Mostek 在 1976 年推出的 16kbit MK4116 DRAM 在全球范围内的市场份额超过 75%。但是随着容量在 20 世纪 80 年代初增加到 64kbit 后，Mostek 和其他美国企业被日本 DRAM 企业赶超，日本 DRAM 产品在 20 世纪 80 年代和 90 年代主导了美国和世界市场。

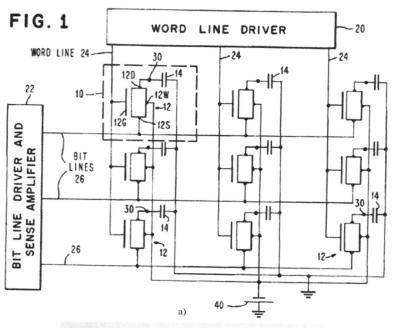

June 4, 1968   R. H. DENNARD   3,387,286
FIELD-EFFECT TRANSISTOR MEMORY
Filed July 14, 1967   3 Sheets-Sheet 1

图 1.1　a）由 Robert Dennard 获得专利的原始 DRAM 概念的图片；b）英特尔 1103 1kbit DRAM 芯片

　　1985 年初，随着美国 DRAM 制造商的衰落，Gordon Moore 决定英特尔退出 DRAM 的生产，大部分美国半导体企业将重心从存储器业务转移到 CMOS 微处理器。不过，一个新领域呈现出逐步增长，即浮栅（FG）非易失性存储器（NVM）。

　　尽管 Fairchild 最初于 1961 年就报道过 MOS 表面电荷存储的实验，直到 1967 年，Dawon Kahng 和 Simon Sze 提出了在 MOS 上添加第四个浮层来存储电荷的想法，从而构思出浮栅

NVM[2] 的基本结构。基于这个想法又演化出不同的技术，比如 EPROM、EEPROM，以及之后的闪存。

自从第一个 EPROM（可擦除可编程只读存储器）器件在 1971 年面世以来，非易失性存储器已成为半导体存储器家族非常重要的构成部分。EPROM 存储单元只含一个晶体管，因此可以实现高密度和成本效益，但只能通过紫外线曝光来擦除数据。EPROM 安装在带有透明窗的昂贵的陶瓷封装中，被用于系统调试；当量产时，用 ROM 或 OTP（一次性可编程）替换 EPROM，其中 OTP 是更具成本优势的塑料封装 EPROM。

几年后的 1978 年，英特尔推出了第一款商用 EEPROM，即通过电脉冲编写及擦除的浮栅存储器（简称 EEPROM 或 E²PROM）。EEPROM 具有电擦除能力，具有精细的存储颗粒度（甚至是单个字节）和良好的耐久性（可支持超过百万次的编程 / 擦除）。然而，由于其存储单元结构复杂，EEPROM 的成本高，并且其存储单元的尺寸不能随着光刻精度的提高而等比例地缩小。基于两种器件不同的成本 / 性能考虑，EPROM 主要用于代码存储，而 EEPROM 被用于存储参数和用户数据。

NOR 闪存技术最早可以追溯到 20 世纪 80 年代中期 [3, 4]，从 1988 年第一款闪存产品问世，经过几年对 EPROM 和 EEPROM 的产品的替换，NOR 闪存在 NVM 市场上取得了成功。然而直到 90 年代中期，相对于其市场规模来说，关注点更多是在这种存储器件在大多数电子系统中能够发挥的关键作用，以及对其存储单元结构的科学研究。由于成本和存储密度上的优势，NOR 闪存不仅抢占很大一部分之前 EEPROM 和 EPROM 的市场，还极大地扩展了 NVM 的应用场合。NOR 闪存产品的优秀性能都源自于其存储器单元和存储器阵列结构。这个单元是一个由两层多晶硅堆叠浮栅 MOS 器件制成的单晶体管单元（见图 1.2），基于 Fowler-Nordheim 隧穿原理，通过沟道热电子（CHE）注入实现编程和擦除。在 NOR 阵列结构中，存储单元并列摆放，这些单元的源极共接到一个共地点，漏极连接到阵列的各个位线（Bit Line，BL）。如果排除太空应用和相关的宇宙射线效应，浮栅电荷存储对于可编程存储器是最可靠的存储机制，由于非常高（3.2eV）的势垒，存储数据的电子很难从浮栅逃逸。

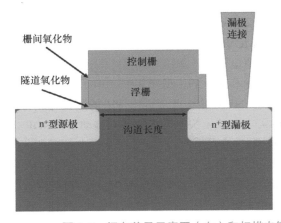
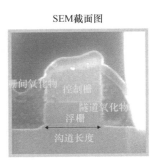

图 1.2　闪存单元示意图（左）和扫描电镜（SEM）（右）截面图

CHE 编程有非常优异的抗干扰性，它不需要缩小隧道氧化物厚度来减小存储单元沟道长度，从而在缩小单元尺寸的同时保持良好的数据存储性能。NOR 阵列具备高速性和抗噪性。NOR 阵列和 CHE 编程的结合适用于多级存储，可以提高存储密度以用于成本敏感的应用领域。另外，NOR 可以兼容逻辑工艺，已被广泛用作片上系统（SoC）中的嵌入式存储器。

1.2　20 世纪 90 年代：DRAM 技术驱动因素

在 20 世纪 90 年代，DRAM 毫无争议地作为关键技术推动了半导体市场的发展。90 年代初，4Mbit DRAM 器件革命性地引入了垂直沟槽和堆叠电容结构 [5]。这些电容过去和现在不可或缺地提供了大信号电压和大单元电容，尽管关于它们的性能和微缩化一直存在争议。基于 Dennard 微缩理论，存储容量随着高密度制造工艺的发展而持续增长。然而，到 90 年代中期，当内存容量发展达到 1～4Gbit 水平后，DRAM 开发的重点从追求每代增加 4 倍容量，变为容量翻倍且更高速度。这种关注的变化源于 PC 系统需要更低的比特成本和更短的先进工艺的交货时间，以及只需存储容量小幅度增加，以弥合更突出的 DRAM 和处理器之间的性能差距。这些变化的结果是高吞吐量 DRAM 产品的出现，三星开发了同步动态随机存取存储器（SDRAM）。第一个商用 SDRAM 是 16Mbit KM48SL2000 存储芯片 [6]。到 2000 年为止，先进计算机中使用的 DRAM 类型几乎都是 SDRAM，因为它具有更高的性能。尽管 SDRAM 并不比异步 DRAM 速度快，但 SDRAM 内部缓冲的优势在于它能够交替处理多个存储块，从而增加有效的吞吐带宽。SDRAM 很快在 1993 年被 JEDEC 制定为行业标准，并在 1997 年迅速演进到双倍速率 SDRAM 标准（称为 DDR SDRAM）。

值得注意的是，在整个 90 年代，DRAM 都是低压 CMOS 电路的技术驱动因素。90 年代初，低压（1.5V）CMOS 电路问世。Nakagome 等人 [7] 率先开发了 1.5V 50ns 64Mbit DRAM 的低压 CMOS LSI。这是一项具有里程碑意义的工作，因为该芯片不仅是第一款 64Mbit DRAM，也是第一款 1.5V DRAM，而当时 5V 是标准电压。1.5V DRAM 是一项重大创新，源自人们对便携式和电池供电系统日益增长的需求。该 DRAM 使用到许多创新性电路来解决低压运行有关的问题。一个时至今日依然需要面对的困难是亚阈值电流漏电的问题。这是因为低压高速 CMOS 工艺中的 MOSFET 的阈值电压必须通过缩小 MOSFET 尺寸并降低其工作电压来降低，从而导致漏电指数级增加（即，即使栅极电压低于阈值电压 V_t，源极和漏极之间也会出现电流）。

虽然 20 世纪 90 年代无疑是由 DRAM 技术主导的（见图 1.3），但手机和其他类型的移动电子设备的出现激发了人们对 NVM 的兴趣，NVM 也由此展现出惊人的增长并成为随后数十年的市场主导。在各种应用产生日益增长的需求和技术快速进步的共同推动下，NOR 闪存技术迅速响应市场，成为 90 年代领先的 NVM 技术。

这种令人印象深刻的增长也与个人移动设备的发展有关。这类系统，比如 PDA 和手机不适合使用磁盘存储，因为体积和功耗的因素。这些系统通常需要非易失性地存储运行代码和参数，还要求半导体存储器实现大容量存储（操作系统、应用程序、用户文件）。此外，多媒体应用的发展以及个人消费电子产品逐步聚合数据、通信、图像和音乐等各种应用，产生强烈的需求，那就是更便捷地存储和移动大文件：不同形式的存储卡、U 盘作为增长的分支进一步推动了闪存市场增长。随即 NOR 闪存产品出现各种形态，包括不同的容量（从 1Mbit 到 512Mbit）、工作电压（从 1.8V 到 5V）、读取并行性 [串行或随机存取 x8、x16、x32、Burst（连续传输）或 Page（页模式传输）]、存储分区（块或扇区擦除、等扇区或引导块扇区方案）。这些产品为满足特定应用而开发面世，同时也展示出 NOR 闪存技术的多样性。广泛的应用范围、出色的性价比和可靠性，使得这项技术在问世的几年内取得了显著的成功。

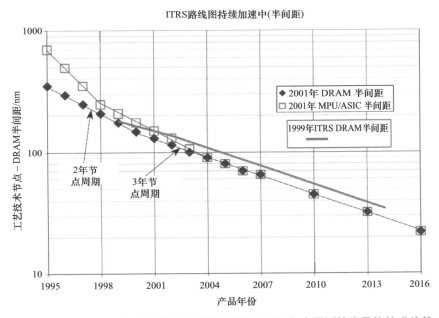

图 1.3　2001 年国际半导体技术路线图（ITRS 2001）中预测的半导体技术趋势

　　尽管 90 年代见证了 NOR 闪存 NVM 技术的商业成功，但半导体行业对另一种浮栅存储器技术的兴趣却在不断增长。NAND 闪存技术最初也是在 80 年代中期开发的 [8]，东芝于 1987 年推出了第一个商业产品，但技术走向成熟，以及找到一个合适的市场来发挥这项技术的潜力，却需要更长的时间。由于存储单元面积极小，接近 $4F^2$ 的最小理论尺寸，其中 F 是光刻技术节点的尺寸，并且每个单元能够存储多比特（多层），NAND 技术借助这种高密度以及成本优势，迅速成为存储大量数据的最便宜的解决方案。尽管随机读写时间较长、可靠性较低和需要纠错码使该技术不如 NOR 闪存灵活，但极低的成本和快速顺序读写能力是 NAND 闪存在所有大容量存储应用中取得成功的基础（见图 1.4）。

　　在那些年里，闪存技术紧随其他主流技术的发展，例如高性能的 CMOS 逻辑工艺和 DRAM 技术。这些基础性的推动技术包括在关键的工艺中添加了一些特定的组成部分，如双层多晶硅工艺或特殊的"薄"介质层，作为有源电介质层的隧道氧化物或作为多晶硅间电介质层的氧化物 – 氮化物 – 氧化物（ONO）层。但在几年内，闪存工艺已经成为技术驱动因素。就存储密度以及光刻和工艺需求而言，NAND 闪存已成为半导体领域最苛刻和最先进的技术，并在新世纪之初主导了半导体市场。

	NOR	NAND
单元面积(F^2)	10	5
读取访问	随机的 (快速，约50ns)	串行的
编程机制/ 吞吐速度	沟道热电子/ 0.5MB/s	FN隧穿/ 8~10MB/s
SEM截面图 (位线方向)	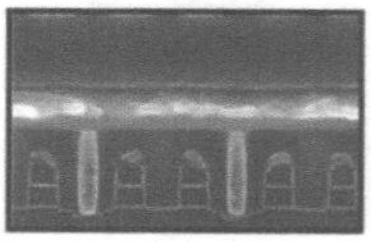	

图 1.4　NOR 和 NAND 闪存性能比较

1.3　新世纪：NAND 技术驱动因素

在过去的 20 年中，整个存储器市场已发展成为半导体市场的重要组成部分，如今，存储器约占全球半导体市场总量的 30%，占全球晶圆产量的三分之一以上。促成这一增长的两个关键技术是 DRAM（如前两节所述，DRAM 已出现 40 多年）以及大约 30 年前推出的 NAND 闪存。自 2005 年左右以来，NAND 已成为领先的技术，在最小特征尺寸方面超过了 DRAM，并基本上成为半导体行业的技术驱动者[9]。

NAND 闪存是一个完美的 NVM 技术，可以满足移动应用对高密度、耐久性、低功耗和低价存储介质的要求。事实上，20 世纪 90 年代中后期，许多先进的移动应用（即智能手机、平板电脑、数码相机、便携式存储设备等）的爆炸式增长就是由各种 NAND 闪存所支撑的。另一方面，NAND 技术能够及时适应市场，这要归功于围绕浮栅概念进行的长期技术开发，从 60 年代后期的原始发明开始，经过 EEPROM 和 EPROM，以及 NOR 闪存的关键性推动。

自 21 世纪初快速发展以来，NAND 技术经历了惊人的工艺尺寸升级，制造商每年都会推出新的技术节点，每一代的存储密度都会翻倍（见图 1.5）。NAND 技术已经进入 10nm，在 10nm 及 10nm 之下的工艺制程里，光刻性能变得最为关键。在过去的 20 年里，闪存技术的工艺尺寸演进就是如图 1.5 这样一路向前[10]。

尽管预计浮栅概念在 32nm 工艺之后将遇到技术困难，但 NAND 存储器通过运用多电平单元方式可以将密度做到 20nm 节点[11]。这一进步的部分原因是固态硬盘（SSD）具备强大的纠错码（ECC）功能和专用控制器，使得 NAND 可以容忍可靠性的下降（特别是耐用性）。在过去 10 年中，为了减少微缩化限制并保持 NAND 闪存的高集成度，最重要的努力之一是尝试用电荷存储层取代传统的浮栅。之前已经研究过硅纳米晶存储层[12]，但其存在一些缺点，例如阈值偏移降低以及源漏极之间存在漏电路径，这些缺点随着器件尺寸的减小而变得愈加严重。硅纳米晶存储技术需要仔细控制纳米点的大小、尺寸、形状和密度，因为这些参数会显著影响器件的性能和可靠性。

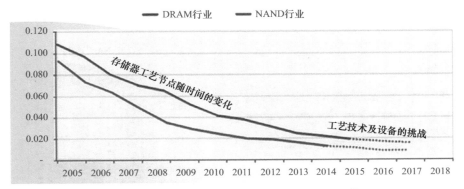

图 1.5　平面 NAND 和 DRAM 工艺尺寸演进[9]

其他替代方案包括使用连续阱层[电荷阱（CT）存储器]，例如 SONOS 器件中的氮化硅[13]。这种方法有望解决几个微缩化相关的问题：电荷"陷"在薄的电介质层中，因此相邻单元之间不会有电容干扰。由于电荷储存在绝缘层中，因此器件也不受应力导致的漏电流（SILC）的影响，SILC 是由电介质层中的单个缺陷引起的寄生漏电流，而在传统的浮栅层是导电的，即使是单个缺陷也可能导致电荷泄漏。用电荷阱层代替浮栅可以减少整体栅极的厚度，同时也更容易集成在 CMOS 工艺中。在这种架构中，电荷被"陷"在氮化硅层，而上下包夹着的二氧化硅层，分别作为①隧道介质，允许电荷通过它流入流出沟道，或作为②阻挡层，防止电荷从控制栅极流入。

考虑到在 2015 年左右，二维平面结构在工艺尺寸微小演化中遇到了难度，存储器基础阵列架构发生了转变。为了在成本和容量密度上延续摩尔定律（今天的参考数字是一片 300mm 晶圆实现的存储比特数），阵列结构演化到包含垂直方向的三维集成。

三维 NAND（3D NAND）最初被提出[14]是作为一种追求成本优势的方案。该工艺旨在使用最少数量的掩模，从而降低制造成本。不过需要开发合适的集成模块，以便在垂直维度上至少可以集成 32 层。如此多的层数，才能使得间距宽松的 3D NAND 相对二维 NAND（2D NAND）更具成本效益。图 1.6b 展示了一个 3D NAND 堆栈结构图。如图所示，形成这些高深宽比结构需要极为复杂的沉积和刻蚀工艺。对芯片内、结构内（从上到下）和晶圆内，均匀性的要求都达到了当前工艺水平的极限，并推动了特定硬件设备的开发，以及平坦化技术和尺度计量的创新，这部分将在下文描述。最近基于 176 层 3D NAND 技术的 512Gbit 单芯片问世，其具有每单元 3bit 存储能力[15]。

在当今的信息时代，每天都会产生大量的数据，再叠加可移动性的基础需求，半导体存储技术因此变得越来越重要。此外，随着"以存储为核心"的系统概念的引入，存储不再仅仅作为系统周边，而越来越成为电子系统的基础组成部分。

有许多例子可以清楚地证明。在智能手机和平板电脑中，存储内容的重要性高于 CPU，一些应用程序的指标更强调存储密度而不是计算能力。在笔记本电脑和服务器中，延迟和功耗是与计算性能同样重要的参数。在计算机存储体系中采用基于 NAND 的 SSD 极大地改善了这些参数，并且能够缩小 CPU 和 HDD 性能之间的巨大差距。作为互联网时代基础的大型数据中心现在总共消耗了 10GW 量级的能源，其中很大一部分是 DRAM 刷新过程中消耗的。

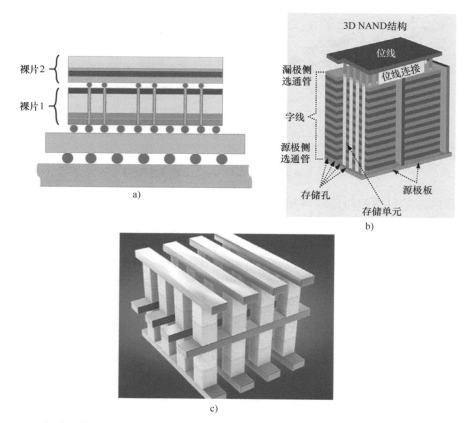

图 1.6　a）裸片堆叠；b）一个 V-3D NAND 示意图，在胶合板状堆叠层中打多个通孔，并填充多晶硅，以形成一系列垂直排列的 NAND 闪存单元；c）将一个 2D 器件堆叠在另一个 2D 器件上

因此，存储器发展中最重要的趋势就是考虑与系统需求的匹配性，即更好的性能、更低的功耗和成本，以及可靠性。在许多情况下，这些参数相互冲突，需要权衡以找到解决方案，例如在功耗和性能之间，或者在成本和可靠性之间；而这些权衡将主要取决于存储系统（服务器、笔记本电脑、移动电话等）的需求。

1.4　通用存储器的梦想

在 21 世纪初的几年里，人们并没有一致的信心，认为主流产品技术可以进一步微缩以保证摩尔定律的延续。实际上，DRAM 和 NAND 的微缩化的前景也变得越来越具有挑战性。

对于 NAND 技术，进一步缩小单元尺寸的困难来自于有源介质层厚度的减小和隔离（有源区和栅极）空间尺寸约束随着寄生耦合效应增大。尽管如此，由于存储电荷减少，电荷的统计波动效应变成关键限制因素，就像随机电报信号一样。在 DRAM 中，微缩挑战来自于单元晶体管架构，以保证具有最小特征尺寸的单元的保持时间，以及单元电容器，既要找到具有所需高 k 介电常数和低漏电流的介电材料，又要将其集成到非常高的深宽比中。

在这种背景下，NAND/DRAM 微缩变得越来越困难，新的存储应用需要以更低的成本获得更高的密度、更好的功能（带宽和延迟）以及更低的功耗，替代存储器有很好的机会进入这一领域。因此，一个"梦想"诞生：寻找理想的通用存储器，能够将最佳的 DRAM 性能与高密度低成本的 NAND 特性相结合。

这是许多公司和研究机构越来越有兴趣寻找能够取代标准存储器的关键动机。

任何替代内存的创新都是基本的物理存储概念并且围绕这个概念搭建开发技术。所确定的主要替代物理机制不再是移动电子并存储它们，而是基于①移动原子，如相变存储器（PCM）或电阻 RAM（RRAM）或导电桥 RAM（CBRAM）；或是基于②自旋，如自旋转移矩 MRAM（STT-MRAM）[10]。

现代制造工具在原子级操纵材料的能力，以及对基本存储物理的理解和建模的改进，使新概念和材料集成成为可能。在过去的 20 年中，已经提出了 30 多种 NVM 技术和技术变体，但其中只有少数被认为是短期内比较好的候选方案[16, 17]。

事实上，引入新的存储器类型非常复杂。除了必须深入了解存储物理特性之外，使用先进的工具设备实现高存储密度产品的批量生产，也存在许多挑战。在许多情况下，使用简单的结构或小型阵列，很容易在实验室级别进行基本概念的验证。但是，当这个简单的概念必须转化为真正的存储器产品才能在制造工厂中大批量生产时，就会有很大的不同。在这一点上，只有极少数存储器概念延续下来。其中，我们可以提到：①基于硫系元素的存储器，可用于三维集成的高密度应用（即所谓的 3DXP[18]）和嵌入式应用[19]；②基于磁性存储器，或者说具备最新自旋转移矩概念的 MRAM[20]。

1.5　3D 集成时代

回顾本章的前几页，就会意识到本节内容是自然进化的一条路线。一些革命性的发明（如 DRAM 和闪存的发明）是路线上重要的里程碑，而其他创新设计和技术解决方案（如浸润式和双重图形技术的发展）已经推出，正是为了促使存储器的技术发展遵循这条路线。总的来说，历史至今仍然符合戈登·摩尔（Gordon Moore）提出的路线，他在 1965 年发表了一篇极具远见的文章，标题为："将更多器件塞进集成电路"[21]，在文章最后一幅图中，摩尔提出了上述路线。本章中描述的故事的时间尺度符合摩尔在该图中描述至 1975 年那部分线的投影。按照摩尔的这条路线预计，集成电路上的器件数量将每 2 年翻一番。这意味着每 2 年为一代，由光刻线宽驱动的线性尺寸将减少到其先前值的 0.7 倍左右，从而面积翻倍。

此外，随着硅片区域上每代器件数量增加约 2 倍，每个晶体管和连线的能耗将随着器件和连线的尺寸成比例地减少。正如摩尔所预测的那样，随着时间的推移，计算机的能力指数级地提升，甚至保持不变的价格和能耗，从而使信息革命成为可能。总而言之，40 年前为 SRAM、DRAM、闪存开发的开创性概念和想法就像一列火车在自己的轨道上前进，"只是"根据摩尔定律相应地缩小了平面尺寸。

然而，尽管本章前几段中说明的微缩化处理产生了惊人的结果，但时至今日，其在某些情况下已经达到或在其他情况下则正在逼近物理极限。为了克服这些问题，已经采用了几种集成工艺解决方案，如双重图形光刻技术和算法解决方案（NAND 技术中相邻单元之间的静电干扰控制可以作为一个例子）[22]，但更多基础性的障碍正在构筑一面墙，阻止了平面工艺技术的不断微缩。当存储器件平面尺寸微缩到约 10nm 及更小尺寸时，将面临一个基础限制，其与物质的离散性质，即与器件区域包含的少量粒子、原子和 / 或载流子发生的统计波动有关。其中值得一提的是：随机掺杂波动 [23]、随机电报噪声 [24] 和电子注入统计 [25]，都显著降低了阈值电压分布之间的余量。

在这种情况下，解决方案的基本概念自然而然地继续摩尔定律的逐年微缩路线图，并以城市建筑为例，发现垂直维度的未开发空间，引入了许多大城市的摩天大楼。因此，半导体技术的 2D 到 3D 的转变也被称为"3D 曼哈顿解决方案"[26]。

基本上有两种方法驱动 2D 到 3D 的转变或垂直变化（见图 1.6）：

1）裸片堆叠；

2）单片 3D 芯片制造。

裸片堆叠是将每一层作为单独的芯片制造出来，然后将这些裸片堆叠在一起，包括层与层之间相对面的电互联。裸片通常是矩形的硅片，尺寸可达 1cm×1cm，厚度数微米，安置在外观看上去更大尺寸的封装内。在不完美的电互联导致良率下降之前，大约可以堆叠十几层裸片，这意味着在人眼看来，堆叠的裸片看起来就像一颗单独裸片。不幸的是，裸片堆叠的方案有成本问题，因为 N 个堆叠的裸片的成本略高于一个裸片的成本乘以 N。

单片 3D 芯片的制造工艺是本部分的重点：

a. 一种工艺是将一种材料的多层堆叠到另一种材料上的过程，从而形成类似胶合板的结构，而无需任何光刻。然后，在类似胶合板的堆栈上钻多个孔，并用多晶硅填充，以形成一系列垂直排列的 NAND 闪存单元。这种方法只需几个步骤即可制作 3D 堆叠器件，而无需通过重复制造过程，从而大大简化了制造步骤，这样就提供了一条通往 NAND 闪存的低成本垂直扩展路径。

b. 另一种工艺是将一个器件堆叠在其他 2D 器件层上，随着工艺节点的微缩来做光刻。该解决方案在降低成本方面效率较低，因为每个 2D 器件层都需要进行光刻步骤，但通过 2D 密度乘以 2D 器件层数量可以将存储密度提高到平面微缩限制之上。

在下文中，我们将介绍各类存储技术的解决方案，这些解决方案可以根据上面提到的微缩概念进行分类。其中一些已经工业化，而另一些则有望在未来几年内成为现实。

国际器件与系统路线图（IRDS）对 3D 集成时代进行了更广泛的观察和更长远的展望，它包括功能不同的器件的异构集成，不仅考虑逻辑门和存储器，还考虑传感器和其他电路 [27]。

1.5.1 垂直 3D DRAM 面临的挑战

如前文所述，1T1C 单元架构的 DRAM 已经经历了一定的垂直演化，将单元外形从传统的平面结构改为 3D 结构，后者利用垂直方向的集成，利用硅表面下方的空间和上方的空间。如图 1.7 所示，这样的方案克服了许多微缩工艺的限制，成功地微缩存储器尺寸。

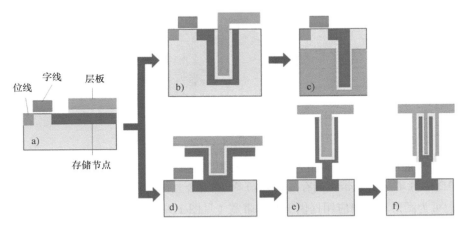

图 1.7 DRAM 单元电容的演变，从平面元件（a）到衬底中的 3D 集成元件，如沟槽电容（b）和衬底背板电容（c），或通过附属元件，如堆叠电容（d）、圆柱桶形电容（e）、双面圆柱桶形电容（f）

在性能方面，对于 DRAM 芯片来说，最相关的性能提升是增加了带宽，由于更宽的数据连线以及内部流水线。

从 2000 年开始，一种新概念 DDR SDRAM（双倍数据速率 SDRAM）成为市场上的标准：在相同的时钟频率下，数据既可以在时钟信号的上升沿，也可以在下降沿传输，因此 DDR 存储器的带宽比标准 SDRAM 增加了一倍，当然这要归功于对器件内部时序的严格控制。

从引入 DDR 器件开始，后续几代 DRAM 在时钟频率和工作电压方面不断发展，在 DDR4 中达到了约 20GB/s 的传输速率（见表 1.1）。

表 1.1 各代 DRAM 的性能

DDR SDRAM 标准	内部速率 /MHz	总线时钟 /MHz	速率 /（MT/s）	传输速率 /（GB/s）	电压 /V
SDRAM	100～166	100～166	100～166	0.8～1.3	3.3
DDR	133～200	133～200	266～400	2.1～3.2	2.5
DDR2	133～200	266～400	533～800	4.2～6.4	1.8
DDR3	133～200	533～800	1066～1600	8.5～14.9	1.35/1.5
DDR4	133～200	1066～1600	2133～3200	17～21.3	1.2

从技术角度来看，由于半间距微缩变得越来越困难，实际的 $6F^2$ 架构难以维持成本趋势，而保持成本趋势并每一代增加总比特输出的最有希望的方法是改变单元尺寸因子。因此，目前的挑战是将 1T1C 单元的尺寸微缩到 $4F^2$ 的极限[27]。事实上，与 $8F^2$ 和 $6F^2$ 相比，具有 $4F^2$ 单元的 DRAM 器件在每片晶圆上的总芯片数分别高出约 60% 和 30%[28]。为了实现这一目标，需

要采用垂直沟道阵列晶体管（VCAT）。在这种架构中，与内嵌式 CAT 相比，位线（BL）电容显著降低，后者的存储节点紧贴位线。从长远来看，采用层叠的 VCAT $4F^2$ DRAM 单元可以提升这种架构微缩尺寸的机会（见图 1.8）。

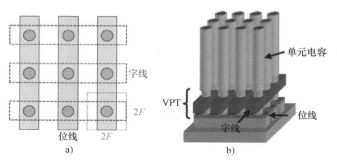

图 1.8　a）$4F^2$ 单元布局和 b）$4F^2$ VCAT 单元阵列

其他提高性能的架构解决方案包括增加 I/O 数量，以及使用硅通孔（TSV）互连[29] 和 / 或内插层的 3D 芯片堆叠：高带宽内存（HBM）[30] 和混合立体内存（HMC）[31]，是市场上的两种解决方案，可为图形和网络应用提供更好的带宽（见图 1.9）。

图 1.9　采用堆叠式 DRAM 存储芯片的 HBM 和 HMC

1.5.2　NAND 技术中的垂直 3D 演化

NAND 技术是垂直 3D 演化中最成熟的典型案例（见图 1.10）。

垂直 3D（V-3D）NAND 技术的引入和微缩化非常成功。到目前为止，3D NAND 技术的两种不同架构已经商业化。一种是基于经典的浮栅概念，CMOS 位于阵列之下（CuA）[32]。使用多晶硅作为字线（WL）可以简化工艺流程，因为多晶硅层可以首先沉积，然后在随后的工艺步骤中与氧化物层一起刻蚀。另一种是基于电荷陷阱闪存（CTF）单元的 V-3D NAND，使用钨字线。浮栅

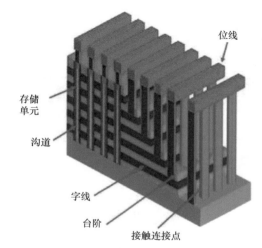

图 1.10　V-3D NAND 实现结构示意图

单元在数据保留特性方面具有优势。CTF 单元的存储层可以在单元之间连续，有助于简化工艺流程。3D CTF NAND 中常用的钨字线需要采用置换栅极的工艺，即先期占据栅极的氮化硅在之后的工艺步骤中被去除掉，并用金属栅极材料代替 [33]。低电阻率是金属字线的一个重要优势，有助于快速的字线充放电。多晶硅字线通常与 3D 浮栅 NAND 结合，而钨字线与 3D CTF NAND 结合。除此之外，也提出过一些其他的字线技术和存储单元技术的组合，例如使用金属字线的浮栅单元 [34] 或使用多晶硅或自对准金属硅化物字线的 CTF 单元 [35, 36]。

V-3D 概念的更进一步的体现是 CuA 技术，该技术可显著减小芯片尺寸 [25]。CuA 技术不仅有助于提高阵列效率，还有助于提高性能。事实上，由于 CMOS 电路的可用面积很大，因此可以在单个芯片中放置更多的感测放大器（Sense Amplifier，SA）和页面缓冲存储电路，从而将并行度提高到 16kB × 4[37]。

V-3D 带来的另一个附加值是更大的单元尺寸实现了多级电位功能。由于出色的单元性能和可靠性，每个单元存储 3 位（TLC）已经取代了每个单元存储 2 位（MLC）的 2D NAND，TLC 已经成为 3D NAND 的主流。随着技术进步，每个单元存储 4 位（QLC）也已经出现，从而可以实现存储面密度的进一步提升 [38]。

在这种情况下，V-3D NAND 技术路线图由字线堆叠情况来决定。未来的微缩目标是在十年内再实现 50 倍的存储面密度提升。为了实现未来的这一目标，提出了各种技术和解决方案。目前来看，3D NAND 的主要微缩路线是字线堆叠。虽然字线堆叠仍将是关键的方向，但从工艺成本和孔柱刻蚀能力的角度来看，仅通过字线堆叠实现 50 倍的提升是非常具有挑战性的 [39, 40]。简单推断可知，十年之内，字线层数将达到几千层，孔柱物理高度将超过 100μm。较高的物理高度增加了堆叠和刻蚀的工艺成本。因此字线堆叠带来的成本优势逐渐降低。最重要的是，随着线高度增加，线上电流会减小，使得感测变得非常困难。3D NAND 当前的字线间距在 50 ~ 60nm。鉴于 2D NAND 已经实现了约 30nm 的字线间距，因此有机会将字线间距降低到约 30nm，以缓解物理高度的问题。

单元平面尺寸的减少（面积收缩）将是另一个可能的方向，以在字线堆叠和物理高度的最小增加的情况下实现比特成本减小（见图 1.11）[41]。面积缩小可以通过结合进一步的单元布局优化和采用更小的工艺特征尺寸来实现。面积收缩的另一种路径是采用非全环栅（no-GAA）晶体管的分裂单元 [42, 43]。

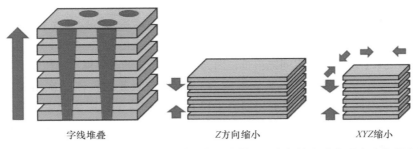

字线堆叠　　　　　　Z方向缩小　　　　　　XYZ缩小

图 1.11　3D NAND 微缩方式的图示：传统的字线堆叠、Z 方向缩小（物理高度降低）和涉及 XY 方向缩小（物理平面缩小）的 XYZ 缩小

面积微缩和分裂单元由于较小的单元尺寸和非 GAA 架构从而带来电特性下降的挑战。需要处理好单元的缺点，例如单位电压电荷数减少、干扰增加和缺乏曲率效应等。

沟道迁移率对于实现高单元电流以获得足够的感测操作冗余度至关重要。此外，减少多晶硅薄膜中的俘获对于最小化 V_t 变化和瞬态 V_t 偏移至关重要。由于减少了 GB（Grain Boundray，晶界）的缺陷，并增强了晶粒内迁移率，因此大晶粒的多晶硅沟道迁移率提高了[44]。此外，各种新的工艺解决方案和候选材料作为实现高迁移率、低缺陷或低漏电的替代沟道技术也吸引着人们的兴趣。

重要的是从器件架构、单元膜材料、操作算法等多个方面进行单元改进，以确保未来 3D NAND 的性能和可靠性优势。

1.5.3　3DxP 技术

3D NAND 是图 1.6a 中描述的 3D 存储器制造类型的典型示例。基于生成的胶合板状结构，然后打孔以形成一系列垂直排列的 NAND 闪存单元。半导体存储器行业最近在 NVM 市场上还推出了一种称为 3DxP（3-Dimensional Cross Point，三维交叉点）的创新 3D 解决方案，该解决方案就是图 1.6b 的制造方案，从而将多个 2D 器件层一层一层地堆叠起来。事实上，第二种 3D 技术的发展很大程度上受到人们认识程度的推动，即当今计算系统的功能和性能越来越依赖于存储子系统的性能，而存储子系统的性能成为速度瓶颈。正是在这种背景下，英特尔的 Al Fazio 在 2009 年的 IEDM 会议上强调了需要改善持久存储数据的延迟问题，以更好地服务于计算系统，其中大多数存储访问都是非顺序的[45]。事实上，基于 NAND 技术开发的 SSD 在取代 HDD，在 HDD 中，任何读写操作都依赖探头在 HD 碟片的特定区域做机械运动，而机械运动本身比较缓慢。SSD 在改善延迟方向上有显著进步，但仍有很大的改进空间。

事实上，早在一年前，即 2008 年，IBM 首创了储存类内存（SCM）的概念[46]。SCM 代表了一种新的存储系统，能够填补表 1.2 中总结的 DRAM 和 NAND 闪存之间存在的巨大性能差距（几个数量级）。表 1.2 列出了两个参数的范围，特别是与存储速度概念相关的参数：带宽和延迟。尽管报告内标注的是写入带宽和读取延迟，实际上可以代表写入和读取操作。如果延迟是指读取或写入数据块所需的传输时间，那么带宽则表示在单位时间内可以读取或写入的数据量（换句话说，它可以判断存储器吞吐量）。D.Patterson 在 2004 年撰写的一篇论文[47]很好地解释了根据摩尔定律演进的技术对带宽的更大帮助，使得单位面积上更多器件可以并行运行。有一种观点认为，延迟是衡量存储速度的基本指标，且更难提高。随着工艺技术进步，这导致了带宽和延迟之间的长期不平衡。D.Patterson 在他的论文中报道了一位未具名人士的观点："有一句古老的网络谚语：带宽问题可以用钱来解决。而延迟问题很难，因为光速是固定的——你不能贿赂上帝。"

即使强调存储速度，也应该将其放回到为 CPU 提供服务的整体层次结构中，它基于以下三个参数：响应时间、容量和成本，如图 1.12 所示，构建了分层次的金字塔，其中金字塔部分的横向宽度与内存容量相关，垂直位置代表处理存储速度和成本，这通常是一起移动的。图 1.12 的右侧部分引入 SCM 的分层，其性能和成本介于 NAND 闪存和 DRAM 之间。对于任何具有介于 DRAM 和 NAND 闪存之间的特性的新形态存储器来说，无论是在延迟（访问时间

<10ms）还是成本（成本 <1 美元 /GB）方面，它都代表了一个巨大的机会。因此，SCM 进入市场有两个机会：储存型 SCM，它作为更快、更耐用的 NAND 闪存，以及内存型 SCM，这与DRAM 类似，但具有额外的非易失性优势。本章和下一章中介绍的相变存储器（PCM）具有涵盖 SCM 应用的潜在功能。然而，虽然从速度、功耗、耐久性等性能方面来看，PCM 技术被证明是 SCM 领域的顶级竞争者，但成本结构需要被突破。在此场景中，通过多个 2D 层堆叠集成为 3D 结构可以降低 PCM 器件的成本。这种架构将两个相同间距的器件串在一起：一个用作选择器器件（SD），另一个用作存储元件（见图 1.13）。这样的交叉点架构在平面上都是 $4F^2$ 存储单元，通过将这样的交叉点结构多层堆叠，便可以实现 $4F^2/n$ 的单元大小，其中 n 是堆叠层数，从而具备成本竞争力。

表 1.2　NAND 闪存和 DRAM 的分类及其特性

属性	NAND 闪存	DRAM
非易失性	有	无
微缩到	$1 \times nm$	$1 \times nm$
功耗	低	高
写入带宽	10+MB/s	100+MB/s
读取延迟	$15 \sim 50\mu s$	$20 \sim 80ns$
耐久性	$10^4 \sim 10^5$	无限制

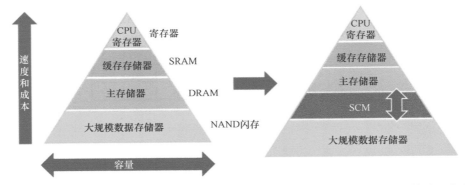

图 1.12　（左图）根据容量、速度和成本参数构建的存储层次结构。（右图）相同的分层方案，在容量、速度和成本之间增加 DRAM 和闪存的 SCM 作为新的存储系统。SCM 代表了新兴存储技术的理想领域，本章将对此进行讨论

显然，除了存储元件外，需要设计和开发一种快速且可微缩化的两端选择器器件（SD），它是 crossbar 阵列结构的基本构建模块。在 crossbar 阵列中，任何单元都通过 SD 与其他单元电连接，基于一种经典的选择或不选择电压偏置机制，如图 1.13 所示。SD 的一个基本要求是保证未选择单元的极小漏电流，以抑制寄生路径，这些寄生路径会随着阵列尺寸的增加而影响功耗和可靠性（输出信号衰减和串扰）。2009 年提出了第一个将 PCM 与 Ovonic 阈值开关（作为SD）相结合的交叉点（cross-point）堆叠解决方案[48]。随后也提出了其他使用了新兴工艺技术的交叉点方案[49, 50]。3DxP 以 20nm 光刻节点的 128Gbit 产品形态进入市场，显示了新型 SCM

的可能性[51, 52]。显然，非常类似的交叉点堆叠解决方案的实例已被提出，在 2z nm 光刻节点采用双层堆叠，独特地将性能和密度结合构建出具备成本效益的新型 128Gbit SCM 产品，为处理器提供了高速和高容量数据[53]。

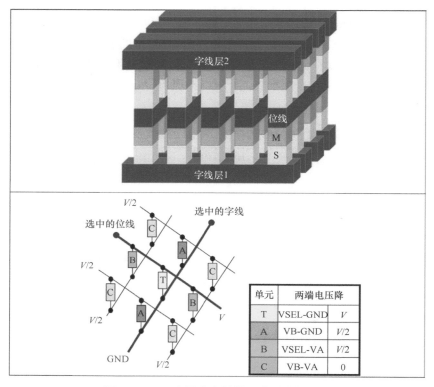

图 1.13   3D 交叉点存储器及典型选择机制

然而，与实际的 V-3D NAND 闪存相比，这些类型的解决方案在成本上不具有竞争力。从长远来看，可以使用类似于当今 V-3D NAND 闪存的结构获得更紧凑的单元设计，例如 Kobayashi[54] 提出的结构。这种设计的主要优点是可以在单个光刻步骤中形成一个存储器串，从而降低成本。这类 V-3D 架构也面临一个技术挑战，如最近提出的[55]，通过原子层沉积（ALD）技术沉积形状准确并且成分可控的硫化物薄膜的能力。

1.6   未来

生成、存储和共享信息的能力无疑是文明的标志。事实上，这些能力在人类历史的千百年过程中苗壮成长。自从罗塞塔石碑（这是人类在数千年前发明的最古老的记忆设备）时期以来，由于某些书写和图像生成技术的惊人保存时间，创建的信息和数据逐渐增加。时至今天，40 ~ 50 年前开始的数字计算机的小型化标志着数据生产和存储的急快的指数级增长，并且没有任何放缓的迹象。反而，我们预计它将在未来几年内爆炸式增长，这就要求半导体存储器技术提供越来越多的支持（见图 1.14）。实际上，每天已经有超过 2.5EB 的数据被创建，而且随着物联网（IoT）的普及，这一趋势正在加速。值得一提的是，Google 一词诞生于 Googol 的拼写错误，Googol 在数学中代表了一个令人难以置信的高数字（10 的 100 次方），大致相当于我们宇宙中的粒子总数。这个场景描绘了半导体存储器在半导体技术中将扮演越来越重要的角色。

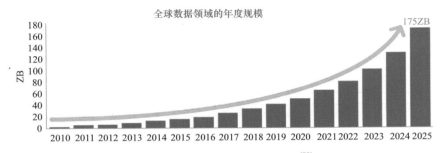

图 1.14　全球数据领域的趋势[56]

资料来源：数据时代 2025，由希捷资助，数据来自 IDC Global DataSphere，2018 年 11 月。

5G 的到来将给移动设备赋予新的能力，到 2021 年，存储容量的需求扩大到 1TB，数据传输速度达到 20Gbit/s，带宽允许许多设备同时连接，包括传感器和其他"智能"设备，如自动驾驶汽车。在这些电子应用中，存储器组件规格在定义整个系统的特性方面起着重要作用，因此，存储器芯片通常是电子产品的关键组件。

冯·诺依曼架构基于计算单元和存储之间的严格区分，仍然是大多数计算机的架构原则，表现出极大的性能局限性。事实上，在这种架构中，所有数据都置于存储器中，然后来回传输到计算引擎。处理单元的数据和指令使用相同的数据总线，导致所谓的冯·诺依曼瓶颈。毫无疑问，所有这些数据的传输都会带来巨大的功耗和性能成本。试想一下，在高度以数据为中心的计算中，大部分能量不是在计算中消耗，而是在将数据传入和传出存储器时被消耗[57, 58]。因此，尽管摩尔定律的惊人进展使得人工智能（AI）完成非凡的任务成为可能，但却是以比人脑高出几个数量级的能量消耗为代价。因此，在某种程度上模仿人类思维的全新方法对于创建更高效的下一代信息技术至关重要。

毫无疑问，与冯·诺依曼范式的存储和逻辑分离相比，生物学指出了一个更好的方法：存内计算。

因此，存储器技术和系统的新前沿在于开发一种新的计算存储器范式，其中通过利用存储器件的物理属性和状态动态特性，在存储器自身内部执行某些计算任务。在 CPU 中完成的传统计算通过位之间的一系列基本布尔逻辑运算来执行高级运算。最近已经证明，属于忆阻器件类的新兴存储器可以模拟能够执行这些功能的逻辑门[59]。

数字计算机解决线性系统问题时使用大量的布尔代数计算，因此需要一种解决此类代数问题的可能最有效的方法。在这种情况下，NVM crossbar 阵列构造了一个自然框架，可以执行矩阵 - 向量乘法（MVM）。最近已经证明了一些依靠执行 MVM 计算的交叉点电阻阵列来求解代数问题的想法[56, 60]。图 1.15 描绘了一个交叉点电路，用于求解线性系统并在矩阵公式的基础上映射矩阵 A 的元素：$Ax=b$，其中 b 是已知向量（在本例中为输入电流），x 是未知向量[61]。

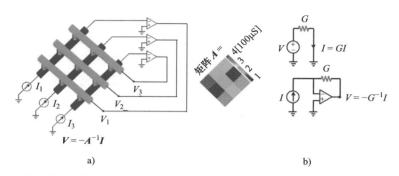

图 1.15　a）用于求解线性系统或反转正矩阵的交叉点电路。RRAM 元素（红色圆柱体）位于行（蓝色条）和列（绿色条）之间的交叉点位置。（插图，右）映射矩阵 A 元素的电导值；b）由欧姆定律计算标量乘积 $I=GV$，并通过跨阻放大器计算标量除法 $V=-I/G$

此外，人脑的一个惊人特征在于其认知功能，这要归功于神经系统的学习和记忆过程。在神经科学中，大脑学习的基础被发现与调节连接两个神经元突触的连接强度的过程有关（称为突触权重）。特别是，脉冲时间依赖可塑性（STDP）是突触可塑性的一种形式，它根据突触前和突触后脉冲之间的相对时间更新突触权重。如果突触前的脉冲在突触后的脉冲之前出发，则会发生长时程增强（LTP）。当发生顺序颠倒时，就会发生长时程抑制（LTD）。

毫无疑问，电子模拟生物突出，需要表现出 STDP 的能力，以模仿突触功能。已经表明，许多新兴的存储器件可以真正再现突触的可塑性，符合突触的生物学行为。图 1.16 显示了一个示例，其中 STDP 由相变材料单元进行 [62, 63]。在这种情况下，IBM 正在大力采用相变存储器，这些存储器具有多种优势，例如可微缩性、可靠性、耐久性、多种可编程电阻值，使其成为实现大规模突触系统的合适候选者。

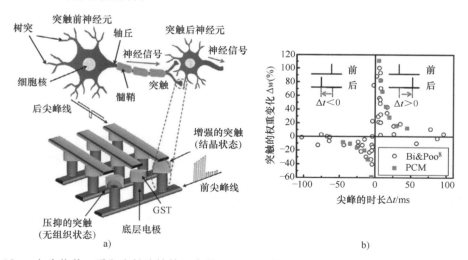

图 1.16　a）生物前、后和突触连接的示意图。PCM 突触的生物启发互连方案位于脉冲后和脉冲前电极之间；b）突触权重变化与通过 PCM 细胞实施的脉冲前后的相对时间有关 [66]。与生物学数据的比较表明，能够用基于 PCM 的人工突触来模仿 STDP 行为

总之，新兴存储器件的密集 crossbar 阵列代表了通过自适应元件（突触）以高度连接（任何指定的神经元可具有多达 10000 个来自其他神经元的输入）可以模拟非冯·诺依曼做类脑计算的可能性。这种结构使得发现于人脑的大规模并行计算和低能耗计算成为可能 [64]。几纳米的 NVM crossbar 阵列是构建计算系统的一条有前途的技术路线，该系统能够克服所谓的冯·诺依曼瓶颈，在存储单元位置执行计算，从而避免多余的加载和存储操作。

<h1 style="text-align:center">参 考 文 献</h1>

[1]   R. Dennard, US Patent 3'387'286 (n.d.).

[2]   D. Kahng, S.M. Sze, A floating-gate and its application to memory devices, Bell Syst. Tech. J. 46 (4) (1967) 1288–1295.

[3]   F. Masuoka, H. Iizuka, US Patent 4'531'203 (n.d.).

[4]   F. Masuoka, et al., A new flash E2PROM cell using triple polysilicon technology, in: 1984 International Electron Devices Meeting, 1984, pp. 464–467.

[5]   K. Itoh, VLSI Memory Chip Design, Springer-Verlag, New York, 2001.

[6]   Electronic Design, 41, Hayden Publishing Company, 1993, pp. 15–21.

[7]   Y. Nakagome, et al., A 1.5-V circuit technology for 64Mb DRAMs, in: IEEE Symposium on VLSI Circuits, Digest of Technical Papers, June 1990, pp. 17–18.

[8]   F. Masuoka, et al., New ultra high density EPROM and flash EEPROM with NAND structure cell, in: 1987 International Electron Devices Meeting, 1987, pp. 552–555.

[9]   S. De Boer, et al., Semiconductor Memory Development and Manufacturing Perspective, ESSDERC, Venice, 2014.

[10] R. Bez, A. Pirovano, Overview of non-volatile memory technology: markets, technologies and trends, in: Y. Nishi (Ed.), Advances in Non-volatile Memory and Stirage Technology, Woodhead Publishing, 2014.

[11] Micron Press Release, Intel Micron Extend NAND Flash Technology Leadership with the Introduction of World's First 128Gb NAND device and Mass Production of 64Gb 20nm NAND, December 2011.

[12] B. DeSalvo, C. Gerardi, S. Lombardo, T. Baron, L. Perniola, D. Mariolle, P. Mur, A. Toffoli, M. Gely, M.N. Semeria, S. Deleonibus, G. Ammendola, V. Ancarani, M. Melanotte, R. Bez, L. Baldi, D. Corso, I. Crupi, P. Puglisi, G. Nicotra, E. Rimini, F. Mazen, G. Ghibaudo, G. Panankakis, C. Monzio Compagnoni, D. Ielmini, A. Spinelli, A. Lacaita, Y.M. Wan, K. Van Der Jeugd, How far will silicon nanocrystals push the scaling limits of NVMs technologies? in: IEEE IEDM Technical Digest, 2003, pp. 597–600.

[13] Y. Shin, J. Choi, C. Kang, C. Lee, K.-T. Park, J.-S. Lee, J. Sel, V. Kim, B. Choi, J. Sim, D. Kim, H. Cho, K. Kim, A novel NAND-type MONOS memory using 63nm process technology for multi-Gigabit flash EEPROMs, in: IEEE IEDM Technical Digest, 2005, pp. 327–330.

[14] R. Katsumata, M. Kito, Y. Fukuzumi, M. Kido, H. Tanaka, Y. Komori, M. Ishiduki, J. Matsunami, T. Fujiwara, Y. Nagata, L. Zhang, Y. Iwata, R. Kirisawa, H. Aochi, A. Nitayama, Pipe-shaped BiCS flash memory with 16 stacked layers and multi-level-cell operation for ultra high density storage devices, in: 2009 Symposium on VLSI Technology, 2009, pp. 36–37.

[15] Micron Press Release, Micron Ships World's First 176-Layer NAND, Delivering A Breakthrough in Flash Memory Performance and Density, November 2020.

[16] L. Baldi, G. Sandhu, Emerging Memories, ESSDERC, Bucharest, 2013.

[17] K. Prall, et al., An update on emerging memory: progress to 2Xnm, in: International Memory Workshop (IMW), Milan, 2012.

[18] Intel Press Release, 3DXP – Intel and Micron Produce Breakthrough Memory Technology, August 2015.

[19] F. Arnaud, et al., Truly innovative 28nm FDSOI technology for automotive micro-controller applications embedding 16MB phase change memory, in: 2018 IEEE International Electron Devices Meeting (IEDM), 2018.

[20] N.D. Rizzo, D. Houssameddine, J. Janesky, R. Whig, F.B. Mancoff, M.L. Schneider, M. DeHerrera, J.J. Sun, K. Nagel, S. Deshpande, H.-J. Chia, S.M. Alam, T. Andre, S. Aggarwal, J.M. Slaughter, A fully functional 64 Mb DDR3 ST-MRAM built on 90 nm CMOS technology, IEEE Trans. Magn. 49 (2013) 4441.

[21] G. Moore, Cramming more components onto integrated circuits, Electronics (1965) 114.

[22] M. Park, K. Kim, J.-H. Park, J.-H. Choi, Direct field effect of neighboring cell transistor on cell-to-cell interference of NAND flash cell arrays, IEEE Electron Device Lett. 30 (2) (2009) 174–177.

[23] A. Ghetti, S.M. Amoroso, A. Mauri, C. Monzio Compagnoni, Impact of nonuniform doping on random telegraph noise in flash memory devices, IEEE Trans. Electron Devices 30 (2) (2012) 309.

[24] P. Fantini, A. Ghetti, A. Marinoni, G. Ghidini, A. Visconti, A. Marmiroli, Giant random telegraph signals in nanoscale floating-gate devices, IEEE Electron Device Lett. 28 (12) (2007) 1114.

[25] C. Monzio Compagnoni, A.S. Spinelli, R. Gusmeroli, A.L. Lacaita, S. Beltrami, A. Ghetti, A. Visconti, First evidence for injection statistics accuracy limitations in NAND flash constant-current fowler-Nordheim programming, in: IEDM Technical Digest, 2007, p. 165.

[26] International Technology Roadmap for Semiconductors 2.0, 2015 ed., https://www.semi-conductors.org/wp-content/uploads/2018/06/0_2015-ITRS-2.0-Executive-Report-1.pdf.

[27] International Roadmap for Devices and Systems, 2020 ed., RDS, https://irds.ieee.org/.

[28] H. Chung, et al., Novel 4F2 DRAM cell with vertical pillar transistor (VPT), in: Proceedings of the IEEE European Solid-State Device Research Conference (ESSDERC), 2011, p. 211.

[29] U. Kang, et al., 8 Gb 3-D DDR3 DRAM using through-silicon-via technology, IEEE J. Solid State Circuits 45 (1) (2010) 111.

[30] J.C. Lee, others, High bandwidth memory (HBM) with TSV technique, in: 2016 International SoC Design Conference, 2016.

[31] J. Jeddeloh, other, Hybrid memory cube new DRAM architecture increases density and performance, in: 2012 Symposium on VLSI Technology, 2012.

[32] K. Parat, C. Dennison, A floating gate based NAND technology with CMOS under array, in: IEDM Technical Digest, 2015, pp. 48–51.

[33] J. Jang, et al., Vertical cell array using TCAT (terabit cell array transistor) technology for ultra high density NAND flash memory, in: VLSI Symposium Technical Digest, 2009, p. 192.

[34] Y. Noh, et al., A new metal control gate last process (MCGL process) for high performance DC-SF (dual control gate with surrounding floating gate) 3D NAND flash memory, in: VLSI Symposium Technical Digest, 2012, p. 19.

[35] Y. Komori, et al., Disturbless flash memory due to high boost efficiency on BiCS structure and optimal memory film stack for ultra high density storage device, in: IEDM Technical Digest, 2008, p. 851.

[36] M. Ishiduki, et al., Optimal device structure for pipe-shaped BiCS flash memory for ultra high density storage device with excellent performance and reliability, in: IEDM Technical Digest, 2009, p. 27.3.1.

[37] C. Siau, et al., A 512Gb 3-bit/cell 3D flash memory on 128-wordline-layer with 132MB/s write performance featuring circuit-under-array technology, in: IEEE International Solid-State Circuits Conference (ISSCC) Technical Digest, 2019, p. 218.

[38] N. Shibata, et al., A 1.33Tb 4-bit/cell 3D-flash memory on a 96-word-line-layer technology, in: IEEE International Solid-State Circuits Conference (ISSCC) Technical Digest, 2019, p. 210.

[39]　S.-K. Park, Technology scaling challenge and future prospects of DRAM and NAND flash memory, in: IEEE International Memory Workshop (IMW), 2015.

[40]　J. Lee, J. Jang, J. Lim, Y.G. Shin, K. Lee, E. Jung, A new ruler on the storage market: 3D-NAND flash for high-density memory and its technology evolutions and challenges on the future, in: IEDM Technical Digest, 2016, p. 11.2.1.

[41]　A. Goda, 3D-NAND technology achievements and future scaling perspectives, IEEE Trans. Electron Devices 67 (2020) 1373.

[42]　M. Fujiwara, et al., 3D semicircular flash memory cell: novel split-gate technology to boost bit density, in: IEDM Technical Digest, 2019, p. 28.1.1.

[43]　H.-T. Lue, et al., A novel double-density hemi-cylindrical (HC) structure to produce more than double memory density enhancement for 3D NAND flash, in: IEDM Technical Digest, 2019, p. 28.2.1.

[44]　M. Oda, K. Sakuma, Y. Kamimuta, M. Saitoh, Carrier transport analysis of high-performance poly-Si nanowire transistor fabricated by advanced SPC with record-high electron mobility, in: IEDM Technical Digest, 2015, p. 6.6.1.

[45]　A. Fazio, Future directions of non-volatile memory in compute applications, in: Digest IEDM 2009, 2009, pp. 641–644.

[46]　R.F. Freitas, W.W. Wilcke, Storage-class memory: the next storage system technology, IBM J. Res. Dev. 52 (2008) 439–447.

[47]　D.A. Patterson, Latency lags bandwidth, Commun. ACM 47 (10) (2004) 71–75.

[48]　D. Kau, et al., A stackable cross point phase change memory, in: IEDM Technical Digest, December 2009, 2009, pp. 617–620.

[49]　A. Kawahara, et al., An 8 Mb multi-layered cross-point ReRAM macro with 443 MB/s write throughput, IEEE J. Solid-State Circuits 48 (2013) 178.

[50]　W. Zhao, et al., Cross-point architecture for spin transfer torque magnetic random access memory, IEEE Trans. Nanotechnol. 11 (2012) 907.

[51]　https://www.micron.com/products/advanced-solutions/3d-xpoint-technology.

[52]　https://www.techinsights.com/about-techinsights/overview/blog/intel-3D-xpoint-memory-die-removed-from-intel-optane-pcm/.

[53]　T. Kim, H. Choi, M. Kim, J. Yi, D. Kim, S. Cho, H. Lee, C. Hwang, E.R. Hwang, J. Song, S. Chae, Y. Chun, J.-K. Kim, High-performance, cost-effective 2z nm two-deck cross-point memory integrated by self-align scheme for 128 Gb SCM, in: Proceedings of the IEEE International Electron Devices Meeting 2018, 2018, pp. 851–854.

[54]　M. Kinoshita, et al., Scalable 3-D vertical chain-cell-type phase-change memory with 4F2 poly-Si diodes, in: Proceedings of the VLSIT, 2012, 2012, pp. 35–36.

[55]　V. Adinolfi, et al., Composition-controlled atomic layer deposition of phase change memories and ovonic threshold switches with high performance, ACS Nano 13 (9) (2019) 10440.

[56]　L. Gallo, et al., Mixed precision in-memory computing, Nat. Electron. 1 (2018) 246–253.

[57]　D. Reinsel, et al., Data age 2025, in: IDC White Paper, 2018.

[58]　S. Hamdioui, et al., Design, Automation & Test in Europe Conference & Exhibition, IEEE, Piscataway, NJ, 2019.

[59]　J. Borghetti, G.S. Snider, P.J. Kuekes, J.J. Yang, D.R. Stewart, R.S. Williams, Nature 464 (2010) 873.

[60]　M. Hu, et al., Dot-product engine for neuromorphic computing: programming 1T1M crossbar to accelerate matrix-vector multiplication, in: Proceedings of the 53rd, Annual Design Automation Conference, ACM, New York, 2016, pp. 1–6.

[61]　Z. Sun, G. Pedretti, E. Ambrosi, A. Bricalli, W. Wang, D. Ielmini, Solving matrix equations in one step with cross-point resistive array, PNAS 116 (2019) 4123–4128.

[62] D. Kuzum, R.G.D. Jeyasingh, B. Lee, H.-S.P. Wong, Nanoelectronic programmable synapses based on phase change materials for brain-inspired computing, Nano Lett. 12 (2011) 2179.

[63] Y. Li, Y. Zhong, L. Xu, J. Zhang, X. Xu, H. Sun, X. Miao, Ultrafast synaptic events in a chalcogenide Memristor, Sci. Rep. 3 (2013) 1619.

[64] G.W. Burr, et al., Neuromorphic computing using non-volatile memory, Adv. Phys. 2 (2017) 89–124.

第 2 章

存储器在当今系统中的应用

Mark Helm
美国加利福尼亚州圣何塞美光科技公司科技产品组

2.1 系统的定义及多样性

2.1.1 电子系统的定义

在某种程度上，电子系统的定义既非常简单又极其复杂。从简单的角度，电子系统是由一个或多个部件组成，其根据一组输入执行任务并产生对应输出，如图 2.1 所示。可是当我们考虑到不同输入、不同任务和不同输出的差异以及数量巨大时，定义的复杂性就显现出来。这就是电子学话题如此有趣的原因，因为似乎有无数的任务可以执行，而电子系统能够执行的任务也以极快的速度发展。

图 2.1　电子系统的定义

这里主要关注的数据处理系统具有以下特征：用户提供输入、中央处理器（CPU）处理任务，并将处理结果输出反馈给该用户。这里仅仅限制了一下我们感兴趣的电子系统的范围，排除掉例如通信系统（无线电、电视等）和机器控制系统。聚焦在这个范围能够允许我们更彻底地探索如何在系统中管理数据。在整个过程中，将强调存储器在系统定义中的角色，为便于理解，我们从一个简单的例子开始。当今智能手机几乎无处不在，而在其问世之前，手持计算器是最早向大众提供的数据处理系统之一。这个系统的目标或效用非常简单。它旨在通过消除人为错误来提高算术计算的准确性。系统的输入一般是两个操作数和一个运算符的形式，由使用者提供。计算的结果输出给使用者，也可以用作下一次计算的操作数。

让我们考虑一下掌上计算器在执行计算时是如何使用内存的。通常，用户输入的顺序是第一个操作数，后跟运算符，再跟第二个操作数，然后是执行计算的方向。在第一个操作数输入后，系统必须将此输入存储在内存中，因为尚未指示如何使用它。同样，运算符必须单独存储，后跟第二个操作数。获取执行命令后，CPU 从内存中调用第一个和第二个操作数并执行操作指令的算法来执行计算。结果可以存储在内存中，并在显示屏上呈现给用户。内存中的结果数值还可以充当后续计算的第一个操作数。显然，即便在这个最简单的例子中，存储的作用也是不言而喻的。

使用这个简单的例子并不能足够描述一个更强大的电子系统是如何构建和运行的。它遵循完全相同的步骤，但输入、执行的任务和输出的复杂度都显著增加。不再是单个数字的计算，而可能是向量或多维矩阵进行更复杂的计算。运算符也可能更复杂，包含指数、对数或三角函数运算（正弦、余弦等）。输出也可能是多维的向量或矩阵。随着复杂性的增加，所需的存储量显然也会迅速增加。即使是部署在高性能计算平台上的与机器学习或人工智能相关的最复杂的算法也将遵循这些相同的步骤。唯一的区别是作为输入所需的数据量和为了获得有用结果而必须执行的计算量与手持式计算器相比呈现指数级增长。

2.1.2　电子系统的多样性

人们只需要环顾四周，有意识地数一数当前观察到这些系统的数量，便可以获得电子系统多样性的直观概念。毫无疑问，在一天中的任何时候，您可能至少接触一个电子系统。本章无意提供电子系统的历史观点，而是将重点放在当今可用的电子系统的巨大多样性上。描述电子系统多样性的一种方法是用某一个变量对大量待选择的电子系统进行分类。在这种情况下，我们将使用尺寸作为基本分类方式来为电子系统做简单划分。之所以选择尺寸，是因为它往往是许多感兴趣特性（如成本、性能和功耗）的一个很好的代表。图 2.2 显示了本章对系统的分类方式，用于说明尺寸对电子系统的能力和需求等方面产生的影响。

物联网　　　　移动设备　　　　　客户端计算机　　　　云计算或数据中心

图 2.2　电子系统分类

从图中小尺寸的这一端开始，电子元件的小型化使得即便是小型电子系统也能执行复杂的任务。无论是手表或耳机等可穿戴电子产品，还是电子传感器，它们收集数据以便更好地了解我们的环境，这些小的电子系统都有无穷无尽的任务需要处理。从体积尺寸的角度来看，系统设计人员通常需要克服重大限制。特别是功耗可能非常具有挑战性，在小型电子系统设计中，低功耗系统设计通常被推到极限。该系统可能由电池供电，甚至试图通过收集自身运动状态来获取电量。由于尺寸的原因，设备的输入和输出也可能受到限制，这可能会限制某些任务。得益于无线通信能力，非常小的电子系统也可以设计成接收输入或将其输出提供给其他电子设备，从而使交互更加高效。这导致了一个有目共睹的物联网趋势。这些小型电子系统能够在不需要人工交互的情况下通过网络共享信息，从而带来无限的可能性。

尺寸增加到移动设备级别，这类易于携带的电子设备，可以提供更强大的功能，能够处理更复杂的任务。当然，移动设备最显著的演变是手机的进步。从简单的语音通话开始，到以智能手机为代表的口袋计算机，移动设备在增加它可执行的一长串任务方面丝毫没有放慢步伐。无线连接是此类电子系统的需求，电源由电池提供。功耗最小化，以便在需要为电池充电之前支撑更长的运行时间。移动设备提供显示输出，以便于用户更容易做出响应。

下一个尺寸类别是客户端计算机。传统上，指的是一台单个用户的计算设备。然而，请注意，随着笔记本电脑的普及和智能手机计算能力的提高，移动设备和客户端计算机之间的界限变得更加模糊。事实上，输入设备（通常是键盘）和输出设备（显示器）的大小往往比其他任何东西都更能区分这两类。鉴于客户端计算机还包括具有持续电源而不是电池的设备，因此有机会利用更高的功耗来换取更高的性能。尽管智能手机的计算能力随着时间的推移而增加，但台式客户端计算机可以在相对较小的外形尺寸中提供复杂且非常强大的计算能力。鉴于客户端计算机专用于单个用户，因此，除了处理非常复杂的计算任务的高端用户外，可用的计算能力通常超出了实际需要的计算能力。

最后一个尺寸类别是云计算或数据中心。大小可能从单个机架服务器到容纳大量服务器的数据中心不等。输入和输出通常包含多个用户，同时通过某种有线或无线网络提供服务。用户的通信流量要求非常高，使得外部和内部网络带宽变得关键。虽然不像移动设备那样受到电源可用性的限制，但数据中心非常关注功耗，主要是由于成本。运行和冷却大型数据中心所需的能源量可能成为持有成本的关键变量。信息存储是数据中心为多个用户提供的另一项典型服务。无论是在发生灾难性故障时作为本地信息存储的备份，还是存储大量用于计算的信息，数据中心都是我们从任何地方访问信息的能力的重要组成部分。

汽车应用是增长非常迅速且值得一提的一类特殊电子系统。从提供发动机控制功能的基本阶段，随着行业向自动驾驶发展，当今车辆中的电子系统正在迅速成为车轮上的数据中心。汽车行业包含前面提到的几乎所有尺寸类别的特征，以及相对不受控制或非常具有挑战性的环境条件的复杂性。这对电子系统提出了额外的要求，例如工作温度范围和非常严格的可靠性要求，以提供安全性和较长的产品寿命。因此，尽管汽车行业与其他细分市场具有共同的特点，但各种因素结合后使得它显得尤为独特。

2.1.3　存储器的作用

如果这些电子系统唯一需要的功能是来自实时输入，那么就不需要存储器了。然而，电子系统的架构师很快就确认，如果创建的系统可以执行更复杂的任务并执行一系列需要内存辅助的操作，那么它可以提供更有用的东西。因此，今天找到不以某种形式使用内存的电子系统的可能性非常低。事实上，计算能力和存储能力往往是任何电子系统的基石。每个系统如何使用存储器取决于该系统的成本、性能、功耗和可靠性要求，如图 2.3 所示。

与几乎所有产品类似，电子系统中的存储成本是最关键的考虑因素。显然，部署在数英亩农田的矩阵中用于监控灌溉的低成本智能传感器与放置在大型数据中心的复杂服务器相比，具有完全不同的存储预算。不同类型的内存具有不同的特性以及不同的价格，这使得系统存储成本情况进一步复杂化。系统架构师必须精明地使用他的存储预算，以便使存储为系统提供最大价值。几十年来所有存储开发的基本目标是降低每种类型存储的单比特成本。对于具有固定存储预算的系统，随着时间的推移，单比特成本下降的趋势允许内存容量增加，从而使系统随着时间的推移而具有更高的性能。

系统级性能考虑也至关重要。系统期望所有存储器都是低延迟和高带宽访问。延迟是指存储器在获得请求时向 CPU 提供数据所需的时间。带宽是指固定时间段内的数据传输速率。两者在整体系统性能中都起着重要作用。如果所有存储都提供低延迟和高带宽，则系统将被允许访问具有易管理访问特性的大型存储池。实际上，存储的成本与其性能之间存在很强的负相关关系。因此，出于系统成本的考虑，不可避免地要在存储容量和性能特征之间进行权衡。低延迟和高带宽的低容量存储器在靠近 CPU 的位置提供数据，以最大限度地提高计算价值。具有更长延迟和更低带宽的高容量存储器用于提供更高容

图 2.3　电子系统的主要特性

量的数据，而这些数据相对较少访问。还有另一个与性能相关的关键考虑因素，即延迟的确定性。可预测的延迟性在存储中访问被高度看重。在靠近 CPU 使用的存储类型中，绝对需要具有确定性延迟，以确保计算和数据保持锁定步调。对于不经常访问的更高容量内存，系统对数据的访问可以更灵活地安排。

在构建存储子系统时，系统功耗需要引起特别的注意。随着时间的推移，系统从存储中检索数据所消耗的功耗一直在持续增长。这样下去，以至于由于无法利用存储器的整个可用带宽，系统功率预算往往会决定系统的性能。在这些情况下，系统必须"扼制"性能才能不超出功耗预算。在系统设计中，将性能和功耗的特性相结合来描述系统内数据移动的能耗。能耗是功率和延迟的乘积，通常是系统中寻求优化的参数。在电池支撑操作的系统中尤其如此，电池提供固定量的能耗，如果减少存储器访问能耗，则可以延长对电池再充电的时间间隔。

存储器的可靠性是系统设计的另一个关键因素。显然，系统被设计为用户持续工作一段时期。可靠性要求可能会因系统应用的苛刻条件以及预期寿命而有很大差异。对于存储器来说，可靠性问题与其在生命周期内访问的频率有关，这对于读取与写入操作可能有所不同。某些存储类型在其生命周期内对允许的读取或写入周期次数有限制。另一个关键概念是存储器在系统断电时保存数据的能力。断电时无法保持数据完整性的存储器称为易失性存储器。在断电时可以保持数据完整性的存储器称为非易失性存储器。如果所有的存储器类型都是非易失性的，则系统架构会更简单，但引入易失性存储器类型需要特别考虑，以防止在系统断电时丢失数据。

内存的成本、性能、功耗和可靠性特性对系统设计都很重要。在许多情况下，存储子系统是决定系统能力的最关键因素。因此，存储子系统架构和设计一直是首要的考虑因素。电子系统的发展进一步加强了这种关系。这来自于正在生成的数据量的爆炸性增加。生成的数据量呈

指数级增长，许多电子系统的目标是从这些数据中提取信息并进行分析。这正在迅速向一种情况发展，即数据本身与处理数据所需的计算能力变得一样重要。这种以存储为中心的设计构想使得我们必须了解存储器在此趋势下的预期演化。

2.2　存储层次结构

2.2.1　存储分层的目的

在了解系统需求的情况下，定义什么是"理想"存储器是相对简单的。低成本和高性能将位居榜首。低电压和低能耗以及由于可靠性而不受限制地读写存储的能力紧随其后。非易失性将是一个非常理想的特征。不幸的是，在查看可用的存储技术选项时，甚至没有一个可以满足低成本和高性能标准，更不用说满足清单上的其他各项指标了。出于必要，我们建立了存储层次结构的概念。存储层次结构定义了如何结合使用多种不同类型的存储来模拟"理想"存储所需的特性。通过利用在成本、性能、功耗和可靠性方面具有不同特性的不同存储器，系统设计人员可以优化系统的特性。

然而，我们需要在系统设计中做一些权衡。以存储成本换取系统性能方面找到合适的平衡点是一个典型的思路，如图 2.4 所示[1]。高成本存储的性能最好，低成本存储的性能最差。鉴于这种反比关系，目标是找到高成本和低成本存储的最佳组合，以实现目标系统性能。存储器在功耗和性能方面也存在类似的关系。高性能存储器具有较高的功耗，但通常情况下，最小化能耗有助于确定功耗与性能的权衡点。在查看存储层次结构时，理解这些权衡可以通过选择正确的存储器和正确的数量来实现更优化的系统设计。

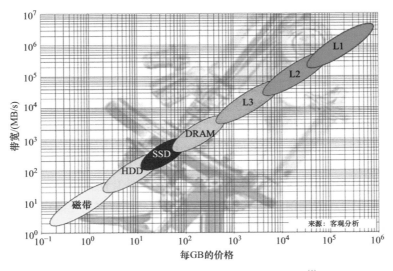

图 2.4　带宽和成本坐标平面内的存储层次[1]

绝大多数电子系统使用由 3 个级别组成的存储层次结构，见表 2.1。本地内存也称为缓存存储器，图 2.4 所示为 L1、L2 和 L3 缓存，价格昂贵，但提供最佳性能和最低能耗。静态随机存取存储器（SRAM）与 CPU 构建在同一芯片上，以确保数据传送及最大化计算性能。对于更高容量的系统存储需求，就使用一个在其他芯片上的单独的存储器件。动态随机存取存储器（DRAM）使用特定工艺来制造，相对缓存来说，是一种较低性能和较高能耗的低成本存储器，用来辅助主内存和 CPU 之间的互连。SRAM 和 DRAM 都是易失性存储器技术，这意味着当断电时，它们将无法保存数据。NAND 闪存的存储成本非常低，并且具有非易失性的优势。然而，NAND 闪存和 DRAM 在延迟方面的特性上差了几个数量级。

表 2.1   应用在经典电子系统中的 3 个级别的存储层次结构

特性	本地内存	主内存	固态存储
存储器类型	静态 RAM（SRAM）	动态 RAM（DRAM）	NAND 闪存
成本	高	中	低
延时	低	中	高
单比特能耗	低	中	高

2.2.2   本地内存

SRAM 技术为 CPU 提供了本地内存。此本地内存通常称为缓存，以表示其功能。存储在缓存中的数据通常是存储在主内存中的数据的副本，但会被引入本地内存，以改善由于访问频率而导致的延迟和功耗。指导 CPU 执行的指令和重复使用的数据是本地内存的主要存储目标。在现代 CPU 中，多个计算内核并行进行多个计算来提高性能。这使得缓存体系结构复杂化，因为使用了不同级别的缓存组合，其中一些级别专用于每个单独的内核，而某些级别则在所有内核之间共享。

SRAM 是易失性的。如果在 CPU 断电后需要记住缓存的内容，则必须在关闭之前将本地内存的内容复制到非易失性存储器中。由于本地内存与 CPU 在同一芯片上制造，因此电容和电阻的寄生元件被最小化，从而在存储层次结构中提供最低的延迟和能耗。系统设计人员希望有非常大的本地内存池可用，以提高整体系统性能和降低能耗。但是，成本因素会使设计者冷静下来去了解清楚系统性能与缓存大小之间的关系，以选择最佳方案。

SRAM 由两个交叉耦合 CMOS 反相器和两个存取晶体管构成，总共有六个晶体管。与层次结构中的其他存储器相比，SRAM 存储 1bit 信息所占的硅片面积最大。除了 SRAM 单元阵列外，阵列周围用于在写入周期偏置单元以及在读取周期感测数据的电路也会消耗额外的芯片面积。总的面积决定了缓存的成本。缓存成本非常重要，以至于工艺技术人员花费了大量时间和努力使 SRAM 单元尺寸尽可能小，并且通常将其列为制造 CPU 的各逻辑工艺技术的关键品质因数。图 2.5[2] 来自 2020 年国际固态电路会议摘要，显示了 SRAM 单元尺寸如何随着逻辑工艺技术节点的变化而演变。

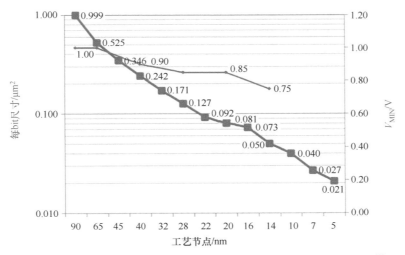

图 2.5　SRAM 单元（bit）尺寸与半导体逻辑工艺节点的对应关系[2]

由于与 CPU 的计算部分非常接近，因此本地内存在整个存储层次结构中可以提供最好的存储性能。本地内存的首要优势是它不必在片外通信即可与 CPU 交互。一旦需要片外通信，电容、电阻和电感等寄生元件就会大大多于片上。尽管如此，即使在片上，本地内存阵列的物理大小也会影响延迟，因此 CPU 上可用的本地内存根据不同的访问延迟被划分为不同的级别。1 级（L1）缓存具备最低延迟但容量最小。2 级（L2）缓存以较慢的延迟为代价提供最大的容量。1 级和 2 级缓存通常专用于单个计算核。3 级（L3）缓存更大、更慢，通常在所有计算核心之间共享。缓存的主要性能考虑因素是确保它可以以足够高的性能运行，而不至于约束 CPU 的计算能力。

定义性能和决定不同缓存级别的大多因素也决定了级别和功耗的关系。由于寄生效应较低，较小的 L1 和 L2 缓存比规模大一点的 L3 缓存功耗更少。所有缓存的功耗都低于从片外获取数据的功耗。工艺技术，如低介电常数互连材料，进一步降低与本地内存相关的功耗。一般来说，那些有利于降低 CPU 芯片上计算功耗的因素，往往也有利于降低本地内存的功耗。

SRAM 单元的可靠性可能是本地内存中较少讨论的部分，但仍然是 CPU 和系统整体可靠性要求的考虑因素。主导 SRAM 单元寿命的可靠性机制与 CPU 芯片上的其他电路的情况非常相似。对于存在于 SRAM 单元的偏置温度不稳定、热载流子注入和时间相关的介电击穿等机制，必须予以管控。与芯片上的其他电路相比，本地内存有个独特的可靠性因素是占空比。本地内存的访问速度比芯片上的大多数电路高得多，因此它限制了 CPU 芯片的整体可靠性。

2.2.3　主内存

存储层次结构中再往上一层是 DRAM 存储技术提供的主内存。此层存储的主要目标是在相对本地内存性能有限下降的同时显著降低单比特成本，从而显著提高存储容量。通过利用特定工艺技术，在与 CPU 独立的芯片上制造 DRAM 存储单元，从而降低单比特成本。性能由连接

DRAM 芯片和 CPU 芯片的专用高速总线支持。通常在系统中使用多个 DRAM 芯片，因此具备更多交错运行的可能性，从而在一定程度上减轻了 DRAM 设备的较长延迟。

DRAM 也是一种易失性存储器技术，但与"静态"SRAM 不同，"动态"DRAM 最终有可能丢失其存储的信息，即使在不掉电的情况下。这源自 DRAM 存储单元的物理特性。存储单元是由存储电荷的电容和读取特定存储单元时的存取晶体管组合而成。多种机制会导致电荷随着时间从电容中泄漏。因此，DRAM 必须定期"刷新"器件上的所有单元。DRAM 读取是破坏性的，即它会破坏单元的存储状态，但感测电路架构被设计为自动将感测到的存储状态再写回存储单元。这意味着读取内存将自动执行刷新操作，事实上，当 DRAM 刷新最近未访问的单元时，它只是执行读取操作，而不将数据输出到总线。

几十年来，最小化 DRAM 的单比特成本一直是内存行业的目标。对于单晶体管、单电容（1T1C）单元，芯片架构需要最小电容值，以便能够可靠地检测存储的电荷。假如该最小电容值随时间基本保持恒定，电容结构就需要非常复杂的工艺，以便在急剧缩小的面积内保持电容值。这意味着复杂的三维电容结构是常态。存取晶体管的结构也很复杂，因为器件必须设计为极低的漏电，以防止电容的电荷损失，同时承受更频繁的刷新。所有这些定制工艺都为 DRAM 提供了更长的使用寿命，降低了单比特成本，但要保持这种工艺演进，肯定存在巨大挑战。图 2.6[3] 通过 DRAM 密度的变化良好地反映了单比特成本与时间之间的关系。

由于 DRAM 所有关注点都集中在成本上，与本地内存相比，性能肯定会受到影响。第一个性能因素是通过 DRAM 和 CPU 之间的连接总线来传输数据。片外驱动信号的寄生电容、电阻和电感会增加延迟，这是从 DRAM 存储单元读取数据所需的基本延迟之外的部分。在 DRAM 芯片上，阵列具有多个内存体（Bank），允许并行访问存储单元阵列，从而提高器件的总带宽。访问同一行上不同列上的单元与访问同一列的不同行之间存在很强的不对称延迟差异。因此，器件中的数据布局高度偏向于激活单行且并行读取多列。DRAM 的最后一个性能考虑因素是，由于人们非常关注降低单比特成本，因此基础晶体管性能落后于用于制造 CPU 和 SRAM 本地内存的逻辑工艺技术。这种较慢的晶体管性能还增加了从 DRAM 访问数据的延迟，超出了与阵列相关的基础延迟。

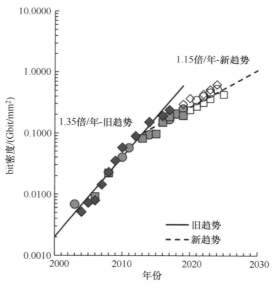

图 2.6   DRAM 密度与时间的关系（填充符号 = 实际，未填充 = 投影）[3]

由于缓存的容量有限，DRAM 会承受到 CPU 持续数据请求的繁重工作负载。这反过来又需要大量的功耗，内存访问功耗将与计算功耗相比拟或超过计算功耗，尤其是在高性能系统中。值得一提的是功耗的几个组成。首先，驱动被读取的数据在 DRAM 和 CPU 之间的总线上传输，此过程中，驱动所需的功耗是存取总功耗的重要组成部分。其次，解码地址、激活行、感测单元、将数据写回单元以及将片上数据传输到输出端的位访问过程中的功耗是器件运行的基础。最后，即使 DRAM 处于空闲状态，由于必须执行刷新操作以保持数据完整性，它也会继续消耗能量。这是 DRAM 存储单元一大缺点，使其很容易被新兴的非易失性存储器技术所挑战。从 DRAM 器件所有功耗特性来看，具有讽刺意味的是，由于 DRAM 单元的电荷存储机制，实际感测单元存储信息所需的功耗相对较小，而围绕感测操作所需的所有周围功耗却占了主导。

DRAM 也有可靠性方面的考虑。除了传统的晶体管可靠性机制外，还有一些与阵列相关的可靠性机制需要理解。单元电容的可靠性是一个问题，鉴于追求单位面积或体积上电容值的最大化，因此通常会逼近可靠性极限以最大限度地降低成本。随着工艺微缩的继续，DRAM 中的纠错变得越来越普遍，以应对存储单元中不断增加的误码率。还有一些芯片级架构可靠性机制，表现为单元干扰。例如，重复读取 DRAM 中的一行可能会导致相邻行上单元电容的电荷损耗。必须降低此类操作带来的风险，以避免随着时间的推移出现数据完整性问题。

2.2.4　固态存储

NAND 闪存是用于存储的主要存储器，尽管 NAND 闪存是主要存储组件，但存储子系统本身就是一个相对复杂的电子系统。一个使用了 NAND 闪存的典型存储子系统将包括一个复杂的控制器 ASIC，用于管理 NAND 闪存介质以及电源和许多存储子系统，包括 DRAM 主内存。在控制器 ASIC 上运行的固件控制存储子系统的行为，包括其与主机的交互，以及 NAND 闪存的广泛介质管理功能，以解决可靠性限制。在考虑存储子系统的成本、性能和功耗属性时，不仅 NAND 闪存特性很重要，而且必须考虑所有其他组件。

NAND 闪存为系统带来的关键属性之一是非易失性。NAND 闪存仍然使用电荷存储机制来实现存储器功能，但在这种情况下，存在更高的电荷势垒阻挡电荷损失，并且该势垒是通过单元材料而不是外部电源实现的。几乎所有的电子系统都需要能够在设备断电时存储数据。如果非易失性存储器一个都没有的话，系统每次关闭时都会丢失所有数据。NAND 闪存不仅为永久存储的数据提供此功能，还为系统中易失性存储器组件中需要再次访问的任何临时数据提供此功能。与层次结构中的其他存储器相比，NAND 闪存提供的容量要高得多，因此适合这种应用。

NAND 闪存进入主流的时间比 SRAM 或 DRAM 晚得多，但降低成本的速度已经超过了这些其他存储器类型。NAND 闪存器件采用高度定制的工艺技术制造，该工艺技术非常注重单比特的低成本。基本的单元结构，即单元串联连接，在构建单元所需的面积之外提供非常低的开销。现代 NAND 闪存器件利用三维结构实现了在所有存储器类型中最高的位密度。图 2.7[2] 显示，2019 年 NAND 闪存的密度达到了 1GB/mm^2。此外，NAND 闪存能够在每个存储单元中存储超过 1 位的信息。每个单元存储 2 位、3 位甚至 4 位，通过在性能和可靠性方面进行权衡，可以进一步降低单比特成本。如前所述，NAND 成本只是存储子系统总成本的一部分。在考虑存储子系统的总成本时，还必须考虑控制器 ASIC、电源管理、可选 DRAM 以及其他无源元件的成本。然而，NAND 闪存的成本通常是这个总成本计算公式中的主导性部分。

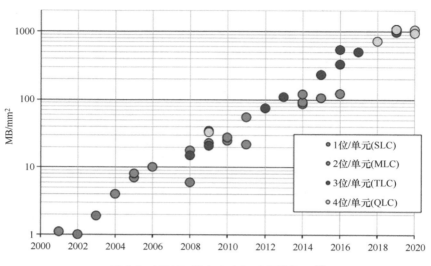

图 2.7   NAND 闪存密度与时间的关系 [2]

与其他内存类型相比，NAND 闪存的性能受到严重影响。作为外部存储器，通过总线与 CPU 通信相关的延迟类似于 DRAM，但内存访问的基本延迟是主要限制。部分原因是对单比特低成本的渴望。芯片内的 NAND 闪存单元阵列非常大，其目的是绝对最小化面积开销。写入性能也是为非易失性付出代价的地方。如果控制电荷损耗的势垒很高，那么电荷注入的势垒也很高。写入操作时，电子隧穿过介电材料需要向阵列施加高电压。这些高电压由低得多的外部电源电压在内部产生，进一步加剧了长时间延迟。每个单元存储超过多位信息时，写入延迟将变大，因为需要非常精确的电荷存储来区分不同的逻辑状态，从而减慢写入算法的速度。所有这些因素结合在一起，导致 NAND 闪存的读取延迟与 DRAM 主内存相比存在几个数量级的差异，而写入延迟的差异甚至更大。在 NAND 闪存上可以并行写入或读取非常多的单元，这使得性能带宽的差距远小于延迟的差距。存储子系统中的其他组件被设计为在 NAND 闪存特性之外仅有非常小的额外延迟或带宽限制，以免降低子系统性能。

功耗是存储子系统的重要特征。NAND 闪存芯片上的大型阵列具有非常大的电容，必须驱动到高电压。对这些电容进行充电是 NAND 闪存功耗的主要组成部分。片上高电压生成效率低，增加了电源负担。与成本和性能相比，存储子系统的其他组件也有很大的功耗。控制器 ASIC 消耗大量功率来管理 NAND 闪存和来自主机的所有请求流量。在写入操作期间，NAND 闪存仍然是功耗最高的部分，但在读取操作期间，控制器 ASIC 变成了最高。

如前所述，NAND 闪存所需的介质管理非常重要。这是为了解决 NAND 闪存单元可靠性的弱点。例如，NAND 闪存被允许有大量的位错误。但是，CPU 不能容忍数据中的错误，因此需要一个系统来检测和纠正这些错误。由于误码率高，NAND 闪存需要纠错码（ECC），控制器 ASIC 在写入数据时必须生成纠错码。从 NAND 闪存读取数据后，此信息用于解码用户数据并纠正数据中的错误。NAND 闪存的其他可靠性特征也必须被管理。NAND 闪存的额定写入和读取次数有限。必须避免写入或读取操作都集中在整个内存空间的一小部分上。因此，控制器 ASIC 采用称为磨损均衡的算法，将写入次数分摊在整个存储阵列上，以最大限度地减少任一特定单元上的写入次数。读取周期可以将数据重新写到阵列的新区域，以处理任何容易受到重复读取干扰的数据。

2.2.5　打破存储层次结构

仍然存在一些可能性打破这种存储层次结构。基于新物理原理的新型存储器已经并将继续被探索。然而，由于数十年的发展和对现有存储器类型的持续改进的不断投入，新型存储器的进入门槛非常高。事实上，NAND 闪存是现有存储器类型中最新的，它于 1987 年被发明。对于新型存储器来说，最简单的切入点是替换现有存储器之一，以便于其他层的硬件容易识别。这提供了一个无缝的切入点，但根据定义，利用新物理原理的新型存储器将具有与现有存储器类型不同的特征。另一个切入点是扩充层次结构中的现有存储器类型。这种方法的困难在于，硬件堆栈上的各层（如操作系统和软件／应用程序级别）必须识别额外的存储资源，并且必须对其进行优化以利用它。这种进入壁垒可能很大，因为为了利用新型存储器需要在软件上投入大量资源和时间才能获得回报。

主要的开发策略在于增强当前的存储技术，因为直接取代任何现有技术似乎都太难实现。其期望是弥合现有存储技术之间的成本和性能差距。此外，在靠近系统计算单元旁提供非易失性存储被视为有巨大的价值。包含非易失性的存储技术通常称为存储级内存，以表示它们同时包含主内存和固态存储的特性。目标是在带宽和延迟方面提供尽可能接近主内存的性能，但成本尽可能接近固态存储。从系统的角度来看，存储层次结构中的这一附加层将提供重要的价值，因为主内存和固态存储之间的性能和成本差距非常大。无论是从开发存储器技术本身的角度来看，还是从量化其对系统的价值的角度来看，对存储级内存的研究都非常活跃。

2.3　系统中存储的架构及目的

2.3.1　实际应用中的存储层次结构

由于没有"理想"存储器可用，系统架构师面临的挑战是将存储层次结构中的不同存储类型组合在一起，以优化系统在成本、性能、功耗和可靠性方面的特性。在实践中，绝大多数电子系统都使用所有三种存储器类型的组合，尤其是那些专注于数据处理的。对于缓存，无一例外都采用 SRAM。事实上，即使是其他存储器，如 NAND 闪存，也在其架构中利用 SRAM 进行短期易失性存储。相对于 SRAM，主内存普遍地采用 DRAM。如果数据存储要求较低，一些小型系统可能会使用替代的非易失性存储而不是 NAND 闪存。然而，随着系统管理的数据量的增长，NAND 闪存作为主要存储介质也变得无处不在。

尽管所有系统都可以利用存储层次结构的所有三个组件，但每个组件的相对数量高度依赖于系统。系统必须处理的任务负载是如何选择存储配置的驱动因素。这些工作负载从高度确定到非常通用。例如，笔记本电脑是一种非常通用的计算机，由于用户特征不同，工作负载变化很大。针对宽泛的使用者去优化存储内容变得比较困难。这可能会导致类别内的专业化，以突出系统的某些特征。一个很好的例子是游戏笔记本电脑。这类笔记本电脑基于用户的期望，专门配备与图形处理相关的额外的运算和内存。整个生态系统中有许多这样的专业化，但每种类型的存储器在不同市场中也存在一致的趋势。

2.3.2 本地内存的系统使用

本地内存的演进与摩尔定律推动的计算能力的增加密切相关。工艺微缩降低了成本，系统架构师需要确保系统性能以及构建合理的本地内存，以便数据访问不会成为瓶颈。这使得更大的缓存大小在经济上是可行的，如图 2.8[2] 所示，并且出现了不同级别的缓存（L1、L2、L3）。它还推动了基于市场应用的本地内存实现的差异化。尽管缓存实现的细节掌握在微处理器架构师手中，但系统设计人员必须清楚地了解缓存动态，以便优化整个系统的存储性能。

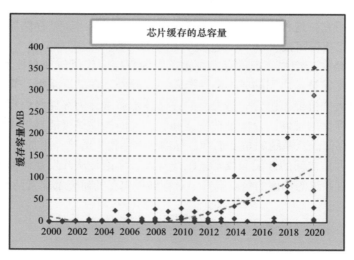

图 2.8　片上缓存大小与时间的关系 [2]

在考虑本地内存使用情况时，最好首先从整体上考虑存储的使用。计算引擎需要的信息是指令和数据的组合。不幸的是，指令和数据的总量远远超过本地内存的容量。因此，最有效的缓存使用方式是只存储计算引擎最常用的数据和指令。这样一来，通过减少对主内存的访问次数，最大限度地提高了性能并最大限度地降低了系统的能耗。为此，固定大小的数据和指令（以字节为单位）从主内存传输到称为缓存行的缓存。当计算引擎需要一段数据时，它将首先查看缓存中是否有数据。如果找到，则称为缓存命中，并从缓存中检索数据。否则称为缓存缺失，必须从主内存中检索数据，从而导致更长的延迟和能耗。缓存操作的主要关键目标之一是最大化缓存命中与缓存缺失的比值。提高缓存命中率的一种可能方法是使用更大尺寸的缓存行，但这样做本身需要权衡，因为这意味着固定的缓存容量只能存储更少量的缓存行。

　　缓存体系结构还具有不同的地址映射选项，这些选项可能会影响缓存命中率。直接映射采用一系列主内存块，并将它们分配给单个缓存行。集合关联映射为一系列主内存块提供多个缓存行（称为集合），当需要多次访问主内存中的相同系列块时，可以提高缓存命中率。关联映射消除了与主内存块的直接关系，并允许主内存块映射到任何缓存行，从而提供最大的灵活性。这反过来又带出了本地化的概念。为了使缓存具有高命中率，它必须能够预测计算引擎所需的下一次访问，而不仅仅是反映过去的访问。本地化描述不同数据片段之间的关系以及它们被共同访问的概率。本地化可以体现出很强的时间特点，这意味着一批相同的数据在短时间内被连续访问。它还可以表现出强大的空间特点，意味着一批相同的数据位置被高频次访问。由于缓存命中率的提高，强大的本地化有助于利用缓存提高性能。

　　用于缓存的本地内存系统实现的另一个关键方面是一致性。对于具有多个计算内核的现代微处理器，执行多线程时使用 L1 和 L2 缓存，同一缓存行很可能存在于多个本地内存阵列中。当内核写本地缓存行时，可能产生一种风险，即另一个内核的本地缓存的数据过时。必须有一个策略来保证数据在多个缓存中的一致性。对于微处理器架构师来说，缓存一致性的实现必须高效，以便最大限度地提高缓存的性能。对于系统架构师来说，虽然这些都是看不见的，但在考虑部署多少个并行处理以获得可预测的性能提升时，仍然需要认识到这一点。

　　在了解了用作缓存的本地内存的一些关键技术实现特征之后，现在有必要研究系统的范围以及工作负载如何影响本地内存的部署。第一个观察结果是，几乎每个数据处理系统都会包含一定数量的本地内存。甚至适用于可能作为物联网一部分的简单系统。基于微控制器的系统具有更简单的计算架构，例如单核和单线程，但由 SRAM 构建的本地内存是唯一可用的存储器。假如这些系统中没有主内存，所描述的缓存动力可能不适用，因为没有外部存储访问的过程。然而，对于本地内存来说，追求低成本、高性能、低功耗和高可靠性，同样是重要的目标。

　　升级到更复杂的移动系统，本地内存可以使用完整的缓存动力，以最大限度地提高性能。几十年来，手机在为我们提供越来越多的计算能力的同时，对本地内存的需求也相应增加。观察智能手机的片上系统（SoC），本地内存架构包含多级缓存来支持多个计算内核。单独的 L1 缓存常用来存储指令和数据；L2 缓存可以专用于单个内核，也可以在多个内核之间共享；L3 缓存不仅可以在不同的内核之间共享，还可以在 SoC 的不同器件（例如图形处理器）之间共享。由于存在很多不同的变体，很难概括缓存大小，但一些经验法则数字可能是数百 KB 的 L1 缓存、数 MB 的 L2 缓存和数十 MB 的 L3 缓存。另一种量级来评估性能的话，假设访问 L1 需数个时钟周期，那么访问 L2 就需数十个时钟周期，访问 L3 就需数百个时钟周期。

　　在本地内存实现方面，移动系统和客户端计算系统之间的界限明显模糊。将智能手机与笔记本电脑进行比较时尤其如此，高端智能手机甚至能够提供比许多笔记本电脑更强的计算能力。但是，在高端台式客户端计算机上存在差异化，其趋势主要是本地内存缓存的更高容量。随着这些计算机执行的任务变得越来越多运算和数据密集，投资于更大的缓存可以带来显著的性能回报。缓存越大，缓存命中率越高，对存储较大工作数据集的主内存的访问就越少。图 2.9[4] 显示了一个 4 核处理器，共享 L3 缓存的芯片照片。可以注意到，缓存的面积与计算内核的面积相比，表明存储器在整体体系结构中起着举足轻重的作用。

在数据中心非常高端的系统谱系中，服务器利用旗舰级微处理器，这些微处理器经过优化，可同时为多个用户提供服务。L1、L2 和 L3 缓存大小继续增加，但增加更线性，而不是指数性。然而，这些微处理器的主要特性是内核数量的显著增加，并且鉴于每个内核都有专用的 L1 和 L2 缓存，因此芯片面积和总成本会显著增加。L3 缓存可以专用于单核，也可以部分专用于单核，并且存在引入 L4 缓存的实例。L4 缓存显然是在所有内核之间共享的，但实际上可以在单独的芯片上制造，然后通过层叠封装（PoP）等技术在靠近 CPU 芯片的地方互连。这种实现方式缩小了与 CPU 同一块芯片上的本地内存和主内存之间的差距。可以采用一些定制工艺来进一步降低 L4 缓存的单比特成本，与传统的主内存互连相比，紧密互连技术可减少延迟和功耗。

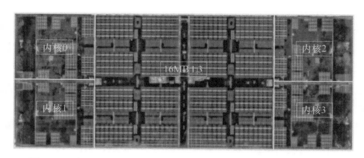

图 2.9   内置 16MB L3 缓存的 AMD Zen 2 处理器芯片照片

2.3.3   主内存在系统上的应用

一旦对容量的需求超过本地内存，DRAM 就会为 CPU 提供更大的主内存池。主内存还将存储类似于本地内存的代码和数据组合，但数据在总容量上开始占更主导的角色。获得这种更大内存容量的代价是与访问单独芯片相关的额外延迟以及功耗损失。人们非常关注微处理器芯片和 DRAM 芯片之间的通信通道，以尽量减少这些损耗。不同的 DRAM 芯片具有不同的内部架构，但更大的差异在于不同系统中其内存子系统与通信通道之间的关联。从使用主内存的最小系统到最复杂的高性能计算机，目标始终如一：为计算引擎提供数据，同时尽量减小能耗。

CPU 芯片上的内存控制器是与主内存通信的起点。所使用的总线专门针对每个特定市场，并且内存控制器也必须同样根据所访问的 DRAM 类型的协议进行定制。总线的另一端是存储器芯片，通常有各种数量的 DRAM 芯片可用。使用多个 DRAM 芯片不仅可以增加主内存的总容量，还可以通过让多个芯片并行运行来提高性能，从而减少整体延迟。例如，典型的总线宽度为 64 位。由于每个 DRAM 芯片提供 8 位，系统可以并行利用 8 个 DRAM 芯片来提供 64 位。内存模块是按等级构建的，以提供这种并行性。片选信号用于选择要寻址的 DRAM 芯片，数据总线是通用的。增加列数可使 CPU 访问更大容量的主内存，但由于数据总线上的电容负载过大，过多的列可能会开始导致性能下降。

DRAM 芯片本身还有另一层并行扩展。DRAM 芯片的存储器阵列被细分为单独的内存体（Bank）。这里有一个芯片成本和性能的权衡，性能上追求更小的阵列电阻和电容，从而改善延迟。回想一下，DRAM 芯片中行和列访问的延迟是高度不对称的，行访问要慢得多。内存体（Bank）架构进一步允许内存控制器通过同时在芯片上打开多行来利用同一行上多列访问的较低延迟。由于内存芯片和内存模块级别具备利用高度并行处理的可能性，内存控制器承担了在内存中分配数据的艰巨任务，以便最好地利用并行性最终提高整体系统性能。

定义主内存地址映射是为了更易于访问内存模块上并行可用的不同内存列（Rank）和内存体（Bank）。这与内存控制器的调度策略结合使用。内存控制器可以查看传入的多个内存请求，并决定响应这些请求的顺序。这样做的目的是在内存模块上尽可能多地释放并行性，以提高带宽并减少内存访问的延迟。

DRAM 有几种主要的架构变体，以便为多个市场和应用提供定制特性，如图 2.10 所示 [2]。双倍数据速率（DDR）架构是最通用的架构，可在性能和功耗特性之间取得平衡，同时支持各种物理实现方式。低功耗双倍数据速率（LPDDR）架构偏向于最小化功耗，特别是与 CPU 之间的通信，更适合电池供电的应用。图形双倍数据速率（GDDR）是 DRAM 的高度专业化版本，以牺牲最初为图形处理设计的更高功率为代价，提供非常高的性能。高带宽内存（HBM）是一种新兴标准，它既能提高性能，又能降低单比特能耗。这种创新架构解决了其他 DRAM 变体的基本范式限制，但成本更高。接下来将讨论这些不同的架构的市场应用。

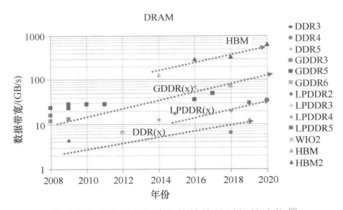

图 2.10　DRAM 各种架构性能随时间的演化 [2]

从与物联网实施相关的最简单系统开始，DRAM 技术在实现这些系统的目标方面存在一些重要限制。忽略不需要主内存的基于微控制器的系统，DRAM 不是很适合这些系统。主要关切点来自于刷新 DRAM 单元以保持数据完整性所需的功率。鉴于这些系统非常重视低功耗，尤其是在空闲期间，DRAM 刷新功耗可能使其无法用作主内存。这并不意味着此类别中没有使用DRAM 的系统，而是限制了 DRAM 在该市场中的广泛使用或更大的渗透率。这也使得这个市场更易于被其他存储器类型所突破，这些存储器类型更适合这些系统的需求。从系统的角度来看，更易于权衡性能和非易失性，因为非易失性消除了与 DRAM 更新相关的空闲功耗问题。本书中讨论的一些新兴存储器类型可能非常有利于此类系统应用。

进入移动市场领域，人们期望掌上的手机可以提供非常强大的计算性能，这种期望促使DRAM 成为系统中必不可少的一部分。主内存的容量和性能对于执行本领域中更加复杂的任务显得至关重要。移动市场产品追求非常紧凑的系统布局，LPDDR DRAM 在此方面具有潜在的优势。关键因素是 DRAM 和 CPU 之间非常近，最大限度地减少了与两者之间通信通道相关的寄生元件。一些移动设备将 LPDDR DRAM 封装堆叠在 CPU 封装之上，以进一步优化通信通道。与大多数主内存实现方式相比，低寄生元件可实现高速信号传输，并具有更高的电压裕量。LPDDR 减少了与 CPU 通信时信号的摆幅，同时仍保持了足够的信号完整性，因此在传输数据时，明显具备单比特能耗较低的优势。虽然成本也是移动市场的一个关键问题，但主内存容量正在迅速增长，以支持不断增长的计算能力。人们经常发现，相比追求 CPU 更强的计算能力，增加主内存容量可以实现更大的性能提升。

对于主内存，客户端计算机市场与移动市场在界限上也有一些模糊。笔记本电脑由于其电池供电的功能，也偏爱低功耗，但为了与智能手机区分，甚至使用了高容量和高性能的主内存。DDR DRAM 是客户端市场的主要主内存架构。DDR DRAM 和 CPU 之间的通信通道可以支持更广泛的实现方式，包括这两个关键组件之间可以相隔更远的距离。这样可实现更高的容量和高性能，尤其是在桌面客户端系统中。客户端系统中主内存的拓扑结构称为双列直插式内存模块（DIMM）。DIMM 有不同的变体，具有不同的外形尺寸和组件。缓冲芯片通常用于 DIMM 上的 DRAM 器件之间，用来驱动和接收从 DDR 总线到 CPU 的信号，以提高通信的信号完整性并促进并行化运行，从而获得更好的性能。图 2.11[5, 6] 显示了使用多个 DRAM 芯片和缓冲器件的 DIMM 的照片和框图。图形 DRAM 是客户端计算系统中使用的 DRAM 的特殊版本。GDDR DRAM 旨在提供超高速的主内存，用于处理图形元素，以推动显示器尺寸的增加，尤其用于游戏。GDDR 主内存专用于系统中的图形处理单元（GPU）。GPU 和 GDDR DRAM 的新兴应用正在机器学习（ML）和人工智能（AI）领域中被发掘。可以看出，将较大的计算分解为大量小型并行计算，就像在图形处理中那样，正是这些 ML 和 AI 算法的关键性能的推动因素。

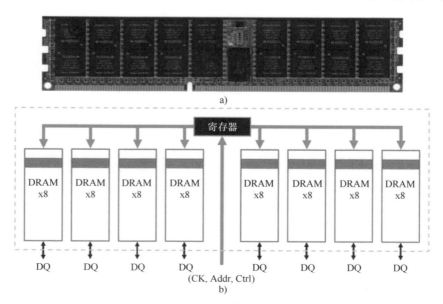

图 2.11　a）DRAM DIMM 的照片 [5] 和 b）DRAM DIMM 的框图 [6]

随着计算规模扩大到数据中心类别，主内存的实现方式变得越来越有趣。主要原因是，在如此强大的计算能力下，内存能力必须相应地提高。最明显的就是容量。由于数据中心的工作负荷，需要非常高容量的主内存。不论是用于执行复杂计算的计算密集型工作负荷，还是托管大量用户，这些用户都会独立确定自己的计算和内存需求，都必须调整 DRAM 容量以满足工作负荷需求。这可能导致内存分配效率低下，并且已经导致在服务器中倾向于分解计算和内存，以便更好地利用内存资源。数据中心正在推动 HBM DRAM 的发展。与 ML 和 AI 相关的工作是数据密集型。因此，在系统内，很大一部分延迟和功耗来自于从主内存到计算单元的数据移动。在这种情况下，昂贵的 HBM 可以提供更好的客户体验和更低的能耗，从而值得花费额外的费用。

在数据中心市场中，特别值得一提的是高性能计算（HPC）。这些是地球上体积最大、性能最强的计算机。为了从这些机器中获取最大的计算能力，从概念阶段开始，存储架构就必须是首要考虑因素。从主内存向计算引擎传送指令和数据都需要巨大的带宽。尽管这些 HPC 计算机的电力预算非常高，但必须把与数据传输相关的能耗降至最低，以便在每秒每瓦浮点运算数（Flops/W）等指标上表现出色。最大化内存带宽和最小化内存能耗对于任何 HPC 计算机的成功都至关重要。

2.3.4　固态存储在系统上的应用

不久前，任何关于存储的讨论都会牢牢地集中在硬盘驱动器（HDD）上。事实上，HDD 在数据处理系统中继续发展，由于其具备最低的单比特存储成本。然而，大量的市场正在不断转变为基于 NAND 闪存的固态存储产品。NAND 闪存具有更高的性能、更低的能耗和更高的可靠性，并且相比 HDD 不包含机械运动部件，因此不断取得进步。不过，NAND 闪存并非没有实现上的复杂性，尤其是与 SRAM 或 DRAM 相比。复杂的控制器 ASIC 控制来自 CPU 的工作负荷流量，并将其分配到存储子系统中的多个 NAND 闪存芯片，如图 2.12[7] 所示。由于 NAND 闪存芯片的每个操作都有很长的延迟，因此控制器 ASIC 和固件的主要目标是分配操作，以使所有 NAND 闪存芯片保持忙碌状态，同时等待其他 NAND 闪存完成其当前操作。由于不同市场中不同系统的工作负荷差异很大，因此为实现此目标而构建存储子系统的方式存在差异。

存储子系统由主机 CPU 通过分立的物理接口访问，与访问主内存不同。这允许存储子系统和内存的访问可以以一种协调的方式并行进行，因为大部分数据将在两者之间传输。存储接口最初是基于 HDD 的延迟构建的，例如串行高级技术附件（SATA），但基于 NAND 闪存的存储子系统的延迟要低得多，这促使接口向更高性能演进，例如通用闪存存储（UFS）和外围组件快速接口（PCIe）。这使得系统能够通过最大限度地减少数据访问的延迟来利用 NAND 闪存的性能。即使性能有所提高，存储子系统完成命令的延迟也比 CPU 执行命令到产生下一个操作所需的时间要长得多。因此，存储命令队列用于向存储子系统提供一系列命令。控制器 ASIC 分析队列并并行发出多个命令到各个 NAND 闪存芯片，以最大限度地减少任何给定命令的延迟。

NAND 闪存芯片架构的物理属性大多是从主机 CPU 中抽象出来的。CPU 的逻辑寻址用于访问存储块。然后，存储子系统控制器 ASIC 将这些逻辑地址映射到 NAND 闪存上的物理地址。这减轻了跟踪 NAND 闪存架构变化的负担，但给控制器 ASIC 和存储子系统的固件带来了负担，从而最好地使物理数据布局与 NAND 闪存芯片的物理架构保持一致，以最大限度地提高效率。NAND 闪存的读取和写入数据单位比主内存大得多。与主内存中使用的 $1 \sim 10$ 倍字节单位相比，固态存储的访问精度为 $1 \sim 10$ 倍千字节（KB，1KB=1024B）。即使 CPU 发起这些大单位的数据交互，NAND 闪存也能以更高的并行度运行，以便在延迟相对较长的情况下也能提供合理的带宽。主机写入在控制器 ASIC 上聚合，然后发送到 NAND 闪存芯片以利用这种并行性。

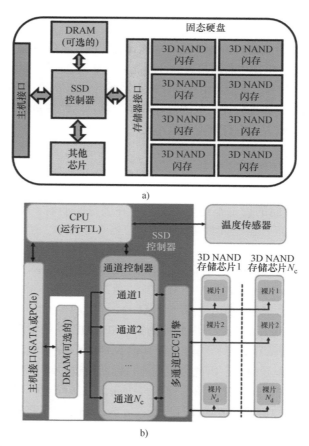

图 2.12　SSD 中组件的布局（a）及其内部架构概述（b）

　　由于其非易失性，存储的 NAND 闪存数据必须先擦除，然后才能写入新数据。擦除操作的颗粒度在块级别，比读取和写入的颗粒度（一般称为页）大得多。因此，基于 NAND 闪存的存储子系统被称为块设备，这也增加了数据管理的复杂性。由于在 NAND 闪存中，主机写入是在数据编程之前聚合的，因此主机数据的各个部分将在不同时间变得无效。结果将是 NAND 闪存上的擦除块中有效和无效页面的混合。这需要一种"垃圾回收"方法，在这个过程中，有效页被写入 NAND 闪存中的新块，并通过擦除它来回收原始块。所有这些活动都由控制器 ASIC 和存储子系统的固件执行，无需任何 CPU 参与，但对系统有影响。这种仅用于数据管理的额外数据移动会消耗电力，并使 NAND 闪存在垃圾回收期间无法访问。这会影响可靠性，完全相同的数据在其有效生命周期内必须多次写入不同的块。这称为写入放大，它会占用 NAND 闪存的宝贵编程 / 擦除周期，原本这些周期可能用于主机的额外写入。

在低端市场范围内，利用基于 NAND 闪存的固态存储子系统可能是一个挑战。当然，几乎所有的电子系统都需要非易失性存储器，但如果所需的容量足够小，那么除了 NAND 闪存之外，还有其他非易失性器件可选择。它既可以嵌入 CPU 芯片上，也可以是外部芯片，提供较低的容量，但也较少管理。这将使系统不必为 NAND 闪存集成控制器 ASIC 功能，从而降低系统的成本和功耗。与 NAND 闪存首先从低容量市场取代 HDD，然后进入高容量市场的方式类似，NAND 闪存在小型电子系统中面临着被新兴存储器冲击，这些存储器的单比特成本可能更高，但由于所需的容量较低，因此可能在权衡其他特性（如性能、功耗、可靠性）后而被选择。NAND 闪存仍然拥有的一个历史市场是可移动存储卡市场。NAND 闪存能够实现非常高的容量，可以置于非常小的物理外形内，从而提供一种非常低成本并且可移动的临时非易失性存储。

与 DRAM 在移动市场大放异彩的方式类似，NAND 闪存是整个市场腾飞的真正推动者。事实上，NAND 闪存的特性看来几乎是这个市场的理想选择，从便携式音乐播放器开始，不断发展到非常复杂的智能手机。NAND 闪存以低成本提供所需的非易失性、高存储容量，并具有足够合适的性能和功耗。NAND 闪存的控制器 ASIC 与一堆 NAND 闪存芯片封装在一起，可以提供非常紧凑和强大的存储子系统。与 CPU 的通信使用 UFS 总线和协议。智能手机中的存储工作负荷往往会对存储子系统发出突发请求。应用程序可能需要写入或读取总容量的一小部分，但延迟对于改善用户体验很重要。因此，移动市场存储子系统通常会使用多位单元，如每个单元存储 3 位或 3 级的存储单元（TLC）以降低比特成本，同时结合使用每个单元存储 1 位或单级的存储单元（SLC）来作为缓存以提高性能。SLC 缓存对于突发工作负荷非常有效，可以最大限度地减少系统中任何与延迟相关的瓶颈，尤其是与写入操作相关的瓶颈。

在存储子系统 [通常称为固态硬盘（SSD）] 的要求方面，客户端市场与移动市场具有许多共同属性。这个市场以前是 HDD 的天下，之前不是像移动市场那样随着 NAND 闪存的发展而发展，不过现在已经发生了一些变化，客户端市场开始利用 NAND 闪存的特性。与 CPU 的通信通道已从 SATA 升级到更注重性能的 PCIe。这消除了带宽限制并消除了延迟开销，从而进一步凸显了 NAND 闪存在该市场的价值。以突发性访问 SSD 的数据流量为特征的工作负荷类似于移动市场，因此通常使用 SLC 缓存。然而，客户端市场的计算能力提升到更高的水平，使用复杂的算法处理更大的数据集。在高端客户端市场中，像游戏等要求更高的应用，性能更高、容量更高的 SSD 提供了额外的价值。这推动了更高性能控制器 ASIC 的使用，增加了与多个 NAND 闪存芯片的通信通道，以满足性能要求。通常还为 SSD 提供专用 DRAM，以便无缝地执行数据管理功能，并且不干扰主机需求。

当考虑数据中心的市场需求时，决定 SSD 实施方式的大量的输入变量发生了巨大变化。所追求的容量甚至比高端客户端市场所需求的容量高出许多数量级。该战略不仅要包括增加单个 SSD 的容量，还要部署大量的高容量 SSD。存储可以通过 PCIe 专门连接到单个服务器，或以存储池的形态通过光纤被许多不同的服务器访问，以便在控制延迟的同时最大限度地提高共享。在考虑数据中心的工作负荷时，有大量独立用户或活动同时发生，他们对 SSD 的需求混合往往在 SSD 级别将随机读取和写入的混合平均化了。这与单用户系统中的突发工作负荷有很大不同。因此，数据中心对 SSD 的重视程度是围绕性能一致性的。不使用 SLC 缓存，而是为了追求低成本支持高容量，使用了多位单元的 NAND 闪存。随着较大的任务分解为多个存储读取请求，系统的性能可能会受到最慢的读取命令的限制。读取的延迟分布尤为重要，这个指标称为服务质量（QoS），控制器 ASIC 和固件经过高度优化，以最大限度地减少由于命令队列深度非常高而可能导致的延迟分布的异常。最后，由于这种严格的工作负荷，数据中心对 SSD 的可靠性的要求被推到更高的水平。存储子系统中的 NAND 闪存会承受极高次数的编程和擦除，器件必须满足这些周期以防止磨损 NAND 闪存单元。

2.4　小结

存储器在电子系统中的使用无处不在，但又非常多样化。每个电子系统都在使用某种形式的存储器，但具体实现方式因该系统的最终目标和优先级而异。驱动存储实现细节的关键因素是成本、性能、功耗和可靠性。由于系统可用的存储总容量是系统成本的重要驱动因素，因此在驱动架构决策时，它与计算需求一起是一个主要考虑因素。计算和存储必须在系统中适当平衡，以防止在计算受到存储子系统向 CPU 提供数据和指令的能力限制的情况下出现瓶颈。功耗至关重要，在系统内将数据从内存移动到 CPU 然后再返回内存所需的功耗可能会对整个系统设计造成阻碍。由于系统中内操动作的占比较高，必须考虑系统可靠性受内存各项约束所限。

事实上，不存在可以满足成本、性能、功耗和可靠性等特性都优秀的单一存储技术，这一事实让位于存储层次结构的创建。这个概念展示了不同的存储器类型在系统中如何协同工作以实现近似于理想的存储效果。成本和性能的权衡往往是存储层次结构中的主要驱动因素。由于成本高，用作本地内存的 SRAM 容量有限，但由于与 CPU 同处一块芯片，因此延迟非常低，从而提供了必要的性能。采用 DRAM 技术的主内存由于其低成本结构而提供了存储容量的扩展。在单独的芯片上通过高度定制化的工艺可降低单比特成本，但运算单元必须与此分立芯片交换数据，因此需要在延迟和功耗方面进行权衡。基于 NAND 闪存的固态存储提供非常低的单比特成本，可实现大容量存储，并具有非易失性的额外优势。但是，访问此器件的数据所消耗的延迟和电量是一个系统设计优化的关键。

在研究这种存储层次结构在电子系统中的实现方式时，存在很大程度的差异，这取决于市场和系统必须解决的任务。部署物联网所代表的非常小的系统具有非常小的存储预算。鉴于这种电子系统的出现，传统存储器技术已经成熟，可能被更适合这类应用的新型存储器概念所打破。移动市场开始非常清楚地显示出部署传统存储器以获得系统级收益的关键特征。需要大量的本地内存、主内存和固态存储才能将一台非常强大的计算机置于用户掌中。客户端计算机市场存在于移动市场之上，尽管与之共享许多属性，但客户端计算机伴随着存储能力提升也进一步扩展了计算能力。由于不再受制于电池电源，因此缓解了一些功耗限制，从而实现了更高水平的性能。数据中心和云计算的出现，将电子系统处理日益互联的世界中复杂任务的能力推向了新的高度。存储器通过在各个方面的扩展来应对这一挑战，以满足对数据和数据处理方面永不满足的需求。世界已经变得以数据为中心，存储器正在为我们未来的生活方式铺平道路。

参 考 文 献

[1] J. Handy, The memory/storage hierarchy, in: The SSD Guy, Objective Analysis, 10 September 2019. https://thessdguy.com/the-memory-storage-hierarchy/.

[2] J. Chang, Memory—2020 trends, in: 2020 IEEE International Solid-State Circuits Conference (ISSCC), San Francisco, CA, USA, 2020.

[3] S. Jones, Economics in the 3D era, in: LithoVision 2020, San Jose, CA, USA, 2020.

[4] T. Singh, et al., 2.1 Zen 2: the AMD 7nm energy-efficient high-performance x86-64 microprocessor core, in: 2020 IEEE International Solid-State Circuits Conference (ISSCC), San Francisco, CA, USA, 2020, pp. 42–44, https://doi.org/10.1109/ISSCC19947.2020.9063113.

[5] R. Crisp, B. Gervasi, W. Zohni, B. Haba, Cost-minimized double die DRAM packaging for ultra-high performance DDR3 and DDR4 multi-rank server DIMMs, in: Thirteenth International Symposium on Quality Electronic Design (ISQED), Santa Clara, CA, USA, 2012, pp. 437–444, https://doi.org/10.1109/ISQED.2012.6187546.

[6] J.H. Ahn, J. Leverich, R. Schreiber, N.P. Jouppi, Multicore DIMM: an energy efficient memory module with independently controlled DRAMs, IEEE Comput. Archit. Lett. 8 (1) (2009) 5–8, https://doi.org/10.1109/L-CA.2008.13.

[7] C. Zambelli, L. Zuolo, L. Crippa, R. Micheloni, P. Olivo, Mitigating self-heating in solid state drives for industrial internet-of-things edge gateways, Electronics 9 (2020) 1179, https://doi.org/10.3390/electronics9071179.

第 3 章

SRAM 技术现状及前景

Julien Ryckaert、Pieter Weckx 和 Shairfe Muhammad Salahuddin
比利时鲁汶比利时微电子研究中心（IMEC）逻辑技术部

3.1 引言

SRAM 是现代处理器 IC 的基本构建模块，是将必要的记忆功能集成到计算单元中的最有效方法。冯·诺依曼机器依赖于计算单元和存储单元之间的密集数据交换。因此，这些系统的速度和效率很大程度上取决于存储子系统在容量、速度和通信接口方面的性能。众所周知的存储墙促使存储子系统采用跨不同存储技术层次结构的数据流，此层次结构中的每一层都是在速度、容量和成本之间仔细权衡的结果。SRAM 是最接近处理器单元的层，通常称为片上缓存。将这一层与处理器集成是保证存储功能能够以或接近处理器速度运行的唯一方法。片上存储层本身由多层 SRAM 子层组成。高级处理器芯片具有多达 4 个 SRAM 缓存子层，从通常专用于单个处理器内核的快速 1 级缓存到 3 级或有时称为 4 级缓存 [这俩都可以称为最后一级缓存（LLC）]，通常在多个处理单元之间共享，并且是第一个外部存储器层的直接接口：主内存或外部缓存。后者在大多数系统中都使用 DRAM 技术集成在单独的封装芯片中，这超出了本章的论述范围。随着工作负荷的不断增加和片上处理器内核数量的增加，系统对这些片上存储器单元的容量要求越来越大。片上 SRAM 电路由 CMOS 技术中可用的标准 MOSFET 器件构建而成。图 3.1 所示的 6T SRAM 单元几十年来一直是标准电路，是用于评估半导体工艺节点微缩后性能的参考电路之一 [1-18]。SRAM 性能在处理器系统操作中至关重要，其位单元性能被用作 CMOS 节点的关键指标。技术人员不断探索最大程度微缩 SRAM 位单元的方法。实现 SRAM 微缩化的标准工艺技术解决了其面积、速度和可变性问题。随着更先进工艺技术节点在尺寸微缩化的局限性以及互连导线在 RC 延迟方面的指数级增长，SRAM 已成为技术扩展的严重瓶颈 [19-21]。

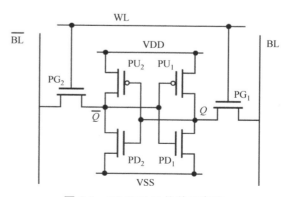

图 3.1　6T SRAM 位单元电路

本章讨论了这些局限性，并介绍了为克服局限性而提出的几项创新。在撰写本章时，所讨论的技术尚未在商业技术节点中引入。本章力图描述研究人员为应对 SRAM 微缩化挑战而做的各种创新。

在 3.2 节中，我们将首先回顾基本的 6T SRAM 单元和用于在深亚微米工艺中提供微缩化的标准技术。这将使得我们能够讨论它们的局限性，并突出新的微缩化技术需求。3.3 节将讨论可集成到高级 CMOS 工艺节点中的微缩增强技术进行 SRAM 微缩的新方法。未来的技术可能会引入新的器件架构，这些架构可能会影响或者被 SRAM 微缩化所驱动。3.4 节将讨论采用这些新器件的 SRAM 单元设计，从主流的全环栅（GAA）纳米片器件到更具颠覆性的器件概念，如互补场效应晶体管（CFET）。最后，3.5 节将讨论一个最新的想法，即通过利用先进的混合技术集成（如 3DIC 或顺序 3D 集成）来解决 SRAM 微缩化挑战，以解决片上缓存集成中存在的容量 / 速度权衡瓶颈。

3.2　SRAM 位单元微缩化的挑战

在过去的几十年里，6T 静态随机存取存储器（SRAM）单元一直是嵌入式存储器的主要器件，并已有效地微缩进入纳米工艺。由于高密度需要最小化器件尺寸，SRAM 单元通常作为基本器件来评估工艺进展，这些微缩化工艺由光刻、工艺集成和器件电气性能所驱动。

3.2.1　6T SRAM 位单元操作与分析

图 3.1 描绘了 6T SRAM 位单元电路，这是嵌入式存储器最常用的结构。它是一个双稳态存储器件，需要能够存储逻辑 0 或逻辑 1 值。这是通过使用一对反相器来实现的，这对反相器结合生成一个反馈回路。因此，SRAM 单元由 4 个核心晶体管组成，PMOS 上拉（PU_1、PU_2）和 NMOS 下拉（PD_1、PD_2）。通过字线（WL）和位线（BL/$\overline{BL}$）控制导通 NMOS 晶体管（PG_1、PG_2），来读取和写入核心晶体管存储的值（$Q/\overline{Q}$）。导通晶体管和核心晶体管的衬底都连接到电源轨 VDD 和 VSS。

3.2.1.1　SRAM 位单元操作

这种交叉的反相器的传输曲线具有如图 3.2 所示的特性。两个稳定点对应于可存储的两个逻辑值。中间存在一个亚稳态点，超过该点，单元的内部状态将向任一侧翻转。这种转移特性被称为蝶形曲线，描述了 SRAM 存储单元的稳定性。内部节点可以承受与状态翻转前的眼图一样大小的电压噪声水平。

图 3.3 是通用 SRAM 宏架构。排列在阵列中的 SRAM 位单元使用由 WL 驱动的行解码器进行寻址。BL 通过列解码器驱动多路复用电路选择正确的位。

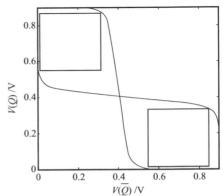

图 3.2　交叉反相器的电压传输曲线显示了存储逻辑 "0" 和 "1" 的两个稳定点。中间存在一个亚稳态点，代表着两个稳定点之间的转换

写操作通过将 BL 和 $\overline{BL}$ 设置为正确的逻辑值来实现。在这里，位于"0"BL 的导通管将拉低这一侧的内部节点电压。如果此节点是逻辑"1"，它将被导通管重置。另一个导通管有助于加快写操作。

通常，对于 6T SRAM 单元，读操作和写操作都由导通管决定。传统上来看，导通晶体管一直是 NMOS，因为 NMOS 比 PMOS 在单位面积上有更强的驱动能力，所以 SRAM 单元中的导通晶体管是很好的下拉器件，读操作伴随着放电，即拉低感测线电压至 0。写操作是通过拉低内部节点实现的。

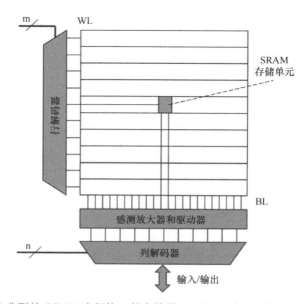

图 3.3　描绘了一个典型的 SRAM 宏架构，其中使用 WL 和 BL 解码器对大量单个 SRAM 单元进行寻址。读操作通常从将位线预充电至电源电平 VDD 开始。一旦通过将 WL 拉高来寻址 SRAM 位单元，存储逻辑 0 的一侧的导通晶体管将开始对预充电的 BL 放电。为了加快读操作，感测放大器位于 BL 的末端，一旦在 BL 和 $\overline{BL}$ 之间产生足够的 BL 电压摆动，就会触发感测放大器工作

3.2.1.2　稳定性和性能指标

如上一节所述，导通管负责写和读操作。因此，重要的是确定这些晶体管的尺寸，以免发生读和写的冲突。

图 3.4 所示的转换特性称为蝶形曲线，描述了 SRAM 存储单元抗噪声的稳定性。静态噪声容限（SNM）可以从蝶形曲线计算得到。内部节点 Q 和 $\overline{Q}$ 从 0 独立扫描到 VDD，并分别跟踪观察它们的互补节点 $\overline{Q}$ 和 Q。它们提供了两条电压转换曲线（VTC），并绘制在蝶形曲线中。在这里，SNM 被定义为可以被适配到蝶形曲线的眼图内的两个 Seevinck 方块的最小值[22]。

在保持模式下，导通晶体管关闭，SRAM 单元保持其存储的数值。表征这种情况被称为保持模式 SNM（HSNM）（见图 3.4a）。在读取模式下，多个存储单元被同时选中。重要的是不要在打开导通管时发生破坏性读取。这种情况称为读取模式 SNM（RSNM）（见图 3.4b）。RSNM

始终低于 HSNM，因为导通管将内部节点拉到略高于 VSS。为了避免破坏性读取，NMOS 导通管的驱动能力不应比 NMOS 下拉管强。

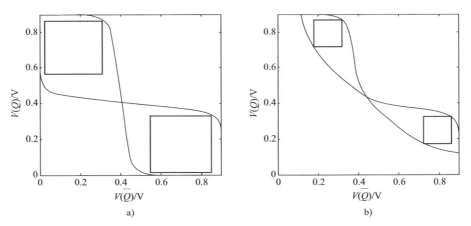

图 3.4　通过分析 a）保持模式下的 VTC 获得 SNM 裕量，其中 WL=0V，b）读取模式下 WL=VDD

为了评估写入能力，可以根据写入裕量来表征单元。此写入裕量可以从写入跳变点中扣除。写入跳变点（见图 3.5）是 BL 上允许写入一个单元的最高值。如果写入跳变点低于 VSS，则此单元在名义电源电压下是不可写的。

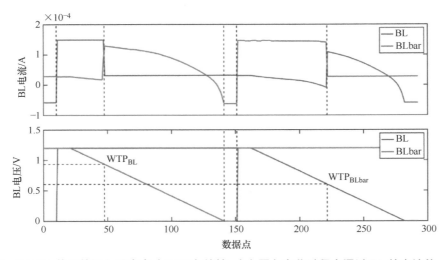

图 3.5　SRAM 单元的写入跳变点（WTP）特性。（上图）在此过程中通过 BL 的电流值。电流的突然变化对应于单元状态的翻转。（下图）在此过程中 BL 的电压值

SRAM 要考虑的另一个重要指标是漏电。由于 SRAM 由许多单元组成，因此它们对 SoC 的整体漏电有相当大的贡献。因此，SRAM 晶体管是典型的高 V_{th} 型晶体管，以最大限度地减

少漏电。源漏极之间漏电和栅极漏电构成了整个单元的漏电。

由于 SRAM 单元在一个大阵列中寻址，因此连接每个单元的连线会导致功耗和性能下降。WL 的电阻和电容会导致读写操作的 RC 延迟。BL 电容主导着读操作中 BL 的放电，BL 电阻则引起线上电压下降而影响写操作。

3.2.1.3 由于微缩化而做的位单元优化

为了在所有条件下可靠运行，SRAM 单元中的 6 个晶体管都必须做适当的优化。一方面，与下拉晶体管相比，导通晶体管不能太强，以免在读操作期间覆盖内部存储的逻辑 0。这称为读取干扰。这个 β 比率，即下拉晶体管的强度（驱动电流）与导通晶体管的强度（驱动电流）之比，应足够大，以确保不会发生这种读取干扰：

$$\beta = \frac{W_{PD} / L_{PD}}{W_{PG} / L_{PG}}$$

式中，W_{PD} 和 W_{PG} 分别是下拉晶体管和导通晶体管的宽度；L_{PD} 和 L_{PG} 分别是下拉晶体管和导通晶体管的长度。在 FinFET 技术中，有效栅极宽度 W 是由鳍片数量定义的整数。此外，对于微缩技术，栅极长度调整是不被允许的。因此，β 比率由鳍片的数量定义：

$$\beta = \frac{N_{PD}}{N_{PG}}$$

式中，N_{PD} 和 N_{PG} 分别是下拉晶体管和导通晶体管的鳍片数量。

另一方面，导通晶体管需要比上拉晶体管更强，以便能够覆盖内部存储的逻辑值 1。如果导通管不够强，则无法写入单元，发生写入失败。单元 γ 比率，即导通晶体管强度与上拉晶体管强度之比，应足够大，以确保不会发生写入失败：

$$\gamma = \frac{\mu_n W_{PG} / L_{PG}}{\mu_p W_{PU} / L_{PU}}$$

与 FinFET 技术中的 β 比率一样，γ 比率也由鳍片的数量定义：

$$\gamma = \frac{N_{PG}}{N_{PU}}$$

在读操作期间，为了满足稳定性要求，来自下拉晶体管的电流必须等于来自导通晶体管的电流：

$$I_{PD}\big|_{linear} = I_{PG}\big|_{saturation}$$

式中，线性电流由下式给出：

$$I_{PD}\big|_{linear} = \mu_n C_{ox} \frac{W_{PD}}{L_{PD}} \left((V_{GS} - V_{th})V_{DS} - \frac{V_{DS}^2}{2} \right)(1 + lV_{DS})$$

假设内部存储值为 "1"，WL 和 BL 电压等于 VDD：

$$I_{PD}\mid_{linear}=\mu_n C_{ox}\frac{W_{PD}}{L_{PD}}\left((V_{DD}-V_{th})V_Q-\frac{V_Q^2}{2}\right)(1+lV_Q)$$

式中，μ_n 是电荷载流子有效迁移率；C_{ox} 是单位面积的栅氧化层电容值；l 是通道长度调制参数。

饱和电流由下式给出：

$$I_{PG}\mid_{saturation}=\mu_n C_{ox}\frac{W_{PG}}{L_{PG}}(V_{GS}-V_{th})^2(1+l(V_{DS}-V_{DSsat}))$$

假设

$$I_{PG}\mid_{saturation}=\mu_n C_{ox}\frac{W_{PG}}{L_{PG}}(V_{DD}-V_Q-V_{th})^2(1+l(V_{DD}-V_Q-V_{DSsat}))$$

假设 l 为零，我们可以求解方程以找到 β 比率与内部节点电压之间的关系：

$$V_Q=\frac{(V_{DD}-V_{th})(1+b\pm\sqrt{b(1+b)})}{1+b}$$

在写操作期间，为了满足稳定性要求，来自上拉晶体管的电流必须等于来自导通栅极的电流：

$$I_{PG}\mid_{linear}=I_{PU}\mid_{saturation}$$

式中，线性电流由下式给出：

$$I_{PG}\mid_{linear}=\mu_n C_{ox}\frac{W_{PG}}{L_{PG}}\left((V_{DD}-V_{th})V_{DD}-\frac{V_{DD}^2}{2}\right)$$

饱和电流由下式给出：

$$I_{PU}\mid_{saturation}=\mu_p C_{ox}\frac{W_{PU}}{L_{PU}}(V_{DD}-V_{th})^2$$

最后一个限制是，我们希望最小化整个 SRAM 位单元面积，因此上拉器件通常具有最小尺寸。

在平面技术中，晶体管面积可能是非整数，以便微调 γ 和 β 值。由于转换到 FinFET，晶体管的尺寸变成了整数，结果导致 SRAM 位单元面积微缩可能会受到影响。

3.2.2　版图和设计考虑

在当前的技术中，常用的 SRAM 位单元版图是所谓的薄型单元版图，其棍式示意图如图 3.6 所示。在这里，栅极沿垂直方向摆放并对齐，而全部的晶体管则沿水平方向。为了便于从一个反相器交叉连接到另一个反相器，单元呈现中心点对称性。这有助于晶体管匹配，因为它消除了系统性偏差。SRAM 位单元平铺在一个更大的阵列中，每个相邻单元都沿边界镜像。因此，公共 BL 节点沿水平方向行共享，而公共 WL 节点沿垂直方向列共享。如何将其转换为实际布局将在下一节中讨论。

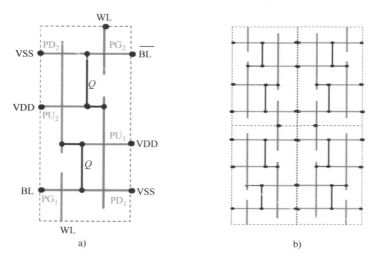

图 3.6   a）SRAM 位单元和 b）SRAM 阵列的棍式示意图

3.2.2.1   版图架构

图 3.7a 是平面技术的薄型单元 SRAM 布局，图 3.7b 是 FinFET 技术的布局。

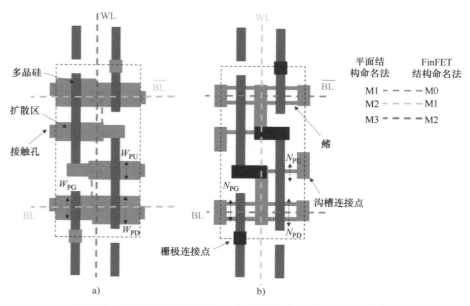

图 3.7   SRAM 位单元版图：a）平面技术；b）FinFET 技术

在平面技术中，可采用可变宽度调制为设计人员提供单元优化的自由度。晶体管源极 / 漏极和栅极使用接触孔，单元内的互联使用第一层金属 M1，BL 连接使用 M2，WL 连接使用 M3。在 FinFET 技术中，工艺技术和设计发生了重大变化。由于需要降低与鳍片源极 / 漏极的接触电阻以及提高对准工艺，因此引入了沟槽接触（trench contact）。沟槽接触专门用作桥接 N 器件内部和 P 器件内部的鳍片。第二道中道工艺（MOL）结构用来完成栅极连接。这些栅极连接点也用于进行交叉连接。因此，随着 MOL 变得越来越复杂，BEOL 布线被放宽，只需要两层金属被用作 BL 和 WL 的走线连接。在这里，第一层金属（称为 M0）用于 BL 水平布线，第二层金属 M1 用于 WL 垂直布线。

3.2.2.2　设计规则检查

为了了解从工艺集成到光刻技术的选择如何影响 SRAM 位单元面积和微缩的潜力，我们可以推导出前道工艺（FEOL）和中道工艺（MOL）集成的设计规则。BEOL 集成之前已推动了 SRAM 的微缩化。在 FinFET 技术中，BEOL 在微缩化方面比 FEOL 的作用更加明显。因此，在微缩技术节点，BEOL 对于 SRAM 面积微缩表现出二阶效应。

SRAM 面积可以用其单元宽度（沿鳍片方向）和单元高度（沿栅极方向）来表示。对于单向栅极图形布局，在恒定间距下的单元宽度（W_{cell}）将始终等于带接触孔栅极的间距的两倍：

$$W_{cell} = 2CGP$$

式中，CGP 是带接触孔栅极的间距。基于 FinFET 的 SRAM 的单元高度（H_{cell}）通常表示为多个鳍片间距：

$$H_{cell} = N_f FP$$

式中，N_f 是鳍片数量值，可以为非整数；FP 是最小的鳍片间距。如图 3.8 所示，在各种工艺技术中，高密度的 111 型 SRAM 单元微缩情况和高性能的 112/122 型 SRAM 单元微缩情况都基本保持稳定趋势。对于 111 型 SRAM 单元，N_f 范围为 8 ~ 8.5；对于 112/122 型 SRAM 单元，N_f 范围为 10 ~ 10.5。

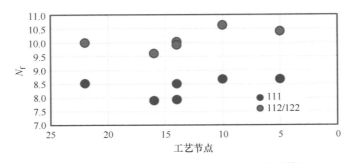

图 3.8　SRAM 单元高度在工艺微缩过程中的情况

单元高度的微缩化与 FEOL 设计规则更加相关，这个设计规则与 FP 相关，因为单元高度微缩化与 FP 是间接关联。图 3.9 显示了不同的设计规则，其在很大程度上定义了整体单元的高度。

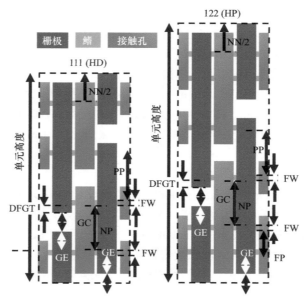

图 3.9   分解为不同 FEOL 部分的 SRAM 单元高度

不同的设计规则包括：

– GC（Gate Cut，栅极切割）；

– GE（Gate Extension，栅极延伸）；

– DFGT（Dummy Fin Gate Tuck，虚拟鳍片栅极回缩）；

– FW（Fin Width，鳍片宽度）；

– FP（Fin Pitch，鳍片间距）；

– PP（P to P separation，P 到 P 间距）；

– NP（N to P separation，N 到 P 间距）；

– NN（N to N separation，N 到 N 间距）。

于是单元格高度表示为

对于 111 型单元

$$H_{\text{cell}} = 3\text{GC} + 4\text{GE} + 2\text{DFGT} + 4\text{FW} + \text{PP}$$

对于 122 型单元

$$H_{\text{cell}} = 3\text{GC} + 4\text{GE} + 2\text{DFGT} + 4\text{FW} + 2\text{FP} + \text{PP}$$

也可以用鳍片间距表示 111 和 122 型单元高度为

$$H_{\text{cell}} = \text{NN} + 2\text{NP} + \text{PP}$$

$$H_{\text{cell}} = \text{NN} + 2\text{NP} + 2\text{FP} + \text{PP}$$

由于 NN、NP 和 PP 大体在 2FP 量级，因此单元高度遵循图 3.9 所示的微缩进程。

3.2.3 波动性和可靠性

在半导体行业，波动性已成为主要的设计挑战之一，因为它与设计和制造直接相关，并在一定程度上决定了集成电路（IC）的最终成本。人们可以区分功能良率和参数良率，前者决定了正常工作 IC 的比例，后者决定了速度、功率和功耗方面的性能波动性。从本质上讲，系统和电路层面的这种性能波动性主要是源自于制造过程中引入的工艺偏差[23]。还有些其他偏差来源，如环境偏差（温度、电源或负载的变化），但这些都超出了本书的范围。工艺偏差可以进一步分为涉及导线电阻和电容各种偏差的后端偏差，以及涉及实际晶体管器件的前端偏差。处理晶体管参数波动性已成为当前最高水准（SotA）VLSI 设计面临的重大设计挑战之一。如果设计不能充分应对偏差，会导致产品延期、良率损失和应用端退货。CMOS 逻辑电路（包括SRAM）以功耗和性能规格为目标，需要考虑这些波动性，以满足所需的良率。

3.2.3.1 波动性来源的类型

波动性来源可根据空间和时间偏差分为不同的类别[24]。首先可以区分晶片间（全局）和晶片内（局部）部件，其中批次（lot）间、晶圆（wafer）间和芯片（die）间的变化可以归入晶片间，而晶片内由同一个芯片中的误差组成[25]，这些变化决定了产品内器件之间的差异。然而，从设计的角度来看，通常还需要区分系统波动性和随机波动性，因为前者对于每个器件来说可以看作确定量进行处理。全局波动性是指从芯片到芯片和晶圆到晶圆之间所遇到的波动性。芯片之间的波动性意味着制造的芯片将与另一个芯片不同，即使它来自同一晶圆。晶圆与晶圆之间的波动性源于这样一个事实，即在晶圆与晶圆之间的生产过程中，工艺条件会发生细微的变化。芯片之间的变化通常是源于晶圆的几何形状是圆形。各种工艺技术，如化学机械抛光（CMP）和刻蚀，对于位于晶圆边缘的芯片与位于中心的芯片会产生不同的结果[25]。局部或随机波动性是同一芯片内不同器件之间的波动性。由于自然界固有的随机性和离散性，即使是设计相同的相邻器件也会有不同的行为。随机掺杂波动（RDF）、线边缘粗糙度（LER）和金属晶粒粒度（MGG）是随机波动性的一些最突出的来源[1, 13, 26, 27]。

3.2.3.2 器件波动性来源

线边缘粗糙度（LER）是一种内在随机波动性形式，源自亚波长光刻和刻蚀工艺导致的不一致结构，如图 3.10 所示。由于 LER会导致图案结构的粗糙度和厚度变化，从而器件尺寸（如栅极长度和宽度）出现随机变化。这进一步导致漏电流的增加以及 VTH 的变化[12, 28]。

随机掺杂波动（RDF）[29, 30]是由于晶体管尺寸不断减小而产生的，每个器件的平均掺杂原子数减少到只有少数几个。掺杂原子

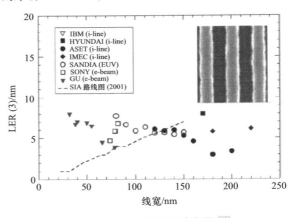

图 3.10 LER 随线宽的变化[28]

的平均数量随技术的变化而减少，如图 3.11 所示。因此，掺杂位置和数量的随机性导致许多重要器件参数出现波动性，例如 V_{th}、亚阈值斜率 SS、截止频率 f_t 和栅极电容 C_g 等。更重要的是，RDF 是 V_{th} 波动性的主要贡献者，如参考文献 [31，32] 所示。RDF 对 V_{th} 的影响取决于基本工艺参数，如氧化物厚度和总掺杂剂浓度。平面器件的分析表达式 [33-36] 通常为

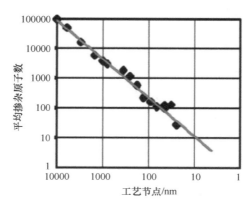

图 3.11   技术微缩后每个器件的平均掺杂原子数 [37]

$$\sigma_{V_{th}} \approx \sqrt[4]{4q^3 \varepsilon_{Si} \phi_B} \, \frac{T_{Ox}}{\varepsilon_{Ox}} \frac{\sqrt[4]{N_{tot}}}{\sqrt{L_{eff} W_{eff}}}$$

显示出与氧化物厚度呈现线性相关，而与器件有效长度（L_{eff}）和宽度（W_{eff}）的二次方根呈现反比相关。对于平面器件，发现对总掺杂浓度 N_{tot} 的四次方根相关性。然而，该分析模型仅考虑了通道耗尽区域中掺杂总量的波动，没包括与单个掺杂的随机位置相关的效应。在参考文献 [12，28] 中，通过对沟道长度小于 100nm 和 $N_{tot} > 10^{18} cm^{-3}$ 的原子模拟，得出经验公式：

$$\sigma_{V_{th}} = 3.18 \times 10^{-8} \frac{T_{Ox} N_{tot}^{0.4}}{\sqrt{L_{eff} W_{eff}}}$$

显示 V_{th} 对微缩技术的沟道高掺杂的敏感性增加。这将不可避免地导致平面器件的微缩化进程终结，因为高掺杂浓度，需要提高性能，导致 RDF 相关波动性增加。对于 FinFET 器件，呈现出与总掺杂浓度的二次方根相关性 [37]，由此产生的阈值电压标准偏差由下式给出：

$$\sigma_{V_{th}} \approx q\sqrt{W_{Si}} \, \frac{T_{Ox}}{\varepsilon_{Ox}} \frac{\sqrt{N_{tot}}}{\sqrt{L_{eff} W_{eff}}}$$

尽管 FinFET 对 RDF 的灵敏度更高，但与微缩平面器件相比，沟道掺杂浓度要低几个数量级，从而降低了波动性。

当金属和多晶硅被用作栅极材料时，金属晶粒度和多晶硅晶粒边界都会在栅极功函数（WF）上产生波动性 [38, 39]（见图 3.12）。硅 / 栅氧化物界面处的多晶硅晶粒边界具有高密度的

缺陷状态，引起费米能级钉扎效应[26, 40]。因此，引起的沟道电势波动导致阈值电压和电流的变化。金属栅极晶粒源自金属的多晶性质。根据工艺条件的不同，金属形态可以是无定形的或多晶的，晶粒尺寸为 5 ~ 50nm，取向各不相同[41, 42]。这些晶粒根据其取向具有不同的功函数，这导致了栅极的功函数变化，并作为局部 VTH 的结果[25, 38]。

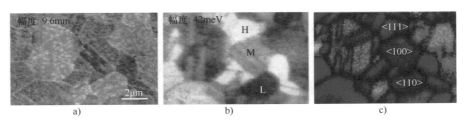

图 3.12　相同抛光铜区域（$12 \times 8\mu m^2$）的形态（a）、功函数图（b）和 EBSD 图（c）[43]

另一方面，系统波动性在某种程度上是一种隐藏的波动性形式，它源于器件之间的版图布局差异。器件附近某些光刻结构的接近程度会影响光刻和刻蚀。然而，通过对版图布局的适当了解，可以在设计的早期阶段考虑这类的波动性。系统波动性也可以通过更严格的版图布局设计规则、对称布局和虚拟（dummy）结构的使用来抑制。

Pelgrom 失配模型指出，两个器件之间的失配是由内在技术失配和设备之间的距离决定的：

$$\sigma^2_{\Delta V_{th}} = \frac{A_{V_{th}}}{\sqrt{L_{eff}W_{eff}}} + S^2_{V_{th}} D^2$$

式中，$A_{V_{th}}$ 和 $S_{V_{th}}$ 是 Pelgrom 失配参数，它们是技术常数；D 是两个设备之间的距离。综合 RDF、MGG、LER 和其他变化原因产生了 Pelgrom 的微缩定律。适用于紧密放置的器件：

$$\sigma^2_{\Delta V_{th}} \approx \frac{A_{V_{th}}}{\sqrt{L_{eff}W_{eff}}}$$

方差与栅面积成反比，这是与基础的变化源相关的泊松统计的结果。因此，为了保持微缩化的持续推进，需要提升 $A_{V_{th}}$。

3.3　在纳米微缩节点的 SRAM 微缩化和性能提升

由于先进技术节点中多晶硅间距和鳍片间距的约束，SRAM 位单元的传统微缩方式遇到瓶颈[16-21]。几种微缩增强技术的出现，确保了单元面积可以随着 CMOS 技术继续微缩化。本节将讨论这些微缩增强技术。

3.3.1　有源栅极上接触（COAG）工艺

在传统 SRAM 中，栅极多晶硅（或 M0G）水平延伸用于接触打孔（称为栅极接触），如图 3.13a 所示。SRAM 位单元由三个栅极接触（M0G）、两个栅极接触之间的间隔（M0G P-P）、栅极接触和有源区（AG）之间的间隔、M0A 和 M0G 之间的间隔（M0 P-P）组成。这些单独部件的高度与其他 FEOL 部件加起来确定了整体单元的高度。图 3.13b 显示了一个 SRAM 位单元，采用有源栅极上接触（COAG）。单元不需要任何水平多晶硅（或 M0G）延伸以及相关的间距要求。因此，与多晶硅（M0G）延伸的单元相比，COAG 的单元的高度降低了 10% ~ 20%。

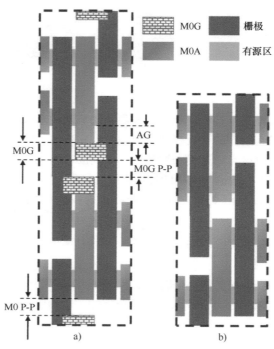

图 3.13　SRAM 位单元：a）采用常规栅极接触；b）采用有源栅极上接触

3.3.1.1　金属栅极切割（MGC）

SRAM 位单元高度可以分解到严格的 FEOL 设计规则，如 GC（Gate Cut，栅极切割）、GE（Gate Extension over Active fin，有源鳍片上的栅极延伸）和 DFGT（Dummy Fin Gate Tunk，虚拟鳍片栅极回缩）等。在先进的 5nm 工艺中，高达 60% 的 SRAM 位单元高度由 GE 和 GC 规则决定。因此，SRAM 进一步微缩化的主要挑战是追求极致的 GC 和减少 GE 规则，同时仍然提供沟道控制。5nm 节点之后，GC 需要小于 20nm，由于 FH（鳍片高度）不断增加而形成的宽高比增大，这个设计规则被证明很难刻蚀和重新填充。另一方面，减小 GE 受到传统 RMG 工艺中氧化物栅极堆叠和金属栅极 WF（功函数）调制所需的裕量的限制[44]，再加上图 3.14a 所示的掩模遮掩的裕量限制。因此，SRAM 位单元高度微缩由基本微缩规则决定，具体取决于 GE 和 GC 工程中的权衡。此外，由于单元宽度与 CGP 成正比，因此在跨工艺节点微缩时，目标面积约束下，任何 CGP 的放松都将进一步限制 GE 和 GC。

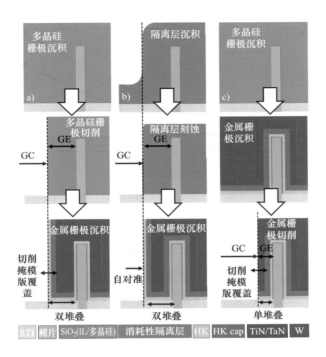

图 3.14　a）采用多晶硅切割的传统 RMG 工艺，导致 GE 等于 2 倍的栅极堆叠（gate stack）再加上覆盖部分（overlay）；b）使用隔离层（spacer）的自对准 GE；c）MGC 可以实现单个栅极堆叠，但有覆盖部分[16]

　　降低单元高度的一种方法是采用自对准技术规避覆盖部分（overlay），从而减小 GE（见图 3.14b）。然而，GE 的宽度仍然是栅极堆叠（gate stack）的两倍。另一种方法是 MGC（金属栅极切割），规避沟槽填充问题，将 GE 减少到单个栅极堆叠加上覆盖部分（见图 3.14c）。MGC 实现 10%～15% 的单元面积微缩。

3.3.2　埋入式供电的 SRAM

　　SRAM 阵列的读取延迟由 WL 传输延迟和 BL 评估延迟组成。随着工艺进一步微缩，WL 和 BL 电容通常会降低（见图 3.15），而晶体管性能提高。因此，CMOS 工艺进步有望降低读取延迟。然而，由于金属宽度微缩，WL 和 BL 电阻，从 14nm 节点（N14）到 5nm 节点（N5），分别增加了 12.5 倍和 20.5 倍（见图 3.16）。增加的 WL 电阻限制了 WL 电流。因此，从 N14 到 N5，WL 延迟和读取访问延迟分别增加了 5.2 倍和 18.1%。图 3.16 还表明 WL 处在微缩工艺节点中 SRAM 阵列的关键路径上。降低 WL 和 BL 电阻对于在先进节点实现 SRAM 电路的功耗和性能优势至关重要。

　　埋在硅下的金属可用作 DRAM[45] 中的 WL 走线。埋入的电源轨在参考文献 [46-49] 中被用于实现标准单元之间的互连，并向单元供电。本节将讨论在 SRAM 电路中使用埋入式电源轨（BPR）的好处。

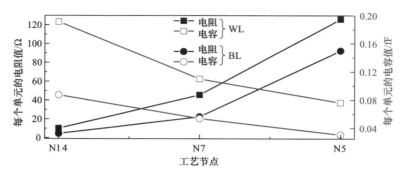

图 3.15　工艺微缩过程中 SRAM 的 BL 和 WL 的寄生参数[19]

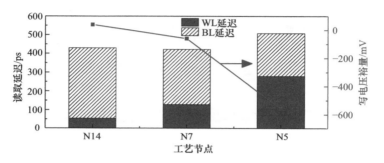

图 3.16　一个 256×136 SRAM 阵列的写电压裕量和读取延迟的变化，从 14nm 工艺发展到 5nm 工艺[19]

　　在这项工作中，大高宽比的 Ru（钌）线用于 BPR。图 3.17 说明了 BPR 集成中的关键工艺步骤。BPR 工艺在鳍片成型、浅沟槽隔离（STI）填充和化学机械抛光（CMP）之后开始（见图 3.17a）。首先，为 BPR 做刻蚀沟槽（见图 3.17b），然后沉积 1nm 的 TiN，通过 ALD（原子层沉积）和 CMP 用 Ru 填充沟槽（见图 3.17c）。接下来，进行约 50nm 的受控凹槽刻蚀（见图 3.17d），然后在 10% 浓度的 H_2/N_2、650℃的烘箱中退火 20min。电介质塞入凹陷的 BPR 线上（见图 3.17e），以确保金属被完全包裹，然后进入其余的 FEOL。图 3.18 显示了 SRAM 电路中集成 BPR 的概念图和 BPR 的扫描电镜（SEM）截面图。BPR 在凹槽前和凹槽后从上向下拍摄的 SEM 截面图和 FIB（聚焦离子束）SEM 截面图如 3.19 所示。

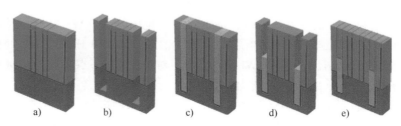

图 3.17　BPR 集成流程示意图。窄红线代表有源鳍片：a）鳍片成型后、STI 填充、CMP；
b）BPR 刻蚀；c）衬板（liner）沉积和 Ru 填充；d）Ru 刻凹槽；e）BPR 堵塞[19]

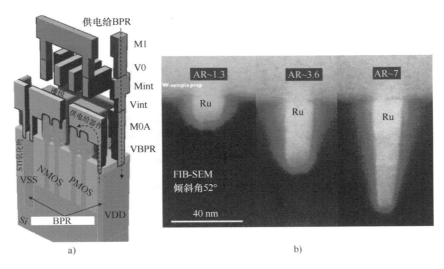

图 3.18　a）SRAM 中集成 BPR 的概念图；b）显示不同高宽比的 BPR 的 SEM 截面图[19]

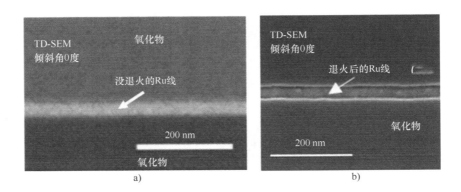

图 3.19　Ru 线的从上向下拍摄的 SEM（TD-SEM）截面图和 FIB-SEM 截面图：a）凹槽前；b）凹槽后[19]

假如采用 3nm（N3）工艺，图 3.20 显示了传统和埋入式供电的 SRAM 字单元布局。BPR 给 BL 和 WL 金属层打开了空间（见图 3.20b）。因此，更宽的金属线可用于 BL 和 WL，而不会增加位单元面积。图 3.21 比较了 BPR SRAM 和传统 SRAM 中的 BL 和 WL 电阻值。由于金属走线更宽，与传统 SRAM 相比，埋入式供电的 SRAM 的 BL 和 WL 电阻分别降低了 74.8% 和 52.5%（见图 3.22）。与传统 SRAM 相比，BPR SRAM 的总的 BL 和 WL 的电容（FEOL 和 BEOL）分别增加了 24.5% 和 16.1%。然而，互连电阻是先进技术节点中的性能限制因素，而 BPR SRAM 则显著降低了互连电阻。因此，增加的电容对性能的影响并不大。

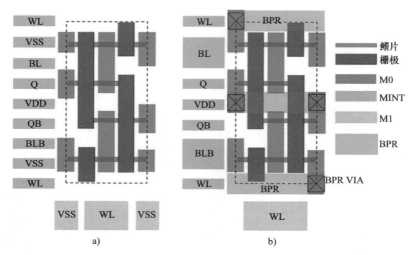

图 3.20 采用 3nm 工艺的高密度（111）SRAM 字单元布局:a）常规 SRAM（无埋入式电源）；b）埋入式 VSS 的 SRAM。在 SRAM 中加入埋入式电源不会造成任何面积损失[19]

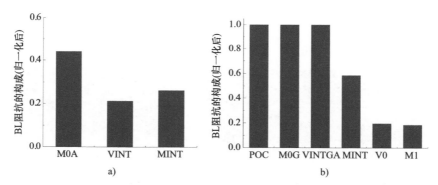

图 3.21 BPR SRAM 中 BL 和 WL 电阻相对于传统 SRAM 的比值。M0A：金属 0A；VINT：M0 和 MINT 之间的通孔 INT；MINT：金属 INT；POC：多晶硅接触孔；M0G：用作栅级的金属 0；VINTGA：栅极和 MINT 之间的通孔 INT；V0：MINT 和 M1 之间的通孔 0；M1：金属 1[19]

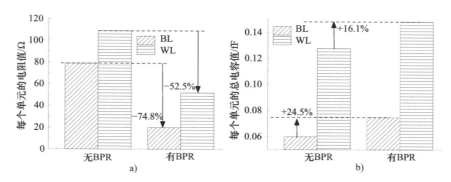

图 3.22 N3 工艺中采用和不采用埋入式 VSS 的 SRAM 中 BEOL 寄生元件的比较[19]

　　尽管使用埋入式供电的 SRAM 时 BL 和 WL 电容有所增加，但与传统 SRAM 相比，读取延迟降低了 30.6%[取决于工艺角（corner）]（见图 3.23）。这种性能改进表明，在等读取访问时延（isoread-access-delay）下，单元晶体管的阈值电压可以进一步提高，以抑制埋入式供电的 SRAM 中的漏电功耗。

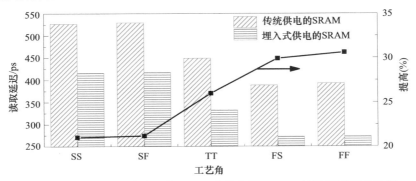

图 3.23　N3 工艺中传统供电和埋入式供电的 SRAM 的读取延迟的比较

3.4　新器件环境下的 SRAM

3.4.1　器件微缩到 3nm 之下的新架构

　　微缩到极限的栅极长度迫使技术人员调整器件的架构，以增强栅极之下的沟道中的电场。这将确保在关闭状态下更好地控制沟道，从而改善器件的静电特性。FinFET 器件是在这个方向迈出的主要一步，它是在 20nm 工艺节点上问世的。FinFET 架构的附带优势已成为 FinFET 在工艺微缩进程中广泛部署的关键。这一优势源自于沟道形成在垂直方向上，使得有效宽度基本上由鳍片的高度决定。这是器件宽度定义的一个重大变化，因为不仅有源区被量化为鳍片数量（鳍片高度在制造时是固定的），而且其有效面积由鳍片间距决定，提高了器件的有源区效率，因为间距通常小于器件高度的两倍。当栅极长度小于 20nm 时，FinFET 静电特性再次开始变差，源极和漏极太近从而加剧了短沟道效应。一些完全包裹的结构被提出来解决这个问题，沟道完全被栅极包围。这些所谓的纳米片 / 纳米线器件已成为 3nm 以下工艺节点中的活跃研究领域。然而，随着越来越紧凑的逻辑器件的发展，这些纳米片架构在微缩化中很快就会受到主动设计规则的限制。在这方面，人们提出了新的器件架构来解决这些微缩化问题。首先，提出工作片（worksheet）架构作为纳米片的自然延伸，以减少 pn 间隔的瓶颈；然后，CFET 架构有望采用一个共同形成的 nFET/pFET 堆叠基本结构达到极致的 CMOS 器件紧凑性。这些架构都将在接下来的章节中描述，并将详细分析它们对 SRAM 微缩化的影响。

3.4.2　基于纳米片的 SRAM

　　纳米片（nanosheet）器件由一摞栅极包围的水平半导体薄片（通常是硅）构成，如图 3.24 所示。为了优化短通道行为，薄片的厚度被限制在几纳米的固定值（这里假定为 5nm）。

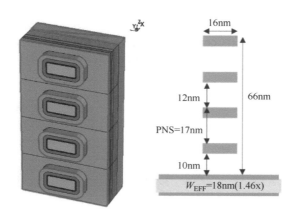

图 3.24　堆叠的纳米片的横截面图

然后，器件的宽度由堆叠中的薄片的数量（通常由工艺确定）决定，但也由薄片的宽度决定。因此，从平面器件到 FinFET 器件的转变过程中，纳米片器件不再有连续器件宽度的概念。这对逻辑和 SRAM 的设计都产生了严重影响。纳米片 SRAM 半个单元的布局如图 3.27 所示。基于 FinFET 的 SRAM 引入了量化宽度的概念，定义了不同版本的 SRAM 单元，如前所述，SRAM 中三个基本器件的鳍片数量不同。

3.4.3　基于叉片型的 SRAM

对 FinFET 技术来说，GE 是限制 SRAM 微缩的内在因素，因为它需要在鳍片每个垂直边上控制沟道。GAA 纳米线和纳米片等提出的未来器件并不能解决这个问题，因此从 SRAM 微缩的角度来看不是很有吸引力。因此，一种替代性的具有叉形栅极结构的新型垂直堆叠侧向片器件，即叉片型器件被提出，以便继续微缩到 5nm 工艺以下。该器件架构（见图 3.25）允许完全去除器件一侧的 GE 裕量。薄片器件的基本优点是，大部分沟道控制由存在于 x 方向（沿薄片）而不是 z 方向的 WF 金属提供。这允许 GE 优化，从而实现叉型架构。此外，器件边缘可以与栅极实现自对准，从而规避套刻容差（overlay margin）问题，且不会增加工艺复杂性（见图 3.26）。

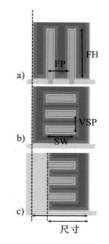

图 3.25　a）鳍片、b）GAA 和 c）叉型器件

带有 GAA 和叉片型器件的 SRAM 半单元的布局如图 3.27a 所示。GAA 器件仍然需要 GE 规则，而叉型器件的延伸规则为零，因此，允许同等面积下更宽的薄片在相等或更小面积下实现相等的 W_{eff}。此外，由于 SRAM 布局的特定属性，下拉和导通器件可以减少两个 GE 以及一个上拉器件的 DFGT。如图 3.27b 所示，高性能（HP）单元在相同的拉低 W_{eff} 的情况下单元高度可以减小 20%，或者在相同的单元高度下 W_{eff} 会增加 40%。

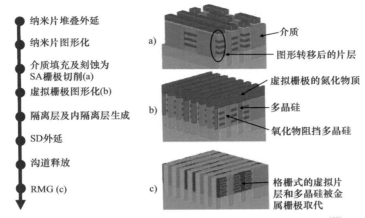

纳米片堆叠外延

纳米片图形化

介质填充及刻蚀为
SA 栅极切削(a)

虚拟栅极图形化(b)

隔离层及内隔离层生成

SD 外延

沟道释放

RMG (c)

图 3.26　叉形纳米片工艺流程和 SRAM Coventor 仿真[16]

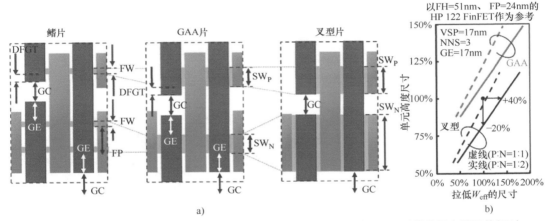

图 3.27　a）SRAM 半单元的布局。GAA 器件仍然需要 GE 规则，而叉型器件具有零延伸规则，可在相等的面积下实现更窄的薄片。b）与 HP 122 FinFET 单元相比，采用 GAA 和叉型器件的 SRAM 单元的 W_{eff} 和面积权衡。PMOS 和 NMOS 使用比例为 1:2 的可变薄片宽度可实现最大增益[16]

3.4.4　基于 CFET 的 SRAM

CFET 器件架构说明了器件在 3D 微缩化方面的演变[50]。由于结构的 3D 优化是在嵌入逻辑模块时完成，同逻辑单元互补式的结构特点使得结构（如 CFET）能够实现高度的微缩性。CFET 的概念在于将 nFET "折叠" 在 pFET 器件上，消除了 nFET 到 pFET 间隔瓶颈，从而将单元有效面积减小为原来的一半（见图 3.28）。这些优势既可用来提高性能，也可以通过进一步微缩高度来减少单元面积。

6T SRAM 是非 CMOS 结构，由于输出端存在导通管器件。这迫使工艺流程必须修改，以实现紧凑的 SRAM 架构。图 3.29 显示了 SRAM 布局微缩的策略。两个 SRAM 反相器可以通过 CFET 实现，方法是将 nFET 折叠在 pFET 上。可是，由于可能发生交叉耦合连接，导通管

nFET 无法移动到同一鳍片 track（轨道）。考虑到导通管可由 CFET 堆叠中的单个器件构成，我们使用一组额外的工艺步骤从顶层器件向 CFET 打凹槽，保持底层器件被覆盖并与顶部隔离。这样，通过单元边界处的 WL 输入访问底层器件，交叉耦合就不会轻易地发生。这种方法允许 SRAM 单元高度降低到 4 个鳍片 track，与 8 个鳍片高度布局相比，单元面积减少到一半。

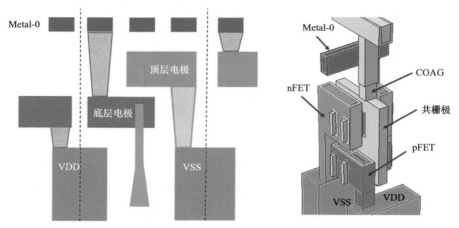

图 3.28　CFET 的横截面图（左图）和 CFET 的三维图（右图）[51]

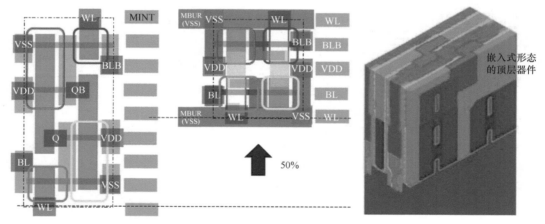

图 3.29　平面 FinFET SRAM 布局（左图）、CFET SRAM 布局（中图）和 CFET SRAM 的 3D 视图（右图）[51]

3.5　SRAM 的混合集成

　　SRAM 在高性能处理器中通常占据 30% ~ 70% 的芯片面积。例如，AMD Zen 处理器的芯片照片如图 3.30 所示。SRAM 占据了近 50% 的芯片面积。由于尺寸较大，内存线上延迟通常主导整体系统性能。逻辑电路 -SRAM 三维集成架构（Logic-SRAM 3D Partition）可以缩短互连导线的长度，因此可以提高 SRAM 和系统性能。混合或顺序 3D（Seq3D）集成对于逻辑电路 -SRAM 三维集成架构来说，是有前景的技术选择之一。

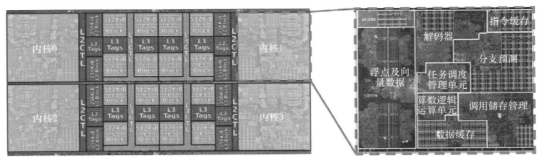

图 3.30　AMD Zen 处理器芯片照片（左图）、核心芯片照片（右图）显示了内存中不同的组成部分 [52]

　　平面 2D 和 Seq3D 阵列置于 CMOS 下方（AuC），这样的 CMOS-SRAM 分区如图 3.31 所示。SRAM 阵列 [包括字线（WL）和位线（BL）] 位于底层，而控制外围电路（P）与其他 CMOS 电路一起位于上层。这种架构易于灵活地分别优化 SRAM 和 CMOS 晶体管。WL 解码器和驱动电路（外围电路）位于 AuC 的阵列中间（见图 3.32a）。然而，外围电路可以分散布局（DIS_Peri）（见图 3.32b），以进一步降低 WL 电阻。

图 3.31　a）传统 2D IC 示意图，内核电路和 SRAM 并排布局在同一平面上；b）SRAM 阵列位于 CMOS 下方（AuC）。内核和 SRAM 外围电路位于顶层。SRAM 处于底层。超级通孔（SuperVias）用于在 SRAM 和外围电路之间传递信号。P：外围电路 [21]

图 3.32　外围电路：a）在中间；b）分散分布于整个阵列（DIS_Peri）。分散分布可以进一步降低 WL 电阻 [21]

　　本章中的 AuC，即 WL 外围电路位于 SRAM 阵列的上部中间位置。对于相同的阵列尺寸，将外围电路放置在阵列中间可将有效 WL 电阻降低 50%（不考虑顶层退火效应）（见图 3.33）。BL 电阻不受 WL 外围电路布局的影响。WL 和 BL 电阻都受益于顶层热退火引起的晶粒尺寸增大。因此，与平面 2D 布线的 SRAM 阵列相比，采用 AuC 的每个单元的有效 WL 电阻降低了 65%（包括外围电路在中间），BL 电阻降低了 30% [21]。电容方面，由于在底层使用 SiO_2 作为 BEOL 电介质，

BL 和 WL 电容（金属线 + 器件）增加了约 30%（见图 3.34）。

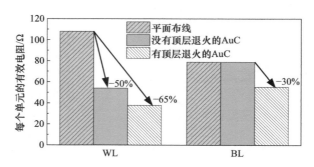

图 3.33 假设外围电路在阵列中间的情况（见图 3.32），在顶层退火前后，每个单元的有效 WL 和 BL 电阻与平面 2D 布线的单元电阻情况的比较 [21]

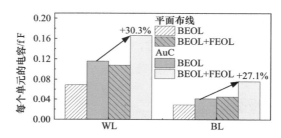

图 3.34 AuC 结构的 WL 和 BL 电容与平面 2D 布线情况做比较。实心图：AuC；斜线图：平面布线 [21]

在先进工艺节点，WL 电阻主导了读取延迟 [4, 5]。尽管 WL 和 BL 电容也有所增加，但由于 WL 电阻较低（见图 3.33），AuC 结构可以使读取速度提高 3.1%（见图 3.35）。顶层器件的退火可减小 WL 和 BL 电阻。因此，与平面 2D 布线情况相比，AuC 结构的读取速度提高了 17.4%（见图 3.35）。将 WL 驱动电路分散布局在阵列顶部（见图 3.32），读取速度提高幅度进一步达到 27.2%，因为有效电阻进一步降低。

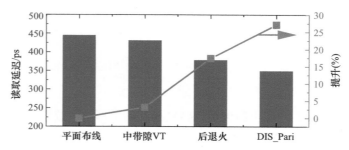

图 3.35 AuC SRAM 读取延迟与平面 2D 布线结构的比较。尽管 WL 和 BL 电容增加；以及中带隙 VT 器件的导通电流有所下降，但由于 AuC 中 WL 和 BL 电阻较低，读取速度仍旧有所提高（中带隙 VT 至 DIS_Pari：累积影响）[21]

图 3.36 比较了包含了 SRAM 阵列、SRAM 外围电路和 CMOS 电路的 AuC 结构与平面 2D 布线方式的芯片面积情况。SRAM 阵列和列解码器电路位于底层。顶层 CMOS 电路由内核电路、WL 解码器、缓冲电路、感测放大器、预充电电路、写入驱动电路和 IO 电路组成。当 CMOS 电路占据 30%～40% 的芯片面积时，预计能最大节省面积（约 50%）（见图 3.36）。

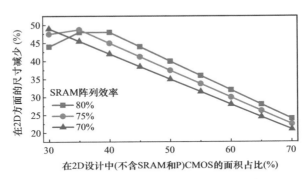

图 3.36　对于不同的 SRAM 阵列效率，采用 AuC 节省的芯片面积与平面 2D 布线情况做对比[21]

当我们计算晶圆成本时，通常考虑工艺流程细节、工具成本、工艺流程时长，如参考文献 [53] 所述。假设底层（SRAM 层）采用中带隙 WF 材料，无 PMOS 应力，两层金属层；同时假设顶层（CMOS 层）采用无阱和 STI 的平面 2D 布线技术，在这些条件下计算成本。3nm 叠 3nm（N3-over-N3）的晶圆成本比 3nm（N3）的平面 2D 布线结构要高出约 50%（见图 3.37）。硅片成本的增加主要来自底层的额外的中道工艺（MOL）和前道工艺（FEOL）。一些混合工艺（例如，CMOS 层用 N3，SRAM 层用 N7）被研究以期降低晶圆成本（见图 3.37）。在保守计算芯片成本节省时，忽略了由于芯片面积微缩而导致的良率提高。对于那些 SRAM 面积占 40%～55% 的设计来说，预计可省 15%～25% 的芯片成本（见图 3.38）。

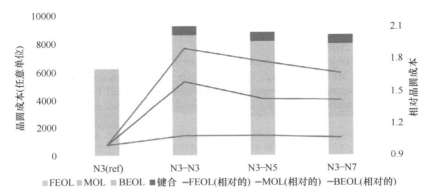

图 3.37　AuC 晶圆成本的下降以及与平面 2D 布线结构（N3 节点）相比较。AuC 的顶层始终是 N3，底层工艺从 N7 到 N3[21]

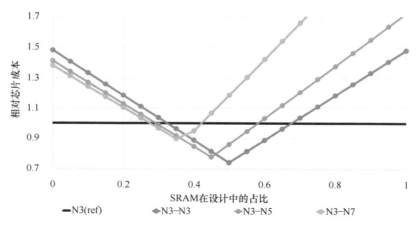

图 3.38   各种 AuC SRAM 的相对成本。AuC 结构的顶层始终是 N3，底层从 N7 到 N3[21]

3.6   小结

CMOS 工艺的进步增加了片上 SRAM 的密度和数量。在过去的几十年里，更大、更快的片上缓存极大地提高了片上系统的性能。然而，SRAM 在工艺微缩节点方面正面临重大挑战。本章总结了先进工艺节点中 SRAM 的设计挑战，以及为克服这些挑战而开展的最新研究活动。

参 考 文 献

[1] K. Zhang, U. Bhattacharya, Z. Chen, F. Hamzaoglu, D. Murray, N. Vallepalli, Y. Wang, B. Zheng, M. Bohr, A 3-GHz 70-mb SRAM in 65-nm CMOS technology with integrated column-based dynamic power supply, IEEE J. Solid State Circuits 41 (1) (2006) 146–151, https://doi.org/10.1109/JSSC.2005.859025.

[2] F. Hamzaoglu, K. Zhang, Y. Wang, H.J. Ahn, U. Bhattacharya, Z. Chen, Y.-G. Ng, A. Pavlov, K. Smits, M. Bohr, A 153Mb-SRAM design with dynamic stability enhancement and leakage reduction in 45nm high-K metal-gate CMOS technology, in: Proceedings of IEEE International Solid-State Circuits Conference, February 2018, pp. 376–621, https://doi.org/10.1109/ISSCC.2008.4523214.

[3] E. Karl, Y. Wang, Y.-G. Ng, Z. Guo, F. Hamzaoglu, U. Bhattacharya, K. Zhang, K. Mistry, M. Bohr, A 4.6GHz 162Mb SRAM design in 22nm tri-gate CMOS technology with integrated active VMIN-enhancing assist circuitry, in: Proceedings of IEEE International Solid-State Circuits Conference, February 2012, pp. 230–232, https://doi.org/10.1109/ISSCC.2012.6176988.

[4] E. Karl, Z. Guo, J. Conary, J. Miller, Y.-G. Ng, S. Nalam, D. Kim, J. Keane, X. Wang, U. Bhattacharya, K. Zhang, A 0.6 V, 1.5 GHz 84 Mb SRAM in 14 nm FinFET CMOS technology with capacitive charge-sharing write assist circuitry, IEEE J. Solid State Circuits 51 (1) (2016) 222–229, https://doi.org/10.1109/JSSC.2015.2461592.

[5] Z. Guo, D. Kim, S. Nalam, J. Wiedemer, X. Wang, E. Karl, A 23.6Mb/mm^2 SRAM in 10nm FinFET technology with pulsed PMOS TVC and stepped-WL for low-voltage applications, in: Proceedings of IEEE International Solid-State Circuits Conference, February 2018, pp. 196–198, https://doi.org/10.1109/ISSCC.2018.8310251.

[6] J.H. Chen, N. LiCausi, E.T. Ryan, T.E. Standaert, G. Bonilla, Interconnect performance and scaling strategy at the 5 nm node, in: Proceedings of IEEE International Interconnect Technology Conference/Advanced Metallization Conference, May 2016, pp. 12–14, https://doi.org/10.1109/IITC-AMC.2016.7507641.

[7] J. Chang, Y.-H. Chen, W.-M. Chan, S.P. Singh, H. Cheng, H. Fujiwara, J.-Y. Lin, K.-C. Lin, J. Hung, R. Lee, H.-J. Liao, J.-J. Liaw, Q. Li, C.-Y. Lin, M.-C. Chiang, S.-Y. Wu, A 7nm 256Mb SRAM in high-k metal-gate FinFET technology with write-assist circuitry for low-V_{MIN} applications, in: Proceedings of IEEE International Solid-State Circuits Conference, February 2017, pp. 206–207, https://doi.org/10.1109/ISSCC.2017.7870333.

[8] T. Song, J. Jung, W. Rim, H. Kim, Y. Kim, C. Park, J. Do, S. Park, S. Cho, H. Jung, B. Kwon, H.-S. Choi, J.S. Choi, J.S. Yoon, A 7nm FinFET SRAM using EUV lithography with dual write-driver-assist circuitry for low-voltage applications, in: Proceedings of IEEE International Solid-State Circuits Conference, February 2018, pp. 198–200, https://doi.org/10.1109/ISSCC.2018.8310252.

[9] Y.-H. Chen, W.-M. Chan, W.-C. Wu, H.-J. Liao, K.-H. Pan, J.-J. Liaw, T.-H. Chung, Q. Li, C.-Y. Lin, M.-C. Chiang, S.-Y. Wu, J. Chang, A 16 nm 128 Mb SRAM in high-k metal-gate FinFET technology with write-assist circuitry for low-V_{MIN} applications, IEEE J. Solid State Circuits 50 (1) (2015) 170–177, https://doi.org/10.1109/JSSC.2014.2349977.

[10] J. Chang, Y.-H. Chen, H. Cheng, W.-M. Chan, H.-J. Liao, Q. Li, S. Chang, S. Natarajan, R. Lee, P.-W. Wang, S.-S. Lin, C.-C. Wu, K.-L. Cheng, M. Cao, G.H. Chang, A 20nm 112Mb SRAM in high-κ metal-gate with assist circuitry for low-leakage and low-V_{MIN} applications, in: Proceedings of IEEE International Solid-State Circuits Conference, February 2013, pp. 316–317, https://doi.org/10.1109/ISSCC.2013.6487750.

[11] T.T. Song, W. Rim, J. Jung, G. Yang, J. Park, S. Park, Y. Kim, K.-H. Baek, S. Baek, S.-K. Oh, J. Jung, S. Kim, G. Kim, J. Kim, Y. Lee, S.-P. Sim, J.S. Yoon, K.-M. Choi, H. Won, J. Park, A 14nm FinFET 128Mb 6T SRAM with V_{MIN}-enhancement techniques for low-power applications, in: Proceedings of IEEE International Solid-State Circuits Conference, February 2014, pp. 232–233, https://doi.org/10.1109/JSSC.2014.2362842.

[12] T. Song, W. Rim, S. Park, Y. Kim, G. Yang, H. Kim, S. Baek, J. Jung, B. Kwon, S. Cho, H. Jung, Y. Choo, J. Choi, A 10 nm FinFET 128 Mb SRAM with assist adjustment system for power, performance, and area optimization, IEEE J. Solid State Circuits 52 (1) (2017) 240–249, https://doi.org/10.1109/JSSC.2016.2609386.

[13] S.M. Salahuddin, M. Chan, Eight-FinFET fully differential SRAM cell with enhanced read and write voltage margins, IEEE Trans. Electron Devices 62 (6) (2015) 2014–2021, https://doi.org/10.1109/TED.2015.2424376.

[14] S.M. Salahuddin, H. Jiao, V. Kursun, A novel 6T SRAM cell with asymmetrically gate underlap engineered FinFETs for enhanced read data stability and write ability, in: Proceedings of the IEEE International Symposium on Quality Electronic Design, March 2013, pp. 353–358, https://doi.org/10.1109/ISQED.2013.6523634.

[15] M. Clinton, R. Singh, M. Tsai, S. Zhang, B. Sheffield, J. Chang, A 5GHz 7nm L1 cache memory compiler for high-speed computing and mobile applications, in: Proceedings of IEEE International Solid-State Circuits Conference, February 2018, pp. 200–201, https://doi.org/10.1109/ISSCC.2018.8310253.

[16] P. Weckx, et al., Stacked nanosheet fork architecture for SRAM design and device co-optimization toward 3nm, in: Proceedings of IEEE International Electron Devices Meeting, December 2017, pp. 20.5.1–20.5.4, https://doi.org/10.1109/IEDM.2017.8268430.

[17] P. Weckx, et al., Novel forksheet device architecture as ultimate logic scaling device towards 2nm, in: Proceedings of IEEE International Electron Devices Meeting, December 2019, pp. 36.5.1–36.5.4, https://doi.org/10.1109/IEDM19573.2019.8993635.

[18] M.K. Gupta, et al., Device circuit and technology co-optimisation for FinFET based 6T SRAM cells beyond N7, in: Proceedings of European Solid-State Device

Research Conference, September 2017, pp. 256–259, https://doi.org/10.1109/ESSDERC.2017.8066640.

[19] S.M. Salahuddin, K.A. Shaik, A. Gupta, B. Chava, M. Gupta, P. Weckx, J. Ryckaert, A. Spessot, SRAM with buried power distribution to improve write margin and performance in advanced technology nodes, IEEE Electron Device Lett. 40 (8) (2019) 1261–1264, https://doi.org/10.1109/LED.2019.2921209.

[20] S. Salahuddin, M. Perumkunnil, E. Dentoni Litta, A. Gupta, P. Weckx, J. Ryckaert, M.-H. Na, A. Spessot, Buried power SRAM DTCO and system-level benchmarking in N3, in: Proceedings of IEEE VLSI Symposium, June 2020, pp. 1–2.

[21] S.M. Salahuddin, et al., Thermal Stress-Aware CMOS–SRAM partitioning in sequential 3-D technology, IEEE Trans. Electron Devices 67 (11) (2020) 4631–4635, https://doi.org/10.1109/TED.2020.3023923.

[22] E. Seevinck, F.J. List, J. Lohstroh, Static-noise margin analysis of MOS SRAM cells, IEEE J. Solid State Circuits 22 (5) (1987) 748–754, https://doi.org/10.1109/JSSC.1987.1052809.

[23] M. Nourani, A. Radhakrishnan, Testing on-die process variation in nanometer VLSI, IEEE Des. Test Comput. 23 (6) (2006) 438–451, https://doi.org/10.1109/MDT.2006.157.

[24] D.S. Boning, J.E. Chung, Statistical metrology: understanding spatial variation in semiconductor manufacturing, in: Proceedings SPIE 2874, Microelectronic Manufacturing Yield, Reliability, and Failure Analysis II, 12 September 1996, https://doi.org/10.1117/12.250817.

[25] S. Ghosh, K. Roy, Parameter variation tolerance and error resiliency: new design paradigm for the nanoscale era, Proc. IEEE 98 (10) (2010) 1718–1751, https://doi.org/10.1109/JPROC.2010.2057230.

[26] K. Agarwal, S. Nassif, Characterizing process variation in nanometer CMOS, in: Proceedings of ACM/IEEE Design Automation Conference, San Diego, CA, 2007, pp. 396–399.

[27] A. Asenov, et al., Advanced simulation of statistical variability and reliability in nano CMOS transistors, in: 2008 IEEE International Electron Devices Meeting, San Francisco, CA, 2008, p. 1, https://doi.org/10.1109/IEDM.2008.4796712.

[28] A. Asenov, A.R. Brown, J.H. Davies, S. Kaya, G. Slavcheva, Simulation of intrinsic parameter fluctuations in decananometer and nanometer-scale MOSFETs, IEEE Trans. Electron Devices 50 (9) (2003) 1837–1852, https://doi.org/10.1109/TED.2003.815862.

[29] R.W. Keyes, Effect of randomness in the distribution of impurity ions on FET thresholds in integrated electronics, IEEE J. Solid State Circuits 10 (4) (1975) 245–247, https://doi.org/10.1109/JSSC.1975.1050600.

[30] G. Roy, A.R. Brown, F. Adamu-Lema, S. Roy, A. Asenov, Simulation study of individual and combined sources of intrinsic parameter fluctuations in conventional nano-MOSFETs, IEEE Trans. Electron Dev. 53 (12) (2006) 3063–3070.

[31] K.J. Kuhn, Reducing variation in advanced logic technologies: approaches to process and design for manufacturability of nanoscale CMOS, in: 2007 IEEE International Electron Devices Meeting, Washington, DC, 2007, pp. 471–474, https://doi.org/10.1109/IEDM.2007.4418976.

[32] A. Asenov, A.R. Brown, J.H. Davies, S. Kaya, G. Slavcheva, Simulation of intrinsic parameter fluctuations in decananometer and nanometer-scale MOSFETs, IEEE Trans. Electron Dev. 50 (9) (2003) 1837–1852.

[33] P.A. Stolk, F.P. Widdershoven, D.B.M. Klaassen, Modeling statistical dopant fluctuations in MOS transistors, IEEE Trans. Electron Devices 45 (9) (1998) 1960–1971, https://doi.org/10.1109/16.711362.

[34] T. Mizuno, J. Okumtura, A. Toriumi, Experimental study of threshold voltage fluctuation due to statistical variation of channel dopant number in MOSFET's, IEEE Trans. Electron Devices 41 (11) (1994) 2216–2221, https://doi.org/10.1109/16.333844.

[35] Y. Ye, F. Liu, M. Chen, S. Nassif, Y. Cao, Statistical modeling and simulation of threshold variation under random dopant fluctuations and line-edge roughness, IEEE Trans. Very

Large Scale Integr. (VLSI) Syst. 19 (6) (2011) 987–996.

[36] A. Wettstein, O. Penzin, E. Lyumkis, W. Fichtner, Random dopant fluctuation modelling with the impedance field method, International Conference on Simulation of Semiconductor Processes and Devices, 2003, SISPAD 2003, IEEE, 2003, pp. 91–94.

[37] K.J. Kuhn, et al., Process technology variation, IEEE Trans. Electron Devices 58 (8) (2011) 2197–2208, https://doi.org/10.1109/TED.2011.2121913.

[38] A.R. Brown, N.M. Idris, J.R. Watling, A. Asenov, Impact of metal gate granularity on threshold voltage variability: a full-scale three-dimensional statistical simulation study, IEEE Electron Device Lett. 31 (11) (2010) 1199–1201, https://doi.org/10.1109/LED.2010.2069080.

[39] H. Dadgour, V. De Kazuhiko Endo, K. Banerjee, Modeling and analysis of grain-orientation effects in emerging metal-gate devices and implications for SRAM reliability, in: 2008 IEEE International Electron Devices Meeting, San Francisco, CA, 2008, pp. 1–4, https://doi.org/10.1109/IEDM.2008.4796792.

[40] A.R. Brown, G. Roy, A. Asenov, Poly-Si-Gate-related variability in decananometer MOSFETs with conventional architecture, IEEE Trans. Electron Devices 54 (11) (2007) 3056–3063, https://doi.org/10.1109/TED.2007.907802.

[41] X. Wang, A.R. Brown, N. Idris, S. Markov, G. Roy, A. Asenov, Statistical threshold-voltage variability in scaled decananometer bulk HKMG MOSFETs: a full-scale 3-D simulation scaling study, IEEE Trans. Electron Devices 58 (8) (2011) 2293–2301, https://doi.org/10.1109/TED.2011.2149531.

[42] H. Dadgour, K. Endo, V. De, K. Banerjee, Modeling and analysis of grain-orientation effects in emerging metal-gate devices and implications for SRAM reliability, IEEE, 2008, pp. 1–4.

[43] N. Gaillard, et al., Characterization of electrical and crystallographic properties of metal layers at deca-nanometer scale using Kelvin probe force microscope, Microelectron. Eng. 83 (2006) 2169–2174.

[44] L. Ragnarsson, et al., Zero-thickness multi work function solutions for N7 bulk FinFETs, in: 2016 IEEE Symposium on VLSI Technology, Honolulu, HI, 2016, pp. 1–2, https://doi.org/10.1109/VLSIT.2016.7573393.

[45] Micron Technology, Method of Making Memory Cell with Vertical Transistor and Buried Word and Body Lines. U.S. Patent US5 909,618, 1997.

[46] L. Zhu, Y. Badr, S. Wang, S. Iyer, P. Gupta, Assessing benefits of a buried interconnect layer in digital designs, IEEE Trans. Comput. Aided Des. Integr. Circuits Syst. 36 (2) (2017) 346–350, https://doi.org/10.1109/TCAD.2016.2572144.

[47] B. Chava, J. Ryckaert, L. Mattii, S.M.Y. Sherazi, P. Debacker, A. Spessot, D. Verkest, DTCO exploration for efficient standard cell power rails, in: Proceedings of SPIE Design-Process-Technology Co-optimization for Manufacturability, vol. 10,588, March 2018, https://doi.org/10.1117/12.2293500.

[48] S.M.Y. Sherazi, C. Jha, D. Rodopoulos, P. Debacker, B. Chava, L. Matti, M.G. Bardon, P. Schuddinck, P. Raghavan, V. Gerousis, A. Spessot, D. Verkest, A. Mocuta, R.H. Kim, J. Ryckaert, Low track height standard cell design in iN7 using scaling boosters, in: Proceedings of SPIE Design-Process-Technology Co-optimization for Manufacturability, vol. 101,480, April 2017, https://doi.org/10.1117/12.2257658.

[49] A. Gupta, S. Kundu, L. Teugels, J. Bömmels, C. Adelmann, N. Heylen, G. Jamieson, O.V. Pedreira, I. Ciofi, B. Chava, C.J. Wilson, Z. Tőkei, High-aspect-ratio ruthenium lines for buried power rail, in: Proceedings of IEEE International Interconnect Technology Conference, June 2018, pp. 4–6, https://doi.org/10.1109/IITC.2018.8430415.

[50] X. Wu, P.C.H. Chan, S. Zhang, C. Feng, M. Chan, A three-dimensional stacked fin-CMOS technology for high-density ULSI circuits, IEEE Trans. Electron Devices 52 (9) (2005) 1998–2003, https://doi.org/10.1109/TED.2005.854267.

[51]　J. Ryckaert, et al., The complementary FET (CFET) for CMOS scaling beyond N3, in: 2018 IEEE Symposium on VLSI Technology, Honolulu, HI, 2018, pp. 141–142, https://doi.org/10.1109/VLSIT.2018.8510618.

[52]　https://en.wikichip.org/wiki/amd/microarchitectures/zen.

[53]　A. Mallik, J. Ryckaert, R.H. Kim, P. Debacker, S. Decoster, F. Lazzarino, R. Ritzenthaler, N. Horiguchi, D. Verkest, A. Mocuta, Economics of semiconductor scaling – a cost analysis for advanced technology node, in: Proceedings of IEEE VLSI Symposium, June 2020, pp. T202–T203, https://doi.org/10.23919/VLSIT.2019.8776521.

第 4 章

DRAM 电路及工艺技术

Dae-Hyun Kim、Hye-Jung Kwon 和 Seung-Jun Bae
韩国华城三星电子公司

4.1 高带宽和低功耗 DRAM 的发展趋势

在各个应用领域，DRAM 正面临着更高性能、更低功耗和更大容量的要求，这一趋势在未来还会加速。这是因为 DRAM 除了在现有的 CPU 和 GPU 中得到商用外，还将在人工智能和移动领域的数据处理中发挥更加重要的作用。图 4.1 展示了 ISSCC 总结的过去 12 年中 DRAM 的发展趋势[1]，从服务器 DRAM 到移动设备 DRAM、图形显卡 DRAM 以及 HBM（高带宽内存），各类 DRAM 的数据带宽都在不断增加，并且这一趋势还将持续一段时间并加速发展。为此，越来越多的逻辑电路和工艺技术将应用于 DRAM。目前，串行链路 IO 电路技术、高性能晶体管器件技术 [高 K 金属栅（HKMG）] 和 3D 集成技术 [硅通孔（TSV）] 在 DRAM 中已得到广泛应用。本章将介绍 DRAM 中使用的电路、工艺和封装技术。

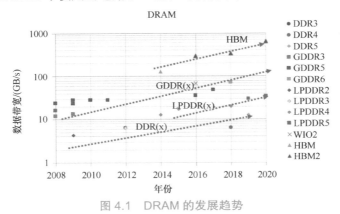

图 4.1 DRAM 的发展趋势

4.2 电路技术

为了解释 DRAM 的读取、写入和刷新等基本操作，我们可以将 DRAM 分为核心模块和外围模块，如图 4.2 所示[2]。核心模块实际上就是存储单元阵列，而外围模

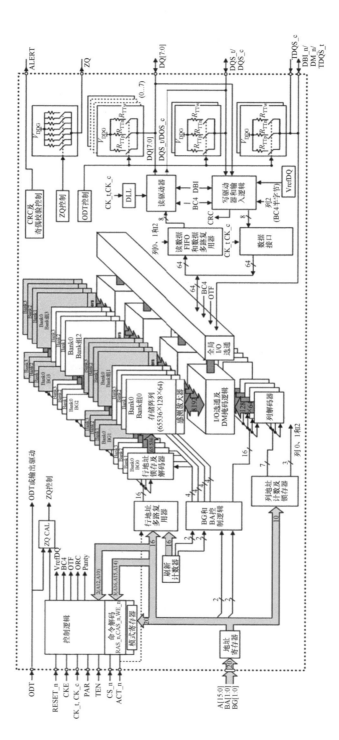

图 4.2 DRAM 框图

块则是辅助存储操作的控制器。核心模块由存储数据的单元阵列、用于访问目标单元的行/列译码器，以及从目标单元中读取数据并将其放大的感测放大器组成。外围模块包括命令路径、读写路径和输入/输出（I/O）。其中命令路径负责生成 DRAM 操作所需的内部控制信号；读写路径负责传输和重新安排读取或写入数据；I/O 则负责在 DRAM 和 DRAM 控制器之间传输数据。

4.2.1 核心电路

4.2.1.1 单元阵列

DRAM 是一种使用电容来存储电荷（即数据）的存储设备，其中 1bit 存储单元由 1 个电容器和 1 个晶体管组成。晶体管的栅极连接到字线（WL），漏极连接到位线（BL），源极则连接到电容器。这一晶体管也被称为存取晶体管，起到开关的作用，而电容器可将 1bit 数据存储为正电荷或负电荷。DRAM 的写入操作包括打开存取晶体管并向单元电容器中注入电荷，读取操作包括打开存取晶体管并从单元电容器中抽出电荷。

单元阵列的工作原理是两个电容器 CS 和 CBL 之间的电荷共享（见图 4.3）。在存取晶体管打开之前，BL 电位的初始值为 VINTA/2，总电荷为（VINTA/2）× CBL。存储单元电位的初始值为 VINTA（表示数据"1"）或 VSS（表示数据"0"），故存储的总电荷分别为 VINTA × CS 或 0。当存取晶体管打开进行读取或写入操作时，CS 和 CBL 之间的电荷会进行共享，最终，BL 和存储单元电位都会达到（VINTA/2）+/− CS/（CS + CBL）×（VINTA/2）。这里的"+"电位表示存储单元存储数据是"1"，"−"电位表示存储单元存储数据是"0"。之后，感测放大器将这个最终的 BL 电压与 VINTA/2 的参考电压进行比较，并将其放大到 VINTA 或 VSS。

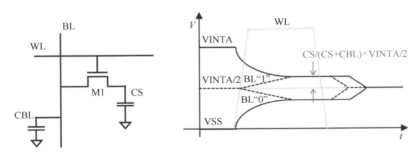

图 4.3 DRAM 单元和操作

为了能够在短时间内稳定读取，电荷共享时间应尽可能短，因此电荷共享后的 BL 与参考电压之间的最终电压差应足够大，以便感测放大器进行比较。但是，稳定时间由 CS、CBL 以及连接它们的 BL 金属上的寄生电阻 RBL 决定。考虑 RC 时间常数，CBL 和 RBL 应该尽可能小，但是这样又会导致每条 BL 连接的单元数量减少。在典型的现代 DRAM 设备中，连接到 1 条 BL 或 1 条 WL 上的单元数超过 1000 个 [3]。

4.2.1.2 位线感测放大器（BLSA）

位线感测放大器（Bit Line Sense Amplifier，BLSA）将 BL 上仅有几十 mV 的电压差放大到数字电平 VINTA 或 VSS。每个 BLSA 的输入都连接到 BL 和 BLB，因此两条 BL 共用一个

BLSA[4]（见图 4.4）。感测放大器主要由两个交叉耦合的反相器和两个电源开关组成，其两个输入 / 输出端口分别连接到不同的 BL，一个是目标 BL，另一个是参考 BL（BLB）。在初始状态，还存在均衡晶体管。

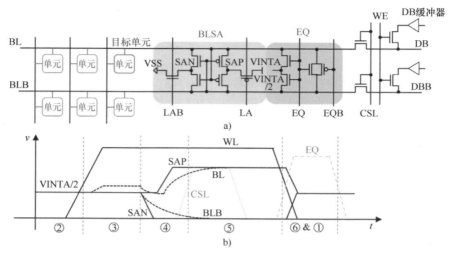

图 4.4　a）感测放大器 [5] 和 b）时序图

感测放大器的工作原理如下：

1）均衡：在初始阶段，BL 和 BLB 通过均衡开关相互连接，感测放大器的所有节点都被预充电至均衡电压，即初始预置电压 VINTA/2。

2）感测待机：WL 打开之前，均衡开关断开，各个节点浮动至 VINTA/2。

3）电荷共享：当 WL 打开时，存储单元与 BL 共享电荷，根据单元中存储的数据，在 BL 和 BLB 之间产生一个电压差 ΔVBL。

4）感测：感测放大器的电源开关节点连接到 0 和 VINTA。这将激活 BLSA，BLSA 放大 BL/BLB 之间的电压差。

5）感测后：BLSA 的交叉耦合反相器将 BL 和 BLB 的电压快速放大到 VINTA 或 VSS。在此过程中，由于 WL 仍然保持开启状态，BL 上的数据会被重写，以补偿因存储单元电荷泄漏造成的数据丢失。当 BL 和 BLB 的电压足够稳定时，就可以准备进行读取或写入。在读取操作中，列选择线（Column Selection Line，CSL）会打开数据总线的门控，随后将放大的数据传输到数据总线（Date Bus，DB）。相反，在写入操作中，通过数据总线驱动器，BLSA 的电压被强制反向为写入数据，之后数据被写入存储单元。

6）均衡：在完成读取 / 写入操作后，WL 关断，BLSA 的电源开关也断开，BL/BLB 重新接通到均衡电压，为下一次操作做好准备。

4.2.1.3　行 / 列译码器

在 DRAM 中，由 $2^M \times 2^N$ 个存储单元组成一个 $2^{(M+N)}$ 密度的矩形存储阵列。从概念上讲，每行 2^M 个单元共享一条 BL，每列 2^N 个单元共享一条 WL，从而可以通过 M 位行地址和 N 位列地址来访问所需的单元。然而，存储密度越大，连接到一条 BL 或 WL 上的单元数就越多，访问所需的时间就越长，就必须同时激活大量的单元，导致核心电路的周期变慢，电流消耗增加。因此，必须将单元阵列划分为"内存列（Rank）"、"内存体（Bank）"和"内存矩阵（Mat）"等小单元[6, 7]。其中 1 个内存列（Rank）由多个 DRAM 芯片相互连接组成，它们一同工作以响应共同的命令；1 个内存体（Bank）是响应 I/O 请求时被激活的内存列（Rank）的子集；1 个内存矩阵（Mat）则是组成内存体（Bank）的最小单元阵列单位。

　　1 个内存矩阵（Mat）的每一列都连接到每个 BLSA，每一行都连接到每个子字线驱动器（Sub-Wordline Driver，SWD）（见图 4.5a 和 b）。在最新的工艺中，每个内存矩阵（Mat）由 $2^{10} \times 2^{10}$（即 1K × 1K）个存储单元组成。为了能够访问每个单元，需要 1K 条 WL 和 1K 条 BL，但由于它们占用了很大面积，且相互之间的干扰也会增加访问时间，因此需要减少这些线条的数量[8]。正因如此，对于驱动 WL，不再是通过并行全局总线传输 1K 条 WL，而是将每个内存矩阵（Mat）译码为 128 位 NEWi 和 8 位 PXI 来驱动 SWD，故总共有 136 条全局线路传输，并且这些信号都在行译码器中产生。

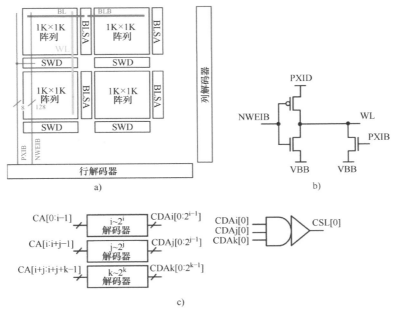

图 4.5　a）单内存体（Bank）、b）SWD、c）CSL 驱动器

　　对于一条写（WR）或读（RD）命令，每次都输入或输出与 I/O 引脚（x8、x16、x32）数量相等的数据。为了避免将每个数据写入与 I/O 位数相同的不同地址的存储单元中，这些单元应采用相同的地址。译码方式有很多种，这里我们以一个地址访问 8 位数据为例（见图 4.5c）。为了使用一个地址访问 8 位数据，需要将 8K 个单元与 8 条 BL 连接到 8 条共源线（Common Source Line，CSL），这些 CSL 共用一个门控开关以同时打开或关闭。与行译码器类似，列译码器也将 N 位列地址分离为 i 位、j 位和 k 位列译码地址（Column Decoder Address，CDA），以减少译码复杂度。因此，CSL 驱动器是一个简单的 3 输入与非门（NAND gate）。

4.2.2　数据路径

单元数据从 BLSA 流向数据总线（Date Bus，DB），经数据总线感测放大器（Date Bus Sense Amplifier，DBSA）放大后到达数据输出（DOUT）缓冲器的路径称为读取路径；从数据输入（DIN）缓冲器流向 BLSA 的反方向路径称为写入路径，两者统称为数据路径；由于数据（DQ）信号的速度达到 Gbit/s，而单元阵列的操作周期为 60ns，因此读取路径需要一个多路复用器（MUX）来进行倍频，而写入路径需要一个解复用器（DEMUX）在 DQ 和核心电路之间做分频（见图 4.6）。

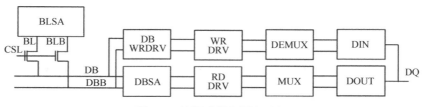

图 4.6　读取路径和写入路径

4.2.2.1　读取路径

当 CSL 传送放大后的单元数据时，DBSA 会再次放大这些数据，并将其传输到全局数据总线（Global Date Bus，GDB）[9]。单元数据经过更多的驱动器，最终到达 DQ。由于这些单元数据几乎跨越了 DRAM 芯片长度的一半，因此需要通过多个驱动器将大负载分多次进行处理，以减少延迟并节省功耗。

同一个内存矩阵（Mat）中的所有 BL 通常共用 DB，因此 DB 的长度与一个内存矩阵（Mat）的长度相当。由于寄生电阻和电容的影响，DB 的末端、DBSA 前端的信号幅度小，信号边沿的变化也慢（见图 4.7b）。为了在 DBSA 处获得更大的感测裕度，DB 采用差分形式，且这种差分线路有足够的空间来减少线路负载。为了获得良好的灵敏度，DBSA 可以使用低功耗、高增益的放大器，如交叉耦合感测放大器。交叉耦合 PMOS 产生正反馈，使得差分输出可以很容易地根据时钟高边沿时的输入初始状态确定为"VDD"或"VSS"。当输出达到"VDD"或"VSS"后，电路中没有直流电流路径。

DBSA 通过 CMOS 电平驱动 GDB，在 GDB 之后，没有并行连接的大负载，只有长金属线负载，这些长金属线会受到来自许多其他 DB 的信号干扰。因此，DB 驱动器有一个锁存器，以提高其对信号干扰的抗干扰能力（见图 4.7b）。

4.2.2.2　写入路径

写入路径的运行方向与读取路径相反。CSL 强制对选中单元的 BL 进行覆盖重写，而其他未选中的单元则通过 BLSA 进行重写。写入路径使用与读取路径相同的数据线，因此也包含多个缓冲器来减少数据传输时间。写入缓冲器在短时间内将 DB 强制到 VDD 或 VSS 电位，并在下一次读写操作之前将 DB 恢复到初始状态。将 DB 恢复到初始状态所需的时间称为恢复时间。为了实现高速操作，写入恢复时间应尽可能短。为了缩短恢复时间，写入缓冲器由一个简单的反相器，连接写缓冲器和 DB 的开关，以及用于恢复 DB 初始状态的预充电开关组成。

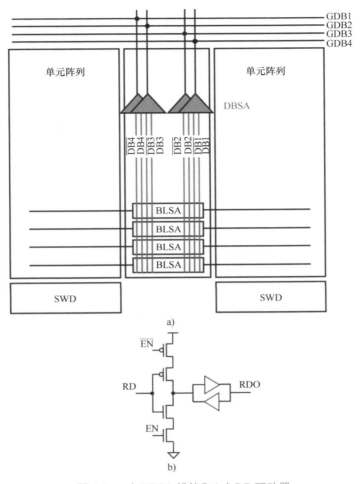

图 4.7　a）DBSA 模块和 b）DB 驱动器

4.2.3　输入 / 输出

　　为了缩小 DRAM 和 DRAM 控制器之间的性能差距，DRAM 接口的数据传输速率已得到大幅提高。为了进一步提高速率，必须最大限度地减少传输线中的信号损耗，最大限度地减少阻抗不匹配引起的反射，以及最大限度地减少信号间干扰引起的串扰。然而，为了同时满足这些要求，成本也会相应增加。因此，DRAM 接口采用单端点对点接口方式。与差分信号相比，单端信号的摆幅较低，抗噪能力也较弱。但与差分信号相比，它可以通过加倍数据线数量来增加总带宽，并通过减少电路板层数来降低成本。此外，还采用了点对点的传输方式来提高单个数据引脚的传输速度。通过保持整条传输线的阻抗恒定，可以减少反射，从而提高传输速度。

4.2.3.1　终端连接

阻抗不匹配会导致信号被反射回阻抗拐点，造成信号失真，这可以通过在传输线末端吸收反射信号的能量来解决。当传输线中间的阻抗发生变化时，与阻抗差相对应的信号量就会被反射。例如，当驱动器的源阻抗为 Z_s，传输线的特性阻抗为 Z_0，负载端阻抗为 Z_L 时，源端入射信号的电压幅值由 Z_s 和 Z_0 的比值决定，因此反射系数 $\Gamma = Z_0/(Z_s + Z_0)$ 的信号量会入射，其余部分则被反射（见图 4.8）。同样地，传输线和负载之间的阻抗差也会造成反射，入射到负载上的信号电压幅值由 Z_0 和 Z_L 的比值决定，因此反射系数 $\Gamma = Z_L/(Z_0 + Z_L)$ 的信号量会入射，其余部分则被反射。如果应用与传输线 Z_0 相同的数值配置源以及终端阻抗，则不会产生反射波，终端电压被完全吸收，信号可以完全传输到终端。

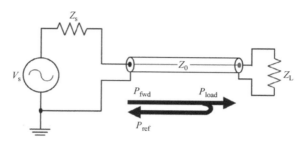

图 4.8　传输线上的反射

由于 DRAM 接口是双向的，因此无论工艺、温度和电压（PVT）如何变化，都需要将源阻抗和终端阻抗校准到确定的值，以避免信号完整性（S/I）变差。DRAM 具有阻抗校准功能，称为 ZQ 校准。ZQ 校准将 DRAM 的上拉和下拉驱动器校准到外部电阻，故上拉和下拉驱动器会定期与外部电阻进行比较，从而与目标外部电阻相匹配。当向 DRAM 发出"ZQ 校准开始"命令时，通常连接到外部电阻的下拉驱动器（如果 RZQ 连接到 VSS，则先打开上拉驱动器）被打开，第一个反馈环路控制下拉驱动器的阻抗，使其等于外部电阻的阻值[10]（见图 4.9）。下拉驱动器的第一次校准完成后，生成的下拉 ZQ 代码将被传输到与上拉驱动器相连的那些重复的下拉驱动器。然后，使用这些下拉驱动器的电路作为单独参考基准，连续执行与其对应的上拉驱动器的校准。在整个 ZQ 校准过程中，DRAM 会

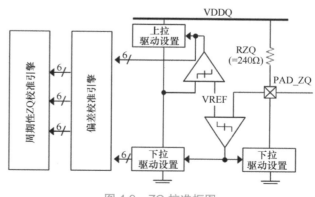

图 4.9　ZQ 校准框图

自动将上拉和下拉驱动器的阻抗与跨 PVT 变化的外部连接电阻相匹配，并且仅在自刷新结束后执行，这意味着没有 I/O 数据传输时间。

4.2.3.2　伪开漏极驱动

在伪开漏极（Pseudo-Open Drain，POD）驱动中，发送电路具有驱动器，而接收电路具有

终端。终端可以连接到 VDD 或 VSS。当考虑 VDD 终端时，对于逻辑低电平 "0" 的情况，输出节点通过阻抗为 48Ω 的下拉驱动器连接到发送电路的 VSS，并通过阻抗为 48Ω 的上拉阻抗连接到接收电路的 VDD（见图 4.10a），通道中存在一条电流通路，且输出节点电压由电阻分压决定。但是对于逻辑高电平 "1"，输出节点通过阻抗为 48Ω 的上拉驱动器连接到发送电路的 VDD，并通过阻抗为 48Ω 的终端连接到接收电路的 VDD，因此输出节点会快速充电至 VDD，且通道中没有电流路径。

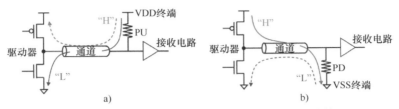

图 4.10　a）VDDQ 终端连接；b）VSSQ 终端连接

通过使用数据总线反转（Data-Bus Inversion，DBI）编码方法提高总数据中 "1" 的比例，可将电流消耗降至最低。此外，信号的输出摆幅由终端电压和发送电路驱动器阻抗的比值决定，因此与从 VDD 到 VSS 的全摆幅情况相比，这种方法还可以减小码间干扰（Intersymbol Interference，ISI），有助于改善信号完整性[11]。故 DBI 编码非常适用于高速、低功耗的信号传输。考虑 VSS 终端，当逻辑为 "1" 时会有电流从发送电路 VDD 流向接收电路并接地（见图 4.10b）。因此，在这种情况下，发送电路和接收电路可以使用不同的 VDD。这意味着在 DRAM 接口上采用 DBI 编码时，控制器和 DRAM 可以使用不同的电源电压，控制器无需因为 DRAM 接口而使用较高的 VDD。

4.2.3.3　写入均衡

然而，仅依靠这种方法来提高数据传输速率存在局限性。为了弥补使用逻辑工艺的控制器与使用低速晶体管的 DRAM 之间的性能差异，控制器必须承担多种角色，以减轻 DRAM 的负担。控制器向 DRAM 提供稳定的低噪声的时钟（CK），配置在 DRAM 中采样数据的时序，并找出 DRAM 均衡器的最佳系数值[12]。

由于 DRAM 内部和外部时钟与数据路径之间的物理距离不同，导致时钟（CK）和数据（DQ）之间会出现偏移，这种偏移会造成控制器和 DRAM 之间的相位不匹配。因此需要进行写入均衡操作来补偿这种相位失真（见图 4.11）。控制器利用其内部的延迟链来调整时钟，补偿时钟到 DRAM 的延迟，确保 DRAM 的数据采样时序正确，这一操作被称为写入均衡。当 DRAM（如 DIMM）之间共享时钟时，控制器很难对每个 DRAM 单独执行写入均衡，因此需要在 DRAM 内部配置一个延迟锁相环（Delay-Locked Loop，DLL），用于对齐时钟与数据之间的相位。

与写入操作相反，在读取情况下，控制器会遇到数据采样相位问题，控制器内部的时钟数据恢复（CDR）电路必须对齐时钟与从 DRAM 传输来的数据之间的相位。然而，当使用控制器时钟对与 DRAM 内部时钟同步的读取数据进行采样时，由于两个具有不同噪声源的信号之间存在偏离，读取会产生抖动。因此，引入了数据选通的概念，以简化读取数据采样，并通过在数据和时钟之间采用相同的噪声源来改善抖动特性。数据选通（DQS）信号与 DRAM 读取数据一起传输到控制器，然后控制器使用 DQS 对接收到的读取数据进行采样，从而使相位对齐更加容易，噪声也相同。因此，抖动特性也得到了改善。

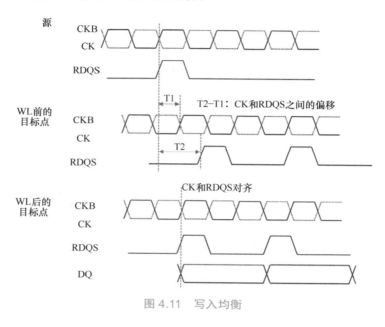

图 4.11　写入均衡

4.2.4　直流电源

由于 DRAM 外部只提供一种类型的 VDD 电压，因此必须在内部产生各种电压电平。

4.2.4.1　降压变换器

DRAM 内部电压根据电平不同使用不同类型的直流电压发生器产生。SAP 是 DRAM 核心常用的典型电压，在 DRAM 总功耗中占很大比例。因此，最大限度地降低其功耗是非常有利的。在这种情况下，内部电压最好低于外部供电电压 VDD，这可以使用降压变换器。降压变换器利用负反馈放大器来感测由于电流消耗而造成的电压下降，之后驱动器将输出节点驱动到目标电压。驱动电路确定的输出电压与 Vref 成比例，即 Vout = Vref*（R1 + R2）/R2（见图 4.12）。

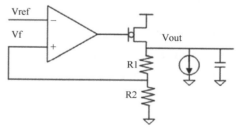

图 4.12　降压变换器电路

4.2.4.2　电荷泵

高于 VDD 或低于 VSS 的电压电平，即降压变换器无法应用的范围，是通过电荷泵电路来产生的[13]（见图 4.13）。例如，正压电荷泵用于产生驱动 WL 的 VPP 电压，而负压电荷泵用于维持单元开关晶体管衬底的 VBB 电压。正压电荷泵电路重复三个操作：①以 A 节点 VDD 电压和 B 节点 0 电压对电容器两端进行充电；②在 B 节点产生幅值为 VDD 的脉冲，并将相对的

A 节点升压至 2 × VDD；③将电荷转移到下一个电容器。电路中每一级都能产生一个额外的 VDD 电压，因此在经过 N 级之后，可以产生 N × VDD 的电压。电荷泵电路可以产生与电路级数相对应的 N 倍电压。脉冲发生器利用电压检测器运行，当达到目标电压时，脉冲发生器停止工作。正压电荷泵电路可以在 N ~ N + 1 之间产生所需电平的电压。负压电荷泵的工作方向与正泵相反。

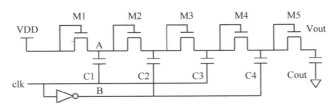

图 4.13 电荷泵电路

4.2.4.3 基准电压产生电路

内部基准电压 VREF 是 DRAM 中所有内部产生电压的参考值，因此无论外部电压和外部温度如何变化，VREF 都应始终保持恒定的电压[14]。为此，采用了基于物理常数的 PN 结内建电压和 MOS 管阈值电压[15]。它们的特性只取决于工艺条件而与器件尺寸无关，因此变量很少，适用于产生基准电压。主要使用的基准电压产生电路（见图 4.14a）包括：①一种利用二极管连接型 BJT 产生基极 – 发射极电压 VBE 的方法，并可将其串联，使电压为 NxVBE；②两个 BJT 的 VBE 电压之差 K_BT（K_B 为玻尔兹曼常数，T 为绝对温度，产生与绝对温度成正比的电压）；③结合前两种产生器组合成带隙基准产生电路，使得 VREF = VBE + K × ΔVBE，并最大限度地减小温度系数（∂VREF / ∂T）。不过，由于上述三个例子都是基于 BJT 的，在仅使用 CMOS 的 DRAM 工艺中，可以采用二极管连接型 MOS 晶体管的阈值电压 VTH，而不是 VBE（见图 4.14b）。在这种情况下，与 BJT 类似：①产生 NxVTH 或②利用两个晶体管之间的 VTH 电压差值来产生稳定电压。另一种方法是③像双极晶体管一样，利用 MOS 晶体管的漏电流与 VGS 电压成指数关系的弱反型特性。不过，使用 MOS 晶体管时，VREF 灵敏度（∂VTH / ∂T、∂VTH / ∂VDD）随温度和 VDD 变化所产生的变化比 BJT 更大。

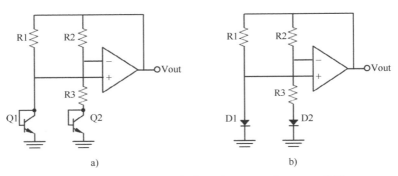

图 4.14 基准电压产生电路：a）BJT；b）CMOS 带隙

4.3 DRAM 工艺技术

DRAM 技术能够不断升级，得益于由单元存取晶体管和单元电容器组成的单元阵列尺寸的减小，进而提高了存储密度[16]。本章介绍 DRAM 技术在单元架构、单元晶体管和单元电容器方面的历史创新和发展趋势。通过这些发展演变，DRAM 行业实现了持续的微缩化，以实现存储位数增长并降低位成本，从而满足了过去几十年来行业的经济要求。我们还研究了最先进的技术和有前途的候选技术，以克服微缩限制并进一步解决将 DRAM 单元缩小到 10nm 节点及以下所面临的问题。

4.3.1 单元结构

传统的单晶体管单电容（1T1C）DRAM 单元占用的面积很小，用单位 F^2 表示。F 是技术节点的最小光刻特征尺寸，通常表示半字线间距。静态和动态漏电机制都会限制 WL 间距[17]，而 BL 架构（折叠或开放 BL 架构）决定了 $8F^2$ 和 $6F^2$ 几何结构中的 BL 间距。

4.3.1.1 单元几何结构

1. $8F^2$

$8F^2$ 单元架构基于折叠 BL 单元架构。折叠 BL 架构中的单元包含一条 BL 和两条 WL，如图 4.15a 所示。因此，一个 BL 间距（$2F$），包含一个 BL 宽度（F）和一个 BL 空间（F），乘以两个 WL 间距（$4F$），包含两个 WL 宽度和两个 WL 空间，等于 $8F^2$ 的单元面积大小。

在折叠 BL 架构中，BL 感测放大器使用另一条 BL 作为参考，将两条相邻 BL 中的一条读出为数据，如图 4.15b 所示。位于同一单元簇上连接同一感测放大器的相邻 BL 之间的噪声抑制，并且数据线相邻左右的 BL 都已预充到特定电压，相当于两侧被包裹隔离保护，这样的结构提高了感测放大器对外部噪声的抗噪能力。在感测放大器两侧引入多路复用晶体管，使得折叠 BL 架构中的感测放大器能够服务总共四条 BL。

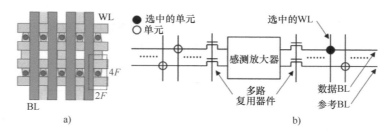

图 4.15　a）$8F^2$ 设计架构和 b）$8F^2$ 采用折叠 BL 感测方案[17]

2. $6F^2$

为了持续降低 80 ~ 90nm 工艺技术节点以下 DRAM 的位成本[18, 19]，单元尺寸微缩速度要快于光刻特征微缩速度，迫使阵列架构从 $8F^2$ 变为 $6F^2$[17]。$8F^2$ 几何结构基于折叠 BL 架构，而 $6F^2$ 几何结构基于开放 BL 架构。开放 BL 架构中的单元包含一条 BL 和一条 WL，如图 4.16a 所示。一个 BL 间距（$3F$）乘以一个 WL 间距（$2F$）等于 $6F^2$ 的单元面积大小。

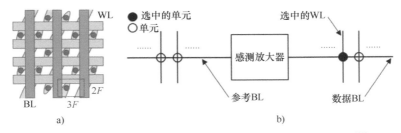

图 4.16　a）6F^2 设计架构和 b）6F^2 采用开放 BL 感测方案[17]

在开放 BL 架构中，BL 感测放大器使用放大器一侧的另一条 BL 作为参考，将感测放大器一侧的一条 BL 读为数据，如图 4.16b 所示。与折叠 BL 架构相比，开放 BL 架构的缺点是抗噪性较低，并且需要更多的区域来容纳额外的感测放大器和用于单元阵列边缘的虚拟单元。

由于数据 BL 和参考 BL 位于不同的单元簇中，且存在工艺差异，因此开放 BL 架构的感测放大器与折叠 BL 架构的感测放大器相比，具有更低的噪声敏感性，这并不是因为噪声抑制特性更差，而是因为同一单元簇中相邻 BL 的噪声特性与数据有关。此外，开放 BL 架构中的感测放大器只服务于两条 BL，而折叠 BL 架构中的感测放大器服务于四条 BL，在每条 BL 单元数相同的情况下，所需的感测放大器数量增加了一倍。为了匹配作为开放 BL 感测放大器参考的单元阵列边缘的 BL 负载，需要在单元阵列的每个边缘添加虚拟单元，这就增加了面积开销。

3. 4F^2

对于 DRAM 单元在 10nm 节点之后的进一步微缩，单元结构从 6F^2 发展到 4F^2 是最有利的技术演进之一，与 6F^2 相比，4F^2 可以将单元面积缩小 33%，芯片尺寸缩小 25%，每晶圆芯片总数增加 30%[20]。如图 4.17 所示，4F^2 单元位于 BL 和 WL 的每一个交叉点上，包含一条 BL 和一条 WL。因此，一个 BL 间距（2F）乘一个 WL 间距（2F）等于 4F^2 的单元面积大小。采用垂直晶体管的 4F^2 的几何结构具备采用与 6F^2 一样的开放 BL 架构的可能[19, 21]。

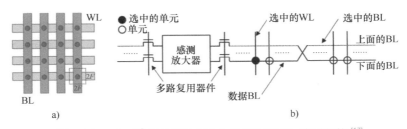

图 4.17　a）4F^2 设计架构和 b）垂直双绞 BL 阵列架构[17]

请注意，8F^2 几何结构采用折叠 BL 架构，而 6F^2 几何结构采用开放 BL 架构。

对于 4F^2 几何结构，已经对垂直双绞 BL 阵列结构进行了研究[22-25]。如图 4.17b 所示，参考 BL 位于单元所连接的数据 BL 之上，为参考 BL 引入额外的金属层以将两条 BL 置于不同的层上。因此，单元包含两条 BL 和一条 WL，最小单元尺寸为 4F^2。为了消除参考 BL 和数据 BL 之间的耦合噪声，两条 BL 在 BL 长度方向上以一定的间隔交换 BL 之间的层或金属层（即扭转）。每个层上的每条 BL 必须具有相同的长度才能匹配，而且数据 BL 和参考 BL 应位于同一阵列中。

因此，与折叠 BL 架构一样，垂直双绞 BL 架构也具有良好的匹配和噪声抑制特性。此外，与折叠 BL 架构类似，两个阵列中的四条 BL 可利用多路复用晶体管共用感测放大器。由于垂直双绞 BL 架构只修改了布线和接触孔，因此无需修改器件和底层阵列。

4.3.2　单元存取晶体管

在 1T1C DRAM 单元中，单元存取晶体管将 BL 连接到单元电容器的存储节点，该单元电容器将电荷存储为数据。要打开或关闭单元晶体管，我们需要控制连接到 WL 的单元存取晶体管的栅极。作为 WL 偏置，过驱动偏置策略，即导通（Ion）时的正向增强偏置和关断（Ioff）时的负偏置已被广泛用于增强单元存取晶体管的性能，以获得更好的 Ion/Ioff 比。由于栅极电平升高而导致单元存取晶体管的导通电流增加，从而加快了从 BL 到存储节点的数据写入操作，而负偏置会引起栅极电压降低，导致单元存取晶体管的关断电流减小，降低了晶体管的泄漏电流，增加了单元的保持时间。随着 DRAM 单元尺寸的缩小，由于短沟道效应的恶化，导致存取晶体管的关断电流增加。为了克服存取晶体管中这种微缩化过程中的障碍，业界对单元存取晶体管进行了创新，探索使用三维结构来增加沟道长度（见图 4.18）。

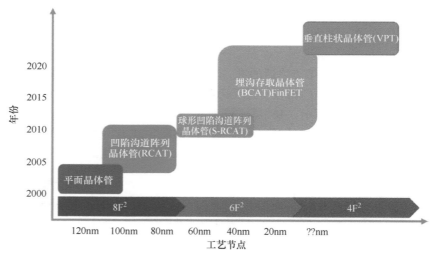

图 4.18　回顾单元存取设备的历史演进趋势，图中展示了各种单元存取器件，包括相应的工艺节点，其中 $4F^2$ 利用垂直沟道实现

4.3.2.1　凹陷沟道阵列晶体管

为了在支持微缩的同时减轻短沟道效应（Short Channel Effect，SCE），三星首次在 88nm 技术中引入了三维结构的单元晶体管[26]。凹陷沟道阵列晶体管（Recess Channel Array Transistor，RCAT）的概念是在不影响横向基底的条件下，通过在硅表面制造凹陷沟道来增加有效沟道长度（Leff）。RCAT 中沟道掺杂密度的降低会导致存储单元源极和漏极的势垒降低，提高载流子迁移率，从而补偿因 RCAT 较长的 Leff 而减少的 Ion。此外，与具有相同栅极长度的传统平面阵列晶体管相比，RCAT 显著改善了电气特性，例如漏致势垒降低（Drain-Induced-Barrier-

Lowering，DIBL）效应、击穿电压（BVDS）、结漏电和单元接触电阻，最终改善了静态和动态数据保持时间。开发 RCAT 可将 DRAM 单元阵列晶体管微缩到 100nm 以下。

4.3.2.2　球形凹陷沟道存取晶体管

三星通过在 RCAT 中引入球形凹陷沟道阵列晶体管（Sphere-shaped Recess Channel Array Transistor，S-RCAT）[27]，精心设计了一种适用于 70nm 及以下技术节点的三维单元晶体管。这种可区分的结构在凹陷沟道的底部形成一个球形，不仅可以增加 Leff，还可以增强栅极的可控性，这种可控性在 RCAT 微缩过程中会由于曲率效应而加强。从分析调查可知，Lee 等人注意到较小的曲率半径会增加阈值电压、亚阈值摆幅和体效应。S-RCAT 结构的底部球体部分连接到凹陷沟道的上颈部，与 RCAT 的沟道掺杂密度相同时，可使单元阵列晶体管的阈值电压降低 200mV，从而改善 DIBL 和亚阈值摆幅，进一步使单元存取晶体管的工作电流加倍。此外，体效应减轻会降低 WL 的升压电压，从而降低激活功率。S-RCAT 阵列晶体管的结面积更小，通道掺杂度更低，从而降低了结漏电流，增强了数据保持特性[27]。S-RCAT 的两个主要缺点是：栅极氧化层寄生效应增强导致 WL 电容（CWL）增加；凹陷沟道球体之间的空间减小导致栅极之间的耦合增加。

4.3.2.3　FinFET 和埋沟存取晶体管

1. 负 WL 操作的体接触 FinFET

随着 DRAM 的最小特征尺寸缩小到 80nm 以下，单元阵列晶体管的短沟道效应（SCE）变得难以控制[28]。为了减轻这种 SCE，DRAM 制造商在 50nm 技术节点之前一直广泛使用 RCAT。然而，在 50nm 节点之后，由于 RCAT 存在较大的亚阈值漏电流和体偏压依赖性，因此难以为单元阵列晶体管提供适当的性能[29]。低沟道掺杂[28]的体接触 FinFET 具有出色的 SCE 抗扰性、高跨导和超强的亚阈值摆幅，已投入应用。在栅极氧化过程中，硅鳍片的硼外扩散会降低阈值电压，增加沟道硼掺杂，从而增加存储节点底部的结漏电流。在 FinFET 技术中采用负 WL 方案可最大限度地提高跨导和驱动电流，同时降低沟道掺杂密度并改善刷新特性。

2. 大马士革 FinFET

为了增强数据保持特性，Lee 等人提出了一种采用局部沟道离子注入方案的镶嵌 FinFET 结构，从而降低了 WL 的接触电阻和负载电容[30]。尽管 FinFET 具有良好的电气特性，例如阈值电压低、关断状态漏电流大、导通状态电流大，但 FinFET 薄体中的高沟道掺杂使阈值电压对鳍片宽度变化具有不可控的敏感性。通过利用栅极材料的功函数（WF）工程来最大限度地减少沟道杂质掺杂，Kim 等人提出了一种用于单元阵列 FinFET 的 p+ 原位掺杂多晶硅栅极，该栅极具有局部镶嵌（LD）栅极结构[31]。相比于 SRCAT 的阈值电压 1.0V，变化范围 300mV，体效应 350mV，亚阈值摆幅 120mV/d，LD FinFET 在 30nm 体节点实现了 0.75V 的阈值电压，变化范围 100mV，由于沟道完全耗尽，体效应可忽略不计，亚阈值摆幅 70mV/d。

4.3.2.4　埋沟存取晶体管

由于具有工艺兼容性、低栅极电阻和低耦合等优势，采用 TiN/W 金属栅极的埋沟存取晶体管（Buried-Channel Access Transistor，BCAT）已被用作 40nm 中段技术节点之后的 DRAM 单元阵列晶体管[16, 32, 33]。为了在低阵列电压下实现低阵列功率和大信号裕度，T. Schloesser 等人提出了适用于 46nm $6F^2$ DRAM 技术的埋入式 WL 单元架构，最大限度地缩小了单元尺寸 [34]。在硅表面下方使用 TiN/W 制造的埋入式 WL，通过形成阵列晶体管的金属栅极来降低互连电阻。此外，埋入式 WL 结构不仅将 WL 与单元节点的 BL 隔离，还将 WL 与相邻 WL 隔离，从实验结果来看，在本质上降低了寄生电容 [34]。与具有传统 WL 的单元相比，具有埋入式 WL 的单元的 BL 电容小一半，WL 电容小 3 倍，从而实现了单元访问时间短、低功耗和高信号裕度。

然而，三维 MOSFET 结构（包括带有金属栅极的 BCAT）存在一个固有的问题，即沟道凹陷会导致栅极氧化物上的电场不均匀。在高场应力测试过程中 [35]，福勒 – 诺德海姆隧穿（FNT）电子注入后能带发生改变，导致 BCAT 的阈值电压发生负偏移，相对来说，通常 n 沟道 MOSFET 的阈值电压发生的是正偏移 [36]。栅极氧化物中的 Si-O-Si 键断裂现象是造成这种负偏移的可能机制之一，而在工艺集成过程中栅极金属体积膨胀产生的残余应力加剧了这种现象。由于较低的阈值电压会导致更多的动态刷新失效，动态刷新特性恶化来源于相邻 WL 的噪声增加，即 DIBL，这会导致操作期间未选定单元的亚阈值漏电流增加。

马鞍形 FinFET

S. Park 等人将 FinFET 与 RCAT 相结合，在 50nm 技术节点引入了鞍鳍单元晶体管，从而可以轻松控制阈值电压，显著改善了短沟道效应（SCE）以及实现了导通电流的卓越驱动能力 [37]。此外，栅极屏蔽沟道区可改善邻栅效应。考虑到鞍鳍单元晶体管结构，阈值电压对鳍片宽度和高度的敏感度是相反的，阈值电压对鳍片宽度变化的敏感度高于对鳍片高度变化的敏感度。这些特性使得在鞍鳍制造中刻蚀工艺具有较大的工艺裕度 [38]。

4.3.2.5　垂直晶体管

为了实现最紧凑的 $4F^2$ 架构，先前的研究 [39] 提出利用选择性外延生长工艺或无光刻限制的键合硅技术，实现具有环绕栅极结构和垂直堆叠多个单元的垂直晶体管。

如图 4.19 所示，Chung 等人 [20] 研发了一种垂直柱状晶体管（Vertical Pillar Transistor，VPT），它具有柱状硅沟道，周围环绕着连接到 WL 的栅极 [20, 40]，单元电容器垂直堆叠在垂直

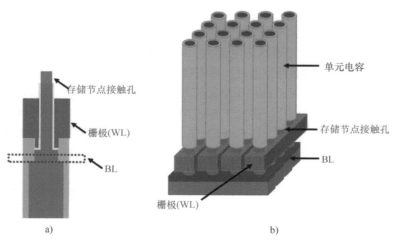

图 4.19　a）VPT 和 b）VPT $4F^2$ 单元阵列 [20]

晶体管的源极节点上。由于垂直沟道建立在埋入式 BL 上，因此 VPT 的漏极节点通过 BL 接触孔连接到 BL。在这种垂直结构中，存储节点和埋入的 BL 相互分离，从而降低了 BL 电容。除了低 BL 电容外，VPT 还具有 Ion/Ioff 可控性强的优势[41]。

尽管有这些优点，浮体效应仍然是垂直晶体管面临的挑战之一。采用埋入式 BL 结构的垂直晶体管的衬底可以与阱相连，但浮体效应并不能忽略不计，并且很可能是个问题。毕竟在浮置状态下，GIDL 诱导的空穴会在垂直晶体管的栅极和存储节点之间积聚，从而提高体电位，降低垂直晶体管的阈值电压，导致关断漏电故障。此外，BL 中的电压切换会降低垂直晶体管存储节点的电压，从而缩短动态保持时间。

为了减轻垂直晶体管中的浮体效应，相关研究[42]提出了器件和电路解决方案。器件设计解决方案[43]如下：①利用存储节点结控制技术[44]或衬底控制方法[45]减少 GIDL 电流；②利用 BL 结控制技术增加 BL 结漏电；③利用 SiGe 层减少衬底和 BL 之间的势垒高度；④利用尺寸控制[46]来减小寄生双极管增益。电路设计解决方案[47]如下：①优化操作偏置电位；②使用特定命令在特定时间间隔内清除衬底内的空穴电荷[42]。

4.3.3　单元电容器

在 1T1C DRAM 单元中，单元电容器借助电荷将数据保存在存储节点上。要长时间保存数据，就必须最大限度地提高单元电容器的电容。为了提高单元电容，业界在低电阻电极、高介电常数电容电介质和大面积表面结构等方面进行了重大创新。对于 20nm 以下的技术节点，DRAM 单元中的电容器应满足两个要求：①足够大的单元电容，高于 10fF/ 单元；②在工作电压下，漏电流（J_g）小于 $10^{-7}A/cm^2$（与单元尺寸无关）[48]。

4.3.3.1　基于电极材料的电容器结构

1. 硅 – 绝缘体 – 硅结构

对于 0.15μm 以上技术节点的 DRAM，单元电容器采用硅 – 绝缘体 – 硅（Silicon-Insulator-Silicon，SIS）结构，ONO 或 NO 电介质已广泛应用于 SIS 电容器中。然而，当 ONO 超越 5nm 的电介质厚度时，多晶硅电极发生严重损耗，限制了采用 SIS 结构的传统 DRAM 单元电容器的微缩[49]。

2. 金属 – 绝缘体 – 硅结构

在 0.15μm ~ 80nm 节点的各代 DRAM 技术中，金属 – 绝缘体 – 硅（Metal–Insulator-Silicon，MIS）电容器中的金属氮化物已经取代了 SIS 电容器中作为电极的高掺杂多晶硅。在 MIS 结构中，单元电容器具有金属顶电极（如 TiN），而底电极仍使用多晶硅制造。利用 TiN 代替传统的多晶硅作为电极可提供更高的导电性[53]，因为金属电极没有多晶硅电极的缺点，如界面二氧化硅的低介电常数、多晶硅电极的严重损耗以及介电常数与多晶硅结晶度的依赖关系。此外，由于 TiN 比多晶硅具有更高的机械强度，因此更适用于具有极高纵横比的三维电容器。

3. 金属 – 绝缘体 – 金属结构

从 80nm 技术节点开始，我们开始将 MIM 结构用于 DRAM 电容器[54]。根据电极材料不同，MIM 结构的电容器可分为 TiN- 绝缘体 -TiN（TIT）、Ru- 绝缘体 -TiN（RIT）和 Ru- 绝缘体 -Ru

（RIR），TiN/HfO$_2$/TiN 已经开发用于 70nm DRAM 技术[55]，原子层沉积（Atomic Layer Deposition，ALD）的 TiN 作为 DRAM 电容器的电极。然而，ALD 生长的 TiN，其功函数不足以抑制 1z nm 技术节点及以后所需的栅极直接隧穿漏电流（J_g）[43]。为了降低 J_g，DRAM 电容器中的电极应具有高功函数，以及在电介质与电极之间应存在清晰界面[35]。钌（Ru）具有相对较高的功函数（即 4.8eV），其中 J_g 可以降低到 20nm 以下技术节点对应的漏电水平之下[55]。

4.3.3.2　电容器的电介质

值得注意的是，DRAM 对电容器电介质的要求与对逻辑栅极电介质的要求是不同的[43, 56]，因为①电容器电介质不是集成在硅上；②电容器电极是金属；③电容器是在温度相对较低的后道工艺（BEOL）中制造的，而不是在前道工艺（FEOL）中制造的[56]；④DRAM 电容器电介质通常需要氢扩散屏障，以耐受氢引起的性能下降。

高介电常数电介质

如图 4.20 所示，ONO（SiO$_2$-Si$_3$N$_4$-SiO$_2$）和 ON（SiO$_2$-Si$_3$N$_4$-Native SiO$_2$）已经作为 0.18μm 节点以上 SIS 电容器的电介质。对于 0.18 ~ 0.13μm 的 DRAM 技术时代，Ta$_2$O$_5$ 和 Al$_2$O$_3$（ALO）等高介电常数的电介质取代了 SIS 电容器中寿命较长的 ON 或 ONO，成为 MIS 电容器中的电介质。双层高介电常数材料，例如 Al$_2$O$_3$/HfO$_2$（AHO），已被用作 110 ~ 80nm DRAM 技术节点的 MIS 和 MIM（金属氮化物）电容器中的电介质。

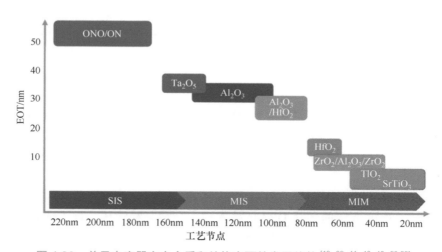

图 4.20　单元电容器在电介质和结构方面的发展趋势[19, 39, 41, 43, 48, 50-52]

多层电介质已成功应用于 70nm 及更先进的技术节点，例如 70nm DRAM 技术中的 TiN/HfO$_2$/TiN[57] 电介质。然而，由于势垒高度低以及 TiN 与高介电常数介电层之间的界面不理想，Ta$_2$O$_5$ 或 TiO$_2$ 作为 TIT 电容器的介电层时，其等效氧化物厚度（EOT）小于 1.2nm，因此无法抑制漏电流，进而无法满足 60nm 以下工艺节点的要求。要注意的是，与 SiO$_2$ 相比，EOT 是 DRAM 电容器电介质电气性能优劣的表征[48]。

Lee 等人提出了在过渡到 RIR 之前使用基于 HfO$_2$ 双层电介质（如 TiO$_2$/HfO$_2$ 和 Ta$_2$O$_5$/

HfO_2 ）的稳定替代 RIT[58]。在 45nm DRAM 技术节点之前，HfO_2 一直是 DRAM 电容器电介质的基础材料 [16]。对于 45 ～ 25nm 的 DRAM 电容器技术节点，ZrO_2 一直是多层电容器电介质的基础介电材料 [48]，其中 ZAZ（$ZrO_2/Al_2O_3/ZrO_2$）被广泛用作与基于 TiN 的电极相关联的 MIM 电容器的电介质 [59, 60]。对于 20nm 以下的 DRAM 技术节点，要求 EOT 小于 0.5nm，这就限制了介电层和电极层的物理厚度 [48]。将电介质厚度减小到 0.5nm 以下以获得大电容会增大施加到电介质上的电场，进而显著增加 J_g（$> 10^{-7} A/cm^2$）[53]，因此，漏电流会限制 DRAM 电介质物理厚度的减小。要想在 20nm 以下的 DRAM 技术节点上获得高电容，就必须采用介电常数更高的新型电容器电介质材料。

为了将电容器中的 EOT 降至 1nm 以下，人们研发出采用 ALD 技术生长的 TiO_2[61-63] 和 Sr-TiO_3。利用 ALD 技术，我们可以在相对较低的温度下生长出高质量的介电层，从而在三维电容器结构中实现介电层厚度的高均匀性，同时具有较低的电场差异和良好的漏电可控性 [53]。

4.3.3.3　电容器结构的创新

研究人员对 DRAM 中存储电容器的形状和结构进行了创新，以最大限度地增加单元电容器的有效面积，从而在给定面积内提高电容器的电容。但随着 DRAM 单元的不断微缩，电容器的电容会有所减少。图 4.20 给出了业界使用的 DRAM 单元电容器的电介质和结构变化趋势 [43, 55]。三维结构的电容器已经投入使用，能够在有限的空间内极大地扩大有效面积。DRAM 的激进式微缩将单元电容器的纵横比迅速提高到 100 左右，这被公认为最大的可持续纵横比值，有可能无需进行材料创新，即在 1z 和 1a 技术节点上实现这一数值 [42, 43, 48]。如此高的纵横比会威胁到单元电容器的机械稳定性，从而导致 DRAM 单元出现多种误差，这些误差源于存储节点到存储节点之间的短路 [50, 64] 和沉积薄膜的阶跃覆盖 [41]。对于 40nm 以上的 DRAM 技术节点，电容器的横向尺寸要比介质层和电极层的物理厚度大得多，因此可以利用圆筒形结构来增大电容器的表面积。对于 20nm 以下的技术节点，由于电容器电介质的物理厚度小于 5nm，因此单元电容器采用了支柱结构 [48]。为了解决高纵横比支柱结构的机械不稳定性问题，参考文献 [19] 引入了双支柱堆叠结构。可是，如果不对材料进行创新，要在 1z 和 1a 技术节点以下进一步微缩，增加高纵横比单元电容器的高度仍然是一项挑战 [43, 48]。

4.4　封装及模组

与其他半导体封装一样，DRAM 封装也需要保护分立 DRAM 元件不受外部损坏，如机械冲击、化学污染和光线照射，并通过表面和连接方式来帮助器件散热（无论是否借助散热器），但主要目标是与外部环境 [如印制电路板（PCB）] 的电气连接。随着 DRAM 工艺微缩和带宽增加，DRAM 封装所面临的主要挑战是如何在狭小的空间内用更小的球间距连接更多的引脚，同时提高信号完整性。但最近，随着高密度需求的增加，对堆叠 DRAM 或 DRAM 与控制器的封装要求也在增加。由此，DRAM 封装根据应用场景不同，正以不同的方式发展。

4.4.1　DRAM 封装历史

早期的 DDR1 有一部分使用引线框架型封装，但从 DDR2 开始改为球栅阵列（Ball Grid

Array，BGA），即在封装上使用封装基板重新布线，并使用焊球与电路板连接。使用引线框架

时，封装的一侧会使用与引线一样多的空间，而且只有封装的一侧与引线相连，因此接口数量有限（见图4.21a）。但是，如果使用封装基板，则可以在重新布线后使用基板下的焊球将更多接口连接到电路板上，从而节省空间（见图4.21b）。此外，与引线相比，焊球可以降低电感，因此很容易提高信号速度并增加带宽。

在 BGA 封装中，DRAM 与基板之间的连接也可分为引线键合式和凸点键合式。倒装键合（FC-BGA）[65, 66] 通过凸点来连接芯片和基板，而不是利用引线键合，由于凸点间距可缩小到 100μm 以下，因此封装尺寸可大幅缩小（见图4.21c），最终使 I/O 端口的数量显著增加了 600 多个（见表 4.1）。同时，与引线键合相比，连接长度减少到约 1/10 级（低电感），从而极大程度上提高了信号完整性。此外，

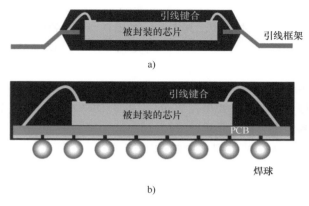

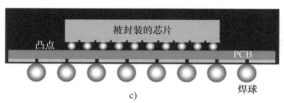

图 4.21　硅封装：a）引线框架；b）引线键合；c）倒装键合

当使用凸点时，从芯片裸片到基底的传热会得到改善。在使用引线键合的情况下，整个封装都被 EMC 覆盖以保护半导体芯片，因此散热受到限制，但在 FC-BGA 的情况下，半导体的散热很容易，因为它只需要经过一个底部填充过程来保护凸点部分。

表 4.1　BGA 封装特性

	BGA	FC-BGA
芯片与底板之间	金线	凸点
底板外接金属	球	球
球型管脚的数量	600～700 球	700～6000 球
线宽/间距	30μm/40μm	20μm/20μm
图形化	减去法	半相加法

近年来，在智能手机等受尺寸限制的应用中，对更小封装的需求不断增加，晶圆级封装（Wafer Level Package，WLP）方法应运而生 [67]。WLP 是指在封装时仍然是晶圆的一部分。大多数其他的封装方式都是先切割晶圆，然后将单个裸片装入带基板的塑料封装中，并贴上焊点，称为裸片级封装（Die-Level Package，DLP）。WLP 在晶圆上的集成电路的顶部或底部贴附再分布层（Redistribution Layer，RDL）而不是封装基板，再将焊接凸点放在 RDL 上，然后再对晶圆进行划片切割。RDL 的布线宽度比封装基板窄，因此易于布线。WLP 不需要封装基板，可

以在晶圆级进行封装，从而节省成本。

4.4.2　模组

为了提高单个面积内的存储密度和带宽，将多个芯片贴在同一块 PCB 上，称为模组。从将多个存储芯片贴合在一块 PCB 上的双内存模块（Dual In Memory Module，DIMM），到将芯片裸片放置在一块 PCB 上并封装在高密度布线板上的多芯片模组（MCM），随着封装技术的发展，各种模组都在不断开发中。

4.4.3　用于服务器 /PC DRAM 的 DIMM

在一块 PCB 上贴合多个 DRAM 芯片，以实现无面积限制的高带宽内存模块（如服务器或PC）称为 DIMM。DIMM 接口基本上由地址、数据和控制信号组成。一般来说，PC 使用 64 位数据 DIMM，但在要求可靠性的服务器中，则使用带有 8 位纠错码的 72 位数据 DIMM。DIMM 有多种类型：无缓冲 DIMM（UDIMM）、寄存 DIMM（RDIMM）和减载 DIMM（LRDIMM）[68, 69]（见图 4.22）。UDIMM 只能用于低容量，以减少错误，由于没有缓冲区或寄存器，因此其响应

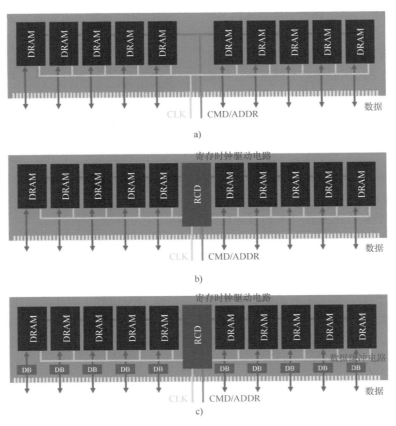

图 4.22　DIMM 的信号：a）UDIMM；b）RDIMM；c）LRDIMM

速度快，可以扩展到 2 级。RDIMM 在内存中增加了一个缓冲器，可以重新排列 DIMM 的地址和命令信号。每个 DIMM 可扩展到 4RANK，并具有更强大的纠错技术。LRDIMM 具有隔离内存缓冲区，由于没有总线负载的影响，每通道可容纳更多内存容量，并提高内存容量和速度。LRDIMM 还能防止过热，并通过检测和纠正数据错误的 ECC 功能提高内存模块的可靠性。这种 DIMM 适用于企业服务器和云数据中心。

4.4.4　用于移动式 DRAM 的堆叠封装

为了在移动设备等有限面积内提高半导体器件的集成度，需要堆叠单个封装的芯片。

在智能手机和平板电脑中，采用了堆叠应用处理器（Application Processor，AP）和内存芯片的层叠封装（Package on Package，PoP）技术，以尽量减小部件几何尺寸并提高数据传输率[70, 71]（见图 4.23a）。对于 PoP，通过最大程度上减少布线长度，可以降低延迟和信号损耗，最大限度地提高单位面积密度，从而实现大容量和部件小型化。因为存储芯片放置在逻辑芯片上方，所以在垂直方向上比 MCP 占用更多空间，但由于每次封装都显露出来，因此测试每个部件都很容易，而且可以降低因异常运行的芯片而产生的消耗成本。

4.4.5　HBM 的堆叠封装

在电子工程中，硅通孔（TSV）[72] 或芯片通孔是完全穿过硅晶圆的垂直电气连接（通孔）。TSV 是一种高性能互连技术，可替代引

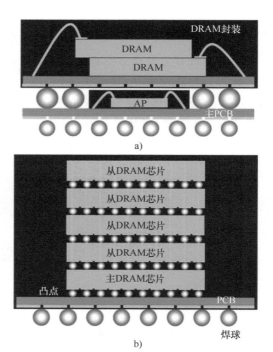

图 4.23　堆叠封装：a）PoP；b）TSV 三维封装

线键合和倒装键合芯片，用于制造三维封装和三维集成电路（见图 4.23b）。与 PoP 相比，TSV 是一种减少延迟的方法，它将两个或更多芯片堆叠在一起，通过穿透芯片的电极连接堆叠芯片之间的电路。由于信号是在堆叠硅晶圆顶部和底部之间的最短距离内传输的，因此非常适合实现轻薄的封装。但是，由于它在晶圆级测试后还要经过 TSV 过程，因此很难进行测试，也很难确保晶圆与晶圆之间的对齐和键合可靠性等良品率。HBM 存储基于 TSV 技术而面世，并正在向 8H/16H 扩展，应用于高端 DIMM 如数据中心使用的 DDR。

参 考 文 献

[1] D.C. Daly, L.C. Fujino, K.C. Smith, Through the looking Glass-2020 edition: trends in solid-state circuits from ISSCC, IEEE Solid-State Circuits Magazine 12 (1) (2020) 8–24.
[2] Micron DRAM datasheet. https://www.micron.com/-/media/client/global/documents/

products/data-sheet/dram/ddr4/8gb_ddr4_sdram.pdf.

[3]　S. Katarajan, Searching for the dream embedded memory, IEEE Solid-State Circuits Mag. 1 (2009) 34–44.

[4]　H. Yoon, A 4Gb DDR SDRAM with gain-controlled pre-sensing and reference Bitline calibration schemes in the twisted open Bitline architecture, International Solid State Circuits Conference (ISSCC) (2001).

[5]　M.-E. Hwang, A 0.94 μW 611 KHz in-situ logic operation in embedded DRAM memory arrays in 90 nm CMOS, Electronics 8 (8) (2019) 865.

[6]　H. Ikeda, High-speed DRAM architecture development, IEEE J. Solid State Circuits 34 (1999) 685–692.

[7]　W. Shin, DRAM-latency optimization inspired by relationship between row-access time and refresh timing, IEEE Trans. Comput. 65 (10) (2016) 3027–3040.

[8]　M. Nakamura, A 29-ns 64Mb DRAM with hierarchical array architecture, IEEE J. Solid State Circuits 31 (1996) 246–247.

[9]　C. Yoo, A 1.8-V 700-mb/s/pin 512-mb DDR-II SDRAM with on-die termination and off-chip driver calibration, IEEE J. Solid State Circuits 39 (2004) 941–951.

[10]　C.-K. Lee, A 5Gb/s/pin 8Gb LPDDR4X SDRAM with power-isolated LVSTL and split-die architecture with 2-die ZQ calibration scheme, in: International Solid State Circuits Conference (ISSCC), 2017.

[11]　mediaMicron Technical note: https://media-www.micron.com/-/media/client/global/documents/products/technical-note/dram/tn4040_ddr4_point_to_point_design_guide.pdf?rev=d58bc222192d411 aae066b2577a12677.

[12]　LPDDR4 JEDEC Standard.

[13]　M.-D. Ker, A new charge pump circuit dealing with gate-oxide reliability issue in low-voltage processes, in: IEEE International Symposium on Circuits and Systems, 2004.

[14]　B. Keeth, et al., DRAM Circuit Design: Fundamental and High-Speed Topics, IEEE Press Series on Microelectronic Systems, 2008.

[15]　M. Kim, A single BJT bandgap reference with frequency compensation exploiting mirror pole, IEEE J. Solid State Circuits 56 (2021) 2902–2912.

[16]　K. Kim, From the future Si technology perspective: challenges and opportunities, in: IEDM Technical Digest, 2010.

[17]　J.A. Mandelman, et al., Challenges and future directions for the scaling of dynamic random-access memory (DRAM), IBM J. Res. Dev. 46 (2.3) (2002) 187–212, https://doi.org/10.1147/rd.462.0187.

[18]　S.-K. Park, Technology scaling challenge and future prospects of DRAM and NAND flash memory, in: Proc. IEEE Int. Memory Workshop (IMW), May 2015.

[19]　D. Woo, DRAM—Challenging history and future, in: IEDM Technical Digest, 2018.

[20]　H. Chung, et al., Novel 4F2 DRAM cell with Vertical Pillar Transistor (VPT), in: Proceedings of the European solid-state device research conference (ESSDERC), Helsinki, Finland, 2011, 2011, pp. 211–214.

[21]　S. Cha, DRAM technology-history & challenges, in: IEDM Technical Digest, 2011.

[22]　T. Kirihata, et al., A 113m2 600Mb/s/pin 512Mb DDR2 SDRAM with vertically-folded Bitline architecture, in: International Solid State Circuits Conference, Digest of Technical Papers, 2001.

[23]　H. Hoenigschmid, et al., A 7F2 cell and Bitline architecture featuring tilted array devices and penalty-free vertical BL twists for 4-Gb DRAM's, IEEE J. Solid State Circuits 35 (2000) 713–718.

[24]　C. Radens, et al., 21μm2 7F2 trench cell with a locally-open globally-folded dual Bitline for 1Gb/4Gb DRAM, in: IEEE Symposium on VLSI Technology, Digest of Technical Papers, 1998.

[25]　H. Nakano, et al., A dual layer Bitline DRAM array with Vcc/Vss hybrid precharge for

multi-gigabit DRAMs, in: IEEE Symposium on VLSI Circuits, Digest of Technical papers, 1996.

[26] J.Y. Kim, et al., The breakthrough in data retention time of DRAM using recess-channel-array transistor (RCAT) for 88 nm feature size and beyond, in: Symposium on VLSI Technology, Digest of Technical Papers, Kyoto, Japan, 2003, pp. 11–12, https://doi.org/10.1109/VLSIT.2003.1221061.

[27] J.V. Kim, et al., S-RCAT (sphere-shaped-recess-channel-array transistor) technology for 70nm DRAM feature size and beyond, in: Digest of Technical Papers. 2005 Symposium on VLSI technology, 2005, Kyoto, Japan, 2005, pp. 34–35, https://doi.org/10.1109/.2005.1469201.

[28] C.H. Lee, et al., Novel body tied FinFET cell array transistor DRAM with negative word line operation for sub 60nm technology and beyond, in: On the symposium of VLSI Technology, 2004.

[29] K. Kim, G. Jeong, Memory technologies for sub-40nm node, in: IEDM, 2007.

[30] C. Lee, et al., Enhanced data retention of Damascene-FinFET DRAM with local channel implantation and ⟨100⟩ fin surface orientation engineering, in: IEDM, 2004.

[31] Y. Kim, et al., Local-damascene-FinFET DRAM integration with P/Sup +/doped poly-silicon gate technology for sub-60nm device generations, in: IEEE International Electron Devices Meeting, 2005.

[32] J.M. Park, et al., 20nm DRAM: a new beginning of another revolution, in: 2015 IEEE International Electron Devices Meeting (IEDM), Washington, DC, USA, 2015.

[33] T.-S. Jang, S.-K. Chun, S.-W. Ryu, M.-S. Yoo, Y.-T. Kim, S.-Y. Cha, J.-G. Jeong, D. Choi, Study on the Vt variation of TiNmetal buried-gate (BG) cell transistors in DRAM, J. Korean Phys. Soc. 59 (2) (2011) 408–411. (Online) Available from: http://www.jkps.or.kr/journal/download_pdf.php?doi=10. vol. 37, no. 7, pp. 859–861, July 2016.3938/jkps.59.408.

[34] T. Schloesser, et al., 6F2 buried wordline DRAM cell for 40nm and beyond, in: 2008 IEEE International Electron Devices Meeting, San Francisco, CA, USA, 2008, pp. 1–4, https://doi.org/10.1109/IEDM.2008.4796820.

[35] S. Park, I. Kim, Y. Park, J. Choi, Y. Roh, FN-degradation of S-RCAT with different grain size and oxidation method, Microelectron. Eng. 119 (2014) 32–36.

[36] S. Park, et al., Roles of residual stress in dynamic refresh failure of a buried-recessed-channel-array transistor (B-CAT) in DRAM, IEEE Electron Device Lett. 37 (7) (2016) 859–861, https://doi.org/10.1109/LED.2016.2563159.

[37] S.-W. Park, et al., Highly scalable Saddle-Fin (S-Fin) transistor for sub-50nm DRAM technology, in: Symposium on VLSI Technology, 2006.

[38] H. Lee, et al., Fully integrated and functioned 44nm DRAM technology for 1GB DRAM, in: 2008 Symposium on VLSI Technology, Honolulu, HI, USA, 2008, pp. 86–87, https://doi.org/10.1109/VLSIT.2008.4588572.

[39] K. Kim, Future memory technology: challenges and opportunities, in: 2008 International Symposium on VLSI Technology, Systems and Applications (VLSI-TSA), Hsinchu, Taiwan, China , 2008.

[40] F. Hofmann, Surrounding gate select transistor for 4F2 stacked Gbit DRAM, in: ESSDERC Digest, 2001.

[41] S.H. Lee, Technology scaling challenges and opportunities of memory devices, in: IEDM Technical Digest, 2016.

[42] S. Hong, Memory technology trend and future challenges, in: IEDM Technical Digest, San Francisco, CA, USA, 2010.

[43] A. Spessot, H. Oh, 1T-1C dynamic random access memory status, challenges, and prospects, IEEE Trans. Electron Devices 67 (4) (2020) 1382–1393, https://doi.org/10.1109/TED.2020.2963911.

[44] S.K. Gautam, et al., Reduction of GIDL using dual work-function metal gate in DRAM,

in: Proceedings of the IEEE 8th International Memory Workshop (IMW), Paris, France, May, 2016.

[45]　Y. Cho, et al., Suppression of the floating-body effect of vertical-cell DRAM with the buried body engineering method, IEEE Trans. Electron Devices 65 (8) (2018) 3237–3242.

[46]　C. Date, J. Plummer, Suppression of the floating-body effect using SiGe layers in vertical surrounding-gate MOSFETs, IEEE Trans. Electron Devices 48 (12) (2001) 2684–2689.

[47]　F. Morishita, et al., Leakage mechanism due to floating body and countermeasure on dynamic retention mode of SOI-DRAM, in: Symposium on VLSI Technical Digest, 1995.

[48]　S.K. Kim, M. Popovici, Future of dynamic random-access memory as main memory, MRS Bull. 43 (5) (2018) 334–339.

[49]　L.A. Zheng, E. Ping, Metal-insulator-Si (MIS) structure for advanced DRAM cell capacitor, in: 2004 IEEE Workshop on Microelectronics and Electron Devices, Boise, ID, USA, 2004, pp. 75–78, https://doi.org/10.1109/WMED.2004.1297356.

[50]　K. Kim, Technology for sub-50 nm DRAM and NAND flash manufacturing, in: IEDM Technical Digest, 2005, pp. 323–326, https://doi.org/10.1109/IEDM.2005.1609340.

[51]　D. Park, W. Lee, B. Ryu, Stack DRAM technologies for the future, in: 2006 International symposium on VLSI technology, Systems, and Applications, Hsinchu, Taiwan, China, 2006, pp. 1–4, https://doi.org/10.1109/VTSA.2006.251083.

[52]　K.H. Küsters, et al., New materials in memory development sub 50 nm: trends in flash and DRAM, Adv. Eng. Mater. 11 (2009) 513–514.

[53]　S.K. Kim, et al., Capacitors with an equivalent oxide thickness of <0.5 nm for nanoscale electronic semiconductor memory, Adv. Funct. Mater. 20 (18) (2010) 2989–3003.

[54]　Y.K. Kim, et al., Novel capacitor technology for high density stand-alone and embedded DRAMs, in: International Electron Devices Meeting 2000. Technical Digest. IEDM (Cat. No.00CH37138), San Francisco, CA, USA, 2000, pp. 369–372, https://doi.org/10.1109/IEDM.2000.904332.

[55]　M. Popovici, et al., Low leakage Ru-strontium titanate-Ru metal-insulator-metal capacitors for sub-20 nm technology node in dynamic random access memory, Appl. Phys. Lett. 104 (8) (2014), 082908.

[56]　J. Robertson, High dielectric constant oxides, Eur. Phys. J. Appl. Phys. 28 (2004) 265–291.

[57]　J.H. Chai, et al., New approaches to improve the endurance of TiN/HfO2/TiN capacitor during the back-end process for 70nm DRAM device, in: IEDM Technical Digest, 2003.

[58]　K.H. Lee, et al., A robust alternative for the DRAM capacitor of 50 nm generation, in: IEDM Technical Digest, IEEE International Electron Devices Meeting, 2004.

[59]　D.-S. Kil, et al., Development of new TiN/ZrO2/Al2O3/ZrO2/TiN capacitors extendable to 45 nm generation DRAMs replacing HfO2 based dielectrics, in: Symposium VLSI Technol., Dig. Tech. Papers, 2006.

[60]　H.J. Cho, et al., New TIT capacitor with ZrO2/Al2O3/ZrO2 dielectrics for 60 nm and below DRAMs, Solid State Electron. 51 (2007) 1529–1533.

[61]　S.K. Kim, W.-D. Kim, K.-M. Kim, C.S. Hwang, J. Jeong, High dielectric constant TiO2 thin films on a Ru electrode grown at 250°C by atomic-layer deposition, Appl. Phys. Lett. 85 (18) (2004) 4112–4114.

[62]　J.-H. Ahn, J.-Y. Kim, S.-W. Kang, J.-H. Kim, J.-S. Roh, Increment of dielectric properties of SrTiO3 thin films by SrO interlayer on Ru bottom electrodes, Appl. Phys. Lett. 91 (2007), 062910.

[63]　N. Menou, et al., Composition influence on the physical and electrical properties of SrxTi1−xOy-based metal-insulator-metal capacitors prepared by atomic layer deposition using TiN bottom electrodes, J. Appl. Phys. 106 (2009), 094101.

[64]　K. Kim, M.-Y. Jeong, The COB stack DRAM cell at technology node below 100 nm-scaling issues and directions, IEEE Trans. Semicond. Manuf. 15 (2) (2002) 137–143.

[65] I. Anjoh, Advanced IC packaging for the future applications, IEEE Trans. Electron Devices 45 (3) (1998) 743–752.

[66] SKHynixNewsroom.https://news.skhynix.com/light-thin-short-and-small-the-development-of-semiconductor-packages/.

[67] W.W. Dai, Historical perspective of system in package (SiP), IEEE Circuits Syst. Mag. 16 (2016).

[68] Y. Lee, Skinflint DRAM system: minimizing DRAM chip writes for low power, in: IEEE International Symposium on High Performance Computer Architecture (HPCA), 2013.

[69] Rambus blog. https://www.rambus.com/blogs/anandtech-forbes-and-wsj-cover-rambus-memory-chipset-launch-2/.

[70] H. Eslampour, Advancements in package-on-package (PoP) technology, delivering performance, form factor & cost benefits in next generation smartphone processors, in: Electronic Components and Technology Conference, 2013.

[71] Samsung Foundry. https://www.samsungfoundry.com/foundry/homepage/anonymous/technologyAdvanced.do?_mainLayOut=homepageLayout&menuIndex=0203.

[72] M. Kawano, A 3D packaging technology for 4 Gbit stacked DRAM with 3 Gbps data transfer, in: International Electron Devices Meeting, 2006.

第 5 章

NAND 闪存技术现状与展望

Gertjan Hemink[a] 和 Akira Goda[b]

[a] 美国加利福尼亚州米尔皮塔斯西部数据公司，[b] 日本东京美光存储器（日本）公司

5.1 引言

在过去的 30 年中，闪存（Flash）取代了现有的存储技术，高密度、低成本的 NAND 闪存在消费电子产品（如手机、计算机和可穿戴设备）中开启了新的应用，从而颠覆了存储行业[1, 2]。1991 年，闪迪（SanDisk）推出了其第一款闪存固态硬盘（Solid State Disk，SSD），其容量为 20MB，原始设备制造商（OEM）的售价为 1000 美元，也就是 50 美元 /MB。这款 SSD 基于 NOR 闪存，并通过系统闪存（System-Flash）[2] 概念实现，该概念使用专有闪存芯片和控制器硬件 / 固件的组合，使用纠错码（Error Correcting Code，ECC）、磨损均衡（wear leveling）和其他技术来管理非完美的存储器。21 世纪初期，NOR 闪存尺寸微缩放缓，而 NAND 闪存尺寸微缩持续强劲增长，2D NAND 闪存成为占主导地位的闪存存储介质[2]。将时间快进 30 年，从 1991 年到 2021 年间，基于 NAND 闪存的存储产品售价低于 0.13 美元 /GB，30 年内降价超过 380000 倍，如图 5.1 所示。

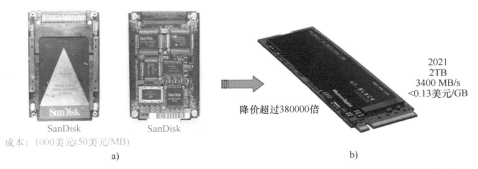

图 5.1　NAND 闪存价格断崖式下跌：a）左图为 1991 年 2.5 英寸 20MB SSD，50 美元 /MB；b）2021 年 M.2 SSD 出货价格低于 0.13 美元 /GB，30 年内降价超过 380000 倍

2D NAND 闪存将存储单元的最小特征尺寸从 2001 年的约 0.15μm[3] 不断微缩到 2016 年的

约 14nm[4]。在同一时期，通过逻辑微缩的概念，有效密度进一步提高，从每个单元存储 1 位（SLC）转换到每个单元存储 2 位（MLC），甚至增加到每个单元存储 3 位（TLC）[5]。每个单元存储 4 位（QLC）的 2D NAND 闪存已宣布采用 70nm[6] 和 43nm[7] 制程，但器件的最小特征尺寸尚未缩小到 43nm 以下工艺节点。然而，随后 3D NAND 闪存相对较大的存储单元尺寸和改进的存储单元特性使 QLC 再次复兴，现已成为超高密度低成本应用的可行性选择 [8-10]。

在本章中，首先将讨论 NAND 闪存的基本操作原理。虽然 2D NAND 和当今的 3D NAND 的基本操作原理是相同的，但在 2D NAND 时代，已经发明和开发了许多更先进的操作方法，随着器件最终被缩小到 14nm 的尺寸，可靠的操作这些器件和提高每个存储单元的位数变得越来越困难。3D NAND 器件在本质上更可靠，因为其有效单元尺寸更大，微缩 3D NAND 器件中重新引入了来自 2D NAND 时代的操作方法，例如启用 QLC 器件，因此仍值得讨论。

接下来将讨论不同类型的 3D NAND 闪存。从存储单元的角度来看，目前有两种类型：一种是基于浮栅的存储单元，另一种是基于电荷陷阱的存储单元。从架构的角度来看，有两种主流架构：一种是 CMOS 置于阵列下方（CMOS under Array，CuA）的架构，而更传统的是 CMOS 置于阵列周围（CMOS next to Array，CnA）的架构。每种架构都有其优缺点，本章将对此进行讨论。接下来将详细讨论 3D NAND 闪存的未来展望及其挑战，最后讨论 3D NAND 闪存的未来应用，将通过优化 3D NAND 设计架构，填补 DRAM 和 HDD 之间成本和性能的巨大差距。

5.2 NAND 闪存基本原理

在本节中，将详细讨论 NAND 闪存单元和阵列操作。首先，将解释基本的存储单元操作原理，然后介绍如何构建 NAND 闪存阵列以及如何在大型 NAND 闪存阵列中对单个存储单元寻址和操作。并且将讨论 NAND 闪存具体的可靠性问题，例如 NAND 闪存结构本身加剧的编程干扰和读干扰。还将讨论编程和读取 / 验证噪声、单元间干扰、数据保持和温度效应等其他可靠性相关的问题。在适用的情况下，先进的操作方法能够实现进一步的尺寸和逻辑微缩，最终使 2D NAND 器件可以在每个存储单元 3 位的应用中使用，直到最新的 2D NAND 节点。

5.2.1 基本的存储单元操作

当今的 NAND 闪存基础是基于 MOS 晶体管的存储单元，即所谓的浮栅结构，于 1967 年发明 [11]。浮栅器件通常是在单元 P 阱区域中实现的 N 沟道 MOS 器件。存储单元的阈值电压（V_t），与控制栅相关，取决于浮栅中存储的电荷量。处于擦除状态的单元通常具有负的阈值电压 V_t，而处于编程状态或写入状态下的单元具有正的阈值电压 V_t。在现代 2D NAND 器件中，典型的浮栅器件，有一层多晶硅制成的浮栅，由一层薄的栅氧化物（通常是 SiO_2）与沟道隔开，厚度为 7 ~ 10nm，取决于工艺 [12, 13]。栅氧化物要足够薄，以允许在合理电压下通过栅氧化物发生 Fowler-Nordheim（FN）隧穿 [14]，也要足够厚以在较低的电场下泄漏电流能够忽略不计，从而使浮栅中的电荷可以长时间保持（数据保持）。在浮栅存储器件中，栅氧化物通常被称为隧道氧化物。隧道氧化物厚度受应力诱导漏电流（Stress Induced Leakage Current，SILC）的限制[15-18]，最小厚度限制在 7nm 左右。浮栅电势由所谓的控制栅控制，该控制栅沉积在浮栅顶部，也可以由多晶硅制成。控制栅通过所谓的多晶硅层间电介质（Interpoly Dielectric，IPD）与浮栅电容耦合，IPD 通常由多层绝缘材料堆叠组成，例如 SiO_2-Si_3N_4-SiO_2，通常称为 ONO。与隧道氧化物类似，ONO 的有效厚度取决于工艺，在最后的 2D NAND 技术代中，厚度从 25nm[19]，薄至 11nm[20]。从存储单元的操作角度来看，电学上首选尽可能薄的 IPD，因为这样更容易实现控制栅和浮栅之间的充分耦合。IPD 的物理厚度很重要，它实际上会影响 2D NAND 存储单元的微缩。但是需要一定的最小厚度来防止电子通过 IPD 本身隧穿，从而导致编程饱和[21]。除了耦合和编程饱和的问题外，需要仔细优化 IPD 各层厚度以保持足够的数据保持特性[22-26]。

图 5.2a 和 b 分别展示了这种浮栅器件的基本编程和擦除操作[19]。在编程操作期间，向控制栅施加约 18V[19] 的高电压 V_{PGM}，单元的 P 阱和漏源区域保持在 0V。浮栅电位被耦合到高电位，电子从沟道隧穿到浮栅层，导致 V_t 增加。为了擦除存储单元，将偏置条件反转。为了避免在控制栅上使用负电压，将约 20V[19] 高的偏置电压 V_{ERA} 施加到 P 阱，同时控制栅电压保持在 0V，来达到反转偏置条件。在这些偏置条件下，电子将从浮栅隧穿回 P 阱，从而降低存储单元的阈值电压。

图 5.2c 展示了浮栅存储单元的基本读取操作。通常，对于每个单元存储 1 位（两个状态）的存储单元，在控制栅上施加读取电压 V_{CGR} 为 0V，同时将漏极正向偏置到电压 V_{BL}，如 1V，来读取存储单元。如图 5.2d 所示，当单元处于擦除状态时，单元电流较大，而对于处于编程状态且阈值电压 V_t 为正的单元，单元电流明显较小。当存储单元用于实际存储器阵列时，将使用感测放大器来读取存储在单元中的数据。可采用不同的感测放大器方案，但本质上是确定单元电流是否高于或低于某个基准电流 I_{SENSE}。当存储单元电流 $I_{CELL} > I_{SENSE}$，则被判断为擦除态或 "1" 状态；当存储单元电流 $I_{CELL} < I_{SENSE}$，则被认为编程态或 "0" 状态。

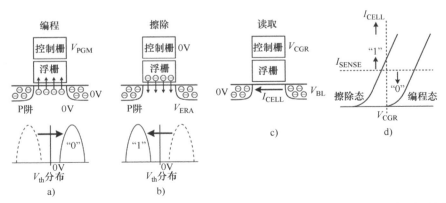

图 5.2　利用电子 FN 隧穿通过隧道氧化物（栅氧化物）的浮栅存储单元：编程（a）、擦除（b）与读取操作（c）和（d）

5.2.2 NAND 闪存阵列架构

图 5.3a 展示了 NAND 闪存阵列的一小部分俯视图，或者更具体地说，是大型 NAND 闪存阵列中单个字块的一小部分。图 5.3b 展示了 NAND 单元串沿图 5.3 中 A-A' 线的横截面。在 NAND 单元串中，许多存储单元串联在两个选择晶体管之间[12]。源端选择管将选中的 NAND 单元串连接到公共源线（多个 NAND 单元串共享）。漏端选择管将 NAND 单元串连接到位线，该位线也与多个 NAND 单元串共享。通过对阵列中选中和未选中的 NAND 单元串的选择管施加适当的偏置电压，可以选择阵列中的特定 NAND 单元串上一个相应的存储单元进行读取或写入操作。字块内的有源区是由多个水平硅条带（标记为 AA）形成的，这些硅条带在单晶硅衬底上形成，多条字线位于垂直方向。浮栅位于字线下方，在最新的 2D NAND 技术节点中，与有源区自对齐，在字线和有源区的交叉点形成存储单元。字线作为单个存储单元的控制栅，通常由多晶硅或多晶硅和金属堆叠制成，以降低字线电阻。字线的线间距通常等于 $2F$，其中 F 指给定技术节点的最小特征尺寸。在有源区之间，最新技术节点上使用了完全自对准的浅槽隔离（SA-STI），如图 5.3c[27] 的横截面所示。尽管存储单元能够微缩到约 $4F^2$，但由于漏端和源端选择管、虚拟字线[28, 29]、源线和位线接触孔的存在，单个存储单元的有效单元尺寸大于 $4F^2$。由于写抑制操作过程中，沟道电势被大幅提升，这些选择管沟道必须相对较宽（长沟道），以防止升压电荷泄漏到公共源线或位线。此外，沟道电势的提高会引起源端选择管的栅极诱导漏极漏电流（Gate-Induced Drain Leakage，GIDL），热电子注入源端选择管相邻字线（WL0）上的存储单元，导致编程干扰[30]。为了避免 GIDL 引起编程干扰的不利影响，选择管与第一个数据的字线之间的空间需要足够宽[30]。通过插入虚拟字线[28, 29]，对虚拟字线施加最佳偏置电压，以最小化 GIDL 的影响或最小化 GIDL 本身，引入了额外的灵活性。由于 NAND 闪存操作电压基本

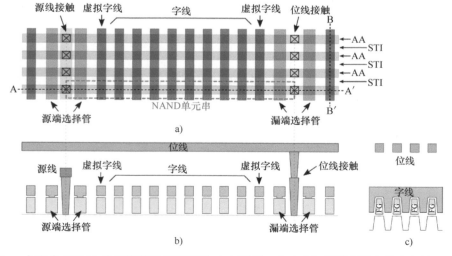

图 5.3 a）四个 NAND 单元串的布局俯视图；b）沿图 a 中 A-A' 线垂直于字线方向的 NAND 单元串横截面；c）沿图 a 中 B-B' 线在字线上方穿过四个 NAND 单元串的横截面。图中红色线框表示单个 NAND 单元串所占面积

上不会缩减，因此选择管和虚拟字线所占据的区域也不会显著缩减。为了减少这些开销区域对有效单元尺寸的影响，越来越多的存储单元被放置在单个 NAND 单元串上，从早期的 8 个 [31]，逐渐增加到大多数 2D NAND 供应商最新技术节点的 128 个 [32-34]，甚至在某些供应商的 14nm 节点中多达 150 个 [4]。

图 5.4 是字块内的四个 NAND 单元串的等效电路表示，其表示方式类似于图 5.3a。可以看到，共源线与字线平行，将各个 NAND 单元串的源接触连接在一起，形成一个可以在阵列边缘接触的公共源线。位线与形成 NAND 单元串的有源区平行，并垂直于字线。在每个 NAND 单元串的两侧，都有一个字块边界，另一组 NAND 单元串形成 NAND 单元串的相邻字块。图 5.4 左侧的一个边界位于源端，其中源接触与相邻 NAND 单元串的源接触共享，另一个边界位于漏端，其中位线接触与图 5.4 右侧的相邻 NAND 单元串共享。由于字块中的所有 NAND 单元串共享源端选择管和漏端选择管，通常，在编程和读取操作期间，形成这样一个字块的所有 NAND 单元串同时被寻址。为了能够单独编程或读取每个单元，将应用适当的位线偏置，这将在本章后面讨论。在新一代 2D 和 3D NAND 闪存阵列中，对应于 16kB 页面大小，超过 130000 个 NAND 单元串并行共享一组字线，形成一个 NAND 单元串的字块。

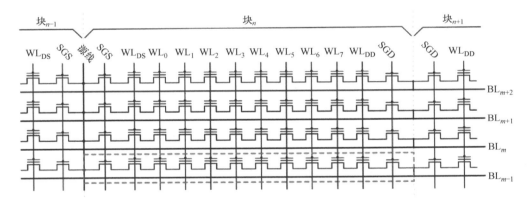

图 5.4　图 5.3 顶视图的四个 NAND 单元串的原理图电路。红色虚线框表示单个 NAND 单元串所占的面积，该 NAND 单元串具有 8 个串联的存储单元，两侧的存储单元与选择管之间有一个虚拟存储单元，一个 NAND 闪存阵列（字块）由数千个（通常 >130k 或相当于 16kB）NAND 单元串并行连接，共享一组字线

在 NAND 阵列中，多个字块可以连接到同一组位线。例如，在一个 24nm 64Gbit MLC 2D NAND 闪存 [35] 中，已经将 2K（2048）个字块连接到同一组位线。这样一组字块通常称为一个位平面，一个 NAND 闪存可以划分为多个位平面，如图 5.5 所示。各种 NAND 闪存具有不同数量的位平面，以权衡芯片的尺寸和性能。参考文献 [35] 中的 64Gbit MLC 2D NAND 闪存有两个位平面，可以并行操作，以实现每个存储单元 2bit、14MB/s 的写吞吐量。参考文献 [37] 中的另一个 64Gbit MLC 2D NAND 闪存有四个位平面，可实现更高的写吞吐量 25MB/s。为了实现尽可能小的芯片尺寸，参考文献 [36，38] 中的 19nm 64Gbit 闪存仅使用一个位平面。这种一个位

平面闪存的位线非常长，导致位线 RC 延迟增加，需要改进的位线预充电方案和所谓的全位线（All Bit Line，ABL）结构，与之前 24nm 节点的 2 位平面闪存相比，可保持与之近似的 15MB/s 写吞吐量。

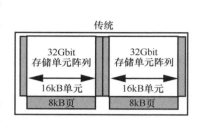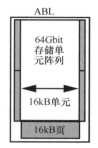

5.2.3 NAND 闪存阵列操作

如前所述，因为字块内所有 NAND 单元串共享相同的字线和选择管偏置电压，所有 NAND 单元串同时被并行寻址。通过对选中字块内的字线和每个 NAND 单元串的独立位线施加适当的偏置条件，选择单个存储单元[39]。

图 5.5　两个 64Gbit MLC 2D NAND 闪存，左图为具有双位平面的传统架构[35]，右图为单位平面全位线（ABL）架构[36]

从最简单和最基本的操作开始，字块内所有的存储单元需初始化为初始擦除状态，图 5.6 显示了字块擦除操作的基本偏置条件。在擦除操作中，字块内的所有存储单元在"一闪"[40]中同时被擦除，因此这些类型的存储器被称为闪存。为实现这一点，所有字线都连接到一个低电压，通常为 0V，同时对 P 阱施加约 20V 的高电压 V_{ERA}[39]。如上一节所述，来自存储单元浮栅中的电子通过 FN 隧穿，移除了先前编程状态的存储单元浮栅中的电荷，并将存储单元移到负阈值状态。为了防止选择管栅氧化物的损坏，V_{ERA} 可以直接连接到选择管的栅极，以避免电子隧穿电流通过选择管栅氧化物[39]。然而，在典型的 NAND 闪存[41]中，选择管、共源线和位线保持在浮空状态，且与 P 阱电容耦合，当 P 阱电压升高到 V_{ERA} 时，它们将被耦合起来。虚拟字线可以单独偏置正电压，以减少选择管与最近的字线之间的电场，并防止虚拟字线上的单元被擦除[42]。通常，在擦除脉冲之后，同时对所选字块的所有字线执行擦除验证操作，以减少验证操作所需的时间。如果 NAND 单元串中有一个或多个尚未被擦除的单元，则验证操作失败，可以施加另一个擦除脉冲，直到验证操作成功通过[43]。在其他 NAND 闪存中，擦除操作使用单个擦除脉冲，因为存储单元的擦除态阈值电压分布原则上对存储单元阵列的操作不是很关键，但是，随着单元尺寸不断微缩，擦除单元的实际阈值电压在单元后续编程过程中开始影响编程干扰[44]。同时，由于相邻存储单元之间的寄生耦合效应，也导致编程阈值电压分布变宽[45]。为了减少这些负面影响，引入了一种使用编程验证方法的擦除态重编程方案[44]，以减少擦除态阈值电压的分布宽度并控制擦除态阈值电压分布的深度。单个字块的典型擦除时间在 1.5 ~ 5ms 范围内[43, 46, 47]。

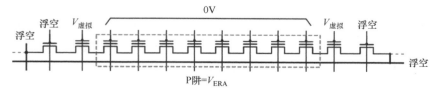

图 5.6　在擦除操作期间对 NAND 阵列中的 NAND 单元串施加的偏置条件

接下来将讨论读取和验证操作。图 5.7 展示了在读取和验证操作期间施加的偏置条件。首先，通过向源漏端两个选择管栅极施加足够高的偏置电压 V_{SG}（例如 5V[39]），确保漏端和源端选择管处于导通状态，从而选择一个字块进行读取或验证操作。而同一位平面所有其他字块的选择管处于非导通状态，通常对这些选择管栅极施加 0V 电压。字块内未选中的字线需要偏置到足够高的电压 V_{READ} 大约 5V[39]，以确保在 NAND 单元串中所有未选中的单元都处于导通状态，无论未选中的单元中存储的数据是什么。在这些偏置条件下，与每个 NAND 单元串相关的位线和接地的共源线之间存在导电通路。导电通路只能由位于选中字线上的存储单元来控制断开。通常在 SLC 闪存中，施加到所选字线的读取电压 V_{CGR} 接近 0V[39]。当 NAND 单元串选中的单元阈值电压低于 V_{CGR} 时，单元处于擦除状态，电流可以从位线流向共源线。另一方面，当所选单元的阈值电压高于 V_{CGR} 时，对于编程状态的单元来说，单元处于非导通状态，没有位线电流，或者位线电流极小。为了感测位线电流，存在几种方法 [31, 48]。在早期的 NAND 闪存中，位线被预充电到电源电压 V_{CC} 并保持在浮空状态，随后相应选中的 NAND 单元串允许在预定时间内放电。如果所选存储单元处于擦除状态，即阈值电压低于 V_{CGR}，则有电流流过，浮空的位线将被放电至 0V。相反，如果所选单元处于编程状态，即阈值电压高于 V_{CGR}，则电流大大降低，不会发生显著的位线放电。在预定的放电时间之后，感测放大器检测位线电压，并将单元的测定状态存储在锁存电路中。

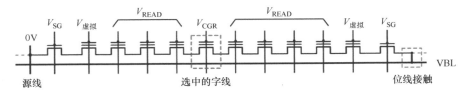

图 5.7　在读取和验证操作期间对 NAND 阵列中的 NAND 单元串施加的偏置条件

采用上述方法，一个字块内的所有位线可以同时被感测，但可能会受到位线耦合噪声的影响。为了降低耦合噪声及其对读取操作的影响，引入了受屏蔽位线感测方法 [49]。在受屏蔽位线感测方法中，在读取或验证操作期间只选择一半的位线，无论是偶数位线或者奇数位线。未选择的位线被接地并充当所选位线之间的屏蔽，从而增加感测裕度，在较短的感测时间内提高读取性能。此外，由于两个相邻位线共享一个感测放大器，所以感测放大器数量减半。为了读取选中字线上的所有存储单元，需要进行两次读取操作，来读取和存储在奇偶逻辑页上相应的奇偶位线。屏蔽位线感测方法已在许多代 NAND 闪存产品中应用，并进行了修改，例如将位线电压摆幅降低到约 0.4V，以实现更快的感测操作 [50]。

在 56nm 工艺节点中重新引入了全位线（All Bit Line，ABL）感测方法的改进版本 [51, 52]。在全位线感测中，所有位线首先预充电到一个相对较低的电压水平，随后，感测放大器在感测位线电流时保持位线电压恒定。通过保持位线电压恒定，可消除或显著降低位线耦合噪声。再次使用全位线感测方法，可以同时读取、编程和验证单个字线上的所有单元。因此，对于 MLC（每个单元存储 2 位）操作，编程速度可以从当时最先进的 10MB/s[53] 提高到 24MB/s，甚至在全序列编程模式下，可以高达 34MB/s，其中上位页和下位页数据同时编程，而不是传统的上位页和下位页单独编程序列。从那时起，传统的受屏蔽位线和全位线架构都已经应用于各种 NAND 闪存供应商的产品中，甚至在 2D NAND 闪存中，直到最后的 14～16nm 技术代 [4, 54]。

在第一代 1μm 4Mbit NAND 闪存中，擦除态下的存储单元电流非常大，高达 40μA[31]，读取操作非常快，仅为 1.6μs，尽管读取操作需要在位线上产生从 V_{CC} 到 0V 非常大的电压摆幅。随着单元尺寸的进一步微缩和 NAND 单元串长度增加（从最初的第一代 4Mbit 闪存中的 8 个存储单元增加到 90nm 中的 32 个存储单元），存储单元电流进一步下降到约 0.5μA，具体取决于选中位线预充电偏压和未选中字线上的偏压 V_{READ}[55]，这导致读取时间增加到约 25μs。随着向每个单元存储 2 位（MLC）和 3 位（TLC）闪存过渡，由于需要在多个读取电平上进行更多的读取操作以区分不同的编程状态，读取时间进一步增加。最新的 2D NAND MLC 闪存的典型读取访问时间约为 45μs[54]，TLC 闪存的读取访问时间约为 90μs[33]。

为了实现 TLC 甚至每个单元存储 4 位（QLC）的闪存，需要一个较大的 V_t 窗口，为了增加可用窗口，需要能够使用负的读取和验证电压 V_{CGR}。然而，产生负的字线电压是不可取的，因为它需要引入三阱工艺。在读取和验证操作期间，一种提高源电压的源极偏置读取/验证方案，有效地产生了一个负字线电压[56]。这种源极偏置负感测（SBNS）方案的改进版本最近已经在一款 3D NAND QLC 闪存中实现[57]。

最后，在本节中将讨论编程操作。图 5.8 显示了编程过程中的偏置条件。

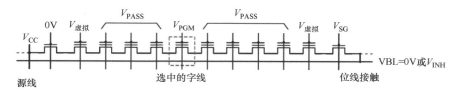

图 5.8 在编程操作期间对 NAND 阵列中的 NAND 单元串施加的偏置条件

首先，通过将所选字块的漏端选择管偏置为导通状态，选择单个字块进行编程，因此，将决定单元是否编程的位线电压传输到选中字块内的 NAND 单元串沟道区域。为了避免较大的单元电流从偏置位线通过 NAND 单元串流向共源线，源端选择管处于非导通状态，可以通过将选择管栅极偏置到 0V 来实现[39]。由于位线电压需要传递到选中编程的存储单元，未选中的字线连接到一个足够高的电压，通常称为 V_{PASS}，以便位线电压可以传递到所选中单元下方的沟道区域，早期 NAND 闪存中使用的 V_{PASS} 典型值为 10V[39]，并且相同的电压也施加到漏端选择管。对选中的字线施加高电压 V_{PGM}，位线偏置电压可以是 0V 或 V_{INH}，具体取决于相应的 NAND 单元串中选中单元是否需要进行编程或编程抑制。当特定 NAND 单元串的选中字线上的单元进行编程时，相应的位线会施加 0V 电压，因此选中存储单元沟道区域偏置到 0V。结合所选字线上通常为 20V 的高偏置电压 V_{PGM}[39]，将导致隧道氧化物中产生强电场，沟道区域中的电子将通过 FN 隧穿到浮栅，引起存储单元阈值电压增大，使其进入编程态。为了确保存储单元被编程到足够高的阈值电压，可以执行验证操作。验证操作本质上是一种读取操作，而采用较高读取电压，称为验证电压 V_{CGV}，对于 SLC 闪存，验证电压的典型值为 0.6V[39]。如果在验证操作后，该存储单元尚未达到编程状态，则可以通过再次对位线施加 0V 偏置电压，并重复上述编程序列来对该单元进行另一次编程操作。当单元通过了前面的验证操作或需要保持在擦除态时，可通过施加高达 10V[39] 的电压 V_{INH} 来抑制该单元进行编程。当对位线施加较高的位线电压 V_{INH} 时，该电压将被传递到相应 NAND 单元串选中存储单元的沟道，选中字线上的高编程电压 V_{PGM} 和高沟道电压的组合，使隧道氧化物电场较低，不足以发生 FN 隧穿。

在早期的 NAND 闪存中，抑制单元编程所需的高电压直接施加在位线上，但在后来的闪存中，引入了自升压沟道，使编程抑制单元的位线电压降低到一个类似于电源电压的低值[41, 58]。在自升压的情况下，漏端选择管偏置到一个低得多的电压，通常是 V_{CC}。在沟道预充电阶段，当字线尚未偏置到高电压 V_{PASS} 或 V_{PGM}，漏端选择管的栅极偏置到 V_{CC}，根据相应位线上选中单元是否需要编程或编程抑制，位线电压偏置到 0V 或 V_{CC}。在这个预充电阶段，沟道电位将保持在 0V 或预充电到接近 V_{CC} 的值，具体取决于实际阈值电压和施加到漏端选择管的偏置条件。在预充电过程结束时，因为漏端选择管的栅极、漏极、源极电位都被偏置到 V_{CC} 或接近于 V_{CC}，漏端选择管实际上可能变成不导通状态。随后，字线被抬高至高电压 V_{PASS} 和 V_{PGM}，如果位线和沟道电压保持在 0V，则选中的存储单元将被编程。然而，当沟道被预充电至 V_{CC} 时，沟道处于浮空状态，当 V_{PASS} 为 10V 时[46]，由于字线和沟道之间的电容耦合，沟道电压被提升至 8V 左右，从而抑制该单元编程。提高 V_{PASS} 值可以增加沟道升压量。但是，当 V_{PASS} 过高时，由于选中编程的 NAND 单元串的位线被偏置到 0V，V_{PASS} 本身可能导致 NAND 单元串上未选中字线的存储单元被意外编程。这种意外编程是一种编程干扰的形式，通常被称为 V_{PASS} 干扰[58, 59]。如果 V_{PASS} 过低，由于沟道区域的自升压不足，选中字线上被编程抑制的单元可能受到编程干扰，这种干扰通常被称为 V_{PGM} 干扰[59]。为了防止这两种类型的编程干扰，V_{PASS} 需要针对每一代 NAND 闪存进行仔细优化。近年来引入了几种自升压的变体，例如局域化自升压（Localized Self-Boosting，LSB）。在 LSB 方法中，选中字线相邻两侧的字线接地，以便将选中字线下的自升压区域与未选中字线下的区域隔离开来，从而提高自升压效果，改善编程干扰裕度问题[59, 60]。LSB 也存在一些问题，需要精确控制擦除状态阈值电压分布的宽度和深度，根据实际的编程电压动态调整 V_{PASS}，可进一步改进阈值分布[44]。如之前章节提到的，自升压沟道的高电位可在选择管处引起栅极诱导漏极漏电流（GIDL）[29, 30]。随着虚拟字线的插入[28, 29]，通过将最佳偏置电压施加到虚拟字线，以最小化 GIDL 的影响或最小化 GIDL 本身，并减少字线与选择管栅极耦合噪声的影响，引入额外的灵活性[28]。随着从 2D 到 3D NAND 闪存的过渡，虚拟字线对这些 NAND 闪存的可靠运行仍至关重要。

在最早的 NAND 闪存中，编程/验证操作期间，后续编程脉冲的幅度是恒定的。然而，为了更好地控制编程阈值电压分布，并实现多级存储单元操作，引入了一种快速准确的编程方法[61]，称为增量步进脉冲编程（Incremental Step Pulse Programming，ISPP）[41, 58]。图 5.9a 显示了应用于选中字线的编程和验证脉冲。第一个编程脉冲从值 V_{PGM} 开始，对于后续的编程脉冲，脉冲幅值增加 ΔV_{PGM}。在编程脉冲之间，使用验证电压 V_{CGV} 进行验证操作，验证电压 V_{CGV} 通常高于正常读取电压，例如在 SLC 闪存[39] 中为 0.6V。图 5.9b 显示了不同编程脉冲和验证操作后，选中字线上存储单元的阈值电压分布的变化情况。从初始擦除状态的阈值电压分布开始，在第一个脉冲期间，部分存储单元（例如在 SLC 闪存编程中，约占 50%）将被选中编程，施加第一个编程脉冲。因此，阈值电压分布开始分成两部分，分别为编程态单元和擦除态单元。在第一个脉冲之后，一些编程单元可能已经达到最终目标，其阈值电压高于 V_{CGV}，如灰色阴影区域所示。在后续编程脉冲期间，对这些单元对应的位线施加适当的位线电压 V_{INH} 来抑制进一步编程。在第一个脉冲之后，第二个脉冲的幅值会提高 ΔV_{PGM}，理想情况下，其余被选中进行编程的存储单元的阈值电压的偏移量等于 ΔV_{PGM}。在第二个脉冲之后，再执行一次验证操作，已通过验证的存储单元将被检测到，并不再进行后续的编程验证操作。在每次验证操作之后，检测是否所有存储单元都已达到其预期状态，并且当所有或几乎所有单元都达到其目标编程状态时，编程序列将终止。在这样一个编程过程之后，理想情况下，编程态的阈值电压分布宽度等于 ΔV_{PGM}，但是，各种因素将导致编程后的阈值电压分布变宽。在对单个字线进行编程后，直接影响阈值电压分布宽度的主要因素是编程噪声[62-66] 和读取 / 验证噪声[65-69]。由于 3D NAND 器件的有效存储单元尺寸明显大于最后技术代 2D NAND 器件，这些噪声分量在 3D NAND 器件中更小[66]，因此对于相同的 ΔV_{PGM} 值，3D NAND 器件的阈值电压分布更窄。为了减少验证和编程噪声对编程阈值电压分布宽度的影响，引入了 ISPP 的改进方法，即双验证（Double Verify，DV）ISPP 方法[70, 71]。DV ISPP 方法的基本思想是减少那些接近 V_{CGV} 目标电平单元的阈值电压偏移，为接近目标阈值电压值的存储单元创建一个较小的 ΔV_{PGM} 步长。可以通过一次额外验证操作实现，其验证电压 V_{CGVL} 低于目标验证电压 V_{CGV}。对于接近目标电平 V_{CGV} 的存储单元（阈值电压在 V_{CGVL} 和 V_{CGV} 之间），在下一个编程脉冲期间，对位线施加一个小的正位线偏压 V_{BL}，该偏置电压将在下一个编程脉冲期间减小隧道氧化物上的电场，从而减缓每个脉冲的阈值电压偏移量。通过仔细优化 V_{CGVL} 验证电压和位线电压 V_{BL}，可以得到更窄的阈值电压分布[71]。

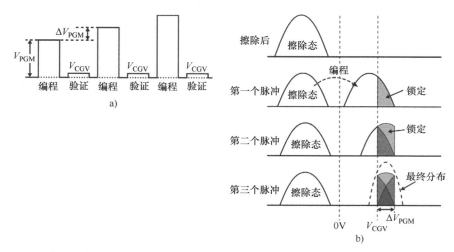

图 5.9   结合编程 / 验证方案的 ISPP 的概念概述：a）显示了编程期间施加到选中字线的编程和验证电压脉冲；b）显示了每个编程和验证脉冲之后选中存储单元的编程进展情况

在随后的字线编程后，导致阈值电压分布进一步变宽的原因是：单元间干扰[65, 66, 72, 73]，背景编程模式相关性（BPD）[59, 60]，编程干扰[44, 59, 74]，以及编程 / 擦除周期本身导致的存储单元特性恶化[74]。通过对字块中的不同字线按顺序编程（从最靠近源端选择管的字线开始，向漏端选择管的方向），可以最小化 BPD 的影响[59, 60]。即使如此，仍然会有少量 BPD 的影响，导致较低、较早编程的字线上的编程阈值电压分布向上偏移，这是由于当字块中的所有存储单元完成编程时，单元电流会降低。此外，还可以通过更好地匹配验证操作和读取操作之间漏端沟道电阻，对尚未编程的较高字线使用较低的 V_{READ} 来进一步降低 BPD[4, 75]。通过优化编程算法，减小由于单元间干扰导致的阈值电压分布变宽，将在下面进行详细讨论。

5.2.4　多比特操作

上一节描述了应用于 SLC 闪存的 ISPP 的基本概念。ISPP 不仅对 SLC 闪存有利，其对于每个单元存储 2 位、3 位甚至 4 位的器件也必不可少，因为窄的阈值电压分布对于这些器件的正确操作至关重要。

图 5.10 显示了多比特阈值电压分布的概念，其中每个单元最多存储 4 位。如图 5.10a 和 b 所示，SLC 闪存可以很容易地转换为 MLC 闪存，将图 5.10a 中的两个阈值电压分布中的每一个划分为两个额外的分布，以存储第二比特信息，如图 5.10b 所示。通常，第一个编程的逻辑页称为下位页，形成类似于 SLC 闪存的阈值电压分布，如图 5.10a 所示。第二页称为上位页，对上位页进行编程，将图 5.10a 中的阈值电压分布转换为图 5.10b 中的 MLC 闪存的阈值电压分布。为了读取下位页，以 V_{R2} 为读电压的单次读取操作可以区分下位页的 "1" 或 "0" 数据。阈值电压高于 V_{R2} 的存储单元代表 "0"，阈值电压低于 V_{R2} 的存储单元代表 "1"。为了读取存储在上位页的数据，需要以 V_{R1} 和 V_{R3} 为读电压进行两次读操作，阈值电压介于 V_{R1} 和 V_{R3} 之间的存储单元代表 "0"，阈值电压低于 V_{R1} 或阈值电压高于 V_{R3} 的存储单元代表 "1"。

图 5.10a 和 b 描述的方法，可以与所谓的两步编程方法相结合，显著减小由于单元间干扰而导致的阈值电压分布变宽[76]。实现过程如下：首先对选中字线 WL_n 编程下位页数据，在对 WL_n 编程上位页数据之前，先编程 WL_{n+1} 下位页数据。编程 WL_{n+1} 的下位页会使 WL_n 上的阈值电压分布变宽，但是，当对 WL_n 上位页编程时，内存单元将被编程到更高的阈值电压，如图 5.10b 所示，WL_{n+1} 下位页编程过程中单元间干扰的影响都被抵消，从而得到更窄的阈值电压分布。当编程 WL_{n+1} 的上位页时，仍然存在一些剩余的阈值电压分布变宽，但是，由于对 WL_{n+1} 上位页编程时，WL_{n+1} 上的单元阈值电压只移动了相对较小的量，而不是像传统的逐字线编程中那样，可能从擦除状态一直移动到最高编程状态，因此阈值电压分布变宽的量显著减少。与图 5.10a 和 b 所示的 SLC 到 MLC 的转变类似，可以添加额外的逻辑页，创建每个单元 3 位或 4 位的闪存。

在一些早期的 2D NAND TLC 闪存中，三个页数据在同一字线上同时编程[77, 78]，或者在下位页编程阶段加载中位页数据时，下位页编程动态转换为下位页和中位页编程，这种转换称为全序列转换（Full Sequence Conversion，FSC）[78]，类似地，当上位页数据加载完成后，转换为

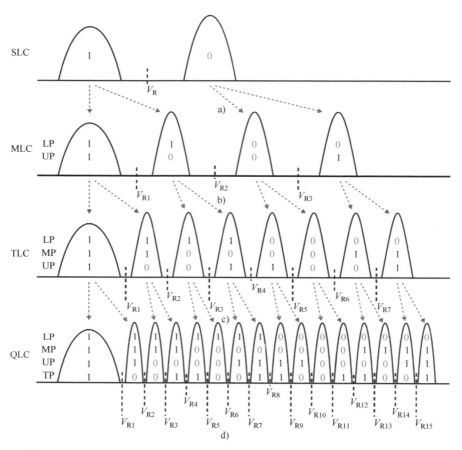

图 5.10　存储单元阈值电压分布：a）每个单元存储 1 位（SLC）；b）每个单元存储 2 位（MLC）；c）每个单元存储 3 位（TLC）；d）每个单元存储 4 位（QLC）。读取电压用 V_{Rx} 表示，灰色虚线箭头表示阈值电压分布如何分成两个来存储额外的数据位，这样就可以实现从 SLC 到 MLC、MLC 到 TLC 或 TLC 到 QLC 的转变

下/中/上位页编程，本质上是在一个完整序列中对所有三个逻辑页进行编程。在 70nm 制程中每单元存储 4 位的 NAND 闪存中，为了实现所需的非常窄的阈值电压分布，使用两步编程方法几乎完全消除了单元间干扰[79]。首先，将字线 WL_n 中的所有单元以相对较大的 ΔV_{PGM} 值以全序列方式粗略编程为 15 个级别，随后相邻字线 WL_{n+1} 上的存储单元也被粗略编程，导致字线 WL_n 上存储单元的阈值电压分布变宽。之后，使用比第一步更高的验证电平和较小的 ΔV_{PGM} 值将字线 WL_n 上的存储单元重新编程到最后的 15 个级别，这样几乎可以消除所有单元间干扰。在 43nm 制程中每单元存储 4 位的 NAND 闪存中，该方法扩展到三步编程（Three-Step Programming，TSP），第一步，单元被编程为三个电平级别（TLC），后面的第二和第三步编程，每个级别都有 15 个编程电平级别，类似于之前的每个单元 4 位闪存[79]。在这三个步骤之间，相邻更高位的字线编程也会导致前一个字线上的阈值电压分布变宽，然后再通过下一步编程来缓解。

通过三步编程，存储单元的阈值电压逐渐接近其目标，单元间干扰的影响进一步减小。这种三步编程方法已应用于单元尺寸高度微缩的每个单元存储 3 位的 2D NAND 闪存，并且是将每个单元存储 3 位的操作扩展到最后技术代 2D NAND 闪存的关键推动因素[80, 81]。

随着向 3D NAND 闪存的转变，由于单元间干扰的减少，阈值电压分布的变宽显著减少[82, 83]，类似于早期的 2D NAND 闪存[84]，在单个全序列中再次进行每单元 3 位的编程。除了全序列编程外，这种编程方法也被称为高速编程（High-Speed Programming，HSP）[84]。将过去的两步[57]或三步[85]编程方法与改进的 3D NAND 闪存单元特性相结合，还可以再次实现每个单元存储 4 位的闪存，为企业级 SSD 等应用提供非常高密度、低成本的 3D NAND 闪存[85]。

5.2.5　NAND 闪存可靠性

即使对所选字线上的单元或整个字块进行编程后，由于读干扰[74, 86, 87]、数据保持[65, 66, 74, 88, 89]和温度变化[90-92]，阈值电压分布仍可能会变宽和偏移，如图 5.11 所示。图 5.11 显示了这些机制对 MLC 存储器的影响，其中 MLC 存储器有四个状态，S0 表示擦除态，S1、S2、S3 表示编程态。

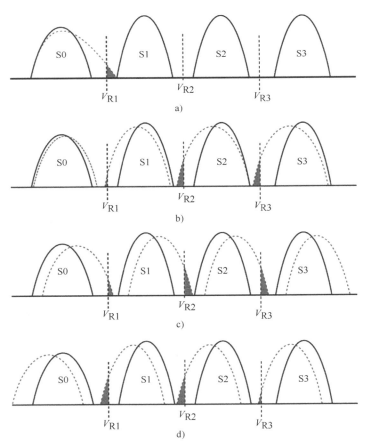

图 5.11　a）读干扰；b）数据保持；c）和 d）交叉温度效应对 MLC 器件阈值电压分布的影响

图 5.11a 描述了读干扰的影响。读干扰是由重复读取给定字块中的数据引起的。在每次读取操作中，对所有未选中的字线施加相对较高的电压 V_{READ}，以使单元导通。该读取电压在未选中单元的隧道氧化物上产生一个弱电场，这对于擦除态的存储单元来说相对较强。因此，存储单元中可能会发生隧道氧化物泄漏电流，这会增加单元的阈值电压，如图 5.11a 中 S0 状态的虚线所示，并且可能导致读取错误，将 S0 状态的单元错误地识别为 S1 状态的单元，对应于 V_{R1} 读取电平上方的灰色三角形区域。由于隧道氧化物中产生的陷阱位导致应力诱导漏电流（SILC）也称为陷阱辅助隧穿（Trap-Assisted-Tunneling，TAT），因此写入擦除周期会导致读干扰恶化[16]。为了减少读干扰引起的读取错误量，可以提高 V_{R1} 读取电平，使 S0 和 S1 状态之间有足够的空间。

图 5.11b 显示了数据保持的影响。通常，与编程态（S1、S2、S3）对应的单元的阈值电压分布在数据保持高温烘焙期间倾向于向下移动和变宽。这可能导致存储单元移动到对应于 S1、S2 和 S3 状态的 V_{R1}、V_{R2} 和 V_{R3} 之下。在编程/擦除周期过程中，电子被俘获在隧道氧化物或其他靠近浮栅、沟道区域或电荷俘获层的陷阱中，在随后的数据保持高温烘焙阶段，这些电子可以从陷阱中脱离，导致负阈值电压偏移。在编程/擦除周期过程中，俘获和脱陷过程同时发生，因此，数据保持行为强烈依赖于实际的编程/擦除周期条件，例如周期之间的等待时间和编程/擦除期间的温度[90]。除了脱陷过程外，在无偏置数据保持高温烘焙期间，阈值电压最高的存储单元受到的隧道氧化物电场最强，也会受到 SILC 的影响。由于数据保持导致的读错误量，如图 5.11b 中读取电平左侧的灰色区域所示，可以通过优化读取电平 V_{R1}、V_{R2} 和 V_{R3} 来减少，但需要注意的是，这可能会与其他失效机制冲突，例如读干扰，可能会限制 V_{R1} 电平的优化空间。

图 5.11c 和 d 显示了由于编程温度和读取温度差异对阈值电压分布变宽和移位的影响。阈值电压移位可以在两个方向上发生，当读取温度低于编程温度时，存储单元阈值电压会向上偏移，如图 5.11c 所示；当读取温度高于编程温度时，存储单元阈值电压会向下偏移[90-92]，如图 5.11d 所示。根据温度不匹配的方向，不同的状态可能以不同的方式导致读取错误，为减少读取错误量，需要根据温度差异将读取电平上移或下移不同的量。读取电平的调整会更加复杂，因为它还会在数据保持和读取干扰的读取电平优化间相互影响。由于温度对存储单元阈值电压的影响是已知的，利用 NAND 闪存本身温度相关的验证和读取电平的补偿技术，可补偿阈值电压的偏移[81, 93]。此外，在读取和验证操作期间，可以设置温度相关的位线偏置电压（在低温下施加较高的偏置电压），用来补偿低温下的单元电流减小，从而减小阈值电压分布的变宽[94]。由于各种机制依赖诸多因素，例如编程/擦除周期数、编程和读取温度及编程/擦除周期历史等，因此找到最佳读取电平并非易事。可以通过系统技术找到最佳读取电平[87, 88, 95, 96]，在某些 NAND 闪存中，这个方法是在 NAND 闪存内部实现的[8, 97, 98]。

5.3 从 2D NAND 到 3D NAND

在 2D NAND 器件达到亚 20nm 技术节点微缩极限后，业界纷纷推出了 3D NAND 器件[83, 99, 100]。本节将讨论 3D NAND 器件架构、关键器件特性以及未来尺寸微缩。

5.3.1　垂直 NAND 阵列基础

垂直 3D NAND 阵列架构如图 5.12 所示。NAND 单元串沿垂直方向排列，源端选择管（Source-side Select Gate，SGS）被放置在单元串的底部，位于 N+ 扩散区上方，字线呈板状并垂直堆叠。在早期的 3D NAND 阵列中，字线层数为 24 ～ 32 层，而最新的 3D NAND 闪存中，字线层数已接近 200 层。漏端选择管（Drain-side Select Gate，SGD）位于单元串的顶部，漏极处的 N+ 扩散区和位线位于 SGD 上方。由于垂直单元串的工艺集成原因，沟道材料采用多晶硅，而不是 2D NAND 中的单晶硅衬底。在 2D NAND 中，一个字块中只有一个 SGD。而在 3D NAND 中，一个字块中有多个 SGD，以便解码多个 NAND 单元串并将其连接到每个位线。

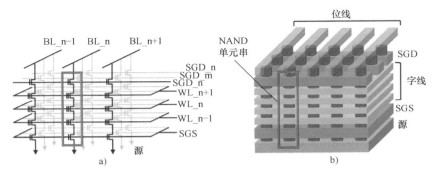

图 5.12　3D NAND 阵列结构：a）NAND 单元串的电路结构（每个位线连接三个单元串，图中显示了三条位线）；b）原理图，字线呈板状结构

3D NAND 的编程和读取操作与 2D NAND 类似，唯一显著的变化是引入了选中和非选中 SGD。在 3D NAND 架构中，一个字块中存在多个（4 ～ 16 个）SGD 信号。在编程和读取操作期间，字块中的一个 SGD 选中，其他 SGD 未选中，如图 5.13 所示。在编程期间，与未选中 SGD 相关联的 NAND 单元串被升压到约 10V，从而进入编程抑制状态。

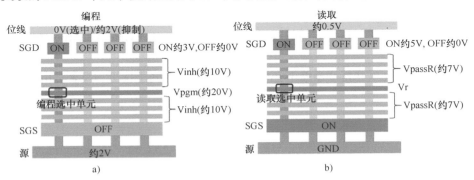

图 5.13　a）编程和 b）读取操作下 3D NAND 的电压偏置条件

对于 3D NAND 擦除操作，有一些独特的因素需要考虑，在擦除操作期间，体硅必须被偏置到正电压。在 2D NAND 中，体是在硅衬底的 P 阱上形成的，P 阱可以提供无限数量的空穴。在 3D NAND 中，有两种为体提供空穴的方法。图 5.14 展示了两种擦除方法：一种称为"体擦

除"，垂直的 NAND 单元串直接连接到硅衬底，硅衬底提供空穴至 NAND 单元串，类似于 2D NAND 的擦除方式[100]；另一种称为"GIDL 擦除"，NAND 单元串物理上与硅衬底隔离，对 N+ 源端和 N+ 漏端施加约 20V 的擦除电压，两端的选择管 SGD 和 SGS 施加约 15V 的电压，这相对于 N 型掺杂的源漏端是负偏置。在 SGS 和 SGD 的 PN 结处，电子 / 空穴对由 GIDL 产生，然后空穴被提供给 NAND 单元串[99]。体擦除具有偏置条件简单和时序最佳的优点，而 GIDL 擦除则在简化 NAND 阵列架构方面具有优势。在 CMOS 置于阵列下方（CMOS under Array，CuA）的结构中，通常使用 GIDL 擦除[101]。

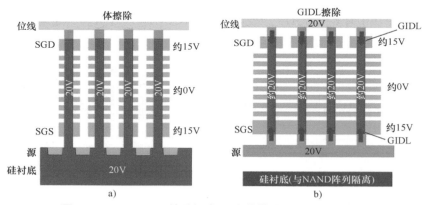

图 5.14 3D NAND 擦除概念：a）体擦除；b）GIDL 擦除

5.3.2 与 2D NAND 相比的性能和可靠性改进

3D NAND 闪存的性能和可靠性有了显著的提高。在 2D NAND 闪存中，MLC 每页的平均编程时间约为 1.3ms，TLC 约为 2ms。在 3D NAND 闪存中，TLC 每页的平均编程时间小于 500μs[34, 46, 54, 102]。此外，3D NAND 闪存的数据保持特性和阈值电压（V_t）分布宽度也有明显改善[101, 103]。这些改进的关键原因有：①物理单元尺寸大，抑制了单电子效应；②良好的单元间屏蔽，减少了单元间干扰。这两方面的改进都是通过全环绕栅（Gate-All-Around，GAA）单元结构实现的[99]。

在 2D NAND 单元尺寸持续微缩下，单电子效应和单元间干扰更加显著。由存储的电子引起的 V_t 偏移为：

$$\Delta V_T = \frac{q\Delta n}{C_{PP}}$$

式中，q 是基本电荷量；Δn 是存储电荷数量的变化量；C_{PP} 是控制栅（CG）和电荷质心之间的电容，可以通过多晶硅层间电介质电容来近似。随着存储单元物理尺寸的微缩，C_{PP} 减小，单个电子会引起更大的 V_t 偏移[62, 63]，由于编程噪声增加，难以控制精确的 V_t 位置。3D NAND 器件的物理单元尺寸与 20nm 的 2D NAND 单元相比增加了 20 倍以上，100mV V_t 偏移所需的电子数量也增加了 8 倍以上[10, 101]。图 5.15 显示了 2D NAND 和 3D NAND 单元的物理单元结构以及两者之间的电子数量比较。

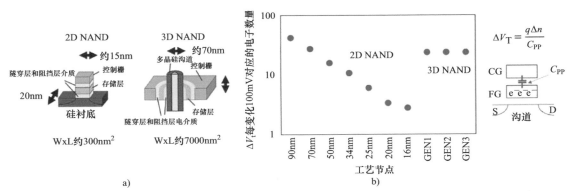

图 5.15　a）2D NAND 平面单元和 3D NAND 全环栅（GAA）单元的单元架构和尺寸比较；
b）从 2D NAND 到 3D NAND 电子数量演进

　　单元间干扰是限制 2D NAND 器件物理单元微缩的另一个关键效应[73]。在读取操作过程中，由于存储在相邻单元中的电荷会影响目标单元的浮栅（FG）电位和沟道电位，所以目标单元的 V_t 会受到相邻单元的 V_t 的影响。图 5.16 显示了 2D NAND 和 3D NAND 的尺寸微缩趋势和单元间干扰的比较。在 2D NAND 中，单元间干扰来自周围全部 8 个相邻单元，而在 3D NAND 中，

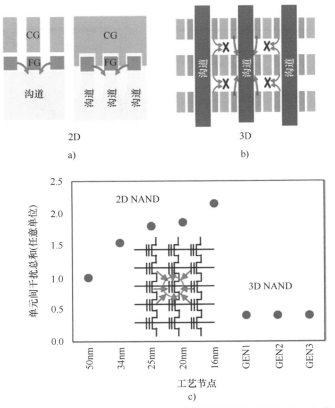

图 5.16　a）2D NAND 和 b）3D NAND 单元间干扰示意图以及 c）微缩趋势

周围的控制栅屏蔽了来自相邻单元的干扰，3D NAND 总干扰减少了 5 倍[10]。相邻单元中的电荷通过直接路径（相邻单元到目标单元的沟道）和间接路径（相邻单元到目标单元的浮栅再到目标单元的沟道）影响目标单元的 V_t，图中的箭头表示这两种机制的综合效应。

5.3.3　3D NAND 独特的可靠性考虑因素

3D NAND 器件较大的单元尺寸和良好的屏蔽效果，显著提高了其可靠性，但是仍存在一些独属于 3D NAND 的新的可靠性现象。

多晶硅沟道和浮体效应是导致这些问题的根本原因，在 3D NAND 中沟道材料为多晶硅[99]，在电流传导过程中，电子需要克服多晶硅晶粒边界陷阱产生的势垒[104, 105]，这会导致 3D NAND 低温下单元电流衰减以及 V_t 偏差增加[91, 92, 106]。在较低的温度下，能够克服势垒的电子较少，可用的导电路径变得更少，沟道中的陷阱更多，这些因素都降低了低温下的电流传导，如图 5.17a 所示。低温下较少的导电路径也会导致随机电报噪声（Random Telegraph Noise，RTN）恶化[106-108]，RTN 现象引起的 V_t 波动由单个电荷的俘获以及发射效应造成的 V_t 偏移幅度和涉及的电荷量决定，当只有少量电流传导路径可用时，单个电荷陷阱切断单个传导路径对 V_t 偏移的影响更大，导致 RTN 更加恶化（见图 5.17b）。

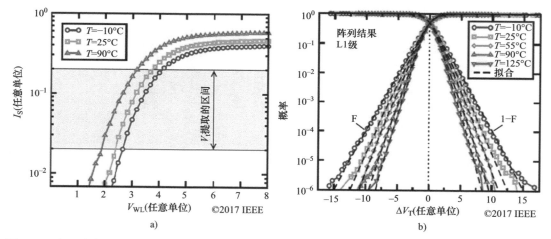

图 5.17　与温度相关的 a）单元 IdVg 特性和 b）RTN 特性。由于多晶硅沟道，两者在低温下都会恶化

除了温度相关性之外，多晶硅沟道中的陷阱还会引起偏置和时间相关的 V_t 不稳定性[109, 110]。当编程和读取操作期间，对控制栅施加正偏压时，电荷被多晶硅沟道中的陷阱俘获，导致 V_t 暂时增加。在偏置电压被撤除后的一段空闲时间内，电荷以时间和温度的函数脱陷，这种脱陷现象导致时间相关 V_t 恢复，这些效应的组合导致 V_t 不稳定，具体取决于操作（偏置）历史、时间和温度。为了改善 3D NAND 中由陷阱引起的器件问题，沟道采用薄的多晶硅薄膜[111]。在读取过程中，沟道完全耗尽，耗尽层中的陷阱数量减少，这些效应有助于减少 V_t 的波动。

负体电位是 3D NAND 中由浮体效应引起的新现象[112]。这种现象与在对具有编程单元的单元串上执行读取操作后，字线从约 +8V 放电到 0V 相关。当字线偏压降低到编程单元的 V_t 甚至更低时，单元串关断，孔柱体变为浮空状态，然后，向下耦合到负电位，例如 –5V，这取决于单元串中的编程单元的 V_t。图 5.18 通过比较 2D NAND 与 3D NAND 器件来说明所述机制。在 2D NAND 器件中，沟道表面与提供无限空穴的 P 阱直接连接，因此 2D NAND 闪存中永远不会出现负体电位现象。负体电位可能导致各种单元可靠性问题，例如①由控制栅与沟道之间的内建电压差引起的单元干扰应力，②在负体电位边缘处沿沟道的横向电场导致的热电子产生和注入 [113, 114]。

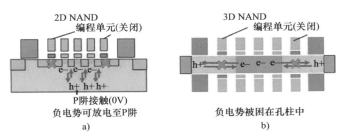

图 5.18　字线电压下降期间的负体电位效应：a）无负体电位的 2D NAND 和 b）具有负体电位的 3D NAND

5.3.4　3D NAND 阵列结构

目前业界存在几种不同的 3D NAND 技术和架构，它们由单元技术、字线技术和 CMOS 电路布局来区分。

5.3.4.1　单元技术和字线技术

3D NAND 中使用了两种不同的单元技术，2D NAND 中常见的基于浮栅（Floating Gate，FG）的存储单元也适用于 3D NAND[101]。众所周知，浮栅单元在数据保持方面具有优越性。由于浮栅是由掺杂多晶硅形成的，具有导电性，所以相邻单元之间的浮栅必须分离。为实现 3D NAND 中的浮栅分离，开发了一种新的工艺集成方案 [101]。基于电荷俘获（Charge Trap，CT）的存储单元是 3D NAND 中的另一项主要技术 [99, 100]，电荷俘获单元的主要优点是工艺集成简单，因为电荷俘获层可以在单元之间连续并保持直线形状。

图 5.19a 展示了 3D NAND 中的电荷俘获单元。Si_3N_4 介电薄膜用作电荷俘获层，存储正负电荷。SiO_2 阻挡层可将电荷保持在电荷俘获层中，增强数据保持能力。电荷俘获单元面临的主要挑战之一是擦除特性和数据保持能力之间的权衡，通过引入带隙工程隧穿 ONO（Band-Engineered Tunnel ONO，BE-ONO）电介质、高介电常数的阻挡层和金属栅极，器件的擦除特性得到了极大改善 [115, 116]。如图 5.19b 所示，擦除采用直接空穴隧穿技术。在擦除过程中，通过使用 BE-ONO 介质，空穴只需穿过薄氧化层即可。此外，由于金属栅极和高介电常数的阻挡层具有更高的势垒和更长的隧穿距离，不希望发生的栅极电子注入被抑制。在数据保持期间，被俘获在电荷陷阱 SiN 中的电子经过 BE-ONO 电介质的整个厚度，因此，从电荷陷阱 SiN 到沟道的隧穿被抑制，从而增强了数据保持特性。图 5.19c 描述了电荷俘获单元的各种数据保持机制 [117]。

在基于电荷俘获单元的 3D NAND 闪存中，相邻单元之间共享电荷俘获层。因此，在带有电荷俘获层的 3D NAND 中，横向电荷扩散被视为一种独特的数据保持机制 [100]。此外，BE-ONO 介质中的 SiN 层可以俘获 / 脱陷电子，并在很短的时间内导致数据保持 V_t 损失。因此，必须仔细优化 BE-ONO 层的膜厚和化学结构，以实现良好的擦除性能和数据保持特性（见图 5.20）。

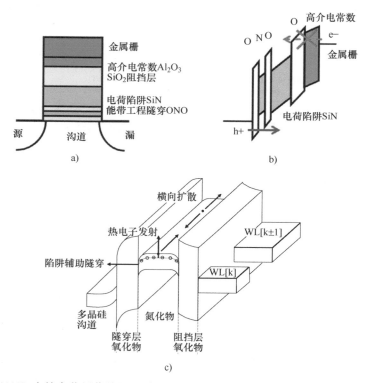

图 5.19　3D NAND 中的电荷俘获单元：a）作为单个单元的单元堆叠层结构；b）直接空穴隧穿擦除的能带图；c）数据保持机制

3D NAND 的字线材料一般是掺杂的多晶硅或金属钨。由于多晶硅层可以最先沉积，然后进行孔柱的干法刻蚀，所以掺杂的多晶硅更容易进行工艺集成 [99]。钨字线可实现更低的电阻率，并有助于提高性能。目前，已开发了替代字线工艺，取代了对钨金属层进行干法刻蚀 [100]。首先，SiN 层与 SiO$_2$ 层交替堆叠。在柱和存储单元形成之后，通过湿法刻蚀去除 SiN 层，并填充钨以取代 SiN 层。

5.3.4.2　CMOS 布局

在 3D NAND 中，CMOS 电路可置于存储单元阵列下方（CuA）[101, 118]，这样做可以减小芯片尺寸。此外，CMOS 电路的可用面积显著增加，可以放置更多的页缓冲器电路，从而增加编程和读取操作的并行度。图 5.21 显示了位于存储阵列下方的页缓冲器、单元串驱动器和其他电路的布局（见图 5.21a）。在此示例中，显示的是多晶硅字线的分片结构，

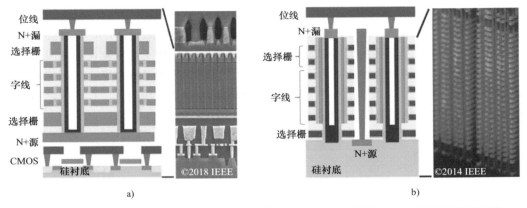

图 5.20　3D NAND 阵列架构：a）浮栅单元，多晶硅字线，GIDL 擦除，CMOS 置于阵列下方；b）电荷俘获单元，钨字线，体擦除，CMOS 置于阵列周围

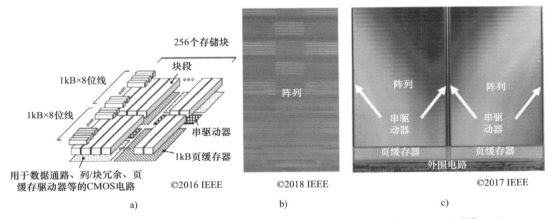

图 5.21　3D NAND 中的 CMOS 布局：a）页面缓冲区、单元串驱动器和其他电路[118]；b）64 层 1Gbit QLC 裸片，CMOS 置于阵列下方[10]；c）64 层 512Gbit TLC 裸片，CMOS 置于阵列周围[119]

字线被分割成多个短字线段，每个字线段都有对应的字符串驱动电路。此外，展示了两个芯片照片，以比较 CuA 和 CMOS 置于阵列周围两种结构。在 CuA 架构中，几乎所有电路都置于阵列下方，从而实现了较高的阵列效率。另一种方法是通过晶圆间键合将 CMOS 电路置于阵列上方。在这种技术中，CMOS 和存储阵列在两个不同的晶圆上加工，然后相互键合在一起[120]。

5.3.5　3D NAND 微缩

到目前为止，3D NAND 微缩已经取得成功。图 5.22a 显示了 2D NAND 和 3D NAND 的面积密度微缩情况[121]。自 2014 年推出 3D NAND 器件以来[83]，通过几何微缩和逻辑微缩已经实现了约 10 倍的面积密度微缩。

5.3.5.1 几何微缩

几何微缩包括层堆叠、垂直微缩和横向微缩。如图 5.22b 所示，3D NAND 微缩主要通过层堆叠来实现，NAND 单元串的高度随着层堆叠的增加而增加。由于高深宽比和刻蚀时间增加导致的高成本，孔柱刻蚀成为挑战。为了缓解孔柱刻蚀问题，采用了减小字线间距的方法，并且引入分层孔柱堆叠 [122]。如图 5.23a 和 b 所示，可利用减小字线间距与分层孔柱堆叠相结合的方法来减缓字线叠加时孔柱刻蚀高度的增长。

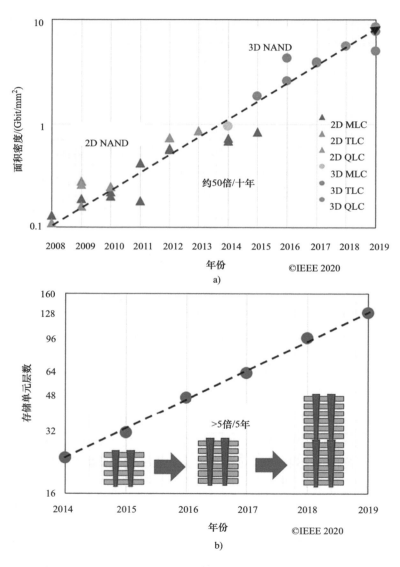

图 5.22　a）2D NAND 和 3D NAND 的面积密度微缩；b）3D NAND 层堆叠趋势。图中显示了字线层数堆叠趋势以及架构演变，包括字线间距微缩和逐柱堆叠 [121]

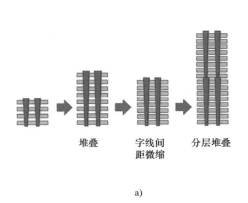
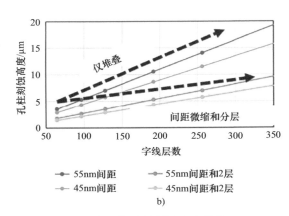

图 5.23　a）字线层堆叠概念和 b）不同字线层堆叠概念下的孔柱刻蚀高度微缩

横向微缩是为了优化孔柱排列的布局，并最大程度上减少与置换栅极工艺相关的面积开销，这些都有助于实现面积密度增加。

5.3.5.2　逻辑微缩

3D NAND 最初采用每个单元存储 2 位（MLC）的技术，并迅速过渡到每个单元存储 3 位（TLC）。由于较大的物理单元尺寸和良好的屏蔽，优异的单元特性，使每个单元存储 4 位（QLC）已实现量产[8-10]。此外，每个单元存储 5 位（PLC）也已经成为可能[85, 123]。

5.3.5.3　微缩的限制和解决方案

随着 3D NAND 持续微缩，预期会面临一些挑战，并提出了各种解决方案，大多数挑战都与字线层堆叠导致的物理孔柱（NAND 单元串）高度增加有关。首先，由于物理上高且厚的存储单元阵列的堆叠和刻蚀，工艺成本增加。由于工艺成本的增加，面积密度的扩展将减少位成本降低的收益。其次，单元电流会随着 NAND 单元串高度的增加而减小。最后，CMOS 器件在未来必须进行微缩，因为阵列微缩所实现的芯片尺寸缩小，将使 CuA 架构中 CMOS 电路的可用面积减少。

如图 5.24a 所示，为了解决这些微缩难题，需要在横向和纵向上进一步缩小单元。鉴于 2D NAND 已经实现约 30nm 的字线间距，垂直微缩可能会使 3D NAND 的字线间距从当前的约 50nm 减小到约 30nm。但是随着字线间距的缩小，在共享 SiN 电荷俘获层的存储单元之间，横向电荷迁移会更加明显。为此提出在单元之间分离 SiN 电荷俘获层以消除横向电荷迁移[124]，工艺流程类似于存储单元之间具有独立浮栅的 3D FG NAND 器件（见图 5.20a）。

人们研究了备选的沟道材料以替代当前的多晶硅，其主要动力是增强电子迁移率，以保持足够的单元电流，来增加未来 3D NAND 器件中 NAND 单元串长度。金属诱导横向结晶（Metal Induced Lateral Crystallization，MILC）工艺和外延单晶硅工艺已通过验证可获得单晶硅沟道[125, 126]，尽管在工艺集成的可靠性和一致性方面仍存在挑战，但已成功证明此方法可以改善迁移率。

从横向微缩的角度来看，提出了分裂单元的概念，有两种不同的类型：一种是切割全环栅（GAA）单元并制成两个半绕式单元（见图 5.24b）[123]；另一种是制造平面单元[127]。在这两种方法中，3D NAND 单元的物理尺寸和屏蔽特性优势都受到了损失。

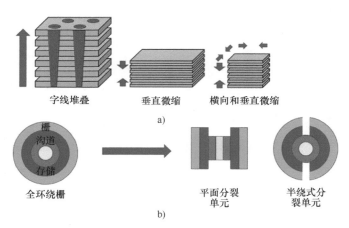

图 5.24 a）3D NAND 堆叠、垂直和横向微缩方法；b）横向微缩的分裂单元概念

　　总之，除了字线堆叠外，还需要新的微缩概念来使 3D NAND 继续微缩。单元的横向和垂直微缩伴随着单元物理尺寸的损失以及单元间屏蔽能力退化的可能性。因此，需要器件创新和操作解决方案来克服这些挑战。

5.4　3D NAND 闪存的新兴应用

　　迄今为止，2D NAND 以及随后的 3D NAND 闪存的持续微缩和相关成本的降低，推动了 NAND 闪存在众多消费者和企业应用中的广泛使用。然而，除了持续微缩和降低成本将继续刺激 NAND 闪存的广泛应用外，机械硬盘（HDD）和 DRAM 之间的巨大成本差距也为 NAND 闪存和其他新型存储器创造了大量的发展空间。在相同的 3D NAND 技术节点内，通过特定的设计选择，可以制造出不同成本/性能折中的器件。例如，在相同的 96 层 3D NAND 节点中，已经发布了三种不同的产品，其读取延迟从 16 个位平面 128Gbit SLC 器件[128]的 4μs，到 2 个位平面 512Gbit TLC 器件[97]的 58μs，再到 2 个位平面 1.33Tbit QLC 器件[57]的 160μs。图 5.25 表示了

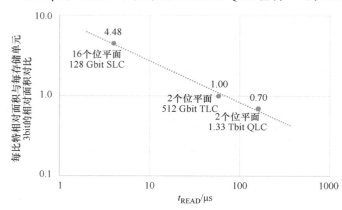

图 5.25　在相同的 96 层 3D NAND 技术节点上，同一供应商生产的 3 种不同 NAND 闪存的每比特相对面积（归一化为 3bit/ 单元）与读取时间对比

这些产品性能与成本之间的权衡。

　　SLC 器件的读取时间为 4μs，其代价是单位面积比特密度大大降低，约为 1.3Gbit/mm²，QLC 器件单位面积比特密度为 8.5Gbit/mm²，因此成本要高得多。相对而言，高速 SLC 器件的成本约为 TLC 器件的 4.5 倍，而 QLC 器件的成本约为 TLC 器件的 0.7 倍，这三种器件都是在同一技术节点上实现。为实现如此高的读取性能，需要 16 个位平面，以便能够使用 4 倍短的字线（4kB 页，而 TLC 和 QLC 器件的页数为 16kB）和更短的位线，从而显著减少位线和字线的 RC 延迟。

　　这些不同的存储器有着不同的用途，TLC 器件被视为主流 3D NAND 闪存器件，应用范围广泛，而成本昂贵但高性能的 SLC 器件可用于储存类内存（SCM）等应用中，在成本和性能方面填补了固态硬盘（SSD）和 DRAM 之间的差距——例如可用于键值存储数据库应用[129]，通过优化数据放置（键在 DRAM 中，值在 SLC 闪存中）和其他优化，实现类似的数据库性能，同时将 DRAM 的总使用量减少 91%[129]。

　　另一种新兴应用是所谓的计算存储。在计算存储中，计算是在更靠近数据的地方进行的，可以是实际的固态硬盘，也可以是可以直接访问存储器件的加速器板上[130-132]。计算存储能减轻 CPU 的负载，并可以减少系统对 DRAM 的需求，同时保持甚至提高性能。计算存储存在几种方法：SSD 中的 FPGA 可由主机使用和编程，实现不同的功能，称为软件主控 SSD[130]。还可以使用处理器内核[131]，甚至是处理器内核和 FPGA 的组合[132]。在某些应用中，通常在内存中完成，CPU 搜索存放在 DRAM 中的数据库，通过使用更多的 SSD 以提高性能，吞吐量随 SSD 数量的增加而线性增加，因为每个 SSD 中的硬件加速减少了传输到 CPU 的数据量[130]。

　　还有一种应用是 QLC 存储器，它的访问时间较长，但成本更低。分区命名空间（Zoned Namespace，ZNS）SSD 的概念[133]可进一步降低 SSD 的成本，ZNS 命令集由 NVM Express 组织开发[134]。在这种 ZNS SSD 中，命名空间的逻辑地址空间被划分为多个区域，每个区域提供一个只能按顺序写入的逻辑块地址（Logical Block Address，LBA）范围，不允许在该区域中进行随机写入。此外，在修改已写入的数据之前，需要先重置（擦除）整个区域。理想情况下，这种操作原理允许创建命名空间，其大小与所用 NAND 闪存字块大小或其倍数相匹配，将内部映射表的管理转移到主机上。ZNS SSD 的优势在于，与一个或多个物理内存块相对应的区域只允许按顺序写入并完全擦除，因此不再需要垃圾回收过程，从而降低了写入放大和超额配置的要求。由于将逻辑地址映射到 NAND 闪存物理块的映射表可以缩小，SSD 中 DRAM 的使用量也大大减少。较低的写入放大有利于 QLC 器件，因为它放宽了对编程 / 擦除周期的要求，而且所需的超额配置和 DRAM 数量也较少，显著降低了此类 SSD 的成本。

5.5　小结

　　3D NAND 闪存的未来看起来很光明，尽管仍存在一些微缩方面的挑战，不过得益于 2D NAND 闪存微缩的悠久历史，已经有大量的方法可用于缓解尺寸空间微缩带来的挑战，起源于 2D NAND 闪存时代的两步或三步编程已经应用于 3D NAND QLC 闪存。虽然本章讨论的每种技术都有优缺点，但是具有钨字线替换栅和 CMOS 置于阵列下方技术的电荷俘获单元正在业界中得到广泛应用。此外，在存储器孔刻蚀、金属栅替换工艺、沟道材料和其他领域的持续工艺改进将扩大尺寸微缩的范围。从应用的角度来看，各种 HDD 和 DRAM 之间巨大的成本和性能差距为各种 NAND 闪存提供了许多机会，从用于 SCM 等应用的具有 3～4μs 读取时间的极高性能的 SLC 器件，到用于极高密度和低成本 SSD 的极低成本的 QLC 器件。

参 考 文 献

[1] F. Masuoka, M. Momodomi, Y. Iwata, R. Shirota, New ultra high density eprom and flash eeprom with nand structure cell, in: Technical Digest—International Electron Devices Meeting, 1987, pp. 552–555, https://doi.org/10.1109/iedm.1987.191485.

[2] E. Harari, Flash memory—The great disruptor! in: Digest of Technical Papers—IEEE International Solid-State Circuits Conference, 2012, pp. 10–15, https://doi.org/10.1109/ISSCC.2012.6176930.

[3] T. Cho, et al., A 3.3V 1Gb multi-level NAND flash memory with non-uniform thresh-old voltage distribution, in: Digest of Technical Papers—IEEE International Solid-State Circuits Conference, 2001, pp. 28–29, https://doi.org/10.1109/isscc.2001.912417.

[4] S. Lee, et al., A 128Gb 2b/cell NAND flash memory in 14nm technology with tPROG=640μs and 800MB/s I/O rate, in: Digest of Technical Papers—IEEE International Solid-State Circuits Conference, 2016, pp. 138–139, https://doi.org/10.1109/ISSCC.2016.7417945.

[5] Y. Li, et al., A 16Gb 3b/Cell NAND flash memory in 56nm with 8MB/s write rate, in: Digest of Technical Papers—IEEE International Solid-State Circuits Conference, 2008, pp. 506–507, https://doi.org/10.1109/ISSCC.2008.4523279.

[6] N. Shibata, et al., A 70nm 16Gb 16-level-cell NAND flash memory, in: IEEE Symposium on VLSI Circuits, 2007, pp. 190–191, https://doi.org/10.1109/VLSIC.2007.4342710.

[7] C. Trinh, et al., A 5.6MB/s 64Gb 4b/Cell NAND flash memory in 43nm CMOS, in: Digest of Technical Papers—IEEE International Solid-State Circuits Conference, 2009, pp. 246–247, https://doi.org/10.1109/ISSCC.2009.4977400.

[8] S. Lee, et al., A 1Tb 4b/cell 64-stacked-WL 3D NAND flash memory with 12MB/s program throughput, in: Digest of Technical Papers—IEEE International Solid-State Circuits Conference, 2018, pp. 340–341, https://doi.org/10.1109/ISSCC.2018.8310323.

[9] N. Shibata, et al., A 1.33Tb 4-bit/cell 3D-flash memory on a 96-word-line-layer technology, in: Digest of Technical Papers—IEEE International Solid-State Circuits Conference, 2019, pp. 210–212, https://doi.org/10.1109/ISSCC.2019.8662443.

[10] K. Parat, A. Goda, Scaling trends in NAND flash, in: Technical Digest—International Electron Devices Meeting, 2018, pp. 27–30, https://doi.org/10.1109/IEDM.2018.8614694.

[11] D. Kahng, S.M. Sze, A floating gate and its application to memory devices, Bell Syst. Tech. J. 46 (6) (1967) 1288–1295, https://doi.org/10.1002/j.1538-7305.1967.tb01738.x.

[12] M. Momodomi, et al., New device technologies for 5 V-only 4 Mb EEPROM with NAND structure cell, in: Technical Digest—International Electron Devices Meeting, 1988, pp. 412–415, https://doi.org/10.1109/iedm.1988.32843.

[13] J.D. Choi, et al., Highly manufacturable 1 Gb NAND flash using 0.12 μm process tech-nology, in: Technical Digest—International Electron Devices Meeting, 2001, pp. 25–28, https://doi.org/10.1109/iedm.2001.979394.

[14] M. Lenzlinger, E.H. Snow, Fowler-Nordheim tunneling into thermally grown SiO2, IEEE Trans. Electron Devices 15 (9) (1968) 686, https://doi.org/10.1109/T-ED.1968.16430.

[15] K. Naruke, S. Taguchi, M. Wada, Stress induced leakage current limiting to scale down EEPROM tunnel oxide thickness, in: Technical Digest—International Electron Devices Meeting, 1988, pp. 424–427, https://doi.org/10.1109/iedm.1988.32846.

[16] G.J. Hemink, K. Shimizu, S. Aritome, R. Shirota, Trapped hole enhanced stress induced leakage currents in NAND EEPROM tunnel oxides, in: Proceedings of International Reliability Physics Symposium, 1996, pp. 117–121, https://doi.org/10.1109/relphy.1996.492070.

[17] H. Watanabe, S. Aritome, G.J. Hemink, T. Maruyama, R. Shirota, Scaling of tunnel oxide thickness for flash EEPROMs realizing stress-induced leakage current reduction, in: Proceedings of VLSI Technology Symposium, 1994, pp. 47–48, https://doi.org/10.1109/vlsit.1994.324384.

[18] J. Kim, et al., Scaling down of tunnel oxynitride in NAND flash memory: oxynitride selection and reliabilities, in: Proceedings of Annual International Symposium on Reliability Physics, 1997, pp. 12–16, https://doi.org/10.1109/relphy.1997.584220.

[19] R. Shirota, et al., A 2.3 μm2 memory cell structure for 16 Mb NAND EEPROMs, in: Technical Digest—International Electron Devices Meeting, 1990, pp. 103–106, https://doi.org/10.1109/iedm.1990.237216.

[20] H. Nitta, et al., Three bits per cell floating gate NAND flash memory technology for 30nm and beyond, in: IEEE International Reliability Physics Symposium, 2009, pp. 307–310, https://doi.org/10.1109/IRPS.2009.5173269.

[21] M.F. Beug, N. Chan, T. Hoehr, L. Mueller-Meskamp, M. Specht, Investigation of program saturation in scaled interpoly dielectric floating-gate memory devices, IEEE Trans. Electron. Devices 56 (8) (2009) 1698–1704, https://doi.org/10.1109/TED.2009.2024020.

[22] K. Wu, C.S. Pan, J.J. Shaw, P. Freiberger, G. Sery, A model for EPROM intrinsic charge loss through oxide-nitride-oxide (ONO) interpoly dielectric, in: Annual Proceedings on Reliability Physics Symposium, 1990, pp. 145–149, https://doi.org/10.1109/relphy.1990.66077.

[23] C.S. Pan, K.J. Wu, P.P. Freiberger, A. Chatterjee, G. Sery, A scaling methodology for oxide-nitride-oxide Interpoly dielectric for EPROM applications, IEEE Trans. Electron. Devices 37 (6) (1990) 1439–1443, https://doi.org/10.1109/16.106238.

[24] S. Mori, et al., ONO inter-poly dielectric scaling for nonvolatile memory applications, IEEE Trans. Electron. Devices 38 (2) (1991) 386–391, https://doi.org/10.1109/16.69921.

[25] Y. Yamaguchi, et al., ONO interpoly dielectric scaling limit for non-volatile memory devices, in: Proceedings of VLSI Technology Symposium, 1993, pp. 85–86, https://doi.org/10.1109/VLSIT.1993.760257.

[26] S. Mori, et al., Thickness scaling limitation factors of ONO interpoly dielectric for nonvolatile memory devices, IEEE Trans. Electron. Devices 43 (1) (1996) 47–53, https://doi.org/10.1109/16.477592.

[27] S. Aritome, NAND flash memory revolution, in: IEEE International Memory Workshop, 2016, https://doi.org/10.1109/IMW.2016.7495285.

[28] K.-T. Park, S. Lee, J. Sel, J. Choi, K. Kim, Scalable wordline shielding scheme using dummy cell beyond 40nm NAND flash memory for eliminating abnormal disturb of edge memory cell, in: Ext. Abst. of SSDM, 2006, pp. 298–299, https://doi.org/10.7567/ssdm.2006.c-6-4l.

[29] K. Kanda, et al., A 120mm2 16Gb 4-MLC NAND flash memory with 43nm CMOS technology, in: Digest of Technical Papers—IEEE International Solid-State Circuits Conference, 2008, pp. 430–431, https://doi.org/10.1109/ISSCC.2008.4523241.

[30] J.D. Lee, C.K. Lee, M.W. Lee, H.S. Kim, K.C. Park, W.S. Lee, A new programming disturbance phenomenon in nand flash memory by source/drain hot-electrons generated by GIDL current, in: IEEE Non-Volatile Semiconductor Memory Workshop, 2006, pp. 31–33, https://doi.org/10.1109/.2006.1629481.

[31] M. Momodomi, et al., An experimental 4-Mbit CMOS EEPROM with a NAND-structured cell, IEEE J. Solid State Circuits 24 (5) (1989) 1238–1243, https://doi.org/10.1109/JSSC.1989.572587.

[32] M. Sako, et al., A low power 64 Gb MLC NAND-flash memory in 15nm CMOS technology, IEEE J. Solid State Circuits 51 (1) (2016) 196–203, https://doi.org/10.1109/JSSC.2015.2458972.

[33] G. Naso, et al., A 128Gb 3b/cell NAND flash design using 20nm planar-cell technology, in: Digest of Technical Papers—IEEE International Solid-State Circuits Conference, 2013, pp. 218–219, https://doi.org/10.1109/ISSCC.2013.6487707.

[34] S. Choi, et al., A 93.4mm2 64Gb MLC NAND-flash memory with 16nm CMOS technology, in: Digest of Technical Papers—IEEE International Solid-State Circuits Conference, 2014, pp. 328–329, https://doi.org/10.1109/ISSCC.2014.6757455.

[35] K. Fukuda, et al., A 151-mm2 64-Gb 2 bit/cell NAND flash memory in 24-nm CMOS technology, IEEE J. Solid State Circuits 47 (1) (2012) 75–84, https://doi.org/10.1109/JSSC.2011.2164711.

[36] K. Kanda, et al., A 19nm 112.8 mm2 64 Gb multi-level flash memory with 400 Mbit/sec/pin 1.8V toggle mode interface, IEEE J. Solid State Circuits 48 (1) (2013) 159–167, https://doi.org/10.1109/JSSC.2012.2215094.

[37] D. Lee, et al., A 64Gb 533Mb/s DDR interface MLC NAND Flash in sub-20nm technology, in: Digest of Technical Papers—IEEE International Solid-State Circuits Conference, 2012, pp. 430–431, https://doi.org/10.1109/ISSCC.2012.6177077.

[38] N. Shibata, et al., A 19nm 112.8mm2 64Gb multi-level flash memory with 400Mb/s/pin 1.8V Toggle Mode interface, in: Digest of Technical Papers—IEEE International Solid-State Circuits Conference, 2012, pp. 422–423, https://doi.org/10.1109/ISSCC.2012.6177073.

[39] T. Tanaka, et al., A 4-Mbit NAND-EEPROM with tight programmed Vt distribution, in: Digest of Technical Papers—Symposium on VLSI Circuits, 1990, pp. 105–106, https://doi.org/10.1109/vlsic.1990.111117.

[40] F. Masuoka, M. Asano, H. Iwahashi, T. Komuro, S. Tanaka, New flash E2PROM cell using triple polysilicon technology, in: Technical Digest—International Electron Devices Meeting, 1984, pp. 464–467, https://doi.org/10.1109/IEDM.1984.190752.

[41] K.D. Suh, et al., A 3.3V 32Mb NAND flash memory with incremental step pulse programming scheme, in: Digest of Technical Papers—IEEE International Solid-State Circuits Conference, 1995, pp. 128–129, https://doi.org/10.1109/isscc.1995.535460.

[42] C. Monzio Compagnoni, A. Goda, A.S. Spinelli, P. Feeley, A.L. Lacaita, A. Visconti, Reviewing the evolution of the NAND flash technology, Proc. IEEE 105 (9) (2017) 1609–1633, https://doi.org/10.1109/JPROC.2017.2665781.

[43] Y. Iwata, et al., A 35ns cycle time 3.3V only 32 mb NAND flash EEPROM, IEEE J. Solid State Circuits 30 (11) (1995) 1157–1164, https://doi.org/10.1109/4.475702.

[44] K.T. Park, et al., Dynamic Vpass controlled program scheme and optimized erase Vth control for high program inhibition in MLC NAND flash memories, IEEE J. Solid State Circuits 45 (10) (2010) 2165–2172, https://doi.org/10.1109/JSSC.2010.2062311.

[45] S. Lee, et al., A 3.3V 4Gb four-level NAND flash memory with 90nm CMOS technology, in: Digest of Technical Papers—IEEE International Solid-State Circuits Conference, 2004, pp. 52–513, https://doi.org/10.1109/isscc.2004.1332589.

[46] K.T. Park, et al., A 7MB/s 64Gb 3-bit/cell DDR NAND flash memory in 20nm-node technology, in: Digest of Technical Papers—IEEE International Solid-State Circuits Conference, 2011, pp. 212–213, https://doi.org/10.1109/ISSCC.2011.5746287.

[47] C. Kim, et al., A 21nm high performance 64Gb MLC NAND flash memory with 400MB/s asynchronous toggle DDR interface, IEEE J. Solid State Circuits 47 (4) (2012) 981–989, https://doi.org/10.1109/JSSC.2012.2185341.

[48] H. Nakamura, J. Miyamoto, K. Imamiya, Y. Iwata, Novel sense amplifier for flexible voltage operation NAND flash memories, in: Digest of Technical Papers—Symposium on VLSI Circuits, 1995, pp. 71–72, https://doi.org/10.1109/vlsic.1995.520690.

[49] T. Tanaka, et al., A quick intelligent page-programming architecture and a shielded Bitline sensing method for 3 V-only NAND flash memory, IEEE J. Solid State Circuits 29 (11) (1994) 1366–1373, https://doi.org/10.1109/4.328638.

[50] K. Imamiya, et al., A 130-mm2, 256-Mbit NAND flash with shallow trench isolation technology, IEEE J. Solid State Circuits 34 (11) (1999) 1536–1543, https://doi.org/10.1109/4.799860.

[51] R. Cernea, et al., A 34MB/s-program-throughput 16Gb MLC NAND with all-bitline architecture in 56nm, in: Digest of Technical Papers—IEEE International Solid-State Circuits Conference, 2008, pp. 420–421, https://doi.org/10.1109/ISSCC.2008.4523236.

[52] R.A. Cernea, et al., A 34 MB/s MLC write throughput 16 Gb NAND with all bit line architecture on 56 nm technology, IEEE J. Solid State Circuits 44 (1) (2009) 186–194, https://doi.org/10.1109/JSSC.2008.2007152.

[53] K. Takeuchi, et al., A 56-nm CMOS 99-mm2 8-Gb multi-level NAND flash memory with 10-MB/s program throughput, IEEE J. Solid State Circuits 42 (1) (2007) 219–229, https://doi.org/10.1109/JSSC.2006.888299.

[54] M. Helm, et al., A 128Gb MLC NAND-Flash device using 16nm planar cell, in: Digest of Technical Papers—IEEE International Solid-State Circuits Conference, 2014, pp. 326–327, https://doi.org/10.1109/ISSCC.2014.6757454.

[55] J. Lee, et al., A 90-nm CMOS 1.8-V 2-Gb NAND flash memory for mass storage applications, IEEE J. Solid State Circuits 38 (11) (2003) 1934–1942, https://doi.org/10.1109/JSSC.2003.818143.

[56] G.G. Marotta, et al., A 3bit/cell 32Gb NAND flash memory at 34nm with 6mb/s program throughput and with dynamic 2b/cell blocks configuration mode for a program throughput increase up to 13MB/s, in: Digest of Technical Papers—IEEE International Solid-State Circuits Conference, 2010, pp. 444–445, https://doi.org/10.1109/ISSCC.2010.5433949.

[57] N. Shibata, et al., A 1.33-tb 4-bit/cell 3-D flash memory on a 96-word-line-layer technology, IEEE J. Solid State Circuits 55 (1) (2020) 178–188, https://doi.org/10.1109/JSSC.2019.2941758.

[58] K.D. Suh, et al., A 3.3V 32Mb NAND flash memory with incremental step pulse programming scheme, IEEE J. Solid State Circuits 30 (11) (1995) 1149–1156, https://doi.org/10.1109/4.475701.

[59] T.-S. Jung, et al., A 117-mm2 3.3-V only 128-mb multilevel NAND flash memory for mass storage applications, IEEE J. Solid State Circuits 31 (11) (1996) 1575–1583, https://doi.org/10.1109/jssc.1996.542301.

[60] T.S. Jung, et al., A 3.3V 128Mb multi-level NAND flash memory for mass storage applications, in: Digest of Technical Papers—IEEE International Solid-State Circuits Conference, 1996, pp. 32–33, https://doi.org/10.1109/isscc.1996.488501.

[61] G.J. Hemink, T. Tanaka, T. Endoh, S. Aritome, R. Shirota, Fast and accurate programming method for multi-level NAND EEPROMs, in: Digest of Technical Papers—Symposium on VLSI Technology, 1995, pp. 129–130, https://doi.org/10.1109/vlsit.1995.520891.

[62] C.M. Compagnoni, et al., First evidence for injection statistics accuracy limitations in NAND Flash constant-current Fowler-Nordheim programming, in: Technical Digest—International Electron Devices Meeting, 2007, pp. 165–168, https://doi.org/10.1109/IEDM.2007.4418892.

[63] C. Monzio Compagnoni, A.S. Spinelli, R. Gusmeroli, S. Beltrami, A. Ghetti, A. Visconti, Ultimate accuracy for the NAND flash program algorithm due to the electron injection statistics, IEEE Trans. Electron Devices 55 (10) (2008) 2695–2702, https://doi.org/10.1109/TED.2008.2003230.

[64] C. Monzio Compagnoni, et al., First detection of single-electron charging of the floating gate of NAND flash memory cells, IEEE Electron Device Lett. 36 (2) (2015) 132–134, https://doi.org/10.1109/LED.2014.2377774.

[65] A. Grossi, C. Zambelli, P. Olivo, Bit error rate analysis in charge trapping memories for SSD applications, IEEE International Reliability Physics Symposium (2014) MY.7.1–MY.7.5, https://doi.org/10.1109/IRPS.2014.6861161.

[66] C. Monzio Compagnoni, A.S. Spinelli, Reliability of NAND flash arrays: a review of what the 2-D-to-3-D transition meant, IEEE Trans. Electron Devices 66 (11) (2019) 4504–4516, https://doi.org/10.1109/TED.2019.2917785.

[67] H. Kurata, et al., The impact of random telegraph signals on the scaling of multilevel flash memories, in: Digest of Technical Papers—Symposium on VLSI Circuits, 2006, pp. 112–113, https://doi.org/10.1109/vlsic.2006.1705335.

[68] S.H. Bae, et al., Characterization of low frequency noise in floating gate NAND flash memory, in: Joint Non-Volatile Semiconductor Memory Workshop and International Conference on Memory Technology and Design, 2008, pp. 8–11, https://doi.org/10.1109/NVSMW.2008.8.

[69] A. Ghetti, et al., Scaling trends for random telegraph noise in deca-nanometer flash memories, in: Technical Digest—International Electron Devices Meeting, 2008, https://doi.org/10.1109/IEDM.2008.4796827.

[70] T. Tanaka, J. Chen, Non-volatile semiconductor memory device adapted to store a multi-valued data in a single memory cell, U.S. Patent 6,643,188, 2003.

[71] C. Miccoli, C. Monzio Compagnoni, A.S. Spinelli, A.L. Lacaita, Investigation of the programming accuracy of a double-verify ISPP algorithm for nanoscale NAND flash memories, in: IEEE International Reliability Physics Symposium, 2011, pp. 833–838, https://doi.org/10.1109/IRPS.2011.5784588.

[72] J.D. Lee, S.H. Hur, J.D. Choi, Effects of floating-gate interference on NAND flash memory cell operation, IEEE Electron Device Lett. 23 (5) (2002) 264–266, https://doi.org/10.1109/55.998871.

[73] M. Park, K. Kim, J.H. Park, J.H. Choi, Direct field effect of neighboring cell transistor on cell-to-cell interference of nand flash cell arrays, IEEE Electron Device Lett. 30 (2) (2009) 174–177, https://doi.org/10.1109/LED.2008.2009555.

[74] N. Mielke, et al., Bit error rate in NAND flash memories, IEEE International Reliability Physics Symposium (2008) 9–19, https://doi.org/10.1109/RELPHY.2008.4558857.

[75] G.J. Hemink, Verify operation for non-volatile storage using different voltages, U.S. Patent 7,440,331, 2008.

[76] K.T. Park, et al., A zeroing cell-to-cell interference page architecture with temporary LSB storing and parallel MSB program scheme for MLC NAND flash memories, IEEE J. Solid State Circuits 43 (4) (2008) 919–928, https://doi.org/10.1109/JSSC.2008.917558.

[77] H. Nobukata, et al., A 144-mb, eight-level NAND flash memory with optimized pulse-width programming, IEEE J. Solid State Circuits 35 (5) (2000) 682–690, https://doi.org/10.1109/4.841491.

[78] Y. Li, et al., A 16 Gb 3-bit per cell (X3) NAND flash memory on 56 nm technology with 8 MB/s write rate, IEEE J. Solid State Circuits 44 (1) (2009) 195–207, https://doi.org/10.1109/JSSC.2008.2007154.

[79] N. Shibata, et al., A 70 nm 16 Gb 16-level-cell NAND flash memory, IEEE J. Solid State Circuits 43 (4) (2008) 929–937, https://doi.org/10.1109/JSSC.2008.917559.

[80] Y.S. Cho, et al., Adaptive multi-pulse program scheme based on tunneling speed classification for next generation multi-bit/cell NAND FLASH, IEEE J. Solid State Circuits 48 (4) (2013) 948–959, https://doi.org/10.1109/JSSC.2013.2237974.

[81] Y. Li, et al., 128Gb 3b/cell NAND flash memory in 19nm technology with 18MB/s write rate and 400Mb/s toggle mode, in: Digest of Technical Papers—IEEE International Solid-State Circuits Conference, 2012, pp. 436–437, https://doi.org/10.1109/ISSCC.2012.6177080.

[82] K.T. Park, D.S. Byeon, D.H. Kim, A world's first product of three-dimensional vertical NAND flash memory and beyond, in: Annual Non-Volatile Memory Technology Symposium, 2014, https://doi.org/10.1109/NVMTS.2014.7060840.

[83] K.T. Park, et al., Three-dimensional 128Gb MLC vertical NAND Flash-memory with 24-WL stacked layers and 50MB/s high-speed programming, in: Digest of Technical Papers—IEEE International Solid-State Circuits Conference, 2014, pp. 334–335, https://doi.org/10.1109/ISSCC.2014.6757458.

[84] J.W. Im, et al., A 128Gb 3b/cell V-NAND flash memory with 1Gb/s I/O rate, in: Digest of Technical Papers—IEEE International Solid-State Circuits Conference, 2015, pp. 130–131, https://doi.org/10.1109/ISSCC.2015.7062960.

[85] P. Kalavade, 4 bits/cell 96 layer floating gate 3D NAND with CMOS under array technology and SSDs, in: IEEE International Memory Workshop, 2020, pp. 4–7.

[86] Y. Cai, S. Ghose, Y. Luo, K. Mai, O. Mutlu, E.F. Haratsch, Vulnerabilities in MLC NAND flash memory programming: experimental analysis, exploits, and mitigation techniques, in: IEEE International Symposium on High-Performance Computer Architecture, 2017, pp. 49–60, https://doi.org/10.1109/HPCA.2017.61.

[87] C. Zambelli, P. Olivo, L. Crippa, A. Marelli, R. Micheloni, Uniform and concentrated read disturb effects in mid-1X TLC NAND flash memories for enterprise solid state drives, in: IEEE International Reliability Physics Symposium, 2017, pp. PM5.1–PM5.4, https://doi.org/10.1109/IRPS.2017.7936387.

[88] Y. Cai, Y. Luo, E.F. Haratsch, K. Mai, O. Mutlu, Data retention in MLC NAND flash memory: characterization, optimization, and recovery, in: IEEE International Symposium on High Performance Computer Architecture, 2015, pp. 551–563, https://doi.org/10.1109/HPCA.2015.7056062.

[89] C. Miccoli, C. Monzio Compagnoni, S. Beltrami, A.S. Spinelli, A. Visconti, Threshold-voltage instability due to damage recovery in nanoscale NAND flash memories, IEEE Trans. Electron Devices 58 (8) (2011) 2406–2414, https://doi.org/10.1109/TED.2011.2150751.

[90] D. Resnati, A. Goda, G. Nicosia, C. Miccoli, A.S. Spinelli, C. Monzio Compagnoni, Temperature effects in NAND flash memories: a comparison between 2-D and 3-D arrays, IEEE Electron Device Lett. 38 (4) (2017) 461–464, https://doi.org/10.1109/LED.2017.2675160.

[91] C. Zambelli, L. Crippa, R. Micheloni, P. Olivo, Cross-temperature effects of program and read operations in 2D and 3D NAND flash memories, in: International Integrated Reliability Workshop, 2018, https://doi.org/10.1109/IIRW.2018.8727102.

[92] C. Zhao, et al., Investigation of threshold voltage distribution temperature dependence in 3D NAND flash, IEEE Electron Device Lett. 40 (2) (2019) 204–207, https://doi.org/10.1109/LED.2018.2886345.

[93] T. Tanzawa, et al., A temperature compensation word-line voltage generator for multi-level cell NAND flash memories, in: European Solid State Circuits Conference, 2010, pp. 106–109, https://doi.org/10.1109/ESSCIRC.2010.5619799.

[94] S.W. Choi, et al., A cell current compensation scheme for 3D NAND FLASH memory, in: IEEE Asian Solid-State Circuits Conference, 2015, https://doi.org/10.1109/ASSCC.2015.7387432.

[95] C. Zambelli, E. Ferro, L. Crippa, R. Micheloni, P. Olivo, Dynamic VTH tracking for cross-temperature suppression in 3D-TLC NAND flash, in: IEEE International Integrated Reliability Workshop, 2019, https://doi.org/10.1109/IIRW47491.2019.8989886.

[96] N. Papandreou, et al., Reliability of 3D NAND flash memory with a focus on read voltage calibration from a system aspect, in: Non-Volatile Memory Technology Symposium, 2019, https://doi.org/10.1109/NVMTS47818.2019.8986221.

[97] H. Maejima, et al., A 512Gb 3b/Cell 3D flash memory on a 96-word-line-layer technology, in: Digest of Technical Papers—IEEE International Solid-State Circuits Conference, 2018, pp. 336–337, https://doi.org/10.1109/ISSCC.2018.8310321.

[98] C. Kim, et al., A 512-Gb 3-b/cell 64-stacked WL 3-D-NAND flash memory, IEEE J. Solid State Circuits 53 (1) (2018) 124–133, https://doi.org/10.1109/JSSC.2017.2731813.

[99] H. Tanaka, et al., Bit cost scalable technology with and plug process for ultra high density flash memory, in: Digest of Technical Papers—Symposium on VLSI Technology, 2007, pp. 14–15, https://doi.org/10.1109/VLSIT.2007.4339708.

[100] J. Jang, et al., Vertical cell array using TCAT (terabit cell array transistor) technology for ultra high density NAND flash memory, in: Digest of Technical Papers—Symposium on VLSI Technology, 2009, pp. 192–193.

[101] K. Parat, C. Dennison, A floating gate based 3D NAND technology with CMOS under array, in: Technical Digest—International Electron Devices Meeting, 2015, pp. 48–51, https://doi.org/10.1109/IEDM.2015.7409618.

[102] C. Siau, et al., A 512Gb 3-bit/cell 3D flash memory on 128-wordline-layer with 132MB/s write performance featuring circuit-under-array technology, in: Digest of Technical Papers—IEEE International Solid-State Circuits Conference, 2019, pp. 218–220, https://doi.org/10.1109/ISSCC.2019.8662445.

[103] A. Goda, C. Miccoli, C.M. Compagnoni, Time dependent threshold-voltage fluctuations in NAND flash memories: from basic physics to impact on array operation, in: Technical Digest—International Electron Devices Meeting, 2015, pp. 374–377, https://doi.org/10.1109/IEDM.2015.7409699.

[104] N.C.C. Lu, L. Gerzberg, C.Y. Lu, J.D. Meindl, Modeling and optimization of monolithic polycrystalline silicon resistors, IEEE Trans. Electron. Devices 28 (7) (1981) 818–830, https://doi.org/10.1109/T-ED.1981.20437.

[105] D.M. Kim, A.N. Khondker, S.S. Ahmed, Theory of conduction in polysilicon: drift-diffusion approach in crystalline-amorphous-crystalline semiconductor system—part I: small signal theory, IEEE Trans. Electron. Devices 31 (4) (1984) 480–493, https://doi.org/10.1109/T-ED.1984.21554.

[106] G. Nicosia, et al., Impact of temperature on the amplitude of RTN fluctuations in 3-D NAND flash cells, in: Tech. Dig.—Int. Electron Devices Meet. IEDM, 2017, pp. 21.3.1–21.3.4, https://doi.org/10.1109/IEDM.2017.8268434.

[107] M.K. Jeong, et al., Analysis of random telegraph noise and low frequency noise properties in 3-d stacked NAND flash memory with tube-type poly-Si channel structure, in: Digest of Technical Papers—Symposium on VLSI Technology, 2012, pp. 55–56, https://doi.org/10.1109/VLSIT.2012.6242458.

[108] Y.H. Hsiao, et al., Modeling the impact of random grain boundary traps on the electrical behavior of vertical gate 3-D NAND flash memory devices, IEEE Trans. Electron. Devices 61 (6) (2014) 2064–2070, https://doi.org/10.1109/TED.2014.2318716.

[109] W.L. Lin, et al., Grain boundary trap-induced current transient in a 3-D NAND flash cell string, IEEE Trans. Electron. Devices 66 (4) (2019) 1734–1740, https://doi.org/10.1109/TED.2019.2900736.

[110] H.J. Kang, et al., Effect of traps on transient bit-line current behavior in word-line stacked nand flash memory with poly-Si body, in: Digest of Technical Papers—Symposium on VLSI Technology, 2014, pp. 28–29, https://doi.org/10.1109/VLSIT.2014.6894348.

[111] Y. Fukuzumi, et al., Optimal integration and characteristics of vertical array devices for ultra-high density, bit-cost scalable flash memory, in: Technical Digest—International Electron Devices Meeting, 2007, pp. 449–452, https://doi.org/10.1109/IEDM.2007.4418970.

[112] Y. Kim, M. Kang, Down-coupling phenomenon of floating channel in 3D NAND flash memory, IEEE Electron. Device Lett. 37 (12) (2016) 1566–1569, https://doi.org/10.1109/LED.2016.2619903.

[113] W.L. Lin, et al., Hot-carrier injection-induced disturb and improvement methods in 3d NAND flash memory, in: International Symposium on VLSI Technology, Systems and Application, 2019, https://doi.org/10.1109/VLSI-TSA.2019.8804652.

[114] S. Raghunathan, 3D-NAND reliability: review of key mechanisms and mitigations, in: Electron Devices Technology and Manufacturing Conference, 2020, https://doi.org/10.1109/EDTM47692.2020.9117872.

[115] H.T. Lue, S.Y. Wang, E.K. Lai, K.Y. Hsieh, R. Liu, C.Y. Lu, A BE-SONOS (Bandgap Engineered SONOS) NAND for post-floating gate era flash memory, in: International Symposium on VLSI Technology, Systems and Applications, 2007, https://doi.org/10.1109/VTSA.2007.378899.

[116] S.C. Lai, et al., An oxide-buffered BE-MANOS charge-trapping device and the role of Al2O3, in: Joint Non-Volatile Semiconductor Memory Workshop and International Conference on Memory Technology and Design, 2008, pp. 101–102, https://doi.org/10.1109/NVSMW.2008.35.

[117] H.J. Kang, et al., Comprehensive analysis of retention characteristics in 3-D NAND flash memory cells with tube-type poly-Si channel structure, in: Digest of Technical Papers—Symposium on VLSI Technology, 2015, pp. T182–T183, https://doi.org/10.1109/VLSIT.2015.7223670.

[118] T. Tanaka, et al., A 768Gb 3b/cell 3D-floating-gate NAND flash memory, in: Digest of Technical Papers—IEEE International Solid-State Circuits Conference, 2016, pp. 142–144, https://doi.org/10.1109/ISSCC.2016.7417947.

[119] R. Yamashita, et al., A 512Gb 3b/cell flash memory on 64-word-line-layer BiCS technology, in: Digest of Technical Papers—IEEE International Solid-State Circuits Conference, 2017, pp. 196–197, https://doi.org/10.1109/ISSCC.2017.7870328.

[120] S. Yang, Unleashing 3D NAND's potential with an innovative architecture, in: Flash Memory Summit 2018, 2018. http://www.ymtc.com/index.php?s=/cms/175.html.

[121] A. Goda, 3-D NAND technology achievements and future scaling perspectives, IEEE Trans. Electron. Devices 67 (4) (2020) 1373–1381, https://doi.org/10.1109/TED.2020.2968079.

[122] S. Inaba, 3D flash memory for data-intensive applications, in: IEEE International Memory Workshop, 2018, https://doi.org/10.1109/IMW.2018.8388775.

[123] M. Fujiwara, et al., 3D semicircular flash memory cell: novel split-gate technology to boost bit density, in: Technical Digest—International Electron Devices Meeting, IEDM, 2019, pp. 642–645, https://doi.org/10.1109/IEDM19573.2019.8993673.

[124] C.H. Fu, et al., A novel confined nitride-trapping layer device for 3D NAND flash with robust retention performances, in: Digest of Technical Papers—Symposium on VLSI Technology, 2019, pp. T212–T213, https://doi.org/10.23919/VLSIT.2019.8776572.

[125] R. Delhougne, et al., First demonstration of monocrystalline silicon macaroni channel for 3-D NAND memory devices, in: Digest of Technical Papers—Symposium on VLSI Technology, 2018, pp. 203–204, https://doi.org/10.1109/VLSIT.2018.8510635.

[126] H. Miyagawa, et al., Metal-assisted solid-phase crystallization process for vertical monocrystalline Si channel in 3D flash memory, in: Technical Digest—International Electron Devices Meeting, IEDM, 2019, pp. 650–653, https://doi.org/10.1109/IEDM19573.2019.8993556.

[127] H.T. Lue, et al., A novel double-density, single-gate vertical channel (SGVC) 3D NAND flash that is tolerant to deep vertical etching CD variation and possesses robust read-disturb immunity, in: Technical Digest—International Electron Devices Meeting, 2015, pp. 44–47, https://doi.org/10.1109/IEDM.2015.7409617.

[128] T. Kouchi, et al., A 128Gb 1b/cell 96-word-line-layer 3D flash memory to improve random read latency with tPROG=75μs and tR=4μs, in: Digest of Technical Papers—IEEE International Solid-State Circuits Conference, 2020, pp. 226–228, https://doi.org/10.1109/ISSCC19947.2020.9063154.

[129] T. Shiozawa, H. Kajihara, T. Endo, K. Hiwada, Emerging usage and evaluation of low latency FLASH, in: IEEE International Memory Workshop, 2020, pp. 8–11, https://doi.org/10.1109/IMW48823.2020.9108145.

[130] E. Yoshida, et al., Memory expansion technology for large-scale data processing using software-controlled SSD, in: Digest of Technical Papers—Symposium on VLSI Circuits, 2018, pp. 59–60, https://doi.org/10.1109/VLSIC.2018.8502312.

[131] Y. Kang, Y.S. Kee, E.L. Miller, C. Park, Enabling cost-effective data processing with smart SSD, in: IEEE Symposium on Mass Storage Systems and Technologies, 2013, https://doi.org/10.1109/MSST.2013.6558444.

[132] M. Torabzadehkashi, S. Rezaei, A. Heydarigorji, H. Bobarshad, V. Alves, N. Bagherzadeh, Catalina: in-storage processing acceleration for scalable big data analytics, in: Euromicro International Conference on Parallel, Distributed and Network-Based Processing, 2019, pp. 430–437, https://doi.org/10.1109/EMPDP.2019.8671589.

[133] H. Shin, M. Oh, G. Choi, J. Choi, Exploring performance characteristics of ZNS SSDs: observation and implication, IEEE Non-Volatile Memory Systems and Applications Symposium (2020), https://doi.org/10.1109/NVMSA51238.2020.9188086.

[134] NVM Express Base Specification Revision 1.4b, 2020. https://nvmexpress.org/developers/nvme-specification/.

第 6 章

嵌入式存储解决方案：
电荷存储、阻性存储和磁性存储

Paolo Cappelletti[a] 和 Jon Slaughter[b]

[a] 意大利阿格拉泰布里安扎意法半导体公司，[b] 美国纽约州奥尔巴尼 IBM 公司

6.1 引言

从 1968 年到 1971 年的 4 年中，出现了一些最重要的创新，为过去 50 年的数字电子革命铺平了道路。这些创新发生在硅谷，位于 Palo Alto 和 Santa Clara 之间的两家公司——仙童半导体和英特尔；这两家公司基本上是由同一个团队创立的，团队中的成员在 4 年中的不同时间陆续离开仙童半导体，创办了英特尔。

1968 年，Federico Faggin 在仙童半导体开发了工艺技术[1]，并在此基础上设计了首款生产及商业化自对准硅栅 MOS 集成电路——仙童 3708，一款 8 通道模拟多路复用器。

1969 年，英特尔推出了首款商业化硅栅 MOS 集成电路——1101，这是一款 256 位的 SRAM（Static Random Access Memory，静态随机存取存储器）。

1970 年，离开仙童半导体加入英特尔的 Dov Frohman-Bentchkowsky 开发出了第一款浮栅 MOS 非易失性存储器，即 1971 年推出的名为 1702 的 2kbit FAMOS-EPROM（Erasable Programmable Read Only Memory，可擦除可编程只读存储器）[2]。

1971 年，同样于 1970 年加入英特尔的 Faggin，设计了第一台微处理器——4004，其中包含了 2kbit ROM（Read Only Memory，只读存储器）和 40 × 8 位的 SRAM。

总之，硅栅 MOS 技术实现了逻辑和存储器的共同集成。此外，在首款硅栅 MOS 分立存储器商业化的几年内，推出了首款嵌入式存储器。

1977 年，英特尔推出了第一款双多晶硅叠栅 EPROM[3]；与此同时，他们还开发出了第一款包含 8kbit EPROM 的单片机——英特尔 8748（见图 6.1）[4]，即第一款带有嵌入式非易失性存储器的数字集成电路。

英特尔 8748 ISSCC 论文[4] 以这句话开篇：

本器件……在单个芯片上提供了微处理器系统的完全集成。

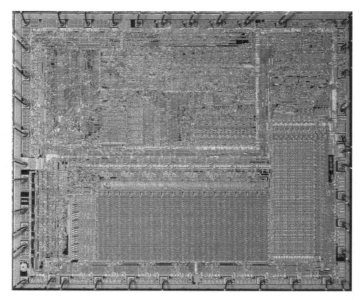

图 6.1 英特尔 8748 裸片

一旦合适的工艺集成解决方案被发明出来，集成电路技术的终极目标，即在单片芯片上实现完整系统集成就会实现；事实上，英特尔 4004 和 8748 就是 SoC 芯片的前身。

还是英特尔 8748 这篇论文，在接下来的几行，作者说道：

在单个芯片上集成程序和数据存储器为电路设计师提供了机会……加快这些模块的访问速度……这种方法大大降低了功耗和器件面积……

从数字集成电路诞生以后，嵌入式存储器的速度和功耗的价值主张就非常明显。

然而，关于"SoC 与 SiP"的乏味的争论已经占据了数千页的期刊和数十场会议专题讨论。如果说单芯片集成的性能优势是无可争议的，那么超级集成的"乌托邦"也存在技术和经济上的限制。事实上，这两种解决方案都已得到广泛利用，并将继续共存；关于嵌入式存储器和外部存储器之间的权衡必须根据具体情况进行评估。

关于嵌入式存储器的第一个关键问题是集成工艺：

· 能否将逻辑电路和存储器集成到单个工艺流程中，并且能够保证和分立工艺流程相比有相同的性能和可靠性？

· 能否将系统所需的大量逻辑和存储器集成到一个尺寸可以被接受的芯片中？

最相关的经济问题是关于单芯片解决方案与多芯片解决方案的成本。成本评估必须考虑至少三个因素：

· 晶圆加工成本；

· 硅面积（裸片尺寸）；

· 良率。

要完成权衡评估，还必须考虑其他因素，例如：

- SoC 设计和可测试性相对于独立解决方案的技术限制；
- 材料清单，包括 SiP 成本；
- 多芯片解决方案与单芯片解决方案的供应灵活性对比。

对于 SoC 与 SiP 两难困境的详尽讨论不在本文的范围；在介绍不同的嵌入式存储器解决方案时，必要时我们将仅限于工艺集成、芯片尺寸和性能方面的考虑。

ISSCC 论文的第二段引文涉及"程序和数据存储器的集成"。在当今的系统中，数据存储器可能包括用户多媒体数据的存储，程序存储器可能包括应用软件的存储；因此，很难将一种存储器技术与两种存储器功能中的一种单独联系起来，反之亦然。

当时的区别非常简单：

- 程序存储器存储微处理器代码。它必须是非易失性的，它经常被读取，但从不或很少被重写。它基本上是一个 ROM，可以是掩膜 ROM 也可以是电可编程 ROM。
- 数据存储器是微处理器的工作存储器，它必须可以被几乎无限次修改，并且写入时间必须和访问时间相当。因此，在这种情况下，数据存储器指的是静态 RAM（SRAM）或动态 RAM（DRAM）。

原则上，本章应涵盖嵌入式存储器的四个基本类别。但是从工艺集成和器件的角度来看，只有电可编程 ROM，即非易失性存储器（Nonvolatile Memory，NVM），真正值得广泛讨论，将在以下各节展开讨论。

现在我们简要介绍掩膜 ROM 和 RAM。

掩膜 ROM 是嵌入式代码存储器的默认选项；存储单元通常使用该工艺特有的标准 NMOS 晶体管制成。编码通常使用有源区掩膜或第一层金属掩膜来实现。对于用户代码，后者更可取，以满足生产周期的要求；而用于内核设计的 ROM，有源区掩膜更合适。ROM 用于用户代码时，需要定制额外的专用掩膜。ROM 用于内核设计时不需要额外的掩膜和工艺步骤。对于安全微控制器，还有一个与 ROM 内容的可检测性有关的额外约束，出于安全原因，即使是在经过处理之后，产品的 ROM 代码也不应可见；这就是为什么电可编程 ROM 是安全 MCU 的首选，尽管它们有额外的成本。

对于当今的嵌入式 RAM，也做类似的考虑；通常使用的是 SRAM，SRAM 单元采用标准 CMOS 逻辑工艺制造。事实上，SRAM 单元的尺寸是逻辑 CMOS 工艺的关键指标之一。

历史上，曾经有几个时期，我们在基本的逻辑工艺中增加了额外的工艺步骤，以使嵌入式 RAM 单元更小。

在 CMOS 工艺出现之前，NMOS 工艺使用 n 沟道耗尽型晶体管作为逻辑门和 SRAM 单元的上拉器件。

在 20 世纪 70 年代末期，分立的 NMOS SRAM 采用了更密集单元的解决方案，使用多晶硅电阻或二极管作为上拉器件；将上拉器件堆叠在驱动器的上方，使得 NMOS SRAM 单元的尺寸减小了 1/2。

这种解决方案后来也被用于嵌入式 SRAM 产品中，这些产品有足够大的 SRAM 容量来弥补多晶硅电阻 [5] 额外的工艺成本，但这种解决方案从未成为主流的选择。

替代高密度嵌入式 NMOS RAM 的另一种解决方案是 1T1C 动态随机存取存储器（Dynamic Random Access Memory，DRAM）[6, 7]。DRAM 电容的额外成本比 SRAM 中的多晶硅电阻成本更高，但 DRAM 在单元尺寸方面有更大的优势。

然而，6T 和 8T 的 SRAM 单元除了可能用于调整 V_{th} 的注入掩膜之外，不需要额外的工艺步骤，因此其在过去的 20 年中是嵌入式 RAM 的主流选择。

在结束引言之前，为完整起见，我们还应当谈谈电路的设计。嵌入式存储器设计的主要目标之一是性能提升。嵌入式存储器有以下特点：

·   避免与 I/O 和线电容相关的延迟和功耗；在处理器和外部存储器之间移动数据的代价随时钟频率的二次方增加。

·   显著减小处理器和存储器之间的 I/O 瓶颈；嵌入式存储器的并行度比基于封装和电路板的外部存储器的并行度要宽得多。

低延时和高读取并行度使得嵌入式存储器有远高于外部存储器的数据吞吐量；这在高性能的 CPU 上非常明显，为了向内核提供足够的数据传输速率，在访问外部的 DRAM 之前，会有 3 级甚至是 4 级的嵌入式 SRAM 高速缓存器。

本章不涵盖关于嵌入式存储器的设计特性，感兴趣的读者可以阅读专门论述这个主题的书籍[8]。

在下一节，我们将讨论嵌入式 NVM，重点介绍存储器器件和工艺集成方面。

6.2　嵌入式非易失性存储的演进（传统存储）

在引言中，我们提到嵌入式 NVM 的历史始于英特尔 8748；这款芯片集成了 8kbit 的双多晶硅栅 EPROM，即浮栅存储器，通过沟道热电子进行编程并通过紫外光擦除。与分立的 EPROM 类似，这款芯片采用带有紫外光透明窗口的封装（见图 6.2），为原始设备制造商（OEM）和终端用户提供擦除 NVM 的可能性。

图 6.2　使用陶瓷封装并带有紫外光透明窗口的英特尔 8748

封装的成本开销是这样的，通常采用以下两种主要的方案：

·   使用带有嵌入式 EPROM 和昂贵的窗口封装的芯片进行代码调试和产品原型开发，之后改为掩膜 ROM 版本进行批量生产，同时节省了裸片成本和封装成本；

·   使用 EPROM 版本进行批量生产，但在调试完成后将代码冻结并立即改为塑料封装。

　　虽然第二种方案不能像掩膜 ROM 版本那样减小裸片尺寸和降低成本，但由于其库存灵活性且代码易更新，通常比掩膜 ROM 更受欢迎。此外，为大量无法摊销 ROM 编码掩模成本的小客户提供服务的分销渠道来说，它是一种选择。

　　因此，大部分带有嵌入式 EPROM 芯片采用塑料封装的形式销售；这种产品通常称为一次性可编程（One-Time-Programmable，OTP），因为这种 EPROM 只能被编程一次，永远无法被擦除。

　　然而，基于微控制器的系统具有必须由最终客户更改的参数或数据；因此，这些系统需要 NVM 的一部分可以被现场重写。在大多数情况下，这种功能由低密度的分立串行电可擦除可编程只读存储器（Electrically Erasable Programmable ROM，EEPROM）提供。一些公司开发了低密度嵌入式 EEPROM 解决方案，将其与用于宏代码的掩码 ROM 相结合，但是这种组合使宏代码的调试和产品原型的开发变得非常麻烦。另一方面，由于 EEPROM 和 EPROM 之间的单元尺寸差异较大，使用高密度嵌入式 EEPROM 存储代码和参数并不划算。

　　在 20 世纪 80 年代末，意法半导体开发了一种可以在同一块芯片上集成高密度的双多晶硅 EPROM 和低密度的单多晶硅 EEPROM 的工艺。首个产品 ST90E40（见图 6.3），是为意大利的高速公路收费系统 Telepass 开发的，该系统中 EPROM 用于存储微控制器代码，EEPROM 则用于存储车辆识别数据以及高速公路闸口通行信息。

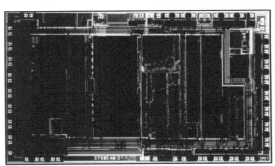

图 6.3　意法半导体 ST90E40 裸片和带有紫外光透明窗口的封装

　　单管双多晶硅堆叠栅的闪存型 EEPROM[9] 的发明不仅改变了分立存储器的游戏规则，也改变了嵌入式 NVM 的游戏规则。

　　闪存（Flash）凭借系统内可重新编程和高密度存储单元的优势，迅速淘汰了 EEPROM 和 EPROM 集成技术。1992 年，意法半导体发布了 ST10F166（见图 6.4），这是一款为汽车应用而开发的 16 位微控制器，内置 256kbit 嵌入式闪存；它也是第一款集成了单管闪存阵列的 CMOS 芯片。

　　2003 年在戛纳举行的 3GSM 世界大会上，英特尔展示了一款名为"Manitoba"（见图 6.5）的移动电话 SoC，将基带处理器和存储器（SRAM 和闪存）集成在单个芯片上[10, 11]。

　　如图 6.5 所示，为该超级集成项目开发的 130nm 工艺，将"最先进的闪存 +SRAM+ 逻辑电路"集成在同一块芯片上；这可能是迄今为止最接近理想的嵌入式存储器技术。

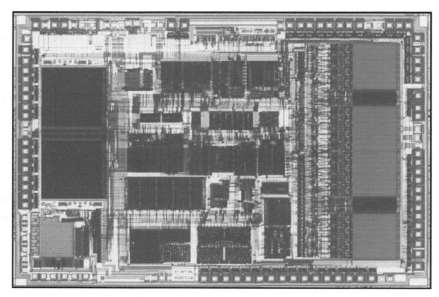

图 6.4 意法半导体 ST10F166，基于 CMOS 工艺的 16 位微控制器，内置 256kbit 嵌入式闪存

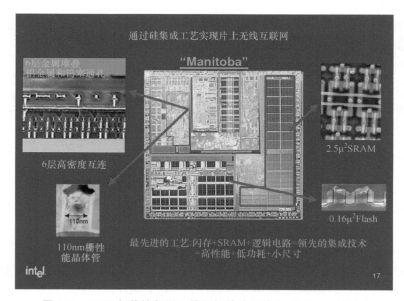

图 6.5 2003 年英特尔展示的幻灯片（图片由 Al Fazio 提供）

对于嵌入式非易失性存储器（embedded NVM，eNVM），这是大好时期，因为至少有三个有利的条件同时存在：

- 最大的消费应用（手机）推动了超级集成的需求；
- 最先进的分立 NVM 技术（基于 130nm 工艺的 NOR 闪存）推出了低电压晶体管，与顶尖逻辑 CMOS 工艺下的那些相媲美；

· 主要的 NOR 闪存厂商（英特尔、意法半导体和德州仪器）开发了 NVM 技术，用于在密度和性能方面都"毫不妥协"的 SoC 集成。

智能手机的出现，导致功能手机市场的崩溃，极大地改变了这种理想情况，因为超级集成的杀手级应用消失了，一些主要的分立闪存制造商也退出了 eNVM 业务。此外，随着功能手机崩溃，对 NOR 闪存密度和性能持续提高的需求也消失了；分立 NVM 和先进逻辑 CMOS 技术开始出现实质性分化。

自 2003 年近乎理想的趋同开始，技术界和工业界逐渐出现了巨大的分歧。甚至存储单元结构也开始大量增加。

除了存储器行业标准的单管双多晶硅堆叠栅 NOR 闪存单元外，还专门为嵌入式应用开发了各种不同的闪存单元（见图 6.6）。

类型	1T NOR	1.5T (ESF3)	2T	1.5T MONOS	1.5T TFS	1.5T HS3P
器件结构	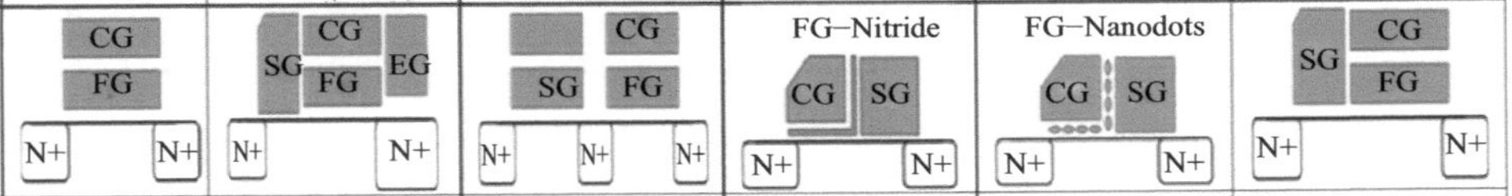 CG FG N+ N+	CG SG FG EG N+ N+	CG SG FG N+ N+	FG-Nitride CG SG N+ N+	FG-Nanodots CG SG N+ N+	CG SG FG N+ N+
编程/擦除机制	CHE/FN	SSI/FN	FN/FN	SSI/HHI	SSI/FN	SSI/FN
优点	高密度	功耗，低压读取通路	功耗	功耗，低压读取通路	功耗，低压读取通路	功耗
缺点	功耗	工艺复杂	可微缩性	可靠性	相对成熟的概念	工艺复杂

图 6.6　eNVM 应用采用的一些不同的闪存单元

图 6.6 展示的存储单元在概念上有所不同。有的单元是使用单晶体管实现的，有的是使用 1.5 个晶体管实现，有的则是使用 2 个晶体管实现；有的单元将电荷存储在多晶硅浮栅中，有的将电荷存储在硅纳米晶体以及氮化硅中。对于以上的单元类型，存储机制都是基于将电荷存储在隔离的陷阱中，并且存储的电荷会改变 MOS 管的阈值电压，但编程和擦除机制不同。半导体行业为同一个应用开发出多种概念上不同的解决方案是一种罕见的现象。此外，全球形势的变化可能在技术多样化进程中发挥了作用。

21 世纪初，eNVM 厂商的情况发生了巨大的变化，从数量有限的大型集成器件制造商（IDM）的相对简单的局面，转变为由 IP 供应商、无晶圆厂公司和硅晶圆代工厂组成的复杂生态系统，这是过去 10 年集成电路产业的特点。这种复杂的生态系统可能有助于激发不同的解决方案，而非一个趋同的解决方案。

在专门为 eNVM 应用开发的存储单元概念中，最成功的是 SST 发明的 1.5T 分裂栅单元。该单元的原始版本采用双多晶硅结构，实际上是为分立的 EEPROM 应用而开发的 [12]。第二代版本是应用在 SoC 中的三重多晶硅自对准单元 [13]，与 IBM 和英飞凌合作开发。第三代产品 [14] 的普及率最高，因为 SST 已将其 eNVM 技术授权给一些主要的晶圆代工厂和 IDM。如图 6.7 所示，示意性地描述了三代 SST 分裂栅单元，通常被称为 ESF1、ESF2、ESF3。

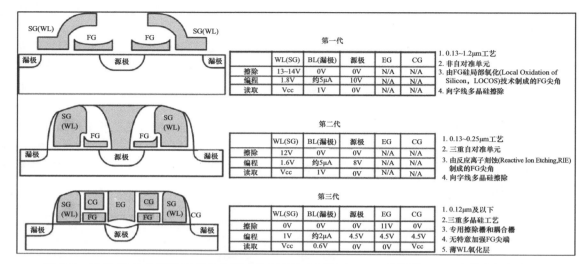

图 6.7　三代 SST 分裂栅单元及典型工作条件和主要特点。FG 为浮栅，CG 为耦合栅极，WL 为字线（选通栅），BL 为位线

　　然而，并非所有的 eNVM 公司都转向无晶圆厂模式，也并非所有的 eNVM 公司都采用了其中一种嵌入式专用存储单元。

　　例如，意法半导体，在 8 代 eNVM 技术中不断改进单管分立 NOR 闪存的标准存储单元（见图 6.8），作为 IDM，在汽车 SoC 和安全 MCU 市场中发挥着重要作用。

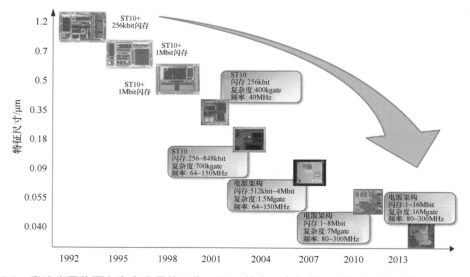

图 6.8　意法半导体面向汽车应用的 8 代 eNVM 技术，全部基于单管自对准堆叠栅 NOR 闪存单元（由意法半导体公司的 Alfonso Maurelli 提供）

尽管单管自对准叠栅嵌入式 NOR 闪存单元以及其他一些 eNVM 单元仍然可以进一步改进，但所有公司都在考虑对于 28nm 及以下的 CMOS 技术节点进行更具颠覆性的创新，其原因将在下节讨论。

6.3　嵌入式非易失性存储的革命（新型存储）

为了超越传统存储器的预期性能和微缩限制，在过去的 20 年中，人们越来越致力于研究各种新的 NVM 概念，统称为新型存储器（Emerging Memory，EM）。其中最相关的 EM 包括铁电随机存取存储器（Ferroelectric Random Access Memory，FRAM）、阻变随机存取存储器（Resistive Random Access Memory，RRAM）、相变存储器（Phase Change Memory，PCM）、磁阻随机存取存储器（Magnetic Random Access Memory，MRAM）。它们都有两个主要特点：

1）它们的存储机制和电荷存储截然不同；它们大多数与一类特殊的"外来"材料的功能特性相关。

2）它们的存储元件被集成到 CMOS 工艺流程的后道工艺（Back-End-Of-Line，BEOL）中，即互连层。

尽管 EM 的探索最初是由分立内存应用驱动的，但将其作为 eNVM 使用的研发工作也在平行进行。

事实上，与传统存储器相比，所有类型的 EM 在 eNVM 应用中的优势比分立存储器更明显（见图 6.9）。尽管如此，eNVM 的市场仍然是由传统存储器主导。

嵌入式新型存储器的优势，与传统(浮栅和电荷俘获)嵌入式闪存相比

- **低温后道工艺 (BEOL) 集成**
  - 对晶体管工艺流程无影响→集成更简单快速
  - 对晶体管性能无影响→100% IP 重用

- **较低的编程电压**
  - 可使用标准CMOS中已有的中压晶体管

- **较少的额外掩膜数量**
  - 3~10个额外的掩膜，取决于单元结构和编程电压

- **更好的性能**
  - 10ns~1μs编程时间范围
  - 1~100pJ编程能耗范围
  - 单比特编程粒度（直接覆盖写入）
  - >1M次写周期
  - 几乎不受辐射效应影响

图 6.9　嵌入式新型存储器（embedded EM，eEM）和传统 eNVM 相比的优势

一方面，相对保守的 eNVM 市场一直不愿采用 EM，原因是对其可量产性和可靠性缺乏信任；相对较差的分立 EM 销售记录也无助于市场建立信心。

另一方面，图 6.10 中的表格总结了 eNVM 应用的四种主要类别的重要指标，清楚地展示了高温数据保持特性，无论是工作温度还是焊接，对任何一种 eNVM 应用都是非常关键的要求。从这个角度来看，任何一种 EM 都不如传统存储器的鲁棒性好，也绝对不如浮栅存储器的鲁棒性好。

应用	MCU	SIM 智能卡	物联网	汽车
工作温度	−40~125℃	−40~85℃	−40~125℃	−40~165℃
总线带宽	x32/x64	x32/x38	x32	x144
待机电流	<1μA@25℃	<1μA@25℃	<1μA@25℃	<1μA@25℃
读取电流	<5mA/ 33MHz	<5mA/ 33MHz	<2mA/ 40MHz	<40mA/ 200MHz
访问时间	<20ns	<40ns	<25ns	<15ns
耐久度	10K	500K	100K	500K
数据保持时间	10年	10年	10年	10年
焊接 (几分钟@260℃)	是	是	是	是

图 6.10　eNVM 应用最相关的主要产品规格

尽管近年来各类 EM 在上述问题上已经取得重大进展，但迄今为止还没有充分的理由能够让 eNVM 市场放弃传统存储器解决方案。

现如今，情况发生了重大的变化。先进 CMOS 逻辑工艺发生了颠覆性的变革，从 28nm 节点开始，从二氧化硅和多晶硅到高 k 电介质和金属栅彻底改变了 MOS 晶体管结构。

从工艺集成的角度来看，这种根本性的变化使各类 eEM 比传统各类 eNVM 更具吸引力。

例如，我们可以考虑将单管 NOR 闪存集成到全耗尽型绝缘体上硅（Fully Depleted Silicon-On-Insulator，FDSOI）CMOS 中。闪存单元栅极的堆叠需要高质量的二氧化硅隧道氧化物、多晶硅浮栅、ONO 多晶硅层间电介质以及多晶硅控制栅；在堆叠栅极刻蚀后，需要进行良好的热再氧化，以密封浮栅。存储单元必须建在体硅上，并且需要特殊的源极和漏极结型。此外，管理写入电压所需的高压晶体管必须有厚的栅极氧化层和专用的结型，并且必须制作在硅衬底上。总之，集成工艺复杂，不仅单管 NOR 闪存，对于几乎所有传统 NVM 来说，额外的掩膜数量都会增加到 17 ~ 20 个的范围。如果我们还考虑到这种共同集成对闪存单元和 FDSOI 晶体管的性能和可靠性的相互影响，就会发现在 FDSOI 的高 k 金属栅极工艺中嵌入传统的 NVM 即使可以实现，那也是相当麻烦的。

因此，先进 CMOS 逻辑工艺带来的颠覆性变革，为采用 BEOL NVM 单元提供了可能性，并为 28nm 及以下的工艺节点提供了巨大的机遇。

我们说过，FRAM[15]、RRAM[16]、MRAM[17, 18] 和 PCM[19] 在内的这些不同类型 EM 都已用于嵌入式应用。其中一些还一度达到了工业生产的水平，例如富士通开始生产嵌入式 FRAM 的智能卡，松下在 2010 年初开始生产的嵌入式 RRAM 的 MCU。

尽管 FRAM 和 RRAM 是第一批达到量产水平的 eEM 类型，但 MRAM 和 PCM 更有机会利用先进 CMOS 工艺变革带来的新机遇。因此我们将用一整节的篇幅分别介绍这两种最有前景的技术，同时，我们也会在本节的其余部分讨论嵌入式铁电存储器（embedded FRAM，eFRAM）和嵌入式阻变存储器（embedded RRAM，eRRAM）。

6.3.1　嵌入式 FRAM

FRAM 的存储机制依赖于铁电材料的剩余极化，传统 FRAM 采用 1T1C 单元结构（见图 6.11）。

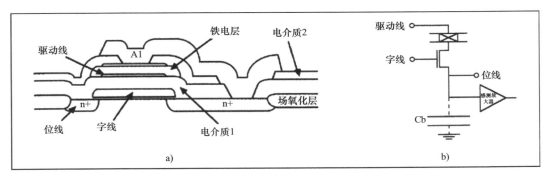

图 6.11　FRAM 存储单元的 a）截面概念图和 b）原理图

读取存储单元内容的检测信号是极化翻转产生的位移电流，施加给定的极化电压读取存储单元，以在铁电电容中产生一个大于矫顽场的电场；位移电流取决于单元的初始状态，即铁电层极化方向是否被施加的电压翻转（见图 6.12）。

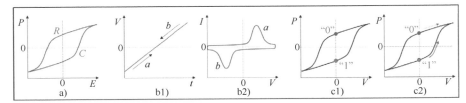

图 6.12　a）极化与电场磁滞回线（R 和 C 表示正半轴上的剩余极化强度和矫顽场强）；b1）线性电压斜坡；b2）位移电流；c1）静态逻辑状态；c2）读操作

因此，在极化翻转的情况下，单元内容会发生变化，并且在读取之后必须重新写回。FRAM 的主要优点是写入功耗极低，主要缺点是破坏性读取；虽然其耐久性比闪存高几个数量级，但破坏性读取将大容量应用的目标值提升到 $10^{10} \sim 10^{14}$ 范围。

DRAM 制造商最初研究的是 1T1C FRAM 单元，但后来重点迅速转移到了 NVM 应用上。FRAM 的首次商业化开发是用于分立存储器，即低密度 EEPROM 和 NVRAM，是由小型的无晶圆厂公司（Krysalis 和 Ramtron）推动的[20]。Ramtron 将其技术授权给富士通，富士通将 FRAM 用作智能卡和低功耗 MCU 的嵌入式 NVM。

尽管 FRAM 是第一个实现量产的新型存储器，但是由于其单元可微缩性的限制，FRAM 也是第一个衰落的，至少在其首次实现中是这样的。事实上由传统材料（如 PZT 和 BST）制成的铁电层的厚度无法减薄到 80nm 以下；此外，这些材料只能用于制造平板电容器。将传统 FRAM 关键尺寸的可微缩性限制在 90nm 左右。

2007 年，Qimonda 在硅掺杂的氧化铪中发现了铁电效应（美国专利号：7709359），这为 FRAM 的研究注入了新动力。Si：HfO 可以通过原子层沉积法沉积，这是一种完全保形的沉积技术，可以沉积几纳米厚的薄膜。Si：HfO 在厚度低于 10nm 时仍保持其铁电性。这一发现为传统 1T1C FRAM 单元微缩提供了新机会，同时也以全新的视角重新激发了人们对不同的、更具吸引力的 FRAM 单元的兴趣。

在 2011 年的 IEDM 上，Fraunhofer 研究所和 NamLab（由 Qimonda 前研发负责人创建的新公司）展示了一种使用 Si：HfO 制成的铁电场效应晶体管（FeFET）[21]。

FeFET（见图 6.13）是一种单晶体管非易失性存储器件，在 1974 年由 Shu-Yau Wu 首次展示[22]。FeFET 是一种在氧化硅和栅极之间插入铁电层的 MOS 晶体管；在概念上类似于浮栅晶体管或者 MNOS 晶体管。在 FeFET 中，偶极表面电荷相当于 MNOS 晶体管中陷阱电荷或者闪存单元中的浮栅净电荷。1992 年，Miller 和 McWhorter 的论文[23]中很好地解释了 FeFET 的物理特性。

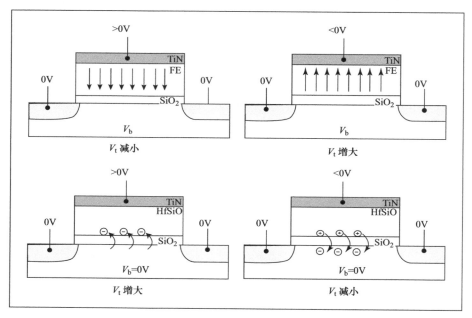

图 6.13　FeFET 基础概念及工作机制

除了尺寸的优势外，与传统 1T1C 结构的 FRAM 相比，FeFET 的主要优点是非破坏性读取。虽然 1T1C 结构仍然是非易失性 RAM 应用中的首选单元，但对于读取操作比写操作多出几个数量级的闪存应用来说，FeFET 更具吸引力。

尽管 FeFET 在 40 多年前就被提出，但传统的铁电材料（如 PZT 和 BST 等）使其实际应用相当困难，并且它们几乎无法使存储单元的尺寸进行微缩。Si：HfO 的出现使 FeFET 具有可量产性和可微缩性。目前，人们正积极探索用于分立式和嵌入式 NVM 应用的 FeFET。

在 2016 年的 IEDM 上，GlobalFoundries、NamLab 和 Fraunhofer 研究所共同提出了一种嵌入式 64kbit 阵列[24]的 28nm HKMG CMOS 技术；在 2017 年的 IEDM 上，同一团队提出了一个嵌入式 32Mbit FeFET 宏单元的 22nm FDSOI CMOS 技术[25]。

在最近的一篇综述论文[26]中，NamLab 强调了 FeFET 相对于其他相互竞争的新型存储器

（EM）技术的优势，但他们也研究了一些 FeFET 的缺点和将栅极长度微缩至 50nm 以下的难度。此外，他们承认 FeFET 当前落后于其他相互竞争的 EM 技术，因为这些技术受益于更长期、更密集的产业活动，但他们相信，在 5 ~ 10 年内，FeFET 有可能会成为主流的 eNVM 技术。

6.3.2　嵌入式 RRAM

在本文引用的一篇 IEDM 2008 年的论文[16] 中，松下展示了一款 0.25μm² 的 1T1R 结构的 RRAM 单元，采用 Pt/TaO$_x$/Pt MIM 结构（见图 6.14A）作为存储单元；这种金属氧化物 RRAM 通常被称为 OxRAM，其导电路径由氧空位构成。该论文中，使用 180nm CMOS 工艺嵌入了一个 8kbit 的测试阵列（见图 6.14b）。

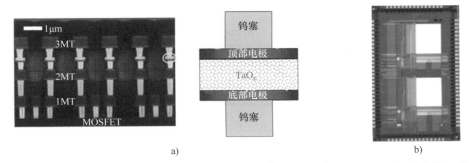

图 6.14　a）1T1R 单元和 Pt/TaO$_x$/Pt 存储单元的截面图；b）8kbit 1T1R 阵列芯片图像

在 2013 年的一篇新闻稿[27] 中，松下宣布开始量产 2008 年 IEDM 上提出的基于 180nm 嵌入式 RRAM 工艺制造的 8 位微控制器。

同样在 2013 年，美国无晶圆厂公司 Adesto（2020 年被 Dialog Semiconductors 收购）也开始采用 130nm 工艺生产嵌入式 RRAM，其代工厂是 Altis（现 XFab）。Adesto 采用了一种不同的 RRAM 技术，被称为 CBRAM 技术，该技术中的导电细丝是由金属离子组成，而不是氧空位。其中的 1T1R 存储单元由含有半导体的非晶合金阳极、非晶氧化物开关层和金属阴极组成[28]。

台积电目前在 CMOS 和 BCD 平台上提供 40nm 工艺的嵌入式 RRAM，作为 eNVM 中相比 MRAM 的一种更廉价和性能更低的替代品。在数据保持方面，台积电 RRAM 的规格涵盖焊接温度和最高 125℃工作温度；在耐久性方面，其最大的写入操作次数为 10K。

可靠性是 RRAM 的薄弱环节，而且限制了存储单元的微缩。对于 OxRAM 和 CBRAM 来说，最成熟和鲁棒性最好的解决方案是基于导电细丝和双极性写入，即极性相反的置位/复位脉冲。Daniele Ielmini 教授在 2016 年撰写了一篇关于导电细丝双极 RRAM 切换机制、可靠性和可微缩性的优秀综述论文[29]。

导电细丝限制了微缩写入电流的同时保持可靠性的可能性。低阻态（Low Resistance State，LRS）的电导受到导电细丝尖端的控制，使导电细丝较窄部分的原子数量减少，从而降低写电流；写电流和 LRS 电阻值的相关性适用于任何导电细丝类型的 RRAM（见图 6.15）。因导电细丝尖端原子数减少，导电细丝阻值增大（见图 6.16），由统计波动引起的周期间不一致性和读电流噪声随之增大；此外，写入电流减小，即导电细丝阻值增大，热稳定性会变差（见图 6.17）。

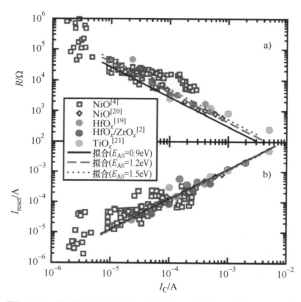

图 6.15 导电细丝电阻与写电流之间存在的普遍相关性

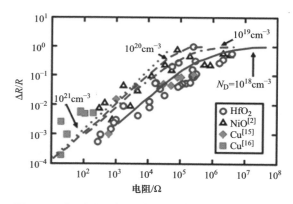

图 6.16 相对随机电报噪声与导电细丝电阻的关系

通常认为，基于导电细丝的 RRAM 的编程电流与单元尺寸无关，但前提是排除选通器件驱动能力的限制。双极型 RRAM 需要一个 MOS 选择管，对于给定的编程电流来说，选择管的尺寸最终会限制单元尺寸的微缩。减小编程电流是 RRAM 单元微缩的必要条件。

因此，在性能、可靠性和单元尺寸等综合特性比较中，RRAM 很难与 PCM 和 MRAM 竞争。尽管如此，正如台积电提供的产品所证明的那样，对于密度、耐久性和数据保持要求不高的应用，RRAM 是一种经济高效的 eNVM 解决方案。

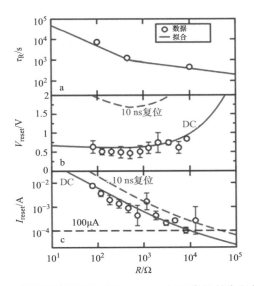

图 6.17 数据保持时间、V_{reset}、I_{reset} 与导电细丝电阻的关系

6.4 嵌入式 PCM

PCM 的首次产品级展示可以追溯到 1970 年（见图 6.18）[30]。

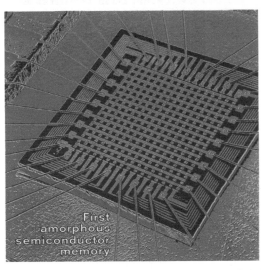

图 6.18 Electronics 1970 年 9 月刊封面展示的英特尔小批量生产的 256 位 PCM

这是迄今为止新型存储器之一的首次展示，但它出现的太早了，30 年来，同时发展的浮栅 NVM 更加成功，使人们失去了对 PCM 的兴趣。硫族化合物电子器件的发明者 Stan Ovshinsky 创立的 ECD（Energy Conversion Devices）公司，持续开展基础研究活动。1999 年，ECD 创立了一家子公司 Ovonyx，致力于将 ECD 专有技术应用到集成电路领域。

21 世纪初，存储器行业再次对 PCM 产生了兴趣[31]。许多公司从 Ovonyx 公司处获得了基本技术的许可，并启动了 PCM 相关的研发计划。2000 年，英特尔与 Ovonyx 公司启动了分立式 PCM 的联合研发项目，以开发独立的 PCM。1 年后，意法半导体与 Ovonyx 公司开启 JDP，研发分立式 PCM 和嵌入式 PCM（embedded PCM，ePCM）。2004 年，意法半导体推出了一款基于晶体管作为选通器件的交叉点式（cross-point）PCM 单元的 8Mbit 分立存储器；2005 年，意法半导体又推出了一款基于 MOS 晶体管作为选通器件的嵌入式应用的 4Mbit 微单元。此外，三星于同年启动了 PCM 研发计划，并于 2004 年推出了一款 64Mbit 的分立式 PRAM（PCM 的别称）[32]。

2003 年，英特尔和意法半导体决定携手研发 PCM，并成立了一个合作项目，极大地推动了这一新兴技术的发展，推出多个版本的 PCM："平面 PCM"，采用硅晶体管作为选择器件（交叉点式双极型晶体管用于分立存储器，MOS 晶体管用于嵌入式存储器）；3D 可堆叠版本，采用双向阈值开关（Ovonic Threshold Switching，OTS）作为选择器件，应用于高密度分立存储器。在 2009 年的 IEDM 上，英特尔、意法半导体和 Numonyx（在前一年由英特尔和意法半导体联合创建的一家存储器公司）展示了团队取得的成果，该团队可能是当时世界上最强大的 PCM 研发团队，英特尔和 Numonyx 展示了基于 45nm 工艺 1Gbit 存储容量的 PCM[33] 和 3D 可堆叠 PCM[34]，意法半导体和 Numonyx 则展示了基于 90nm 工艺的 ePCM 技术[19]。

2010 年，美光收购了 Numonyx，继续与英特尔合作开发 3D 可堆叠存储器，并于 2015 年发布了 3D-Xpoint 技术。对于平面 PCM，45nm 1Gbit PCM 在作为手机中 NOR 闪存的替代品生产了几年之后，美光停止了该产品系列的进一步研发，原因是功能手机被低端智能手机扼杀，功能手机市场崩溃。

意法半导体继续开发平面 ePCM，针对智能卡、通用微控制器和汽车级 SoC 应用，并宣布将重心放在 PCM 上，作为 28nm 及以下嵌入式 NVM 的首选。

6.4.1 PCM 单元的演变

PCM 的存储机制基于硫族化合物的特性，即在室温下结晶相和非晶相都具有热稳定性（见图 6.19a）。实际上，稳定相是结晶相，可通过快速淬火获得非晶相。这是第一个问题：随着时间推移，非晶相逐渐结晶，而这个过程决定了 PCM 数据保持的高温极限。

PCM 中的相变是通过适当形状的电脉冲产生的焦耳效应实现的，即一个急剧下降的大电流脉冲将材料融化并淬火成非晶态（复位操作），而更小电流和具有缓慢下降沿的更长脉冲会使非晶材料重新结晶（置位操作）（见图 6.19b、c）。这是第二个问题：融化硫族化合物材料需要非常高的电流密度，而管理编程电流对于功耗和存储单元的可微缩性是一项重大的挑战。

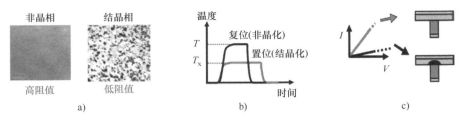

图 6.19　PCM 单元基本概念：a）非晶相高阻态和晶相低阻态的硫族化合物；b）置位和复位电流脉冲示意图；c）置位和复位在读取模式下的 *IV* 曲线示意图

存储单元结构的演变主要是由编程电流问题驱动的。

PCM 的最初提议有赖于平面硫族化合物层中的电流细丝化和自加热现象（见图 6.20）。实际上，器件的底部电极和硫族化合物层之间有一层很薄的的氮化硅层，第一个加热脉冲在氮化硅层上产生了一个"孔"，这个"孔"限制了电流。在很多微缩结构中，人们重新考虑了自加热现象，但它并不是减小编程电流的最佳选择。

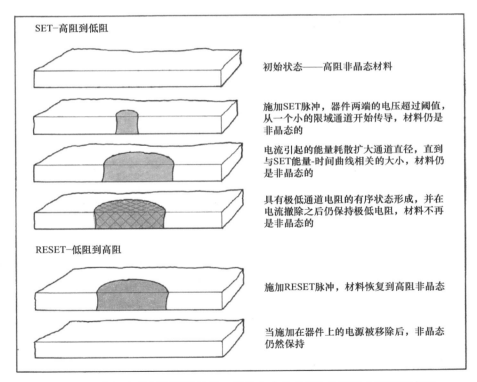

图 6.20　介绍这种新型器件的第一篇论文中的 PCM 单元基本操作示意图

最好的解决方案是使用一个电阻器作为被动加热器；加热器还用于限制电流，并且我们希望其最热的地方不在加热器内部，而是在加热器 – 硫族化合物界面处。

为了降低编程电流、最小化电阻偏差，以及利于单元尺寸微缩，探索了不同的加热器结构。图 6.21 展示了四种最主要的方案。

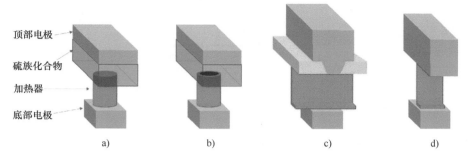

顶部电极
硫族化合物
加热器
底部电极

a)　　　　b)　　　　c)　　　　d)

图 6.21　最相关的 PCM 加热器结构：a）孔形；b）管形；c）微沟槽型；d）自对准壁型

孔形加热器结构（见图 6.21a）是在存储单元中集成加热器最直接的方案，但它不是以可控方式降低编程电流的最有效方法，因为加热器和硫族化合物的接触面积与"孔"关键尺寸二次方成正比，降低关键尺寸虽然有助于降低编程电流，但也会增加电阻工艺偏差。

管形加热器结构（见图 6.21b）有助于使用可控方式提高加热器电阻，加热器和硫族化合物的接触面积与加热器抽头的关键尺寸呈线性关系，另一个方面，与加热器层厚度成正比，通常易于控制。但是，参与相变的硫族化合物体积和孔形结构相同，编程电流的降低并不显著。

在 2004 年，意法半导体和 Ovonyx 公司提出了微沟槽型加热器结构（见图 6.21c）[35]，这种结构中，加热器与硫族化合物的接触面积被界定为薄侧壁加热器层和亚（微米）光刻斜沟槽底部的交叉点，斜沟槽开在位于硫族化合物层与加热器层之间的氮化物层上。微沟槽结构在降低和控制编程电流方面非常有效，但需要采用硫族化合物保形沉积技术才能进行微缩。

在引用的 2009 年的论文 [33] 中，Numonyx 公司提出了自对准壁型加热器结构（见图 6.21d），其中加热器和硫族化合物接触区域被界定为薄侧壁加热器层与掩膜的交点，其中掩膜通过单个堆叠刻蚀界定硫族化合物的关键尺寸和加热器的关键尺寸；由于硫族化合物沉积在一个平坦的面上，因此这种结构有很好的可微缩性。

编程电流问题也会影响到存储单元的尺寸设计。和所有的阻性存储器一样，PCM 需要1T1R 存储单元，为正确解码存储阵列，避免漏电通路，存储单元中必须包含一个选通器件。显而易见的解决方案是使用 MOS 晶体管作为选通器件，但这种情况下，单元尺寸可能会取决于编程电流的大小。图 6.22 描述了 MOS 晶体管作为选通器件的 PCM 单元的最佳布局；尽管有两个并联的晶体管提供电流，但宽度可能不是设计规则允许的最小值，而是取决于所需的编程电流。

与其他阻性存储器相比，PCM 的主要优势之一是写电流的单极性，即置位和复位操作时无需反转电流方向。这意味着可使用二极管作为 PCM 的选通器件。在 2009 年的 IEDM论文 [33] 中，Numonyx 公司提出了一种使用双极型晶体管（Bipolar Junction Transistor，BJT）作为选通器件的交叉结构存储单元。得益于 BJT 的驱动能力，这种 PCM 单元占用的面积达到了理论最小尺寸，即 $4F^2$；由于每 4 个单元需要一个基极接触，有效的单元尺寸为$5.5F^2$（见图 6.23）。

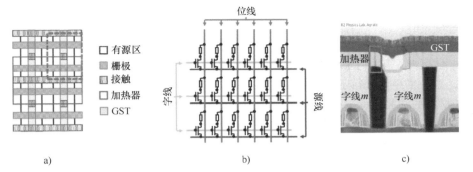

图 6.22 MOS 晶体管作为选通器件的 PCM 单元：a）4 个单元的版图（红色虚线框表示一个单元）；b）阵列原理图；c）单元截面图

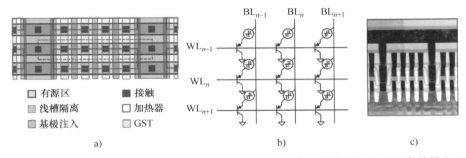

图 6.23 BJT 作为选通器件的 PCM 单元：a）多单元版图（红色虚线框表示四个单元）；b）阵列原理图；c）单元截面图

对于分立存储器而言，BJT 作为选通器件的 PCM 单元是最佳解决方案，而对于嵌入式应用来说，当芯片面积中的 NVM 部分足够大，芯片尺寸减小的成本足以补偿 BJT 制造所需的额外工艺成本时，可能也是一种选择。使用 MOS 晶体管作为选通器件的 PCM 单元可能是 eNVM 的首选，因为它具有优越的 CMOS 兼容性；使用基线 CMOS 工艺中可用的标准晶体管时，MOS 单元集成对 CMOS 前道工艺流程没有影响。相反，BJT 是在 CMOS 晶体管制造之前的前道工艺制造的；与 BJT 相关的工艺步骤可能对 CMOS 晶体管的性能有轻微的影响，因此在 eNVM 版本中，可能需要与基线 CMOS 工艺不同的晶体管模型，这对于半定制设计平台方法中的 IP 复用来说并不理想。

本节开头强调的另一个 PCM 的问题是非晶态结晶化，这限制了 PCM 的高温范围。

PCM 中最常用的硫族化合物材料是一种锗、锑和碲的三元化合物，其化学计量比为 2/2/5。这种材料可支持商业应用，非常适用于手机中的分立存储器。

图 6.10 的表格清楚地表明，所有 eNVM 应用都要求高温数据保持，无论是用于高温工作范围（如汽车应用），还是焊接兼容性（跨所有应用）。

$Ge_2Sb_2Te_5$ 是分立式 PCM 首选的硫族化合物材料，但不适用于嵌入式应用，因此 ePCM 的主要研发工作已投入到寻找结晶温度比 $Ge_2Sb_2Te_5$ 高 50 ~ 60K 的硫族化合物上。

6.4.2　汽车级 ePCM

意法半导体和 Numonyx 公司在 2009 年 [19] 提出的 90nm ePCM 技术仍然采用标准的 GST（$Ge_2Sb_2Te_5$）。因此，第一个版本的 ePCM 的温度范围与分立存储器相同（–40 ~ 85℃）。

此后，意法半导体进行了大量的研发工作，将 ePCM 数据保持范围扩展到更高的温度，即提高 PCM 材料的结晶温度。他们进行了广泛的硫族化合物材料探索，最终将重点放到富含 Ge 的 GST 合金 [36] 上。

研究发现，增加 Ge 含量可以提高 GST 合金的结晶温度（见图 6.24a）。GST 的结晶温度与 Ge 的相对浓度呈线性关系（见图 6.24b）。具有足够高 Ge 含量的 GST 合金可以覆盖汽车应用所需的数据保持温度范围（见图 6.24c）。

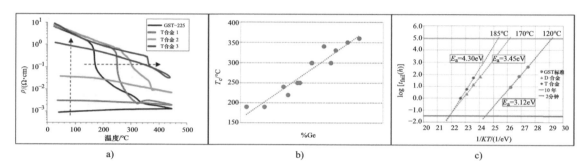

图 6.24　富含 Ge 的 GST 合金的结晶温度升高：a）不同 GST 合金的电阻率 – 温度曲线，箭头所指方向 Ge 含量增加；b）GST 结晶温度和 Ge 相对浓度的关系；c）以 Ge 含量为变量的标准 GST，最佳合金（T）和中间合金（D）10 年复位状态数据保持的 Arrhenius 图和推断

增加 Ge 含量是提高 GST 数据保持的一种非常有效的方法，但也存在一些缺点。

第一个缺点可以从图 6.24a 中看出，结晶态的电阻率随 Ge 浓度的增加而增加，这意味着 PCM 单元置位状态电阻会变大。

第二个缺点是在置位操作过程中，熔化态的结晶速度较慢（见图 6.25），这意味着富含 Ge 的 PCM 单元需要更长的置位编程时间。

第三个缺点是置位漂移 [37]。复位电阻漂移，即非晶态电阻随时间推移增大，这种众所周知的现象也存在于 $Ge_2Sb_2Te_5$ 中，它与熔化态淬火后的 GST 结构弛豫有关。在富含 Ge 的 GST 合金中，置位状态电阻也随着时间增加；这意味着置位状态电流会随着时间的推移而减小，缩小了 PCM 单元的读取窗口。但是，置位状态的电阻随着时间和温度的变化已经得到充分的表征和建模 [37]，存储阵列设计者在计算读取窗口预算时必须考虑到这一点。

最后，但同样重要的一点是，富含 Ge 的 GST 合金是非化学计量的；这意味着沉积后的热处理可能会使 GST 薄膜结晶，导致相分离。然而，控制 BEOL 热预算是所有 EM 的共同需求，富含 Ge 的 GST 合金的温度限制与 MRAM 相似。

总之，提高 GST 合金中的 Ge 含量能够扩展 ePCM 的温度范围，但也会产生上述副作用；因此，必须仔细优化硫族化合物材料和 BEOL 工艺，以满足汽车领域的可靠性要求。

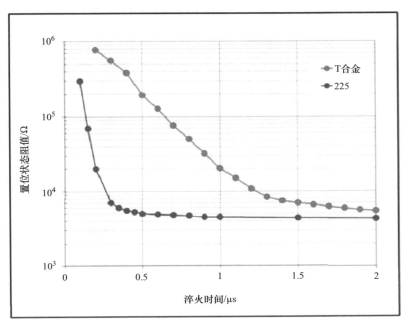

图 6.25　GST 结晶时间和 Ge 相对浓度的关系；图中展示了富含 Ge 的 GST 合金与标准 GST 合金相比，单元阻值与置位脉冲持续时间的关系

在 2013 年的论文中 [36]，意法半导体展示了良好的可靠性测试结果（见图 6.26），该结果是基于 2009 年 IEDM 上展示的 90nm 工艺 ePCM 技术测得的，但采用了优化的富含 Ge 的 GST 合金。

6.4.3　28nm 工艺的 FDSOI ePCM

在 2018 年 IEDM[38] 上，意法半导体提出了一种 28nm FDSOI HK 金属栅 ePCM 技术，其中它们使用了富含 Ge 的 GST 合金，与 90nm 工艺下进行广泛材料探索后选择的材料相同。

图 6.27 展示了 MOS 管作为选通器件的 ePCM 单元示意图和 TEM 截面图。该单元尺寸是 $0.036\mu m^2$，比 90nm 工艺的 ePCM 单元尺寸小 8 倍。

次年，在 VLSI Symposium[39] 上，意法半导体展示了一款采用 28nm FDSOI 技术制造的内置 6MB 的 ePCM（见图 6.28）的汽车级微控制器。

这款在 6MB ePCM 的微控制器上获得的耐久性（见图 6.29）和数据保持（见图 6.30）结果表明，28nm FDSOI 技术符合汽车级可靠性要求。

在 2020 年 IEDM[40] 上，意法半导体展示了 28nm FDSOI HK 金属栅 ePCM 技术的高密度版本，采用了双极型晶体管（BJT）作为选通器件的 ePCM 单元（见图 6.31）。BJT 单元尺寸为 $0.019\mu m^2$，是迄今为止报道的 eNVM 单元的最小尺寸。

图 6.32 展示了一块 16MB 测试芯片在 165℃下的耐久性测试结果；高密度 BJT PCM 阵列中一个片区的置位 / 复位电流分布与图 6.29 所示的 MOS PCM 阵列的结果非常一致。

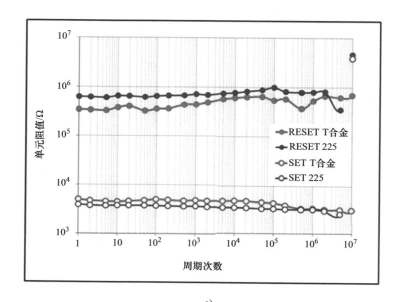

a)

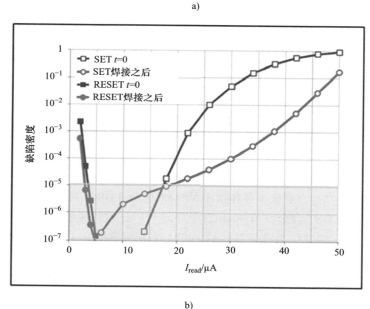

b)

图 6.26　基于 90nm ePCM 技术富含 Ge 的 GST 合金的可靠性测试结果：a）标准 GST（蓝色）和最佳富含 Ge 合金（红色）的置位 / 复位状态 PCM 单元阻值与周期次数的函数关系；b）采用最佳富含 Ge GST 合金的 4Mbit PCM 阵列在回流焊热处理前后的电流分布

在逻辑 CMOS 从 SiO_2 硅栅技术向 HK 金属栅和 FinFET 的挑战性转变中，这项 28nm FDSOI 技术使 ePCM 处于 eNVM 竞争的最前沿。ePCM 可能成为 28nm 及以下节点的主流 eNVM 技术，至少在汽车级应用中是如此。

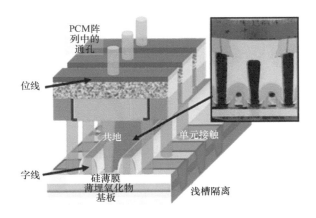

图 6.27　28nm FDSOI HK 金属栅工艺的 ePCM 单元示意图和 TEM 截面图

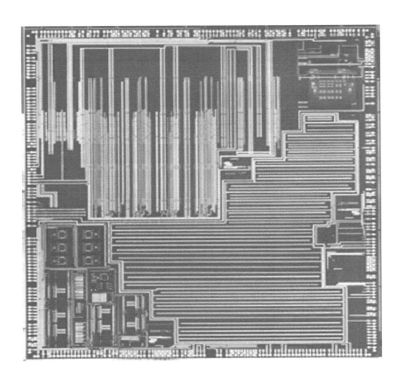

图 6.28　一款包含 6MB ePCM 的微控制器显微照片，该微控制器采用 28nm FDSOI HK 金属栅工艺

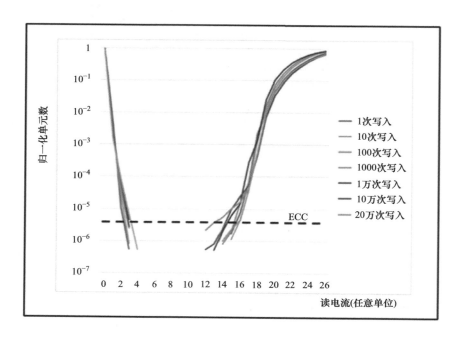

图 6.29　图 6.28 中微控制器一块片区内置位 / 复位电流分布作为写入次数（最多 20 万次）的函数

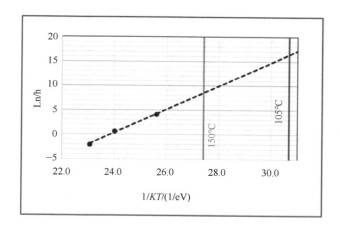

图 6.30　图 6.28 中微控制器的数据保持测试的结果，结果显示能够达到汽车应用标准

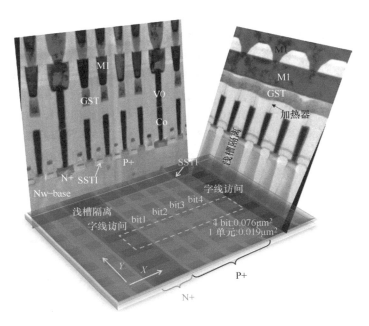

图 6.31　基于 28nm FDSOI HK 金属栅工艺的 $0.019\mu m^2$ 高密度 BJT ePCM 单元的截面图和版图

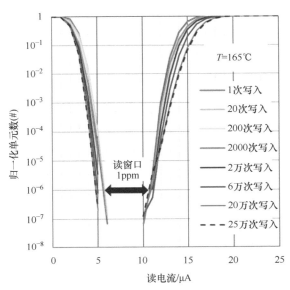

图 6.32　16MB BJT PCM 阵列测试芯片一个片区内置位 / 复位电流分布作为写入次数（最多 25 万次写入）的函数

6.5 嵌入式 MRAM

磁阻随机存取存储器（Magnetoresistive Random Access Memory，MRAM）是一种阻变式存储器，其中存储单元的电阻状态由该器件的磁化状态决定；数据以磁化状态的形式存储，并通过感测电阻完成读取。磁阻器件集成在后道工艺（Back-End-Of-Line，BEOL）中，通常位于晶圆制造过程中的金属层之间。目前生产的所有 MRAM 部件都采用具有两个稳定磁化状态（见图 6.33）的磁隧道结（Magnetic Tunnel Junction，MTJ）作为 1T1R（1 个晶体管，1 个电阻器）存储单元结构中的存储器件，其中每个 MTJ 都与下方的晶体管和上方的位线串联连接（见图 6.34）。BEOL 集成大大减少了将 MRAM 嵌入标准逻辑所需的工艺流程和集成工作量，并且在整个工艺流程中仅需增加三个额外的光刻步骤。MTJ 具有两个电阻状态，对应于两个稳定的磁化状态：低阻 / 高阻分别对应平行磁化状态 / 反平行磁化状态。

a)   b)

图 6.33　a）垂直磁化 MTJ 示意图和 b）面内磁化 MTJ 示意图。双向箭头表示自由层有两个稳定的磁化状态，其磁化方向沿着同一轴线相反。单向箭头表示参考层的磁化方向被设定为特定方向，并在正常的 MRAM 操作中保持该方向。MRAM 中的 MTJ 器件在平行磁化状态下具有低电阻，在反平行磁化状态下具有高电阻

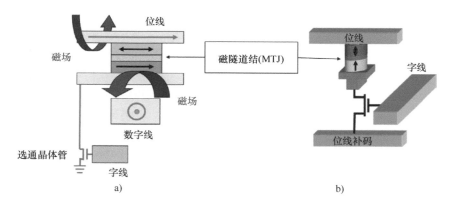

图 6.34　1T-1MTJ 存储单元结构：a）翻转式 MRAM 和 b）STT-MRAM。翻转式 MRAM 的写入操作是通过相邻载流线产生的磁场来完成的。STT-MRAM 的写入操作则利用自旋转移矩效应，根据通过 MTJ 的写入电流方向，将磁矩写入为平行或反平行。无论是哪种类型的 MRAM，MTJ 的磁阻效应都可以为平行 / 反平行状态提供低 / 高电阻，可以通过模拟读取电路来确定

在过去 25 年里，业界对超薄层磁性薄膜和磁隧道结（MTJ）的理解取得了显著进步，推动了 MRAM 技术的发展。特别有影响力的进展包括：

1）巨隧穿磁电阻（Tunneling Magnetoresistance，TMR）的证实。首先是 1995 年在 MTJ 中开始使用非晶态 AlO_x 作为隧穿势垒[41, 42]。随后，2001 年 Butler 从理论上预测使用晶向为 001 的 MgO 势垒的 TMR 更高[43]，之后自 2004 年开始进行了重要的实验验证[44-46]。

2）发现并开发了合成反铁磁体（Synthetic AntiFerromagnet，SAF）结构，被用作 MTJ 材料堆叠中的磁稳定参考层[47-49]和翻转式 MRAM（Toggle MRAM）中的存储层[50]。

3）自旋转移矩（Spin-Transfer-Torque，STT）翻转的发现[51]和演示，用于写入 STT-MRAM 中的磁化状态[52]。

4）面垂直磁各向异性（Perpendicular Magnetic Anisotropy，PMA）的理解和应用持续进步，使 MTJ 器件薄膜层的磁化方向垂直于薄膜平面，而非自然倾向面内方向。如果没有这一进展，器件将无法微缩到与先进 CMOS 技术节点相匹配的尺寸[52-56]。

6.5.1　MRAM 单元演变

MRAM 技术可以根据写入数据的翻转方法进行分类。目前已有两种类型 MRAM 投入量产：场翻转（field-switched）MRAM 和自旋转移矩 MRAM（STT-MRAM）。首款进入批量生产的 MRAM 是 2006 年采用场翻转技术的 Toggle MRAM[50, 57]。场翻转是在两个稳定状态之间切换磁化方向，没有磨损机制，因此具有真正的无限写入耐久性。然而，由于各种因素的影响，将其微缩到更小的尺寸具有挑战性。首款投入商用的 STT-MRAM 产品是 Everspin Technologies 公司于 2015 年推出的分立式 64Mbit DDR3 STT-MRAM 电路[58]，采用 90nm CMOS 技术的面内 MTJ 器件制造工艺。随后，Everspin Technologies 和 GlobalFoundries 公司合作于 2017 年推出首款采用 40nm CMOS 技术的垂直 MTJ 器件制造的 256Mbit DDR3 STT-MRAM，以及 2019 年推出的 1Gbit DDR4 STT-MRAM。从 2018 年到 2020 年，包括三星、台积电、英特尔和 GlobalFoundries 在内的多家公司开始在 28nm 和 22nm 技术节点上推出集成 CMOS 技术的垂直 MTJ 器件的嵌入式 STT-MRAM，作为 eNVM 的解决方案。

场写入（field-written）MRAM 得以商业化的三大进展包括：用于翻转式 MRAM 操作的 Savtchenko 开关、隧道势垒质量的提高和位元间（bit-to-bit）电阻分布收紧，以及用于集中磁场的写入线包层工艺。Savtchenko 开关解决了"半选"问题，即当我们意图在两条写入线的交叉点翻转单个比特时，沿写入线的其他单元也都暴露在磁场中，会存在小概率的误翻转。

在翻转式 MRAM 中，Savtchenko 开关采用无 SAF 层和定时写入脉冲，巧妙消除了半选干扰[59]。术语"Toggle"，是指所有写入操作都使用相同的写入脉冲序列，来切换存储层中两种稳定的磁化状态，这种翻转特性决定了在写入前需要先进行读取操作，因为只有当单元不在期望状态时，才会施加写入脉冲序列。

写入线（write-line）包层是一种铁磁材料层，包围在每个位线（bit line）和字线（word line）的三个侧面。当电流流过写入线时，包覆材料像马蹄形磁铁一样极化，将磁场集中到 MTJ 上[60]，从而增加给定电流下的磁场强度，并减少 MTJ 在主动写入线附近受杂散磁场的串扰。

　　从翻转式 MRAM 商业化之后的一段时间内，发生许多科学和技术上的进步，在 11 年后，首款采用垂直 MTJ 器件的商用 STT-MRAM 问世，建立在 1996 年 Slonczewski 对 STT 翻转理论发现以及随后的实验验证基础之上。

　　如果我们将 STT 翻转看作是自旋角动量的守恒，那么其基本概念就很简单，当电流流过被非磁性间隔层隔开的两个铁磁层时，由于铁磁材料的分裂能带结构，电流会具有净自旋极化，使自旋角动量从一层转移到另一层，这种转移的结果是在各磁化层上产生一对大小相等、方向相反的转矩。如果一层（参考层）的磁化状态很难翻转，而另一层（自由层）的磁化状态很容易翻转，STT 效应就会导致自由层的翻转。因此，通过将自由层（也称为存储层）翻转到与参考层平行或反平行来存储数据。

　　Katine 等人于 2000 年首次在表现出巨磁阻的全金属自旋阀（all-metal spin-value）器件中证明了 STT 诱导翻转 [61]。2004 年，Huai 等人 [62] 在基于 AlO_x 的隧道结上首次演示了 MTJ 器件的 STT 翻转，到 2010 年，基于 CoFeB 层和 MgO 隧道势垒制造的垂直 MTJ 的 STT 翻转已经演示了当今 MRAM 实用器件的基本原理 [55, 56]。与场翻转相比，STT 翻转具有远小的写入电流，并且垂直磁化方向可以支持圆形器件，而不是面内磁化所需的细长器件，可微缩到更小的尺寸。这些器件的示意图如图 6.34 所示，其中垂直 MTJ 是一个圆柱体，而面内 MTJ 则是一个椭圆体，其自然磁化方向与长轴平行。虽然它们由相似的材料（包括基于 CoFeB 的电极和 MgO 隧道势垒）制成，但面内 MTJ 本质上比圆形垂直 MTJ 更大，可微缩性更差，翻转所需的电流也更大。

　　垂直 MTJ 器件具有可微缩性的一个关键原因是其能够自由设计具有极高垂直 PMA 的材料，从而为磁化状态翻转提供高能量势垒。如果能量势垒太低，自由层将有可能自发翻转。随着器件直径变小，由于磁性体积的减小，能量势垒也会降低，但可以通过增加各向异性来维持所需的稳定性。

　　如图 6.34 所示，实际翻转式 MRAM 和 STT MRAM 的单元结构非常相似，都采用 1T-1MTJ 单元，可以沿给定的位线访问各个 MTJ 器件。在翻转式 MRAM 中，必须将存取晶体管移至一侧，以便为数字线留出空间，而在 STT-MRAM 中，存取晶体管可以直接位于 MTJ 正下方，以实现更高效的单元布局。在翻转式 MRAM 中，存取晶体管仅用于在读取操作期间将小电流通过 MTJ，而在写入操作期间不使用，因为场翻转只需要利用位线和数字线在位于有源位线和数字线交叉点的器件处产生的场。对于 STT-MRAM，存取晶体管还必须传输写入电流，该电流的方向决定了 MTJ 翻转到高阻态还是低阻态。

　　所有商业化量产的场翻转 MRAM 都是采用面内 MTJ 器件的翻转式 MRAM，而目前正在生产的所有 STT-MRAM 都采用垂直 MTJ 器件。为了最大限度地降低存取晶体管的串联电阻影响，MTJ 器件的电阻应在 kΩ 范围内。这种电阻值通常需要隧道势垒厚度在 1nm 量级左右。随着 MTJ 器件直径的减小，电阻呈二次方增加，为了将器件电阻保持在所需范围内，在更先进的节点上，对于更小的器件，需要更薄且电阻面积乘积（Resistance-Area product，RA）更低的隧道势垒。在保持氧化物质量的同时产生更薄的势垒是成功微缩的关键挑战之一，因为缺陷的增加会增加早期失效位的概率，而其他高频变化（如界面粗糙度）也会增加位元间的电阻变化。

克服电阻分布变宽的方法之一是提高磁阻比（TMR），以增加低电阻和高电阻状态之间的间隔：

$$TMR = \frac{R_{high} - R_{low}}{R_{low}} \qquad (6.1)$$

使用 AlO_x 隧道势垒开发的翻转式 MRAM 的典型 TMR 在 50% 范围内[48]。基于 MgO 的 MTJ 材料的开发是实现 STT-MRAM 的关键之一，因为其 TMR 显著增加，通常达到 100% ~ 200%，如 6.5 节开头所述。

用于 MRAM 的 MTJ 器件可以进行调整，以满足内存应用领域中的不同需求。这种调整涉及参数之间的工程折中，通常通过改变各层的厚度和层的组成来实现，但不会改变 MTJ 薄膜堆叠的基本设计。一个非常简化的 MTJ 堆叠原理图如图 6.35a 所示；图 6.35b 显示了一个实用堆叠的真实示意图。

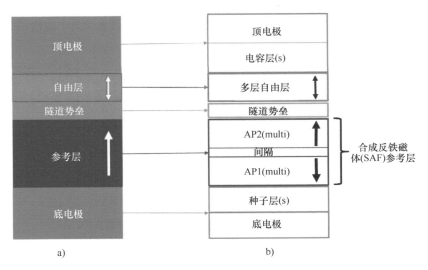

图 6.35　垂直 MTJ 堆叠示意图：a）MTJ 器件的基本组成和 b）典型堆叠中各部分的组成层。图中所示的大部分组成层都是通过沉积多个超薄子层形成的

参考层通常由合成反铁磁体（SAF）结构组成，该结构具有两个磁矩几乎相等的铁磁层，这两个铁磁层通过一个间隔层以反铁磁方式相互强耦合。铁磁层中的低净磁矩和强单轴磁各向异性设计，产生了一个磁刚性结构，非常适合在自由层翻转时保持不变的任务。SAF 有两个主要功能：提供稳定的磁参考方向；并可以很容易地调整两层之间的磁矩微小不平衡，以提供参考层和自由层之间的净零磁耦合[48]。例如，具有单个铁磁参考层的垂直 MTJ 器件会有一个来自该层的强偶极场，该场会使自由层的磁矩偏向于平行其磁化方向。用 SAF 替代单个铁磁层可消除不需要的场，去除对自由层的偏置，使平行和反平行配置的翻转和数据保持特性对称。

针对不同应用调整 MTJ 堆叠主要涉及隧道势垒（Tunnel Barrier，TB）和自由层（Free Layer，FL）。隧道势垒厚度控制器件的电阻和击穿电压，势垒越厚，电阻和击穿电压越高；自由层的设计则控制着各种磁学性能，这些性能可转化为重要的产品特性，如写入电流、写入速度、数据保持时间、写入周期耐久性、工作温度范围、写入错误率等。由于其中一些特性涉及工程折中，因此自由层工程是一个复杂的过程，需要选择和优化铁磁性和非铁磁性材料的超薄层，使其磁特性满足期望产品的操作要求。

6.5.2　RAM 类 MRAM 对比 NVM 类 MRAM

表示这些 MTJ 器件的整体工程折中空间的一种方法是使用如图 6.36 所示的三元权衡图，其中三角形的顶点代表需要工程折中才能同时满足所有要求的相反属性。三角形的面标有每个折中所涉及的一些物理参数。还有其他一些折中，这里不做说明；还有其他方式表达各种折中，例如读取性能与写入性能[63]。图 6.36 中的示意图强调了尺寸微缩：在更先进的技术节点上，实现更高的密度需要更小的 MTJ 直径，由于存储单元版图的设计规则，以及降低写电流（I_{wr}），需要使用更小的选通管。但是，缩小 MTJ 会带来负面影响，必须加以折中或缓解。

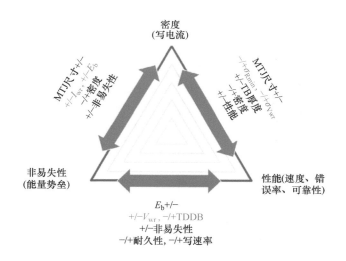

图 6.36　STT-MRAM 三元权衡图，表示针对不同存储器特性优化 MTJ 器件所涉及的工程折中，重点强调密度（单元大小）的折中。I_{wr} 和 V_{wr} 是实现低误码率写入所需的 MTJ 写电流和电压，E_b 是两个稳定磁化状态之间翻转的能量势垒，V_c 是平均开关电压，TDDB 是随时间变化的介电击穿

分立式 MRAM 通常用作 SRAM 或 DRAM 的非易失性或持久性替代品。这些应用要求在断电时保持数据，且数据保持时间因应用而异，通常在 3 个月到 10 年之间。由于它是一个可行的 RAM 替代品，其随机访问延迟必须远小于 NVM 替代品，并且写入周期耐久性也必须更高。RAM 类的嵌入式 MRAM 已有多种用例，但目前合格的代工厂产品主要集中在用于替代 eNVM 的 STT-MRAM。

表 6.1 总结了三种嵌入式 STT-MRAM、嵌入式闪存和 SRAM 的性能参数。嵌入式 NVM 类 MRAM 已在多个代工厂生产，每个代工厂的规格略有不同。RAM 类和末级缓存类（Last-Level-Cache-Like，LLC 类）的性能参数是基于描述先进开发的大量出版物的目标。

表 6.1　三种嵌入式 STT-MRAM、嵌入式闪存和 SRAM 的比较

	嵌入式闪存（NOR）	嵌入式 NVM 类 MRAM	RAM 类 MRAM	LLC 类 MRAM	SRAM
非易失性	回流焊	回流焊	持久的	< 1s	否
写延迟 /ns	> 100	100 ~ 1000	<30	< 10	约 1
读延迟 /ns	约 50	5 ~ 50	<30	< 10	约 1
耐久性（写入周期数）	约 50^5	$>10^6$	$10^8 \sim 10^{12}$	$10^{10} \sim 10^{15}$	无限的
单元尺寸（相对的）	中等	中等	小	小	大

嵌入式 NVM 类 MRAM 已在多个代工厂投产，每个代工厂的规格略有不同。RAM 类和末级缓存类（LLC 类）正处于高级开发阶段；以性能参数为目标。

由于在小于 40nm 的节点上开发嵌入式闪存（eFlash）存在困难，STT-MRAM 已成为 28nm 和 22nm 技术节点下的首选 eNVM。MRAM 本身更易于嵌入，因为 MRAM 模块被插入到后道工艺（BEOL）的金属层之间，消除了对 CMOS 前道工艺（FEOL）的影响。工艺集成具有较高灵活性，既体现在插入金属层的选择上，也体现在带有 MTJ 孔柱的 MRAM 模块无论是跨越相邻金属层之间的空间，还是跨越多个金属层。对于许多应用而言，eNVM 的一个重要特性是通过回流焊保持数据的能力。实际上，这意味着在 260℃下暴露几分钟后，数据保持错误率非常低。如表 6.1 所示，在嵌入式 NVM 类 MRAM 中已经实现，兼顾密度和性能（耐久性和写速度）[64, 65]。图 6.36 表明，要实现热翻转的高能量势垒，需要进行这样的折中，通常包括更高的写电压（V_{wr}）和更大的 MTJ 直径，但这会增加写电流（I_{wr}）。由于磁性材料对温度的依赖性，在 260℃时具有高 E_b，意味着在工作温度范围内非常高的 E_b，因此 V_{wr} 的增加超过简单分析所预测的情况，并且随着 V_{wr} 接近 MgO 隧道势垒的击穿电压（V_{bd}），其写入周期耐久性远低于 RAM 类 MRAM。

图 6.37 给出了具有不同数据保持和翻转电压特性的各种自由层的实验数据（左图）。每个点代表所有裸片的中值。在给定晶圆内测量，每个芯片测量 600 个 pMTJ 器件。V_c 对应于 50ns 写入脉冲宽度下的 P-to-AP。V_c 随 E_b 增加的趋势反映了图 6.36 所示的非易失性和密度之间的折中，其中 E_b 是控制非易失性的参数，而 V_c 与 I_{wr} 成正比，后者通过单元尺寸来控制密度。较高的 V_c 还会减少 V_{wr} 和 V_{bd} 之间的裕量，需在非易失性和写入周期耐久性之间做折中。

翻转效率描述了 V_c 和 E_b 之间的关系，在给定 E_b 下，效率较高的器件具有较低的 V_c。图 6.37 中用彩色符号（蓝色菱形、红色正方形、绿色三角形和粉红色圆圈）标出了四个具有高效率的特定晶圆数据。

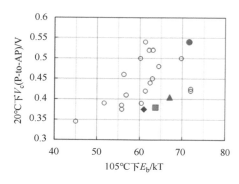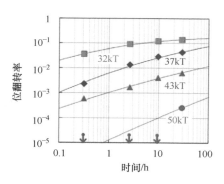

图 6.37 （左图）一定 E_b 范围内和相同电阻面积乘积（RA）值的自由层的晶圆中位 V_c（20℃，t_p=50ns）和 E_b（105℃）。较低的 V_c 值和较高的 E_b 值表明，在考虑产品工作范围的情况下，STT 翻转效率更高。（右图）在 220℃温度条件下，具有不同自由层的多个晶圆的热诱导翻转率。5000bit 中的零翻转率为 $2e^{-5}$，并用箭头标出[64]

图 6.37 的右图表明具有不同 E_b 值的自由层在 220℃下的数据保持误差（位翻转）随时间的变化情况。在每个退火步骤后，测量每个芯片 5000bit 中发生热诱导翻转的位数，零翻转用向下箭头表示。实线是对热激活模型的拟合，该模型包括阵列中的 E_b 平均值和 E_b 的位元间分布。对于具有最佳 DR 特性（220℃下 E_b=50kT）的自由层，大多数阵列在接近 30h 的最长退火时间内均未发生位翻转。高 E_b 晶圆在 260℃下的高温烘焙测试显示，平均 E_b 为 44.6kT，相当于位翻转率（对应的双向）为每分钟 $6×10^{-6}$。这一结果充分地证明了垂直 MTJ 阵列通过回流焊工艺预编程数据的保持能力[64]。

在 $2×$nm 节点上首次演示了具有大于 10^6 次写入周期耐久性和通过 260℃回流焊数据保持能力的大型嵌入式宏模块[65]，这是在商业上可行的嵌入式闪存替代方案中的重要演示。Shum 等人报道了采用标准 $2×$nm 节点 CMOS 逻辑工艺制造的 40Mbit 嵌入式宏，包括 400℃、60min 的最终退火。数据保持研究表明，热干扰导致的原始误码率小于 10ppm，处于可通过纠错码（Error Correcting Code，ECC）修正的范围内。相同的阵列具有可接受的写入耐久性失效水平，并且在使用 50ns 写入脉冲、10^7 次写入周期后，读取窗口没有退化。图 6.38 给出了高电阻和低电阻状态的电阻分布，以及写入周期后的相对读取品质因数（Read Quality Factor，RQF）。

RAM 类 MRAM 对非易失性的要求会降低，而对于末级缓存（Last-Level-Cache，LLC）应用，几乎没有对非易失的需求，因此可以自由地优化 MTJ，使其具有更高的耐久性、更快的写入速度和更小的尺寸，如图 6.36 所示。这种优化包括材料选择上的自由度，以及减少自由层的磁矩和各向异性。例如，自由层可以更薄，或者采用具有较低居里温度的低矩材料。自由层与 MgO 层之间的界面产生的界面各向异性可能减弱，这同样允许在选用材料方面有更大的自由度。

由于 MTJ 器件的电流垂直于平面（Current-Perpendicular-to-Plane，CPP）几何结形状，器件电阻与 MTJ 孔柱的横截面积成反比，而电阻－面积乘积（RA）是比例常数。由于电子隧穿过程的物理特性，RA 受隧道势垒厚度控制，且呈指数关系，因此隧道势垒氧化物厚度的控制在所有长度尺寸下都至关重要。晶圆间和晶圆内隧道势垒厚度的微小变化会导致裸片间的显著差异，而从几十纳米到亚纳米尺度上的高频粗糙度和缺陷则会导致阵列内（位与位之间）电阻分布的变化。MTJ 生产设备制造商正在解决跨晶圆一致性和晶圆间可重复性的问题，在很多情况下，这些超薄薄膜的 1σ 非均匀性和可重复性都能够小于 1%。需要持续改进，以保持合适的器件性能操作窗口，从而实现具有挑战性规格的高制造良率。

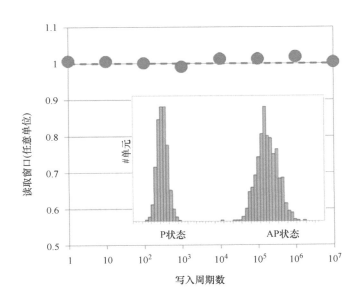

图 6.38　该写入周期耐久性测试显示，在最多 10^7 次写入周期测试范围内，读取窗口没有出现退化。其中读取窗口是各个分布的平均电阻与 1σ 电阻分布宽度之间间隔的比值，在本例中归一化为 1。插图显示出高电阻（AP）和低电阻（P）状态的电阻分布的良好分离

　　阵列内均匀性比跨晶圆间均匀性更具挑战，因为随着器件尺寸微缩，大多数器件参数的位元间相对变化自然会增加。例如，当使用中点参考读取方案时，阵列内均匀性至关重要。这种从 MTJ 阵列读取数据的常用方法是将偏置下通过存储单元的电流与参考电流进行比较，该参考电流介于各 MTJ 的高阻态和低阻态对应的电流之间。图 6.39 以示意图的形式表明了单元电阻和中点参考的有效电阻之间的情况。给定的感测放大器有一个相关的中点参考电路，与比较器结合使用，用于读取阵列中的大量存储单元。无论是处于哪种状态的单元，都存在一个电阻分布，与 MTJ 器件位元间的变化以及包括选通管和通孔电阻在内的其他因素有关。中点参考基准也存在一个相关的分布，它与一个感测放大器和另一个感测放大器之间的偏差以及影响每个感测放大器电路的噪声有关。

　　从低阻态到高阻态的平均变化为 ΔR，但是电路必须能够确定处于分布尾部的单元的电阻状态，有用的读取信号显著降低到电阻分布尾部与参考分布尾部之间的间隔。

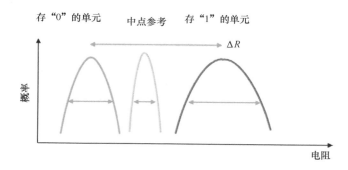

图 6.39 示意图表示电阻分布对中点参考 MRAM 感测电路中读取裕量的影响，采用对数概率尺度。低阻态（0）和高阻态（1）具有大致相同的相对分布，通常以其相对标准偏差 σ（%）来表示。这些电阻分布必须与中点参考分布有很好的分离。虽然高低阻态之间的平均电阻差（ΔR）可能很大，但电路可用的有效读取裕量是相邻分布的几 σ 尾部之间小得多的间隙

如果参考信号是一个完美的 δ 函数，那么中点读取方案可行性的一个合理标准是从存储单元均值到中点的距离约 6σ，或高阻态均值和低阻态均值之间的距离约 12σ，这种间隔有时被称为阵列的读取品质因数（RQF）。虽然高阻态的分布比低阻态的分布要宽，但对于性能良好的器件来说，分布的相对宽度是相同的，这意味着两个分布的宽度是由单一的相对标准分布来描述的，以百分比表示为 σ[%]。因此，RQF 可以计算为电阻分布的 TMR[%] 与相对 σ[%] 之比。由于偏置和温度都会降低 TMR，出于明显的现实原因，因此应在读取操作的偏置和工作范围内最高温度下使用 TMR 来计算"最坏情况角"。由于电路必须能够正确读取"1"分布中的低 6σ 位和"0"分布中的高 6σ 位，因此电路的有效读取信号与中点基准和 6σ 尾部之间的微小差值成正比，如图 6.39 所示。读取信号越大，访问时间越快，读出对噪声敏感度也越低。考虑到高速中点读取电路中的正常工艺变化，可能需要 RQF > 20。

如果 RQF 不足以采用中点读取方案进行读取，还可以采用其他方法。例如，双单元结构中每个存储单元有两个 MTJ 器件，如 2T-2MTJ 单元，其中器件被写入相反的状态，从而使电阻变化加倍。在其中一个最早的 MRAM 演示电路中，这种电路被用来演示高速 MRAM 读取[66]。然而，提高读取性能的代价是更大的存储单元面积和更差的阵列效率。对于将嵌入式 MRAM 视为 SRAM 替代品的 RAM 类应用来说，双单元可能是一个有吸引力的选择，因为典型的 SRAM 采用的是 6T 单元，要求高速、低功耗，但对密度的要求较为宽松。但在高度重视单元尺寸的 eNVM 领域，双单元并不具备竞争力，因为读写访问时间比 SRAM 慢得多，同时低功耗动态操作性能也不如 SRAM 有价值。

自参照读取方案是利用低 RQF 的 MTJ 阵列构建功能电路的另一种方法。自参照涉及将目标单元的阻值与其在被切换到预定复位状态后的电阻进行比较。由于在复位脉冲后将单元与自身进行比较，因此位元间的电阻分布变得缓和。然而，这种方案对低 RQF 的高容忍度是以更长的读取周期时间和更高的功耗为代价的，因为在破坏性读取操作后需要使用复位脉冲和最终写

入脉冲将单元恢复到其初始状态。与中点参考方案不同，因为读取序列需要复位和写回操作，自参考读取会消耗写入耐久周期预算。但是，对于 NVM 类应用来说，自参考读取是一个很有吸引力的选项，因为在这些应用中，单元大小比速度和耐久性更重要。

6.5.3 嵌入式 MRAM 技术现状

随着一些代工厂开始生产 NVM 类嵌入式 MRAM，产业发展有两个主要推动力：①改进和扩展 NVM 类技术；②优化更高性能、更高密度的 RAM 类和 LLC 类嵌入式 MRAM。在本节中，我们将介绍这两个类别中最先进的产品，即 NVM 类产品供应以及面向未来高性能、高密度产品的先进开发。

6.5.3.1 NVM 类嵌入式 MRAM 量产

目前量产的所有嵌入式 MRAM 都是 NVM 类的类型。这些产品中的大多数都支持通过 260℃ 回流焊保持数据的能力，尽管 MTJ 器件在 260℃ 下的结构是稳定的，但如上文所述，开发出在该温度下具有高 E_b 值的 MTJ 材料仍是一项挑战，并且优化这种材料使其具有足够低的翻转电压和电流，以实现比嵌入式闪存更好的写入周期耐久性，是另外一项挑战。三星电子和 GlobalFoundries 两家主要的晶圆代工厂在 2018 年报告了 NVM 类的嵌入式 MRAM 的完整技术演示，满足或超过了典型 eNVM 的要求，包括写入耐久周期数和通过多次 260℃ 回流焊循环的数据保持功能[67, 68]。

三星在 2018 年展示的嵌入式 MRAM 技术方案，采用 28nm FDSOI 逻辑技术的 8Mbit 宏模块，单元尺寸仅为 $0.036\mu m^2$，可在宽温度范围（−40~125℃）内运行，并且能够通过回流焊保持数据，耐久性超过 10^6 次写入周期。该演示旨在满足新型应用的要求，如高速微控制器和专用物联网器件等。GlobalFoundries 也在 2018 年的 VLSI 会议上展示了其采用 22nm FDSOI 逻辑技术的 40Mbit 宏模块，经过 5 次回流焊循环后，数据保持错误率小于 1ppm。

英特尔还报告了一种能够在 200℃ 温度条件下保持数据 10 年、写入耐久性超过 10^6 次周期的宏模块[69, 70]，可能也能满足回流焊要求。这款 7.2Mbit 阵列采用超低功耗 FinFET 技术制造，遵循 22nm 后道工艺规则，且 1T-1MTJ 位单元面积为 $0.0486\mu m^2$。经过调整薄膜精密电阻，可产生具有最大读取裕量的中点基准参考，实现快速读取（<10ns 读取脉冲）。

台积电在 2020 年的一份报告[71] 中介绍了一款采用 22nm 超低漏电技术的 32Mbit 芯片，该芯片经过三次回流焊循环后，数据保持错误率小于 1ppm，耐久性达到 10^6 次写入周期。对超过 700 个芯片进行了 260℃ 回流焊表征，并在 255℃ 和 275℃ 之间高温烘焙，进行了额外的测量，以准确地确定数据保持特性，结果表明这些芯片在大于 200℃ 下，数据保持时间可达 10 年，数据保持误码率 1ppm。

最近，台积电报告了一款采用 16nm FinFET 逻辑工艺的 8Mbit STT-MRAM，如图 6.40a 所示，单元尺寸为 $0.033\mu m^2$。不仅实现了 eNVM 应用所需的高数据保持性能，同时支持 50ns 的写入脉冲宽度、10^5 个写入周期的耐久性和 9ns 的读取访问时间。图 6.40b 所示的数据保持测试表明，通过回流焊测试后，数据保持误码率小于 10ppm 规格下（通过 ECC 可校正），芯片良率达到 99.7%[72]。

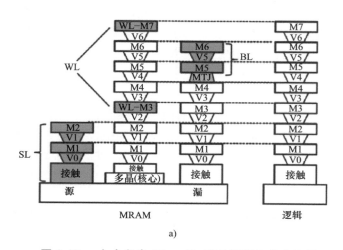

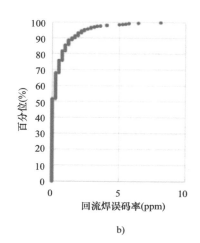

图 6.40 a）台积电 16nm FinFET 逻辑工艺中位于 M4 和 M5 之间的 0.033μm² MRAM cMTJ 示意图；b）经过回流 – 焊接后数据保持性测试的芯片累积分布图，显示 99.7% 的芯片通过了测试，且数据保持误码率小于 10ppm

6.5.3.2 未来高性能、高密度产品

NVM 类 MRAM 已经逐渐成熟，因此许多开发工作正转向嵌入式 RAM 类 MRAM。与 NVM 类相比，RAM 类宏需要更小的单元尺寸、更快的写入速度、更高的耐久性以及更少的数据保持要求。对于末级缓存（LLC）应用，主要的价值需求是提供远高于 SRAM 的存储密度。根据技术节点和其他因素，一般认为 STT-MRAM 的密度比 SRAM 高 2 ~ 3 倍。虽然匹配 SRAM 的随机存取延迟非常具有挑战性，但对于许多用例来说，即使 MRAM 的延迟高于 SRAM，额外的内存容量也能带来系统级的优势，特别是如果 MRAM 还能提供相当长的数据保持时间（见参考文献 [73]）。

正如窄的电阻分布对高速读取操作至关重要一样，窄的翻转分布对高速写入操作也至关重要。宽的写入分布增加了低写入错误率（Write Error Rate，WER）所需的写偏置，从而降低写入周期耐久性。由于 RAM 类应用（尤其是 LLC）同时需要快速写入和高耐久性，因此在短写入脉冲宽度下同时实现低 V_c 和窄 WER 分布至关重要。一个重大的挑战是，即使 V_c 增加，WER 分布通常也会随着写入脉冲的缩短而变宽。不过，最近在这一领域已取得巨大进展，写入脉宽可缩短至 2ns[74]。

为了理解上述问题的基本原理，重要的是要知道自旋转移矩（STT）翻转具有截然不同的机制。如图 6.41a 所示，在长脉冲区域，随着脉冲宽度的减小，平均翻转电流或临界电流（I_c）会缓慢增加；平均翻转电流或临界电流（I_c）对短写入脉冲的依赖性要大得多，尤其是在大约 10ns 或更短的脉冲宽度。在长脉冲区域，翻转主要由热激活翻转主导，而当脉冲宽度显著小于约 100ns 时，翻转变得动态化。在短脉冲区域，因为翻转变为进动并受电子自旋角动量守恒控制，I_c 与脉冲宽度成反比。

对于嵌入式 NVM 类 STT-MRAM 产品，写入速度通常为 50ns 或更长，其翻转是热激活引起的。相反，对于要求写入脉冲宽度小于 10ns 的 LLC 应用，翻转则被推入了进动区。图 6.41a

中曲线的形状由自由层材料的性质决定。对于图 6.41a 中的两个示例，在写入脉冲宽度 ≥ 50ns 的情况下，堆叠 1 是一个更好的候选材料，但对于快速翻转，堆叠 2 要好得多[74]。

图 6.41b 显示了 254 个器件（CD=49nm）在 2ns 写入脉冲下的良好的写入错误率（WER）曲线，所有器件的 WER 都达到了 10^{-6} 下限，并且没有出现由自由层中磁缺陷引起的任何异常行为。在要求苛刻的嵌入式缓存应用中，需要这种高质量的翻转来获得预期的低错误率。

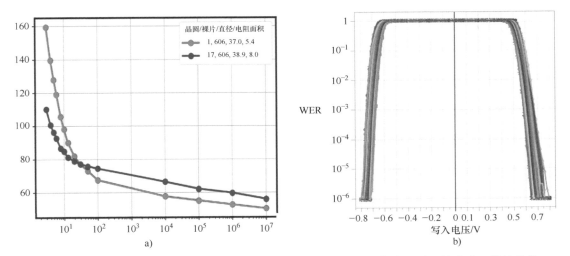

图 6.41　a）采用不同自由层材料的两个堆叠的翻转电流与脉宽曲线。对于长脉冲，翻转是热激活引起的，翻转电流与脉冲宽度呈对数线性关系。对于短脉冲，翻转电流与脉冲宽度成反比。b）254 个器件（CD=49nm）在 2ns 写入脉冲下的写入错误率（WER）曲线。254 个器件在 2ns 写入脉冲下均达到 10^{-6} 的错误率下限，且分布紧密。在 10^{-6} 错误率下限下，写 0 的 1σ 为 2.2%，写 1 的 1σ 为 3.7%[74]

器件尺寸微缩也是管理 V_c 和阵列内（位元间）V_c 分布的一个因素。正如 MTJ 直径缩小会导致阵列内电阻分布变宽一样，V_c 分布也是如此。随直径减小而观察到的 V_c 增大的主要原因是 MTJ 孔柱侧壁的工艺损坏，即所谓的边缘损伤。同样的边缘损伤也会导致 V_c 的波动随着直径减小而加剧。

Edwards 等人证明了在 3ns 脉冲宽度下可以达到 2.8×10^{-10} 的极低 WER，并将 MTJ 孔柱直径从 70nm 左右微缩到 35nm 以下[75]，在此过程中对 V_c 和 sigma_V_c 进行最先进的控制。在 40nm 垂直 MTJ 阵列中，当 WER 为 10^{-6} 时，写入电压的位元间分布特点是 W0 的相对标准差为 3.7%，W1 的相对标准差为 4.5%，足以满足 1×nm 技术节点上 LLC 应用对写入电压分布的要求。

图 6.42 显示，当直径缩小到 35nm 以下时，V_c 分布相对平坦。在图 6.42a 中，可以看到 R_{min} 及其分布宽度随着 MTJ 孔柱直径的减小而急剧增加，与预期一致，V_c 相对平坦，尽管 sigma_V_c 有所增加，但其相对分布宽度保持在 R_{min} 的 1/3 左右。

三星在 2019 年的一项新演示表明，使用仅需单次 MTJ 沉积步骤的单一 MRAM 模块，可以在同一芯片上实现 NVM 类和 RAM 类 MRAM 的结合[76]。实现这种混合存储器的方法是在

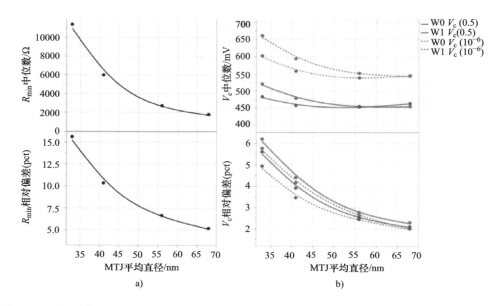

图 6.42　对于直径为 32～68nm 的各种 MTJ 阵列，R_{min} 和 V_c 及其分布宽度以拟合的标准差（sigma）表示。直径是自由层的平均直径。a）随着直径的减小，V_c 和 sigma_V_c 急剧增加。b）两种写入极性在 0.5 和 10^{-6} 误差水平下的 V_c 和 V_c 相对标准差与 MTJ 直径的关系。线条为目视参考线[75]

不修改 MTJ 沉积工艺的情况下，调节选定区域中的垂直磁各向异性，从而使某些区域具有较高的数据保持能力，而另一些区域则具有较低的数据保持能力和较小的写入电流。如图 6.43 所示，作者还证明，对于增加相同的数据保持能力，增加 MTJ 器件的直径相比增加 PMA 会导致更大的翻转电流。对于他们的 MTJ 堆叠设计，当使用这种 PMA 修改技术而不是增加器件直径时，可以在较小的翻转电流下实现更高的数据保持能力。

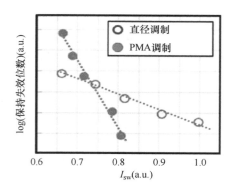

图 6.43　高温保持失效位数（FBC）作为 8Mbit 宏单元中测量的翻转电流的函数，其中 MTJ 直径或垂直磁各向异性（PMA）能量被调制。失效位数随着热翻转能量势垒（E_b）的增大而减少。这项研究表明，与增加 MTJ 器件直径相比，增加 PMA 来增加能量势垒时，可以通过更高的翻转效率（E_b/I_c）实现高能量势垒

过去几年中，已经发布了几项具有竞争力的嵌入式 RAM 类 MRAM 重要演示和进展。英特尔报道了一个性能接近 L4 缓存应用的 2MB 阵列[77]，具备在 20ns 写入脉冲下的低错误率、4ns 的读取时间、10^{12} 个周期耐久性以及在 110℃ 和 1ppm 下 1s 的数据保持时间。该性能是通过 MTJ 堆叠和直径 ≤ 55nm 的反应离子刻蚀工艺协同优化实现的。IBM 发布了一项 14nm FinFET 嵌入式 MRAM 技术，其单元尺寸为 $0.0273\mu m^2$，展示了低至 4ns 的写入脉冲宽度的数字功能，并通过了后道工艺电迁移和 TDDB，以验证嵌入到标准代工厂逻辑工艺后的良好可靠性[78]。三星报告了一款采用 28nm FDSOI 技术的嵌入式 MRAM 帧缓冲存储器，与 SRAM 相比面积节省了 47%，与 DRAM 相比功耗节省了 3 倍，并且在写入脉冲宽度 <50ns 的情况下，写入周期耐久性超过 10^{10} 次[79]。

6.6　未来展望

6.6.1　MRAM

如果我们将场翻转 MRAM 视为第一代 MRAM，把 STT 翻转 MRAM 视为第二代 MRAM，那么未来的两个问题如下：

1）STT-MRAM 的改进途径是什么？

2）哪种翻转机制能使第三代 MRAM 技术的性能明显优于最佳的 STT-MRAM 技术？

让我们依次考虑这些问题

6.6.1.1　STT-MRAM 的改进途径是什么

我们可以将目前的状况看作是在图 6.36 所示的某个三元权衡图所代表的参数空间内的优化。要实现 STT-MRAM 的根本性提升，我们必须启用一个全新且更优的三元权衡空间，在其中运作。转移到更好的三元权衡空间的最简单的方法就是提升翻转效率。粗略地说，翻转效率是特征工作点上翻转能量势垒与临界电流之比：E_b/I_c。通过提升翻转效率，我们就能实现密度、速度、耐久度单项优化，或者是多项期望性能的组合提升。减少对 MTJ 孔柱侧壁的损坏可能会在一定程度上提高效率。除此之外，更根本的是，我们还需要采用材料和 / 或器件设计。

双磁隧道结（DMTJ）是一种翻转效率更高的 MTJ 器件，如图 6.44a 所示，在其自由层下方有一个参考层和隧道势垒层，并且围绕自由层有第二个隧道势垒 – 参考层结构。工作原理很简单，两个 MTJ 结构共享一个具有自旋极化隧穿的自由层，因此从两侧传递自旋转移矩（STT）。简而言之，由于 STT 的倍增效应，人们期望通过施加电流实现同一自由层的磁化方向翻转。Hu 等人通过垂直 DMTJ 器件实验证明了这一提升因子非常接近 2 倍的结果[80]。Hu 表明，与具有相似电阻面积乘积（RA）的单 MTJ（SMTJ）相比，垂直 DMTJ 器件的翻转效率提高了近 2 倍，如图 6.44b 所示。

虽然 DMTJ 器件的翻转效率大大提高，但也存在一个缺点。为了获得来自两侧的 STT 的叠加效应，需要两个参考层的方向相反。这意味着当顶部 MTJ 的电阻较低时，底部 MTJ 的电阻较高，反之亦然。因此，如果连接点在其他方面完全相同，电阻变化将互相抵消，器件将没有净磁阻。必须打破结构的对称性，使一侧的电阻变化大于另一侧。打破对称性会使器

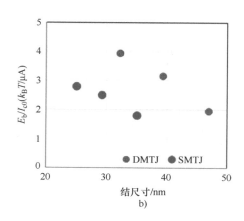

图 6.44　a）垂直 DMTJ 器件原理图；b）DMTJ 器件的翻转效率显著提高，大约是最简单模型预测的 2 倍

件整体呈现有限 TMR 效应，但主导结的高 TMR 仍会被电阻变化较小的次要结的 TMR 所拉低。在其他实际考虑中，这一局限性阻碍了 DMTJ 器件在产品中的应用，但围绕这一基本思路的其他创新仍可能在翻转效率上提供 2 倍提升。

世界各地的许多实验室都继续致力于开发极化程度更高或具有特殊偏置依赖性的材料，以显著提高翻转效率。这些工作多种多样，主要集中在材料研究层面，但如果过去的工作能对未来有所启示的话，这种改进是非常可能实现的。

6.6.1.2　什么样的翻转机制才能实现第三代 MRAM 技术

自旋轨道矩（Spin-Orbit Torque，SOT）和压控磁各向异性（Voltage-Controlled Magnetic Anisotropy，VCMA）是目前正在广泛研究的特别有希望用于第三代 MRAM 的两种效应，见参考文献 [81] 及其中的参考文献。两者都已在器件层面得到了验证，但要使这些翻转机制应用于具有经济竞争力和可制造性的产品中，还需要进一步的创新。

SOT 翻转的激动人心之处在于，其翻转电流不流经 MTJ，而是通过与自由层顶部或底部表面接触的金属条带线来传输。当该条带线由具有较大自旋轨道耦合的金属（如钨）制成时，它会通过自旋 – 霍尔效应（Spin-Hall Effect，SHE）和其他可能的相关机制产生垂直于电荷电流的自旋电流，能够改变自由层的磁化方向 [82]。该方案的巨大优势在于，在写入操作过程中，隧道势垒不会像 STT 翻转中那样受到应力，从而实现了无限的写入耐久性。如图 6.45 所示，该方案的一个缺点是器件本质上是三端的，而不是 STT-MRAM 中使用的双端 MTJ 器件，在实际应用中会衍生多项挑战。三端器件结构大大增加了单元尺寸，尤其是当翻转所需电流大于最小尺寸存取晶体管所能提供的电流时。

另一个需要克服的困难是与垂直 MTJ 器件的兼容性，这对于 MRAM 的可微缩性是必需的。由于自旋极化的方向，简单的极化翻转是通过面内磁化的自由层完成的，而垂直自由层则是进动的。目前正在研究各种方案来克服这一限制，见参考文献 [83，84]。

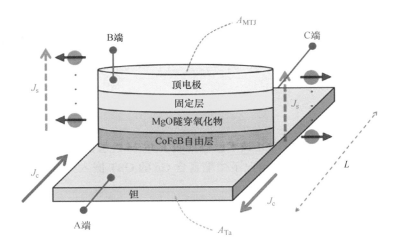

图 6.45　一种潜在用于第三代 MRAM 技术的 SOT 器件示意图。当电流密度为 J_c 的电流通过采用高自旋轨道耦合材料（本例中为钽）的底电极时，会在 MTJ 中产生电流密度为 J_s 的自旋电流[81]

VCMA 受到了广泛关注，这涉及理解其基本机制，以及如何将其实际应用于 MRAM。Maruyama 等人在 2009 年指出，相对较小的电场（小于 100mV/nm）即可引起体心立方结构铁（bcc Fe）（001）/ 氧化镁（MgO）（001）结的磁各向异性发生较大变化（约 40%）[85]。这一发现极为重要，因为 STT-MRAM 中 pMTJ 器件所利用的巨 TMR 效应，正是由该同一界面所主导产生的。作者预测，利用所证明的各向异性变化，可以在 MTJ 中实现压控磁化翻转。人们很快意识到，施加在 MTJ 阵列的电压脉冲将成为交叉式结构的 MRAM 技术的基础[81]。其基本思想是使用比 STT-MRAM 器件更厚的隧道势垒，在不引起击穿的情况下使用更高的偏置电压，并且由于产生的器件电阻高，感应电流也很小。原则上，这可以作为高密度、低功耗 MRAM 技术的基础。

与 SOT 一样，巨大的优势也伴随着一些实际问题。通过施加具有降低界面 PMA 极性的电压脉冲来启动翻转，会引起垂直自由层向薄膜平面旋转。在相反方向上施加偏压会增加界面 PMA，从而进一步稳定自由层，而不是引发翻转。这意味着写入操作是单极性的，当施加脉冲时，自由层会从当前状态翻转到相反状态。因此，在其最简单的形式中，写入操作与翻转式 MRAM 相似，都需要先读后写方案，只有在单元需要相反状态时才会施加写入脉冲。其他一些实际考虑因素，如高电阻 MTJ 和交叉式架构导致的较长 RC 时间常数，似乎使这项技术更适合高密度、低速应用领域。

当然，有一些方法可以解决单极写入问题。一种名为压控自旋电子存储器（Voltage Control Spintronics Memory，VoCSM）的方案，融合 SOT 和 VCMA，以在交叉式阵列中实现双极型翻转[86]。Shimomura 等人描述了如何利用双单元配置来实现缓存应用中的快速读取。

STT-MRAM 的持续优化以及有望引领第三代 MRAM 的新发展，凸显了 MRAM 的独特属性，这些特性很可能使其在移动设备、物联网和边缘的人工智能等新兴应用中，成为替代现有主流存储器的极具吸引力的新型存储器解决方案。持久性（或非易失性）与高耐久性的结合，可通过支持快速下电和即时上电，为电池供电的各种设备节省功耗。Lee 等人[73]详细描述了移动手机的用例。Natsui 等人报告了使用嵌入式 STT-MRAM 的高能效信号处理现场可编程门控阵列（FPGA）的结果，该 FPGA 采用 40nm CMOS 工艺制造 [87]。在这种应用中，当启用电源门控以节省能耗时，片上存储的数据无需传输到片外，从而彻底消除了片外数据备份和恢复所需的高昂能耗成本。

6.6.2 PCM

第 6.4.3 节中讨论的 28nm FDSOI 技术已经证明了 PCM 能够满足汽车行业的需求。未来发展的主要目标是在不降低可靠性的情况下微缩富含 Ge 的 GST 嵌入式 PCM 单元尺寸。这可能需要进一步改进相变材料和工艺集成。

但这并不是嵌入式 PCM 未来发展的唯一方向。

人们对边缘人工智能（Artificial Intelligence，AI）的兴趣与日俱增；机器学习算法在本地执行，而不是将原始数据发送到互联网上进行远程处理，将大大提高性能、降低功耗，提升数据安全性。

在单个芯片上集成神经网络（Neural Network，NN）硬件加速器和存储神经网络权重的非易失性存储器（NVM）是最理想的解决方案，特别是对于物联网（Internet-of-Things，IoT）应用。

此外，阻变存储器的模拟编程能力能够更有效地存储神经网络权重和各种创新的神经形态解决方案。

在这些创新解决方案中，最有前景的是存内计算（In-Memory Computing，IMC），即直接在内存中执行乘法和累加运算。存内计算可以在二进制存储器中实现，但如果在多值存储器中实现，效率会更高。从这个角度来看，RRAM 和 PCM 比 FRAM 和 MRAM 更适合用于存内计算。

PCM 的多值存储能力于 2008 年首次得到证实 [88]。最近的研究成果 [89-93] 表明 PCM 在模拟存储方面的改进及其在存内计算应用中的巨大潜力。

IBM 提出的模拟存内计算最有前景的解决方案都是基于改进的 PCM 单元，这些改进的单元在不同的结构中利用相同的概念，包括平面桥形单元 [89] 或垂直限域单元 [92]。

图 6.46 展示了标准 PCM 单元和最适合模拟存储的 PCM 单元之间的概念区别。为简单起见，这一概念被应用于"孔形"垂直单元结构，此类结构也已在 IBM 最近的一项工作中得到了应用 [94]。

图 6.46 左侧两幅图表示标准 PCM 单元处于置位和复位状态，右侧两幅图表示相应状态下的改进单元。

从结构的角度来看，这两种单元之间的差异非常简单：改进的单元在加热器和 GST 之间插入了一层薄的阻性金属层作为底部电极。

从器件的角度来看，两者有实质性差异：虽然两个单元的置位状态非常相似，但改进的单元的复位状态并非"关闭"状态，因为电流可以通过底部电极绕过非晶态穹顶。在复位状态下，改进的单元的电阻取决于非晶态穹顶下电阻层两个分支臂的电阻，而该电阻取决于非晶态穹顶的范围大小；通过这种方式，改进的单元作为一个模拟单元工作（见图 6.47）。

值得强调的是，这种改进型 PCM 单元在概念上与其他任何阻变存储器都不同；在所有 ReRAM 和传统 PCM 多值存储单元中，可变电阻器都是由活性材料（即负责存储机制的材料）

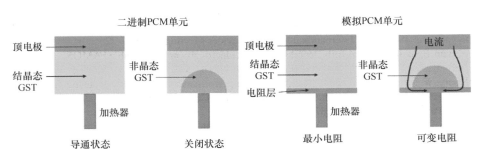

图 6.46　最适合模拟存储的改进型 PCM 单元图示。从左到右，前两幅图显示了传统的"孔形" PCM 单元在置位和复位状态下的情况；右边的两幅图显示了通过在 GST 和加热器之间插入一个由电阻金属层制成的底部电极后改进的单元，这两幅图显示了改进单元在置位和复位状态下的情况。右侧最后一张图显示了改进型单元在复位状态下的电流流向；在这种配置中，单元作为模拟单元工作，单元电阻取决于非晶态穹顶下电阻层两个分支臂的长度，并受非晶态穹顶范围调控

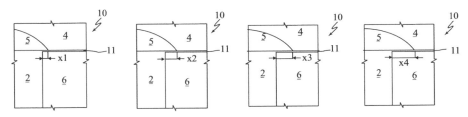

图 6.47　改进型 PCM 单元模拟存储原理概念图：从左到右，由于非晶态 GST 穹顶的扩大，器件电阻从左到右逐渐增大 [95]

制成的。在 IBM 称为"投影式" PCM 和 ST 称为"变阻式" PCM 的改进型 PCM 单元中，可变电阻器由"无源"金属层制成，而活性材料具有调节该电阻器长度的作用（这与变阻器相似）。概念上的差异使得这种改进型单元比传统的阻变式存储器更适合用于模拟存储，因为这种由金属层制成的"无源"电阻器噪声小得多，并且在随时间和温度变化上，比由金属离子或氧空位制成的电阻器更稳定；它还比处于中间非晶态的 GST 制成的电阻器显示出更好的温漂和噪声特性，IBM 已经在桥形 PCM 单元的案例中清楚地证明了这一点 [89]。

　　只有相变存储器才能制造出这样的存储单元，而且这种存储单元在设计上最适合模拟存储，其他新型存储器都无法做到这一点。

　　最后一点说明：预计到 2025 年，人工智能专用芯片的市场规模将增长到数百亿美元，而且预计这些芯片中的大多数都将采用神经形态解决方案。如果这些预期得以实现，人工智能应用将推动嵌入式新型存储器（eEM）的发展方向，并将推动整个嵌入式非易失性存储器（eNVM）市场的总规模，远超传统应用。

参 考 文 献

[1] F. Faggin, T. Klein, L. Vadasz, Insulated gate field effect transistor integrated circuits with silicon gates, in: 1968 IEEE International Electron Devices Meeting, 1968, p. 22.

[2] D. Frohman-Bentchkowsky, A fully decoded 2048-bit electrically programmable FAMOS read-only memory, IEEE J. Solid State Circuits 5 (1971) 301–306.

[3] P. Salsbury, W. Morgan, G. Perlegos, R. Simko, High performance MOS EPROMs using a stacked-gate cell, in: 1977 IEEE International Solid-State Circuits Conference Digest of Technical Papers, 1977, pp. 186–187.

[4] D. Stamm, D. Morgan, B. Budde, A single chip, highly integrated, user programmable microcomputer, in: 1977 IEEE International Solid-State Circuits Conference Digest of Technical Papers, 1977, pp. 142–143.

[5] Y. Saito, Y. Shimazu, T. Shimizu, K. Shirai, I. Fujioka, Y. Nishiwaki, J. Hinata, Y. Shimotsuma, M. Sakao, A 1.71 million transistor CMOS CPU Chip with a testable cache architecture, IEEE J. Solid State Circuits 28 (11) (1993) 1071–1077.

[6] J. Borel, Technologies for multimedia systems on a chip, in: 1997 IEEE International Solids-State Circuits Conference. Digest of Technical Papers, 1997, pp. 18–21.

[7] H. Ishiuchi, T. Yoshida, H. Takato, K. Tomioka, K. Matsuo, H. Momose, S. Sawada, K. Yamazaki, K. Maeguchi, Embedded DRAM technologies, in: 1997 IEEE International Electron Devices Meeting, 1997, pp. 33–36.

[8] B. Mohammad, Embedded Memory Design for Multi-Core and Systems on Chip, Springer, 2013.

[9] V. Kynett, A. Baker, M. Fandrich, G. Hoekstra, O. Jungroth, J.W.S. Kreifels, An in-system reprogrammable 256K CMOS flash memory, in: 1988 IEEE International Solid-State Circuits Conference, 1988 ISSCC. Digest of Technical Papers, 1988, pp. 132–133. 330.

[10] A. Fazio, A 130nm Flash+Logic+Analog modular technology, in: 2003 International Symposium on VLSI Technology, Systems and Applications, 2003, pp. 60–63.

[11] D. Krishnswamy, R. Stevens, R. Hasbun, J. Revilla, C. Hagan, The Intel@ PXA800F wireless internet-on-a-chip architecture and design, in: Proceedings of the IEEE 2003 Custom Integrated Circuits Conference, 2003, pp. 39–42.

[12] S. Kianian, A. Levi, D. Lee, Y.W. Hu, A novel 3 volts-only, small sector erase, high density flash E2PROM, in: 1994 IEEE Symposium on VLSI Technology, 1994, pp. 71–72.

[13] R. Mih, J. Harrington, K. Houlihan, H.K. Lee, K. Chan, J. Johnson, B. Chen, J. Yan, A. Schmidt, C. Gruensfeldei, K. Kim, D. Shum, C. Lo, D. Lee, A. Levi, C. Lam, 0.18 μm modular triple self-aligned embedded split-gate flash memory, in: 2000 Symposium on VLSI Technology. Digest of Technical Papers, 2000, pp. 120–121.

[14] B. Chen, Highly reliable SuperFlash® embedded memory scaling for low power SoC, in: 2007 International Symposium on VLSI Technology, Systems and Applications, 2007, pp. 1–2.

[15] T. Yamazaki, K.I. Inoue, H. Miyazawa, M. Nakamura, N. Sashida, R. Satomi, A. Kerry, Y. Katoh, H. Noshiro, K. Takai, R. Shinohara, C. Ohno, T. Nakajima, Y. Furumura, S. Kawamura, Advancled 0.5pm FRAM device technology with full compatibility of half-micron CMOS logic device, in: 1997 IEEE International Electron Devices Meeting, 1997, pp. 613–616.

[16] Z. Wei, Y. Kanzawa, K. Arita, Y. Katoh, K. Kawai, S. Muraoka, S. Mitani, S. Fujii, K. Katayama, M. Iijima, T. Mikawa, T. Ninomiya, R. Miyanaga, Y. Kawashima, K. Tsuji, A. Himeno, T. Okada, R. Azuma, K. Shimakawa, H. Sugaya, T. Takagi, Highly reliable TaOx ReRAM and direct evidence of redox reaction mechanism, in: 2008 IEEE International Electron Devices Meeting, 2008, pp. 1–4.

[17] D.D. Tang, P.K. Wang, V.S. Speriosu, S. Le, R.E. Fontana, S. Rishton, An IC process compatible nonvolatile magnetic RAM, in: 1995 IEEE International Electron Devices Meeting, 1995, pp. 997–1000.

[18] M. Durlam, P. Naji, A. Omair, M. DeHerrera, J. Calder, J.M. Slaughter, B. Engel, N. Rizzo, G. Grynkewich, B. Butcher, C. Tracy, K. Smith, K. Kyler, J. Ren, J. Molla, B. Feil, R. Williams, S. Tehrani, A low power 1Mbit MRAM based on 1T1MTJ bit cell integrated with copper interconnects, in: 2002 IEEE Symposium on VLSI Circuits, 2002, pp. 158–161.

[19] R. Annunziata, P. Zuliani, M. Borghi, G. De Sandre, L. Scotti, C. Prelini, M. Tosi, I. Tortorelli, F. Pellizzer, Phase change memory technology for embedded non volatile memory applications for 90 nm and beyond, in: 2009 IEEE International Electron Devices Meeting, 2009, pp. 97–100.

[20] D. Bondurant, F. Gnadinger, Ferroelectrics for nonvolatile RAMs, IEEE Spectr. 26 (7) (1989) 30–33.

[21] T. Böscke, J. Müller, D. Bräuhaus, U. Schröder, U. Böttger, Ferroelectricity in hafnium oxide: CMOS compatible ferroelectric field effect transistors, in: 2011 IEEE International Electron Devices Meeting, 2011, pp. 547–550.

[22] S.Y. Wu, A new ferroelectric memory device, metal-ferroelectric-semiconductor transistor, IEEE Trans. Electron Devices 21 (1974) 499–504.

[23] S. Miller, P. McWhorter, Physics of the ferroelectric nonvolatile memory field effect transistor, J. Appl. Phys. 72 (1992) 5999–6010.

[24] M. Trentzsch, S. Flachowsky, R. Richter, J. Paul, B. Reimer, D. Utess, S. Jansen, H. Mulaosmanovic, S. Müller, S. Slesazeck, P. Polakowski, J. Sundqvist, M. Czernohorsky, K. Seidel, P. Kücher, R. Boschke, M. Trentzsch, K. Gebauer, et al., A 28nm HKMG super low power embedded NVM technology based on ferroelectric FETs, in: 2016 IEEE International Electron Devices Meeting, 2016, pp. 11.5.1–11.5.4.

[25] S. Dünkel, M. Trentzsch, R. Richter, P.P. Moll, C. Fuchs, O. Gehring, M. Majer, S. Wittek, B. Müller, T. Melde, H.H. Mulaosmanovic, S. Slesazeck, S. Müller, et al., A FeFET based super-low-power ultra-fast embedded NVM technology for 22nm FDSOI and beyond, in: 2017 IEEE International Electron Devices Meeting, 2017, pp. 485–488.

[26] T. Mikolajick, U. Schroeder, S. Slesazeck, The past, the present, and the future of ferroelectric memories, IEEE Trans. Electron Devices 67 (4) (2020) 1434–1443.

[27] Panasonic, Panasonic Starts World's First Mass Production of ReRAM Mounted Microcomputers, 2013.

[28] J.B.P. Jameson, C. Cheng, J. Dinh, A. Gallo, et al., Conductive-bridge memory (CBRAM) with excellent high-temperature retention, in: 2013 IEEE International Electron Devices Meeting, 2013, pp. 738–741.

[29] D. Ielmini, Resistive switching memories based on metal oxides: mechanisms, reliability and scaling, Semicond. Sci. Technol. 31 (2016) 25. 063002.

[30] R.G. Neal, D.L. Nelson, G.E. Moore, Nonvolatile and reprogrammable, the read-mostly memory is here, Electronics (September) (1970) 56–60.

[31] S. Lai, T. Lowrey, OUM – a 180 Nm nonvolatile memory cell element technology for stand-alone and embedded applications, in: 2001 IEEE International Electron Devices Meeting, 2001, pp. 803–806.

[32] W.Y. Cho, B. Cho, B. Choi, H.-R. Oh, S. Kang, K. Kim, et al., A 0.18 um 3.0 V 64 Mb nonvolatile phase-transition random-access memory (PRAM), in: 2004 IEEE International Solid-State Circuits Conference, 2004, pp. 40–41.

[33] G. Servalli, A 45nm generation phase change memory technology, in: 2009 IEEE International Electron Devices Meeting, 2009, pp. 113–116.

[34] D. Kau, S. Tang, I.V. Karpov, R. Dodge, B. Klehn, J.A. Kalb, J. Strand, et al., A stackable cross point phase change memory, in: 2009 IEEE International Electron Devices Meeting, 2009, pp. 617–620.

[35] F. Pellizzer, A. Pirovano, F. Ottogalli, M. Magistretti, M. Scaravaggi, P. Zuliani, M. Tosi, A. Benvenuti, et al., Novel micro-trench phase-change memory cell for embedded and stand-alone non-volatile memory applications, in: 2004 IEEE Symposium on VLSI Technology, 2004, pp. 18–19.

[36] P. Zuliani, E. Varesi, E. Palumbo, M. Borghi, I. Tortorelli, et al., Overcoming temperature limitations in phase change memories with optimized $Ge_xSb_yTe_z$, IEEE Trans. Electron Devices 60 (2013) 4020–4026.

[37] N. Ciocchini, E.B.M. Palumbo, P. Zuliani, R. Annunziata, D. Ielmini, Modeling resistance instabilities of set and reset states in phase change memory with Ge-rich GeSbTe, IEEE Trans. Electron Devices 61 (6) (2014) 2136–2144.

[38] F. Arnaud, P. Zuliani, J. Reynard, A. Gandolfo, F. Disegni, P. Mattavelli, E. Gomiero, G. Samanni, et al., Truly innovative 28nm FDSOI technology for automotive micro-controller applications embedding 16MB phase change memory, in: 2018 IEEE International Electron Devices Meeting, 2018, pp. 18.4.1–18.4.4.

[39] F. Disegni, R. Annunziata, A. Molgora, G. Campardo, P. Cappelletti, P. Zuliani, P. Ferreira, et al., Embedded PCM macro for automotive-grade microcontroller in 28nm FD-SOI, in: 2019 IEEE Symposium on VLSI Circuits, 2019, pp. C204–C205.

[40] F. Arnaud, P. Ferreira, F. Piazza, A. Gandolfo, P. Zuliani, et al., High density embedded PCM cell in 28nm FDSOI technology for automotive micro-controller applications, in: 2020 IEEE International Electron Devices Meeting, 2020, pp. 24.2.1–24.2.4.

[41] J.S. Moodera, L.R. Kinder, T.M. Wong, R. Meservey, Large magnetoresistance at room temperature in ferromagnetic thin film tunnel junctions, Phys. Rev. Lett. 74 (16) (1995) 3273–3276.

[42] T. Miyazaki, N. Tezuka, Giant magnetic tunneling effect in $Fe/Al_2O_3/Fe$ junction, J. Magn. Magn. Mater. 139 (3) (1995) L231–L234.

[43] W.H. Butler, X.-G. Zhang, T.C. Schulthess, J.M. MacLaren, Spin-dependent tunneling conductance of Fe/MgO/Fe sandwiches, Phys. Rev. B 63 (5) (2001), 054416.

[44] S.S.P. Parkin, C. Kaiser, A. Panchula, P.M. Rice, B.S.M. Hughes, S.-H. Yang, Giant tunnelling magnetoresistance at room temperature with MgO (100) tunnel barriers, Nat. Mater. 3 (12) (2004) 862–867.

[45] S. Yuasa, T. Nagahama, A. Fukushima, Y. Suzuki, K. Ando, Giant room-temperature magnetoresistance in single-crystal Fe/MgO/Fe magnetic tunnel junctions, Nat. Mater. 3 (12) (2004) 868–871.

[46] S. Ikeda, J. Hayakawa, Y. Ashizawa, Y.M. Lee, K. Miura, H. Hasegawa, M. Tsunoda, F. Matsukura, H. Ohno, Tunnel magnetoresistance of 604% at 300K by suppression of Ta diffusion in CoFeB/MgO/CoFeB pseudo-spin-valves annealed at high temperature, Appl. Phys. Lett. 93 (8) (2008), 082508.

[47] S.S.P. Parkin, Systematic variation of the strength and oscillation period of indirect magnetic exchange coupling through the 3d, 4d, and 5d transition metals, Phys. Rev. Lett. 67 (25) (1991) 3598–3601.

[48] J.M. Slaughter, R.W. Dave, M. DeHerrera, M. Durlam, B.N. Engel, J. Janesky, N.D. Rizzo, S.M. Tehrani, Fundamentals of MRAM technology, J. Supercond. 15 (1) (2002) 19–25.

[49] T. Schulthess, W. Butler, Magnetostatic coupling in spin valves: revisiting Neel's formula, J. Appl. Phys. 87 (9) (2000) 5759.

[50] B.N. Engel, J. Akerman, B. Butcher, R.W. Dave, M. DeHerrera, M. Durlam, G. Grynkewich, J. Janesky, S.V. Pietambaram, N.D. Rizzo, J.M. Slaughter, K. Smith, J.J. Sun, S. Tehrani, A 4-Mb toggle MRAM based on a novel bit and switching method, IEEE Trans. Magn. 41 (1) (2005) 132–136.

[51] J. Slonczewski, Current-driven excitation of magnetic multilayers, J. Magn. Magn. Mater. 159 (1) (1996) L1.

[52] R. Beach, T. Min, C. Horng, Q. Chen, P. Sherman, S. Le, S. Young, K. Yang, H. Yu, X. Lu, W. Kula, T. Zhong, R. Xiao, A. Zhong, G. Liu, J. Kan, J. Yuan, J. Chen, R. Tong, A statistical study of magnetic tunnel junctions for high-density spin torque transfer-MRAM (STT-MRAM), in: 2008 IEEE International Electron Devices Meeting, 2008, pp. 1–4.

[53] T. Kishi, H. Yoda, T. Kai, T. Nagase, E. Kitagawa, M. Yoshikawa, K. Nishiyama, T. Daibou, M. Nagamine, M. Amano, S. Takahashi, M. Nakayama, N. Shimomura, H. Aikawa, S. Ikegawa, S. Yuasa, K. Yakushiji, H. Kubota, A. Fukushima, Lower-current and fast switching of a perpendicular TMR for high speed and high density spin-transfer-torque MRAM, in: 2008 IEEE International Electron Devices Meeting, 2008, pp. 1–4.

[54] S. Chung, K. Rho, S. Kim, H. Suh, D. Kim, H. Kim, S. Lee, J. Park, H. Hwang, S. Hwang, J. Lee, Y. An, J. Yi, Y. Seo, D. Jung, M. Lee, S. Cho, Y. Kim, J. Rho, S. Park, S. Chung, J. Jeong, S. Hong, Fully integrated 54nm STT-RAM with the smallest bit cell dimension for high density memory application, in: 2010 International Electron Devices Meeting, 2010, pp. 304–3017.

[55] D.C. Worledge, G. Hu, P.L. Trouilloud, D.W. Abraham, S. Brown, M.C. Gaidis, J. Nowak, E.J.O. Sullivan, R.P. Robertazzi, J.Z. Sun, W.J. Gallagher, Switching distributions and write reliability of perpendicular spin torque MRAM, in: 2010 IEEE International Electron Devices Meeting, 2010, pp. 12.5.1–12.5.4.

[56] S. Ikeda, K. Miura, H. Yamamoto, K. Mizunuma, H.D. Gan, M. Endo, S. Kanai, S. Hayakawa, F. Matsukura, H. Ohno, A perpendicular-anisotropy CoFeB-MgO magnetic tunnel junction, Nat. Mater. 9 (9) (2010) 721–724.

[57] W.L. Andre, J.J. Nahas, B.J. Garni, H.S. Lin, A. Omair, W.L. Martino, A 4-Mb 0.18-/spl mu/m 1T1MTJ toggle MRAM with balanced three input sensing scheme and locally mirrored unidirectional write drivers, IEEE J. Solid State Circuits 40 (1) (2005) 301–309.

[58] N.D. Rizzo, D. Houssameddine, J. Janesky, R. Whig, F.B. Mancoff, M.L. Schneider, M. DeHerrera, J.J. Sun, K. Nagel, S. Deshpande, H.-J. Chia, S.M. Alam, T. Andre, S. Aggarwal, J.M. Slaughter, A fully functional 64 Mb DDR3 ST-MRAM built on 90 nm CMOS technology, IEEE Trans. Magn. 49 (2013) 4441–4446.

[59] L. Savtchenko, B. Engel, N. Rizzo, M. Deherrera, J. Janesky, Method of Writing to Scalable Magnetoresistance Random Access Memory Element. US Patent 6,545,906 B1, 2003.

[60] S. Tehrani, J. Slaughter, M. Deherrera, B. Engel, N. Rizzo, M.D.J. Salter, R. Dave, J. Janesky, B. Butcher, Magnetoresistive random access memory using magnetic tunnel junctions, Proc. IEEE 91 (5) (2003) 703–714.

[61] J. Katine, F. Albert, R. Buhrman, E. Myers, D. Ralph, Current-driven magnetization reversal and spin-wave excitations in Co/Cu/Co pillars, Phys. Rev. Lett. 84 (14) (2000) 3149–3152.

[62] Y. Huai, F. Albert, P. Nguyen, M. Pakala, T. Valet, Observation of spin-transfer switching in deep submicron-sized and low-resistance magnetic tunnel junctions, Appl. Phys. Lett. 84 (16) (2004) 3118.

[63] D. Apalkov, B. Dieny, J.M. Slaughter, Magnetoresistive random access memory, Proc. IEEE 104 (10) (2016) 1796–1830.

[64] J.M. Slaughter, K. Nagel, R. Whig, S. Deshpande, S. Aggarwal, M. DeHerrera, J. Janesky, M. Lin, H.-J. Chia, M. Hossain, S. Ikegawa, F.B. Mancoff, G. Shimon, J.J. Sun, M. Tran, T. Andre, S.M. Alam, F. Poh, J.H. Lee, Y.T. Chow, Jian, Technology for reliable spin-torque MRAM products, in: 2016 IEEE International Electron Devices Meeting, 2016, pp. 21.5.1–21.5.4.

[65] D. Shum, D. Houssameddine, S.T. Woo, Y.S. You, J. Wong, K.W. Wong, C.C. Wang, K.H. Lee, K. Yamane, V.B. Naik, C.S. Seet, T. Tahmasebi, C. Hai, H.W. Yang, N. Thiyagarajah, R. Chao, J.W. Ting, N.L. Chung, T. Ling, T.H. Chan, CMOS-embedded STT-MRAM arrays in 2x nm nodes for GP-MCU applications, in: 2017 IEEE Symposium on VLSI Technology, 2017, pp. T208–T209.

[66] R. Scheuerlein, W. Gallagher, S. Parkin, A. Lee, S. Ray, R. Robertazzi, W. Reohr, A 10 ns read and write non-volatile memory array using a magnetic tunnel junction and FET switch in each cell, in: 2000 IEEE International Solid-State Circuits Conference, 2000, pp. 128–129.

[67] K. Lee, 22-nm FD-SOI embedded MRAM with full solder reflow compatibility and enhanced magnetic immunity, in: 2018 IEEE Symposium on VLSI Technology, 2018, pp. 183–184.

[68] Y.K. Lee, Embedded STT-MRAM in 28-nm FDSOI logic process for industrial MCU/ IoT application, in: 2018 IEEE Symposium on VLSI Technology, 2018, pp. 181–182.

[69] O. Golonzka, MRAM as embedded non-volatile memory solution for 22FFL FinFET technology, in: 2018 IEEE International Electron Devices Meeting, 2018, pp. 18.1.1–18.1.4.

[70] L. Wei, A 7Mb STT-MRAM in 22FFL FinFET technology with 4ns read sensing time at 0.9V using write-Verify-write scheme and offset-cancellation sensing technique, in: 2019 IEEE International Solid-State Circuits Conference, 2019, pp. 214–216.

[71] C.-Y. Wang, Reliability demonstration of reflow qualified 22nm STT-MRAM for embedded memory applications, in: 2020 IEEE Symposium on VLSI Technology, 2020, pp. 1–2.

[72] Y.-C. Shih, C.-F. Lee, Y.-A. Chang, P.-H. Lee, H.-J. Lin, Y.-L. Chen, C.-P. Lo, K.-F. Lin, T.-W. Chiang, Y.-J. Lee, K.-H. Shen, R. Wang, W. Wang, H. Chuang, E. Wang, A reflow-capable, embedded 8Mb STT-MRAM macro with 9nS read access time in 16nm FinFET logic CMOS process, in: 2020 IEEE International Electron Devices Meeting, 2020, pp. 11.4.1–11.4.4.

[73] K. Lee, S.H. Kang, J.J. Kan, Unified embedded non-volatile memory for emerging mobile markets, in: 2014 IEEE/ACM International Symposium on Low Power Electronics and Design, 2014, pp. 131–136.

[74] G. Hu, J.J. Nowak, M.G. Gottwald, S.L. Brown, B. Doris, C.P. D'Emic, P. Hashemi, D. Houssameddine, Q. He, D. Kim, J. Kim, C. Kothandaraman, G. Lauer, H.K. Lee, N. Marchack, M. Reuter, R.P. Robertazzi, J.Z. Sun, T. Suwannasiri, Spin-transfer torque MRAM with reliable 2ns writing for last level cache applications, in: 2019 IEEE International Electron Devices Meeting, 2019, pp. 2.6.1–2.6.4.

[75] E.R.J. Edwards, Demonstration of narrow switching distributions in STTMRAM arrays for LLC applications at 1x nm node, in: 2020 IEEE International Electron Devices Meeting, 2020, pp. 24.4.1–24.4.4.

[76] J.-H. Park, J. Lee, J. Jeong, W. Kim, S. Lee, E. Noh, K. Kim, W.C. Lim, S. Kwon, B.-J. Bae, I. Kim, N. Ji, K. Lee, H. Shin, S.H. Han, S. Hwang, D. Jeong, J. Lee, S.C. Oh, S.O. Park, Y.J. Song, G.T. Jeong, G.H. Koh, A novel integration of STT-MRAM for on-chip hybrid memory by utilizing nonvolatility modulation, in: 2019 IEEE International Electron Devices Meeting, 2019, pp. 2.5.1–2.5.4.

[77] J.G. Alzate, U. Arslan, P. Bai, J. Brockman, Y. Chen, N. Das, K. Fischer, T. Ghani, P. Heil, P. Hentges, R. Jahan, A. Littlejohn, M. Mainuddin, D. Ouellette, J. Pellegren, T. Pramanik, C. Puls, P. Quintero, T. Rahman, M. Sekhar, 2 MB array-level demonstration of STT-MRAM process and performance towards L4 cache applications, in: 2019 IEEE International Electron Devices Meeting, 2019, pp. 2.4.1–2.4.4.

[78] D. Edelstein, A 14 nm embedded STT-MRAM CMOS technology, in: 2020 IEEE International Electron Devices Meeting, 2020, pp. 11.5.1–11.5.4.

[79] S.H. Han, 28-nm 0.08 mm2/Mb embedded MRAM for frame buffer memory, in: 2020 IEEE International Electron Devices Meeting, 2020, pp. 11.2.1–11.2.4.

[80] G. Hu, STT-MRAM with double magnetic tunnel junctions, in: 2015 IEEE International Electron Devices Meeting, 2015, pp. 26.3.1–26.3.4.

[81] P.K. Amiri, K.L. Wang, Low-power MRAM for nonvolatile electronics: electric field control and spin-orbit torques, in: 2014 IEEE 6th International Memory Workshop, 2014, pp. 1–4.

[82] L. Liu, C.-F. Pai, Y. Li, H.W. Tseng, D.C. Ralph, R.A. Buhrman, Spin-torque switching with the giant spin hall effect of tantalum, Science 336 (2012) 555–558.

[83] H. Honjo, T.V.A. Nguyen, T. Watanabe, T. Nasuno, C. Zhang, T. Tanigawa, S. Miura, H. Inoue, M. Niwa, T. Yoshiduka, Y. Noguchi, M. Yasuhira, A. Tamakoshi, M. Natsui, Y. Ma, H. Koike, Y. Takahashi, K. Furuya, H. Shen, S. Fukami, H. Sato, S. Ikeda, T. Hanyu, H. Ohno, T. Endoh, First demonstration of field-free SOT-MRAM with 0.35 ns write speed and 70 thermal stability under 400°C thermal tolerance by canted SOT structure and its advanced patterning/SOT channel technology, in: 2019 IEEE International Electron Devices Meeting, 2019, pp. 28.5.1–28.5.4.

[84] C. Wang, Z. Wang, S. Peng, Y. Zhang, W. Zhao, Advanced spin orbit torque magnetic random access memory with field-free switching schemes, in: 2019 IEEE International Electron Devices Meeting, 2020, pp. 2.6.1–2.6.4.

[85] T. Maruyama, Y. Shiota, T. Nozaki, K. Ohta, N. Toda, M. Mizuguchi, A.A. Tulapurkar, T. Shinjo, M. Shiraishi, S. Mizukami, Y. Ando, Y. Suzuki, Large voltage-induced magnetic anisotropy change in a few atomic layers of iron, Nat. Nanotechnol. 4 (2009) 158–161.

[86] N. Shimomura, H. Yoda, T. Inokuchi, K. Koi, H. Sugiyama, Y. Kato, Y. Ohsawa, A. Buyandalai, S. Shirotori, S. Oikawa, M. Shimizu, M. Ishikawa, T. Ajay, A. Kurobe, High-speed voltage control Spintronics memory (VoCSM) having broad design windows, in: 2018 IEEE Symposium on VLSI Circuits, 2018, pp. 83–84.

[87] M. Natsui, D. Suzuki, A. Tamakoshi, T. Watanabe, H. Honjo, H. Koike, T. Nasuno, Y. Ma, T. Tanigawa, Y. Noguchi, M. Yasuhira, H. Sato, S. Ikeda, H. Ohno, T. Endoh, T. Hanyu, A 47.14 μW 200-MHz MOS/MTJ-hybrid nonvolatile microcontroller unit embedding STT-MRAM and FPGA for IoT applications, IEEE J. Solid State Circuits 54 (11) (2019) 2991–3004.

[88] F. Bedeschi, R. Fackenthal, C. Resta, E.M. Donze, M. Jagasivamani, E. Buda, F. Pellizzer, et al., A multi-level-cell bipolar-selected phase-change memory, in: 2008 IEEE International Solid-State Circuits Conference, 2008, pp. 427–429.

[89] I. Giannopoulos, A. Sebastian, M. Le Gallo, V. Jonnalagadda, M. Sousa, M. Boon, E. Eleftheriou, 8-bit precision in-memory multiplication with projected phase-change memory, in: 2018 IEEE International Electron Devices Meeting, 2018, pp. 27.7.1–27.7.4.

[90] I. Boybat, M. Le Gallo, S. Nandakumar, T. Moraitis, T. Parnell, et al., Neuromorphic computing with multi-memristive synapses, Nat. Commun. (2018) 2514–2525.

[91] S. Ambrogio, P. Narayanan, H. Tsai, R.M. Shelby, I. Boybat, C. di Nolfo, S. Sidler, et al., Equivalent-accuracy accelerated neural network training using analogue memory, Nature 558 (2018) 60–67.

[92] W. Kim, R. Bruce, T. Masuda, G. Fraczak, N. Gong, P. Adusumilli, S. Ambrogio, et al., Confined PCM-based analog synaptic devices offering low resistance-drift and 1000 programmable states for deep learning, in: 2019 IEEE Symposium on VLSI Technology, 2019, pp. T66–T67.

[93] A. Sebastian, M. Le Gallo, R. Khaddam-Aljameh, E. Eleftheriou, Memory devices and applications for in-memory computing, Nat. Nanotechnol. 15 (2020) 529–544.

[94] S.G. Sarwat, T.M. Philip, C.-T. Chen, B. Kersting, R.L. Bruce, C.-W. Cheng, N. Li, N. Saulnier, M. BrightSky, A. Sebastian, Projected mushroom type phase-change memory, Adv. Funct. Mater. 31 (2021) 1–9. 2106547.

[95] A. Redaelli, F. Pellizzer, A. Pirovano, Phase Change Memory Device for Multibit Storage, Europe Patent EP2034536B1, 2010.

第 7 章

SCM 在服务器和大型系统中不断演进的作用

Ravi Nair[a] 和 Jung Yoon[b]

[a] 美国纽约州约克敦海茨 IBM 公司，[b] 美国纽约州波基普西 IBM 公司

7.1 引言

计算机的主存受到的关注通常不如中央处理器（Central Processing Unit，CPU），但在计算机的性能方面，它发挥的作用往往比 CPU 更重要。对服务器和超级计算机而言尤其如此，其中主存的成本及其所消耗的功耗与处理器芯片相当，有时甚至会更高。此外，大多数商业服务器应用程序依赖于大量内存，才能从高端处理器芯片获得最佳性能表现。事务处理应用程序的指令和数据的动态占用空间（即工作集）会变得非常庞大，如果主存容量不足，则会导致主存和非易失的二级存储之间频繁交换指令/数据，性能就会因此下降。当今许多高性能计算应用程序和深度学习应用程序也需要大容量的主存，其中存储器充当缓冲区，不断提供数据，使大量昂贵的计算单元保持不间断运行。

在 1945 年，约翰·冯·诺依曼（John von Neumann）观察到需要一种与电报机、磁带、穿孔卡片和类似的储存单元分离开来的内存来储存问题代码、参数和解决问题时所需的表格[1]。在 1949 年，他设计了一台名为 EDVAC 的设备，这台设备有一个延迟线内存，在问题处理的进程中，主要用于保存指令、中间结果以及在靠近计算单元的缓冲区中反复使用的结构体。与当今主存的功能类似，它也是易失的——一旦切断电源，数据就会丢失。有趣的是，用于下一代主存的存储技术，特别是磁鼓存储器[2]和磁芯存储器[3]，却是非易失性的。它们不像延迟线内存那样繁琐，不易出现瞬态错误。磁鼓存储器被证明是真正的储存类内存技术——虽然曾充当主存，但之后有很长一段时期它一直作为二级储存使用[4]。随后出现的磁芯存储器很难制造，也不具备较好的存储密度，因此最终让位于半导体存储器，特别是动态随机存取存储器（Dynamic Random-Access Memory，DRAM），即便后者是易失性的。在过去的 50 年中，DRAM 一直是计算机系统的主存储器。

约翰·冯·诺依曼最初的想法是使用主存作为低延迟缓冲区来存取问题的工作集，时至今日这一点仍保留在计算机中。此外，由于登纳德微缩（Dennard scaling）定律[5]的存在，DRAM 形式的半导体主存经受住了时间的考验。然而，处理器能力（特别在并行处理中）需要更快，但也更昂贵、更高能耗和更低密度的多级缓存，以隐藏处理单元和主存之间不断增加的

延迟。随着登纳德微缩定律趋向终结和计算技术的进步趋缓，无论是从容量的角度还是从易失性的角度来看，都需要寻找能替代 DRAM 的新主存。共享内存范式 [6] 因并行编程的需求而被广泛接纳和普及，容量方面的挑战逐渐显现出来。这种模式允许在同一台机器上运行的所有进程共享内存，从而减轻了程序员的负担。随着问题规模增大，以及用于解决问题的处理器数量增多，工作集规模也会随之增大。同样，易失性挑战来自于处理超大规模问题的需求，既需要大量的处理能力，往往也需要很长的运行时间。在超级计算机和高性能计算系统上处理的问题，如气候、天气、生物学、地震学和核问题的模拟，通常需要运行几个小时甚至几天，在此期间，硬件中的一些部分出现某种故障概率会变得很高。为防止这种情况发生，系统需要不断将结果转存到非易失储存中，或者在分立内存或非易失储存中保留频繁的检查点，以限制重新计算所花费的时间。

　　如果检查点是唯一的考虑因素，而不是容量或成本，那么使用电池备份 DRAM 就能满足这一需求。电池备份 DRAM 的原理是，当发生故障时，电池提供了足够的电源来将 DRAM 的内容数据传输到另一个地址。使用电池备份 DRAM 的优点之一是无需更改程序，但这样做的代价是功率、碳足迹和单比特内存成本的增加。因此，服务器行业迫切需要一种储存类内存（Storage-Class Memory，SCM），这类存储器不仅具有 DRAM 的存取时间特性，而且具有磁盘的非易失性和单比特成本特性。人们已经在 DRAM 主存的架构和形态规格方面进行了大量投资，在理想情况下任何新技术都应该继续利用这些资源。假设新内存技术可按字节来寻址，可按缓存线粒度来存取，并且可按双列直插式内存模组（Dual-In-line Memory Module，DIMM）形态规格来部署，那么切换到新技术的成本则大大降低。

　　到目前为止，还没有一项技术满足上面列出的所有理想需求，但正如我们将在本书后续章节中看到的那样，一些新兴技术已经具备了某些所需特性，并有望在未来展现光明前景。比如，其中一些技术具有出众的密度特性和适当的读取延时，但写入时间过长。另一些技术，在写入过程中改变存储单元状态所需的能量太高。对于更不同的技术，每次写入会导致太多的磨损，以致与 DRAM 相比，该内存单元可写入次数极度受限。毋庸置疑，并非所有缺陷都会影响到所有工作负载。相比读写趋于平衡的应用程序，读取占比大的应用程序能更好地利用这些技术。但更为重要的是，对这些缺陷的认知促进了那些可减轻其影响的策略的发展。例如，有意识地关注问题中的数据结构可以减少内存写入次数。通过动态更改单元物理位置的地址映射关系，可利用磨损均衡技术防止写入操作的局域集中化。

　　由于缺乏同时满足主存需求和二级存储需求的理想技术，人们提出了几种架构，将新的SCM 技术与 DRAM、磁盘、固态硬盘（Solid-State Drive，SSD）或者以上几种技术的组合相结合来弥补主存和二级存储之间的差距，我们将看到这些架构如何必然地在软件堆栈中引入复杂性。它们还涉及用户对新架构的了解程度与新架构提供的受益之间的权衡。

　　我们将在本章中使用的分类图如图 7.1 所示。我们将使用术语非易失性存储器（NonVolatile Memory，NVM）来指代任何非易失性技术，Freitas 等人 [7] 将术语储存类内存（SCM）用于半导体版本的 NVM。在此，我们将闪存归入自己的类别而非 SCM 类别，进而限制一些术语的适用范围。非易失性随机存取存储器（NonVolatile Random-Access Memory，NVRAM）

是 NVM 类别的一个子集，它可以像主存一样存取，特别是具有类似主存的字节寻址能力，并可使用典型处理器加载和存储指令。电池备份 DRAM 当然是 NVRAM 的实例，但更有趣的一类 NVRAM 是半导体 SCM。大多数 SCM 既可以作为主存，也可以作为具有类似磁盘块寻址能力的 SSD。为了区分这两种用途，我们将这两个版本称为内存级 SCM（SCM-as-Memory，SCMM）和储存级 SCM（SCM-as-Storage，SCMS）。一般在文献中，NVRAM 也被称为非易失性主存（NonVolatile Main Memory，NVMM）或持久性内存（Persistent Memory，PM）。

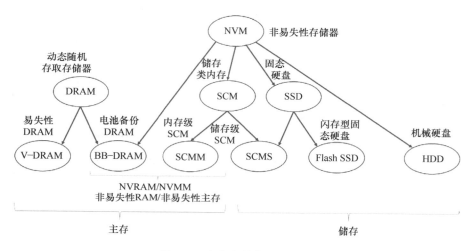

图 7.1　内存和储存技术分类

在下一节中，我们将回顾存储器技术的演变，比较它们的特性，并评估它们在当今和未来服务器中的商业潜力。我们将看到，随着多种 SCM（尤其闪存技术）单比特成本持续降低，SSD 正被更广泛地用作磁盘驱动器的替代品。然而，尽管 SCM 在持久性内存中的使用有着更加令人兴奋的潜力，但目前仍处于起步阶段。在后面的章节中，我们将介绍 SCM 技术的潜在杀手级应用程序及其对软件的影响。最后，我们将一窥 SCM 技术令人兴奋的新兴架构及应用，以此作为总结。

7.2　非易失性存储器技术的现状

半导体技术微缩一直是改进计算和储存系统密度、功耗、性能和成本的推动力。图 7.2 描绘了半导体微缩对 DRAM 密度的影响。很明显，随着时间的推移，增长的速度放缓，尤其在 2010 年（40nm 工艺节点以下）之后。这是因为 DRAM 技术微缩中遇到的挑战很大程度上是由光刻微缩驱动的，我们通常称之为摩尔定律[8]。根据登纳德微缩定律[5]，晶体管和电容结构的面积、性能和功率特性也随着光刻微缩而微缩，但随着这些结构趋近原子尺度而不再严格适用。

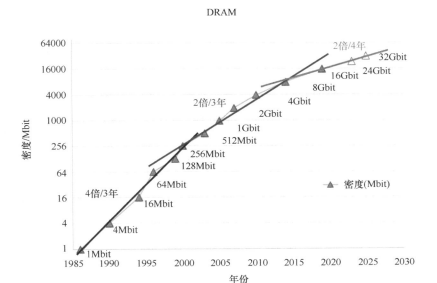

图 7.2　DRAM 技术节点趋势，说明了在 20 nm 以下节点特征尺寸缩减速率放缓

　　有趣的是，在 DRAM 中观察到的微缩放缓趋势与图 7.3 所示的 NAND 闪存的趋势相反。在 15nm 节点和 3D NAND 闪存引入之前，2D NAND 闪存密度的增长是由光刻微缩驱动实现的。自 2015 年 2D NAND 闪存向 3D NAND 闪存过渡以来，闪存的微缩一直是由层数稳步增加，以及外围电路和工艺的创新来驱动的。目前，全球多个晶圆厂量产的 3D NAND 闪存都具有 96 层堆叠，同时在 2021 年推出 120 层以上的芯片。并且，通过将每个单元的存储位数从 1 位（SLC）增加到 2 位（MLC）、3 位（TLC）、4 位（QLC）甚至 5 位（PLC），实现了闪存每比特成本进一步降低。随着每个单元存储位数的提高，单元的可靠性、密度和功耗都会受到不利影响，但周密的工程设计确保了存储位数增加带来的收益大于损失[9]。

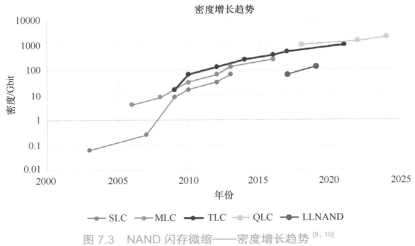

图 7.3　NAND 闪存微缩——密度增长趋势 [9, 10]

内存（以 DRAM 为代表）和储存（以闪存为代表）的各项特性之间的差距持续扩大，突显了对于结合这两者之长的 SCM 技术的必要性。

7.2.1 前景光明的 SCM 技术

储存类内存（SCM）可以被看作是一个器件类别，它结合了固态存储的优点，即高性能和鲁棒性，也具有传统硬盘磁储存的归档能力和低成本的特点。这样的器件需要具备非易失性，并且能够以非常低的单位比特成本来制造。SCM 具有优异的性能、可靠性、功率和每比特成本的潜力，同时也模糊了内存和储存之间的界线[11]。

在已经兴起研究的各种 SCM 技术中，三种颇有前景的技术正在进入大规模量产和产品化阶段：相变存储器（Phase Change Memory，PCM）、自旋转移矩磁阻存储器（STT-MRAM）和阻变存储器（ReRAM）。表 7.1 总结了这三种技术的关键参数。

表 7.1 SCM 技术（PCM、STT-MRAM、ReRAM）关键参数比较[12, 13]

参数	3DXP PCM	STT-MRAM	ReRAM
密度	128 ~ 256Gbit	1Gbit	64 ~ 256Gbit
单元类型	交叉点	平面	交叉点或垂直
单元尺寸（F^2）	4	6 ~ 50	4 ~ 10
读延迟	50ns	10ns	10ns
写延迟	500ns	50ns	50ns
耐久度（写周期数）	$> 10^7$	$> 10^{15}$	10^{11}
大规模制造	现在	现在	TBD（2023 年之后）
每 GB 美元价格	< 0.5 × DRAM 目标价	> 50 × DRAM	< 0.5 × DRAM 目标价

PCM 是借助相变材料中非晶相和结晶相之间的较大电阻差异来实现存储功能的[14-16]。非晶相具有较高的电阻率，而晶相的电阻率则要低三四个数量级。英特尔和美光引入了一种名为 3D XPoint⊖ 的架构[17]，该架构已与 PCM 存储材料集成。英特尔 3D XPoint PCM 的微缩可以通过增加层数和减小光刻特征尺寸来达成。这是现有 SCM 技术中最成熟的一项技术。

ReRAM 也借助于交叉点架构来发展。ReRAM 有两种不同的单元类型：导电细丝单元和氧空位单元。虽然 ReRAM 技术正在被积极研究，但是其密度、良率、质量和可靠性目前都不如 PCM。技术演进方面的挑战包括三维单元切换的复杂度和单元间一致性控制的困难程度。当前，我们正在评估交叉点类型和 3D NAND 类型以判断哪种垂直单元架构更具优势[18]。

第三个有趣的 SCM 技术是 STT-MRAM，该技术已在 Everspin Technologies 公司 的 40nm 和 28nm 技术节点中得到演示[19, 20]。这项技术具有很好的读写延迟和良好的耐久性，但它还不具备实现三维结构单元的明确途径。由于其低读写延迟的特性，STT-MRAM 被提出作为处理器中缓存的替代甚至作为主存的替代。人们对其在物联网（Internet of Things，IoT）中的应用越来越感兴趣，比如智能家居设备或者电子健康设备中使用的无线智能传感器，用于实时监控、分析和传输数据[21]。

⊖ Intel、Intel 徽标和 3D XPoint 均为英特尔公司或其子公司的商标。

总之，与闪存相比，新兴的各种 SCM 技术在更高的耐用性、更快的性能、有竞争力的成本和直接字节存取等方面能够显著提供更多综合优势。

7.2.2　单比特成本上的考虑

从历史上看，DRAM 单比特成本的降低是由光刻微缩和单元架构中的创新所驱动，从而达到更高的存储密度和更低的芯片成本。如图 7.4 所示，直到 40nm 工艺节点为止，这一驱动力使得从 2000 年到 2011 年每个节点的单比特成本递降 25% ~ 35%，而从 2011 年到 2017 年递降速度放缓。从 20nm 节点（2017 年）开始，任何单比特成本的降低都会变得极具挑战，主要归因于需要经过多重模式曝光（两次、三次甚至四次曝光）的光刻复杂性，也归因于电容结构和短沟道效应。

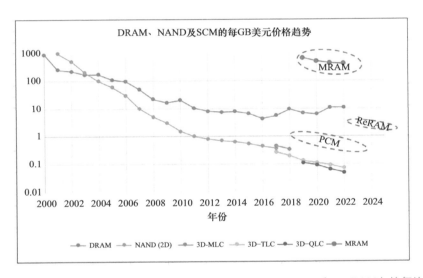

图 7.4　DRAM、闪存（2D 和 3D NAND）及 SCM（PCM、STT-MRAM 和 ReRAM）的每比特成本趋势

与 DRAM 成本趋势平坦化相对照，图 7.4 也展示了闪存单比特成本持续改善，部分由架构变化驱动，即从 2D NAND 向 3D NAND 技术演进。当每个单元存储的位数从 2 位（MLC）增加到 3 位（TLC）再到 4 位（QLC）时，我们可以看到成本进一步改善。

图 7.4 表明，与闪存相比，PCM 和 ReRAM 等 SCM 技术的单比特成本明显更高，但与 DRAM 相比则更低些。STT-MRAM 的单比特成本随光刻特征尺寸的减小而降低，但由于面临三维单元的集成挑战，递降速度逐渐放缓，至少在近期是这样的。

PCM 的前景会更好一些。除了光刻技术进步，PCM 技术的长期单比特成本微缩可以从单元架构的变化中受益（如英特尔 3D XPoint PCM 的情形），比如堆叠到 4 层或更多，以及从制造技术经验中获得的改进的良率。在较长一段时间内，堆叠超过 8 层后，将会由于 z 方向干扰效应等器件因素，使得进一步微缩存在各种限制。因此，如果没有进一步的创新，交叉点 PCM 的单比特成本可能在 4 层左右时最低，如图 7.5 所示 [22]。

比特成本与层数对比
1
比特成本
0 2 4 6 8 10 12 14 16
层数(N)

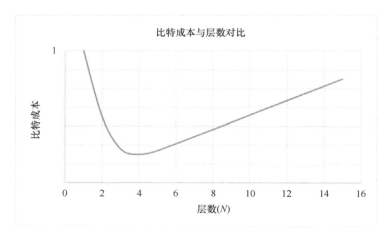

图 7.5　3D XPoint SCM（PCM、ReRAM）中比特成本缩放与交叉点层数的函数关系

7.2.3　SCM 在内存 – 储存层次结构中的定位

我们在图 7.6 中总结了跨越服务器内的内存 – 储存子系统所涉及的各种技术及其在密度、耐久度和延迟方面的关键参数。

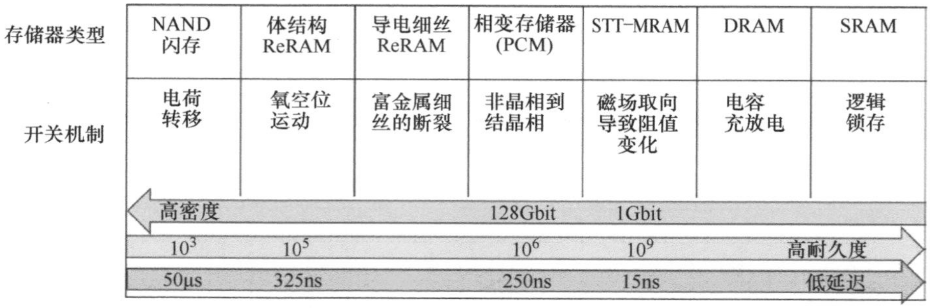

存储器类型
NAND 闪存
体结构 ReRAM
导电细丝 ReRAM
相变存储器 (PCM)
STT-MRAM
DRAM
SRAM
开关机制
电荷转移
氧空位运动
富金属细丝的断裂
非晶相到结晶相
磁场取向导致阻值变化
电容充放电
逻辑锁存
高密度
128Gbit
1Gbit
10^3
10^5
10^6
10^9
高耐久度
50μs
325ns
250ns
15ns
低延迟

图 7.6　各种存储技术的比较

当今广泛使用的技术是 SRAM 和 DRAM 技术，绘制在图右侧，以及图左侧所示的 NAND 闪存技术。两者之间的选项代表了正在被努力改进的各种 SCM 技术。

可以看出，这些技术都还没有达到可以作为服务于所有内存和储存应用领域的理想单一技术的程度。与此同时，SCM 技术可能作为 DRAM 和闪存型 SSD/HDD 之间的多级存储层次结构中的中间层。图 7.7 展示了各种这样的选项，以及对存取有效延迟和内存 – 储存层次结构单比特成本的影响。

单项 SCM 技术可能被部署在不同的形态规格中，有着不同的用途，比如，在存储层次结构中一个更接近内存端而另一个更接近储存端。可以通过它们的读写时间区分不同的形态规格，跨越 DRAM 约 80ns 延迟到 NAND 闪存 200μs 延迟的差距，这导致 SCM 技术分为内存级 SCM（SCMM）和储存级 SCM（SCMS）两种不同用途。

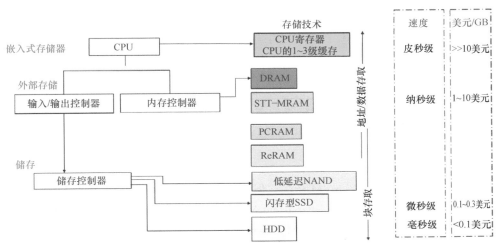

图 7.7　内存和储存层间的 SCM 技术（STT-MRAM、PCM、ReRAM）的比较

作为现代存储系统中替代 DRAM 的候选者，内存级 SCM（SCMM）应该提供低于 200ns 的读 / 写延迟，它还应该允许通过内存控制器直接连接到 CPU。SCMM 最初的作用可能不是完全替代 DRAM，而是用存储密度更高的 SCMM 替代大部分 DRAM，以提供更高的容量。与 "仅有 DRAM 系统" 相比，这样的系统能够实现相同的整体系统性能，同时提供适度的数据保持、更低的单 GB 功耗和更低的单 GB 成本。然而，广泛的商用则要求其单比特成本远低于 DRAM 的单比特成本。与储存环境相比，在主存环境中可用于磨损均衡、纠错和其他功能的时间极度受限，因此，大于十亿次周期的耐久度将是另一个关键要求。与 SCMS 相比，数据保持特性要求将不那么严格，也许 7~20 天就够了，因为非易失作用主要用来在系统崩溃或短期停电时提供数据的完全恢复。

储存级 SCM（SCMS）将作为高性能 SSD 发挥作用，由系统 I/O 控制器访问。SCMS 必须至少提供与闪存相同级别的数据保持特性（用于企业储存通常是在 40℃保存 3 个月左右）和超过百万次周期的耐久度目标。与基于 TLC NAND 闪存的 SSD 相比，SCMS 更昂贵，但降低了所有权总成本（Total Cost of Ownership，TCO），因为它提供了①更高的 I/O 数据传输率，②显著更低的延迟，以及③能够使用 NVMe 等新架构和接口来获得更好的 I/O 数据传输率和更少的软件开销。对于 SCMS 而言，即使单比特成本提高了 10 倍，只要储存的容量要求适中（小于数十 TB），所有权总成本也会极具吸引力。但当容量要求变得更大时，闪存型 SSD 仍然是适中的选择。

表 7.2 总结了这两种类型 SCM 的关键要求，这些要求在 SCM 得以广泛使用之前必须得到满足。

表 7.2　内存级 SCM 和储存级 SCM 的目标器件和系统规范 [13]

参数	DRAM	内存级 SCM	储存级 SCM	NAND 闪存（3D-TLC）
读写延迟	< 100ns	< 200ns	$1 \sim 5\mu s$	约 100μs
耐久度（写周期数）	无限的	$> 10^9$	$> 10^6$	$10^3 \sim 10^4$
数据保持	64ms	> 5 天	3 个月	3 个月
开态功耗（W/GB）	0.4	< 0.4	< 0.10	$0.01 \sim 0.04$
待机功耗	约 25% 开态功耗	< 5% 开态功耗	< 5% 开态功耗	< 10% 开态功耗

（续）

参数	DRAM	内存级 SCM	储存级 SCM	NAND 闪存（3D-TLC）
单位面积密度	约 10^9 bit/cm²	> 10^{10} bit/cm²	> 10^{10} bit/cm²	约 10^{11} bit/cm²
每 GB 价格 / 美元	约 5	< 0.5 × DRAM（每 GB 价格）	< 0.5 × DRAM（每 GB 价格）	<0.2

在下一节中，我们将介绍一种已经得到商业化的 SCM 技术，即英特尔 3D XPoint 技术。

7.3　英特尔傲腾存储器

虽然有几家公司正在生产 NVM 产品，但唯一作为内存产品专门销售的 SCM 是英特尔的傲腾⊖DC 持久性内存（Optane DC Persistent Memory，DCPMM）[23]。DCPMM 是一种非易失性介质，以双列直插式内存模组（DIMM）形式封装，安装在与传统 DRAM 主存连接的同一总线上。

傲腾 DCPMM 中使用的技术是英特尔 3D XPoint 技术。该技术的确切性质尚未被公开，但据推测是基于底层材料（如 PCM）的体特性变化。为了用作主存，需要对处理器和芯片组进行更改。每个模组的容量从 128 GB 到 512 GB 不等。一个处理器最多可以安装 6 个 DCPMM，也就是一台服务器上最多容许 3 TB 的主存。标准 DRAM 模组可与 DCPMM 模组混合使用。

DCPMM 有三种操作模式：

- 内存模式：在这种模式下，DCPMM 表现得与标准主存相似。如果还安装了任意容量的 DRAM，DRAM 将充当 DCPMM 中内存的缓存。在内存模式下，应用程序不需要知道 DCPMM 的存在。此模式的功能主要是充当更大容量的主存。

- App 直接模式：在这种模式下，DCPMM 的持久性特征暴露在操作系统和应用程序面前。DCPMM 中的内存可以在具有字节可寻址性的直接存取（Direct Access，DAX）模式下被访问，或者在块储存模式下被访问，持久性内存被视为固态器件（Solid-State Device，SSD），并以块为单位寻址。在块储存模式下，必须配置操作系统以利用 DCPMM。用户应用程序不必知道 DCPMM 的存在。

- 混合模式：在这种模式下，由 DCPMM 所提供存储容量的一部分被处理为内存模式，其余被处理为 App 直接模式。

DCPMM 提供的内存接口是英特尔的 DDR-4 变体，称为 DDR-T。该接口以 64B 缓存行大小的组块方式传输数据，不过对 DCPMM 模组本身的存取则是以 256B 颗粒度进行的。联想公司进行的研究表明，当完全填充在 App 直接模式时，DCPMM 的带宽[24]在 100% 读取情况下超过 40GB/s，但在 100% 写入情况下下降到 15GB/s。在 100% 读取情况下，顺序存取的加载到使用（load-to-use）延迟大约为 200ns，而随机存取的延迟接近 300ns。相比之下，如图 7.8 所示，DRAM 延迟低于 100ns。Waddington 等人[25]和 Izraelevitz 等人[26]也观察到延迟约为 DRAM 延迟的 3 倍。从图 7.8b 可以看出，DCPMM 的延迟对工作负载的敏感度明显高于 DRAM。（英特尔新近刚发布了新一代傲腾，它提供的带宽比在此被描述的世代多 25%。）

⊖　Intel、Intel 徽标和 Intel Optane 是英特尔公司或其子公司的商标。

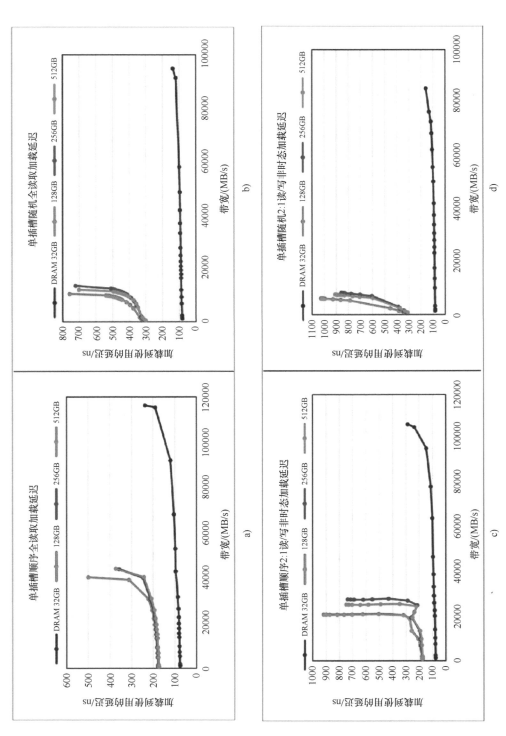

图 7.8　单插槽 DRAM 与 DCPMM 加载延迟性能对比：a）顺序全部读取；b）随机全部读取；c）顺序 2：1 读/写；d）随机 2：1 读/写[24]

从耐久性的角度来看，一个 256GB DCPMM 模组按照规范可承受持续超过 350PB 的生命周期总写入量，这相当于在整个内存单元均匀磨损的情况下持续运行 5 年。

正如下一节所讨论的，英特尔傲腾在工业界和学术界都得到了一系列应用研究。

7.4 SCM 运用范例

迄今为止，SCM 有过一段有趣的历史。在每一种 SCM 技术发展的初期，低延迟读取和写入特性使它们被看作是具有吸引力的持久性内存（SCMM）。随着时间的推移，它们的储存特性受到了越来越多的关注（SCMS），成为固态硬盘（SSD）的候选者。无论是哪种形式，都有几种方法可以将它们应用于大型服务器环境。本节将描述其中的一些。

7.4.1 作为数据储存

也许 SCM 最明显的应用，也是如今最常见的用途，就是作为磁盘驱动器的 SSD 替代品。与吞吐量约为 200MB/s 的磁盘相比，SSD 可以提供高达 3500MB/s 读取吞吐量和 2500MB/s 的写入吞吐量[27, 28]。对于闪存，即 SSD 中使用的主要技术来说，与同等容量硬盘驱动器相比，存取时间对比约为 0.1ms 对 6ms，能量消耗约为 1/3，而瞬态故障率为 4 ~ 10 倍更优。SSD 的缺点之一是它们的耐用性。随着 SSD 老化，其永久故障率也会增加，因此在使用 3 年后，SSD 中坏块的比例可能高达 30%，而磁盘驱动器上坏扇区的比例可能低于 5%。不过，SSD 的最大缺点仍是价格，每 GB 价格在 20 ~ 40 美分之间，而磁盘每 GB 价格仅为 3 美分。这种价格差异使得磁盘仍然是大规模部署的主要选择，如大型服务器、数据中心或云主机。然而，当考虑所有权总成本[29] 时，速度、更低功耗和更小形态规格的组合使闪存型 SSD 成为大型系统的更好选择。

如果围绕新技术重新设计系统，则可以更好地利用任何新技术的优势，对于 SSD 也是如此。与磁盘相比，SSD 技术的价格使其成为直接替代磁盘驱动器的较差选择，尤其在不改变物理接口（SATA/SAS）、协议或形式规格的情况下。通过使用 PCIe 接口而不是 I/O 接口直接将 SSD 连接到 CPU，性能可以得到提升。性能提升主要归因于软件堆栈效率提升，但其代价为非标准化的驱动程序和固件，通常每个供应商会提供自己的专有软件。使接口标准化的需求导致一种全新协议的开发，专门围绕 SCM 技术设计的 NVMe 协议，但仍然通过流行的 PCIe 接口直接连接到 CPU。较新的 PCIe 版本，如 Gen 3，可以为 SSD 提供比传统 SATA 接口快一倍的传输速度。

随着服务器的工作负载变得更加数据密集，它们会在多个内核上运行更多的并行线程。NVMe 协议旨在允许多个内核共享数千个 I/O 队列，在多个请求之间进行仲裁，分配优先级，并允许各请求乱序完成。该协议正在不断发展，尤其是带着企业应用方面的考虑。这些进步能够大幅提升速度，并降低所有权总成本，这两者很可能在最终使 SSD 在企业中得到更广泛使用的过程中起到决定性作用。云供应商为用户提供了 SSD 和硬盘驱动器两种选择，并鼓励用户在储存 10TB 以下数据时使用 SSD[30]。

7.4.2 用于储存缓存

当需要非常大容量的储存时，成本方面的考虑仍然会促使人们做出倾向旋转式硬盘的决定。优化磁盘延迟和吞吐量的方法之一是通过分层来实现。分层是在计算机体系结构中普遍存在的一个概念，比如在 IBM 的 Tivoli 储存管理器[⊖]（Tivoli Storage Manager）[31] 中，当暂时不会使用某些文件时，可以将其从成本较高的磁盘层转移到成本较低的介质（如磁带）上。通过使用混合闪存阵列，分层可以在储存系统中得以实现。混合闪存阵列本质上是闪存和磁盘的混合组合体，闪存充当磁盘前的缓存区或缓冲区。混合闪存阵列继续使用 SATA 接口，使客户们可以轻松地将其磁盘储存升级为这些新的解决方案。闪存阵列正在成为企业储存解决方案 [如网络附属储存（NAS）和储存区域网络（SAN）] 的首选形态规格。在 NAS 中，储存作为文件系统通过网络来访问，而在 SAN 中，则使用多个块设备向用户表示磁盘驱动器视图。

7.4.3　作为突发缓冲器

大规模高性能计算（High-Performance Computing，HPC）应用程序通常运行数小时甚至数天，在此期间底层系统发生故障的概率变得很高。为了防止这种情况，这些系统会将内存状态检查点移至磁盘或闪存 SSD 上。这些持久性器件不位于计算节点中，而是位于系统互连的特殊 I/O 节点中。互连的带宽相对较低，跨互连移动检查点的延迟时间较长，这些限制了在需要进行下一个检查点之前可以完成的计算量。这就促使高性能计算（HPC）系统在每个计算节点中加入一个 SCM 突发缓冲器，令检查点保存在持久内存中，将检查点传输到硬盘的时间段与下一次计算的时间段相重叠 [32, 33]。SCM 的速度和位置允许降低做出检查点的频次，从而提高系统的有效利用率。

突发缓冲器还可以用于检查点以外的 I/O 状况。例如，当需要分析或可视化 HPC 仿真结果时，习惯上先将结果保存到磁盘上，然后再对来自磁盘的数据进行离线分析和可视化操作。有了突发缓冲器，就有可能在执行计算的相同节点上布置分析或可视化例程，从而获得更及时的反馈，可用于调整后续计算过程的方向。

7.4.4　作为混合内存 – 储存的子系统

早在 1994 年，Wu 和 Zwaenepoel[34] 就建议使用非易失性主存作为一个完整的储存系统。他们称之为 eNVy 系统，该系统使用闪存，并将储存呈现为线性阵列，而非具有块和扇区的旋转磁盘。这为软件提供了一个简洁的加载 – 储存接口，减少了代码路径长度和代码占用空间。无论是程序员还是系统软件都不需要担心主存和磁盘之间在存取粒度及持久性方面的差异。为了隐藏无法以较小的粒度对闪存执行就地更新的问题，作者们提出了一种"写复制"（copy-on-write）技术，该技术将各页面引入 SRAM 缓存，并以 FIFO 的方式按页面粒度写回闪存。为了磨损均衡，他们允许将各页面重新映射到不同的物理位置，并在 SRAM 的表中维护转换关系。包含转换表和页面缓存的 SRAM 曾配备电池，以保持传统储存的非易失特性。

eNVy 系统是非易失性随机存取存储器（NVRAM）概念的早期范例。非易失、可字节寻址、能加载 – 储存的秉性也是主存的特点，因此这类存储器也被称为非易失性主存（NVMM）。目前这类内存中的另一个广受欢迎的术语是持久性内存（PM）。如今，eNVy 的 SRAM- 闪存分层

已经让位于混合 DRAM-SCMM 内存 – 储存架构。这种架构既可以是分层的 DRAM-SCMM（其中 DRAM 被用作 SCMM 的缓冲区），也可以是横向的 DRAM-SCMM（两者并排使用）。只有当系统能保证在断电或关机后恢复一致状态时，混合 DRAM-SCMM 系统才有资格成为持久性内存。

没有额外的旋转硬盘或 SSD 的混合 DRAM-SCMM 系统仍然相当昂贵，并且针对大量用户的预算，也许无法提供足够的容量。因此，带有 SSD 和磁盘的系统仍有一席之地。这样的系统可以结合两种类型 SCM：SCMM 用于连接到内存控制器的持久性内存层，而 SCMS 作为连接到储存或 I/O 控制器的 SSD。持久性内存可以被视为一个缓冲区，具有内存的持久秉性有助于保持一致性，同时减少储存的数据流量。

7.4.5 作为持久性内存

对于具有持久性内存的系统，更有趣的观点是将其视为纯内存（memory-only）系统。混合纯内存系统的 SSD 层将作为主持久性内存层的溢出备份。目前的软件堆栈更多地将主存视为持久性储存的工作缓存，并且需要重新构建以获取持久性内存系统的全部收益。Thermostat 系统 [35] 就是针对这种系统提出的建议，它向程序员展示持久性内存视图，同时在主存容量不足时，将数据以页面粒度透明地迁移到 SSD 上。

在纯内存系统中，每当应用程序占用的空间超过持久性内存的容量时，就会在持久性内存和 SSD 之间发生页面迁移。这种迁移可能代价高昂。如果数据直接储存在最适合其存取特征的层中，可能会比先将所有写入的数据导向持久性内存中更有益处。学习这些特征一直是最近研究的主题。这种学习既可以离线进行，如 X-Mem⊖[36]，也可以在线进行，如 Ziggurat⊖[37]。在线学习具有能够利用工作负载的动态特性的优点。比如，可以将一段时间未存取的冷数据向下迁移到磁盘。在文件系统的实验中，Ziggurat 能够做到将 SSD 添加到纯内存系统的开销保持在相当低的水平。有趣的是，软件堆栈的重组也能为 Ziggurat 证明，它不需要大量的持久性内存就能显著提高传统 SSD 主导系统的性能。

正如在本节所看到的，SCM 可以通过多种方式被使用，既能够提高当今架构下的系统的性能，也可采取新的方式应用。释放 SCM 潜力的关键在于重新构建软件堆栈以发掘其潜能。随着 SCM 变得更普及和更低廉，毫无疑问，操作系统和应用程序将以显著的新方式予以重新设计。在下一节中，我们将关注持久性内存的概念及其用 SCMM 的实现对一些重要的服务器应用程序的影响。

7.5 利用 SCMM 的应用程序

从服务器的角度来看，一些应用程序可以从 SCMM 的特殊特性中获益。这些应用程序中的大多数都利用了 SCMM 所承诺的以更低的成本实现更高的容量。然而，提供具有更高可靠性的服务也是所有大型系统的重要需求，在这方面，SCMM 的持久特性将发挥重要作用。本节

⊖ 可扩展内存表征工具。——译者注
⊖ 用于非易失性主存和磁盘的分层文件系统。——译者注

中，我们将重点介绍一些对 SCMM 友好的应用程序的特性，并讨论在模拟环境或英特尔的傲腾 DCPMM 上观察到的其中一些应用程序的性能。

7.5.1　存内数据库

在过去的几年里，存内数据库已经成为服务器应用程序的一个重要领域。传统的数据库依赖于磁盘（以及最近的 SSD）来储存和存取数据。相比之下，存内数据库依赖于主存，与磁盘甚至 SSD 相比，从主存存取数据所需的时间要短得多。人们已经观察到存内数据库查询的响应时间已经以微秒为单位。这样的响应时间使存内数据库非常适合实时银行、游戏、零售、旅行和各种分析等应用程序。常见的存内数据库包括 Memcached[38]、Redis ⊖ [39] 和 SAP HANA⊖ [40]。

由于大多数系统中的主存都是使用 DRAM 来实现的，所以当前存内数据库的最大问题是它们的易失性，因为当系统断电时，储存在主存中的数据会丢失。电池备份 DRAM 价格昂贵，因此防止故障的更常见方法是将数据持久化到磁盘或 SSD 上。对数据库的更改不会立即发送到储存器，更常见的做法是在磁盘上保存数据快照并以日志形式记录更改。

SAP HANA 是一个存内列式关联数据库管理系统，用作数据库服务器，可以执行高级分析以及提取、转换和加载等数据预处理功能。SAP HAA 依靠磁盘或闪存来保存数据，以便在发生故障后快速恢复。此外，它使用日志来记录在两个检查点之间对数据库所做的更改。

除了行和列中的实际数据外，典型的存内数据库还需要数据结构，这些数据结构往往既是内存密集型的，又是延迟关键型的。在参考文献 [41] 中，作者们对使用英特尔傲腾 DCPMM 作为 SCMM 运行的 SAP/HANA 系统进行了模拟分析，其中所有这些延迟关键型数据结构都保留在 DRAM 中，而数据库本身则保存在 SCMM 中，缓存在 DRAM 中。为了衡量对 OLTP 工作负载的影响，作者们模拟了一种最坏的场景，其中每个事务都会导致缓存丢失和对 SCMM 存取操作。他们的结果表明，虽然事务延迟随着存取 SCMM 的延迟而增加，但它的增长很缓慢——SCMM 延迟从 100ns 到 600ns 增加了 6 倍，使总体查询延迟仅增加了 1.6 倍（见图 7.9a）。对于以 TPC-C 基准为代表的 OLAP 工作负载，增加延迟的影响（见图 7.9b）甚至更低。这种反应由三个因素决定：①硬件预取器预测参考模式的能力；②查询的工作集大小有限；③查询的计算密集型性质。

在另一个模拟分析中，作者们测量了在崩溃后将数据库加载到内存中以使其再次为在线查询做好准备的时间。当 DRAM 由 SSD 或磁盘支持时，这个时间会随着表中的行数的增加而急剧增加，而当使用 DRAM-SCMM 组合时，它的增长则要缓慢得多（见图 7.10a）。这是因为有许多与存内数据库相关的内存密集型数据结构，它们可以保留在主存的持久部分，而在磁盘和 SSD 的情况下，它们需要被带回到 DRAM 中。SCMM 提供的额外好处是它允许将更多的 DRAM 直接分配给服务查询的延迟关键方面（见图 7.10b）。

⊖　Redis 是 Redis Labs Ltd 的商标。其中的任何权利归 Redis Labs Ltd 所有。
⊖　SAP HANA 是 SAP SE 或其附属公司在德国和其他几个国家的商标。

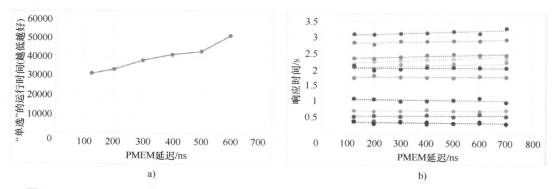

图 7.9   SAP/HANA 在英特尔傲腾 DCPIMM 上的模拟性能：a）"单选"的最坏情况；b）每个 OLAP 查询的响应时间[41]

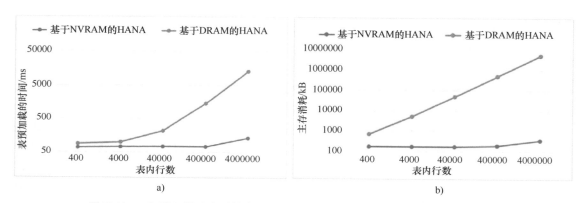

图 7.10   a）服务器重启后的表预加载成本；b）数据加载时的 DRAM 消耗[41]

7.5.2   大型图形应用程序

图形应用程序构成了当前大数据领域的一类重要应用程序。移动计算和社交网络所处理的图形可能有数百万甚至数十亿个节点，表示神经网络的图形也有达到数十亿个节点，新兴的物联网（Internet of Things，IoT）应用程序可能规模更大。这种大型图形应用程序通常是内存密集型的，因此当这些图形不适合在主存时，由于主存和储存之间不断进行页面调度，它们会导致显著的性能损失。分层 DRAM-SCMM 主存通过增加主存容量和减少内存存取的有效延迟来减轻这种损失。

在目前使用的几种图形框架中，许多框架（如 Ligra[42]、Galois[43] 和 Graphit[44]）都假定整个图形都能放入主存中。其他一些框架，如 GraphChi[45]、X-Stream[46]、GridGraph[47] 和 Big-Sparse[48]，则允许内核外处理，即根据需要将部分图形放入主存。而另外一些框架，如 Power-Graph[49]、Gemini[50] 和 D-Galois[51]，允许分布式处理，其中图在集群的节点之间进行分区。为共享单个 DRAM 主存编写的算法在内核外情况下或者分布式环境情况下并不能很好地工作。因此，数据布局、算法和实现都必须重新设计，以避免在内核外情况下存取储存或者在分布式处理中节点间通信开销带来的额外延迟。

Gill 等人 [52] 进行了一项研究，将分布式系统上处理大型图形与具有傲腾 DCPMM 作为 SCMM 的单个服务器上处理相同图形的性能进行了比较。作者们在装有傲腾的服务器上使用了基本的 Galois 框架，而在分布式系统中则使用了 D-Galois（分布式版本的 Galois 框架）。值得注意的是，作者们能够在单节点傲腾 DCPMM 系统上达到与 256 节点分布式系统匹敌的性能。一般来说，与用于分布式集群的算法相比，在共享内存系统中使用的算法往往更高效，但仍然需要对原始 Galois 代码进行额外调整，以达到与 256 节点实现相对等。调整技术包括：①在定位数据结构时考虑到 SCMM 所增加的延迟；②通过选择适当的页面大小来避免页面管理的开销；③通过利用非传统算法减少内存存取，这些算法不是面向顶点的，而是使它们能够进行更多的并行计算。

作者们还比较了使用 GridGraph 框架的内核外应用程序的性能，发现其在使用傲腾的 App 直接模式的服务器上的性能要比 Galois 在傲腾内存模式下的性能差几个数量级。这再次说明，为单个共享内存提供更复杂算法对 Galois 的情况有所帮助。然而，导致 GridGraph 架构性能较差的更大原因是，即使内核外存取被定向到 SCMM，但这些都是 I/O 接口存取，与主存存取相比会产生显著开销。这项实验强调了重新设计内核外应用程序框架以专门针对 SCM 的重要性，而不仅仅是将 SCM 视为低延迟磁盘储存。

在对英特尔傲腾图形应用程序的另一项研究中，Peng 等人 [53] 发现，尽管与 DRAM 相比，NVM 的延迟更长，带宽也更低，但在单个节点使用混合 DRAM-SCMM 的应用程序往往比在两个节点之间共享更大 DRAM 的应用程序性能更好。不过，为了获得可感知的收益，有必要对系统进行重新编程，根据数据结构的读写特性将其适当定位到 DRAM 或 SCMM 中。由于傲腾 DCPMM 的存取粒度为 256B，如果程序员能够协调 256B 的存取，也会带来好处。特别是从能耗的角度来看，这有助于避免在 SCMM 中放置写密集型数据结构。写入 NVRAM 会产生大量能量，因此如果非临时写入操作（即使用低引用局部性的写入操作）过多，则在傲腾内存模式下的能耗就会很高。

这两项研究的经验是，为了实现 SCM 对图形应用程序的真正承诺，重要的是必须仔细控制对各种可用存储类型的细粒度存取，对数据结构进行分区，并将其放置在层次结构的适当层中。

7.5.3　文件系统

文件系统是操作系统在储存中组织数据的一种典型方式，允许程序按名称而不是按其在储存中的特定位置存取数据。文件系统最初主要是围绕旋转磁盘储存设计的。使文件系统适应闪存和各种 SSD，包括储存级 SCM（SCMS），是相当简单的。然而，通过更改 I/O 系统，可以更好地利用 SCM 的低延迟和高吞吐量能力，以 NVMe 协议和 NVMe 适配器为例。

即使我们迁移到纯内存的持久性内存系统，向后兼容性的需求也会迫使我们继续提供文件系统。有一些简单的方法可以实现这一点。例如，eNVy 系统 [34] 为此目的在主存中结合了一个虚拟驱动器。这种在 DRAM 主存中实现的文件系统，其性能通常比在旋转磁盘甚至 SSD 上的它的原生性能高出几个数量级。即使当 DRAM 主存被混合 DRAM/SCMM 所取代时，这种性能提升的大部分仍能保留。然而，如果从根本上重新设计文件系统以利用主存的字节可寻址能力，则可以获得更大的受益。此类文件系统的一些示例是 BPFS[54]、SCMFS[55]、PMFS[56] 和 EXT4-DAX[57]。这些文件系统消除了操作系统页面缓存，而是使用字节可寻址的加载和储存指令直接从 DRAM 中的用户缓冲区复制到非易失性 SCMM 中。

许多其他系统都有优化版本，进一步提升文件系统的性能。例如，Ou 等人 [58] 发现，与全 DRAM 系统相比，对 SCMM 的写入延迟限制了此类系统的性能。因此，他们将写入操作划分为由操作系统标识的"急性"和"惰性"的持久文件写入组。"急性"文件写入操作通过字节可寻址储存操作直接储存到 SCMM 中，而"惰性"文件写入操作则以低延迟写入 DRAM，并且刷新频率较低。

Zhang 和 Swanson[59] 注意到，DRAM 和 SCMM 之间的延迟差异并没有大到妨碍混合内存系统的性能接近理想的纯 DRAM 系统；相反，正是需要在持久性内存中保持一致性，才需要从缓存中将数据刷新清出，从而产生性能开销。多处理器系统中的内存一致性是指概念，即每个处理器看到数据更改的顺序必须完全相同。现代处理器使用乱序储存来提高性能，但就程序而言，处理器实现保证了内存一致性，使储存看起来像是按顺序执行的。遗憾的是，它们不能保证储存被写入 NVM 的顺序，这可能会导致在断电情况下它们的状态不一致。在他们的 Nova 系统中，Xu 和 Swanson[60] 提出了对日志结构文件系统的一种改进，即一种技术，使写入操作按顺序进入循环日志头部，可用于在断电的情况下重建一致的状态。性能的提升来自于将多个日志保持为在非易失性 SCMM 中，每个文件索引节点保存一个，允许在没有同步开销的情况下并发更新文件。

尽管文件系统已经存在很长一段时间了，但随着持久性内存开始找到商业实现，这一领域最近有着相当的活跃度。我们可以期待未来在这一领域出现更多的创新。

7.6　服务接口

我们已经看到，对于这种新范式的程序员来说，持久性内存的一致性是怎样一个棘手的问题。借用文件系统和数据库一致性的概念，内存一致性可以通过定期创建内存屏障、刷新缓存以将脏行写回内存，以及记录已知状态下的所有写入操作来实现。然而，这并不总是一项微不足道的工作 [61]。将这些操作插入程序流的理想点取决于应用程序，并且不可能总是由系统自动完成。用户借助诸如持久性内存开发套件（Persistent Memory Development Kit，PMDK）[62] 之类的套件来执行这些操作。PMDK 是围绕 Linux 下的 libpmemobj 库构建的，它将持久性内存视为内存映射文件，Linux 和 Windows 等常见的操作系统都支持这一特性。该库提供了事务性应用程序接口（API），对构建可容忍系统故障的更大型程序而言，能够简化该任务。

另一个旨在简化持久性内存编程（尤其是并行编程）的系统是 Atlas[63] 系统。并行程序总是使用锁定来隔离关键区域，防止对共享变量的同时写入访问。Atlas 针对这种基于锁定的代码为目标，为并行程序添加持久性。程序员负责识别内存对象是持久性还是瞬时性，该系统（在程序员最低限度指导下）保证 SCMM 中的对象在发生故障后处于一致状态。

NV-Heaps[64] 是另一个试图利用持久性内存的系统。作者们指出，对持久对象编程很容易出现由非易失性引入的各种新类型的漏洞。NV-Heaps 使用程序员熟悉的原语（如对象、指针、内存分配和原子段）提供了"具有持久性的对象"的抽象，并在幕后安全地实现它们。比如，由于 DRAM 的内容会在断电时丢失，系统帮助应用程序确保 SCMM 中来自对象的指针永远不会指向 DRAM 中的地址。

参考文献 [12] 中可以找到在存储系统中利用 SCM 的软件技术的全面考察。

7.6.1　高级编程模型

对于持久性内存正确编程的困难性导致出现了许多扩展对 SCM 的编程语言支持的建议。Volos 等人的早期工作之一称为 Mnemosyne[65]，它为程序员提供了一个使用持久性内存进行编程的接口。Mnemosyne 允许程序员声明可交换到后备文件的持久性内存区域，支持数据一致更新的原语，以及使能任意数据结构一致就地更新的事务机制。更近期的一项工作是 NVL-C[66]，它扩展了 C 编程语言，使持久性内存平台进行正确高效的编程更为便利。

Shull 等人 [67, 68] 通过为 Java 等托管语言提供框架，进一步提高了 SCM 的可用性。该框架在保护程序员免受代码漏洞危害的同时，又能保持足够高的抽象级别以隐藏硬件细节。当大多数其他系统都要求程序员指定所有需要持久化的数据结构时，自动持久化，如它们的系统称作的那样，只需要指定所谓的"入口点"数据结构，系统就会从中自动推断需要持久化的剩余数据结构。不仅数据结构本身被放置在持久性内存中，而且系统还能确保以正确的顺序持久化完成对于这些数据结构的写入操作。该系统利用 Java 的运行时分析功能来预测哪些数据结构可能需要被持久化，从而避免将数据从一种类型存储器交换到另一种类型存储器。

持续开发支持持久性内存的框架和编程语言，不仅对持久性内存概念的进一步发展至关重要，而且对各种 SCM 技术的进一步发展也至关重要。

7.7　对云端的影响

7.7.1　云端和基础设施即服务（IaaS）

如今，人们普遍将客户自有的服务器转移到云端上，凭借其可扩展性、可靠性和多功能性的前景，并且没有硬件维护、软件基础设施升级和本地服务器不动产成本等诸多麻烦。云生态系统最适合那些"诞生在云上"的服务提供商——通常是拥有令人兴奋想法的初创公司，他们想在其平台的一小部分潜在用户中进行彻底测试，如果成功，就迅速扩大用户数量。第二类是已经在自己的服务器上取得成功的服务供应商，他们主要出于便利性和可扩展性的角度考虑，希望迁移到云端。这些用户还希望云端能够复制他们在自己的服务器上所享受到的软件体验和性能。

服务的扩展总是涉及储存的扩展，而不仅仅是计算能力的扩展。这就是 SSD 和 SCMS 在云端中发挥它们作用的地方。大多数云提供商在其产品中都突出了以半导体储存为特色。但是直到最近，SCMM 才被谷歌 GCP[⊖]、亚马逊 AWS[⊖] 云端和微软 Azure[⊖] 等供应商部署到云端上。使用英特尔傲腾，谷歌 GCP 提供了具有高达 7TB 主存的虚拟机实例。在 GCP 上使用傲腾持久性内存后，SAP HANA 声称其启动时间减少了 12 倍 [69]。AWS 在一个实例中提供具有高达 24GB 内存的 EC2 High Memory[70]，与此同时，微软为实例提供的主存最高可达 9GB，其中包括 6GB 傲腾持久性内存 [71]。

7.7.2 虚拟机占用空间

虚拟机 [72] 仍然是利用本地和云端的计算服务器的主要方式。在虚拟机中，用户被提供的是一台机器的视图，其中包含专供他 / 她使用的所有资源，而系统将这些资源映射到对用户透明的底层物理资源。在物理服务器上整合多个虚拟机可对降低服务器的所有权总成本大有益处。虚拟机的密度越高，企业的数据中心成本就越低。对于服务提供商来说，它们还能增加每台服务器的收入。然而，可以同时部署在单个服务器上的虚拟机数量受到服务器上可用资源的限制，尤其是主存。增加该内存对于增加虚拟机密度（即在服务器或机架上的虚拟机的最大数量）至关重要。这正是 SCMM 可以发挥重要作用的地方，它可以将更多虚拟机用户们的数据保存在内存中，当用户们的总占用空间变大时，无需承担页面调度到本地或远程磁盘的成本。

7.7.3 单服务器部署更多容器

虚拟化可以在满负载机器以外的层级上实现。在操作系统层级执行虚拟化以实现应用程序到不同类型机器的可移植性正变得越来越普遍。其中一种机制就是 Linux^⑨ 容器 [73]，即一个应用程序，连同它所依赖的所有库和系统软件，在一个 Linux 系统上创建并绑定到一个数据包，该数据包可以转移到其他 Linux 系统上执行。容器正在成为云端提供操作系统级虚拟化的常用方式。

在许多平台上，容器执行的工作负载通常是多种多样的。因此，可能会有大量低负载的容器与少量高负载的容器混合在一起。Rellermeyer 等人 [74] 发现，在典型系统中，即使容器的工作集可以放到主存中，系统的虚拟内存也会成为容器密度的限制因素。他们通过在 Web 服务器上运行高优先级的旅行预订应用程序来演示这种效果，稳定地增加"噪声"作业的数量，同时保持传入事务的总数和内存流量不变。图 7.11a 显示了随着"噪声"作业数量的增加，吞吐量在某一点上开始下降。从图中可以看出，当"噪声"容器实例少于 20 个时，吞吐量不受影响，但超过这个数量后，吞吐量迅速下降。

他们描述了一种名为暗黑破坏神内存扩展（Diablo Memory Expansion，DMX）的系统，该系统通过内存总线连接 NAND 闪存来扩展内存，并在 DRAM 和闪存之间透明地移动内存页面。不依赖于操作系统的页面调度算法，他们使用特殊的软件来预测各种活跃作业的页面使用范围，

⊖ GCP 是谷歌有限责任公司的商标。

⊖ Amazon Web Services 和 AWS 是 Amazon.com 股份有限公司或其附属公司在美国和 / 或其他国家的商标。

⊖ Microsoft 和 Azure 是微软集团公司的商标。

⑨ Linux 是 Linus Torvalds 在美国和其他国家的注册商标。

并将页面适当地放置在 DRAM 或闪存中。如图 7.11b 所示，当"噪声"作业数量增加时，他们成功避免了吞吐量下降。这个实验使用闪存并按页面粒度移动内存块。使用混合 DRAM-SCMM 有望获得相似甚至更好的结果。

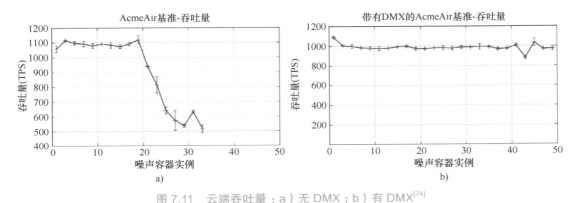

图 7.11　云端吞吐量：a）无 DMX；b）有 DMX[74]

7.7.4　网络功能虚拟化（NFV）

网络功能虚拟化（NFV）涉及用运行在虚拟机上的软件取代专用网络硬件。通常在专用硬件上执行的功能，如转码器、防火墙、负载平衡器和流量控制等，可以在运行在标准服务器主计算机内核上的软件上实现。在 NFV 解决方案的设计中，一个重要的考虑因素是服务器上可以为这些网络功能提供服务而预留的资源量。参考文献 [75] 给出了在 NFV 设计中各种考虑因素的讨论。随着网络功能的演进，服务器中容纳所有活跃网络功能的工作集所需的主存数量将迫使我们研究在服务器上的 DRAM-SCMM 主存解决方案，既在本地也在云端。

7.7.5　分布式计算

迄今为止，关于持久性内存的大部分研究都是在单节点层面进行的。随着这项技术的普及，具有多个节点的系统将变得更加普遍，而每个节点都拥有自己的 DRAM-SCMM 内存。因此，设计分布式共享持久性内存系统就变得很有意思，在这种系统中，DRAM- 储存的存储层次结构被混合 DRAM-SCMM 存储（可选择由 SSD 支持）所取代。Shan 等人的 DSPM[76] 和 Lu 等人的 Octopus[77] 已经报道了这个方向上一些很有前景的工作。Tsai 和 Zhang[78] 还提出了一种分解式持久性内存系统，其中多个计算节点通过网络以字节粒度访问混合内存池。

7.8　未来前景

在非易失性存储器（NVM）的整个领域，创新和新发展层出不穷。人们一直在寻求一种既具有 DRAM 的字节可寻址性和读写延迟特性，又具有磁性储存介质的非易失性和耐用性的存储器。目前，最接近的是电池备份 DRAM，当系统断电时，通过自动切换到电池，DRAM 主存的内容得到保护，从而为将 DRAM 的内容保存到二级存储中赢得了时间。电池备份 DRAM 多年来一直用于储存产品，但最近也开始用于服务器[79]。然而，它们占用空间，需要冷却和维护，并且在数据中心部署时存在发热和安全隐患。此外，它们的能量密度微缩速度不如半导体技术快，尽管有观点认为，在典型情况下，需要持久保存的内存比例很小，且不需要随内存大小而微缩[80]。

利用半导体代替 DRAM 可谓历史悠久。闪存最初被设想为 EEPROM 的替代品，在 EEPROM 中，必须擦除整个芯片才能重新写入某个位置。首款 NOR 闪存允许随机存取任何位置，但读写延迟较长。这促使了 NAND 闪存的发展，它具有更低的存取延迟，更高的密度和耐用性，以及更低的单位比特成本，但牺牲了随机字节寻址能力。存取是以成百上千比特的大块为单位进行的，这赋予它们更多磁盘储存的特性。随后，人们的注意力转移到了闪存作为各种 SSD 的使用上，时至今日，它们在服务器中仍然占据主导地位。

这种引入一种具有随机字节寻址能力的新存储技术，最终只是将其部署为一种储存替代方案的趋势，我们在各类比较新的技术中也能看得到。相变存储器（PCM）技术最初也有望成为 DRAM 的非易失性替代品，但其首次商业化亮相是作为块寻址设备[81]，更适合 SSD[82]。ReRAM 技术最初也是在松下公司的 MN101L 嵌入式微控制器中以字节寻址的形式引入的[83]，却将首先以交叉点架构 ReRAM 的 SSD 形式推向市场[84]。该架构与英特尔傲腾产品所采用的 3D XPoint 架构类似。

7.8.1 嵌入式 SCM

现有技术的发展无疑会继续，但新技术也在不断涌现。该领域的新技术之一是与 CMOS 逻辑兼容的电荷俘获型晶体管（Charge-Trap Transistor，CTT）[85] 技术。该技术在密度上无法与 DRAM 竞争，但鉴于该技术与 CMOS 逻辑技术兼容的事实，允许该器件被嵌入到处理器的常规逻辑中。这使得它对于低端的片上系统（SoC）应用程序颇具吸引力，但是，对于在与处理器芯片分离的芯片上实现主存的服务器应用程序则不一定适用。

然而，嵌入式应用程序在服务器中的角色可能即将发生变化。随着 CMOS 微缩速度的放缓，服务器将依赖加速技术来逐步提高性能。目前，在服务器和云端中运行的应用程序中最热门的领域之一是人工智能领域。特别是，深度学习是计算密集型的，非常适合加速。如今，深度学习的加速正在数据中心和云端的通用图形处理单元（General-Purpose Graphics Processing Unit，GPGPU）芯片上进行。但随着深度学习专用芯片的大规模投资和广泛开发，用于推理和训练的 SoC 加速器可能会与 GPGPU 一起部署。

大多数用于深度学习的专用芯片都依赖于 SRAM 缓存或便签存储器来为片上的大量计算单元提供数据。然而，这需要通过连接高带宽内存（High-Bandwidth Memory，HBM）来增强，以确保计算单元的高利用率。因此，将内存嵌入到与加速器的计算单元处于相同的芯片中可以提高性能，并减缓使用昂贵的 HBM 的需求，那就顺理成章了。CTT 的逻辑兼容性使其成为嵌入式存储器的潜在候选者，但第一代 CTT 密度还不够大，而不值得这样嵌入。Donato 等人[86] 的研究表明，可以通过增加每个单元中储存的比特数来提高 CTT 存储器的密度。他们使用这种高密度的嵌入式 SCM 设计了一种用于深度学习的 SoC。在这种 SoC 中，相当大的模型所需的所有权重（VGG16 的权重约为 1.3 亿个）都可以存储在 SoC 上的多层 CTT 中，与密集的

计算逻辑一起实现神经网络。他们的方法可以适用于任何未来可嵌入的 SCM 技术，如果能用
CMOS 逻辑兼容的工艺制造的，甚至可适用于 PCM 或 ReRAM。

7.8.2　存内计算

将逻辑与内存相结合的能力为近数据处理（Near-Data Processing，NDP）[87] 和存内处理
（Processing-In-Memory，PIM）[88] 的概念带来了新的生命。在上一节中描述的 CTT- 神经网络
SoC 是近数据处理的一个例子。自从所谓的"存储墙"被认定以来，将处理和存储更紧密地结合
在一起一直是计算领域的"圣杯"[89]。针对特定的应用领域，已经提出了一些着眼将计算与数据
紧密合并的提议 [90]。将处理靠近储存也很有价值，因为数据通常在储存中进行归档 [91]。

由于内存和逻辑工艺技术的不兼容，DRAM 内处理技术并未变得流行。美光的自动处理器
（automata processor）[92] 通过限制在外围感测放大器电路中添加逻辑，而取得了一些成功。存内
处理的采用也因缺乏重要的杀手级应用程序而受到阻碍。由于一系列因素的共同作用，这种情
况可能会有所改变。首先是摩尔定律的终结导致了加速器的兴起，其次是人工智能的复苏导致
了加速深度学习的专用设计的快速发展，最后是与 CMOS 逻辑技术兼容的 SCM 技术的发展。
我们很有可能将见证使用嵌入式 SCM 的专用加速器领域的爆炸式发展。

前面提到的多位 CTT 技术是 David Brooks 和他在哈佛大学的团队所应用的一种近存处理方
法的目标 [86, 93]。在加州大学洛杉矶分校（UCLA）的研究中，CTT 也是载体，它将逻辑与模拟
神经网络计算引擎的每个存储单元相集成 [94]。这种处理与存储的紧密集成是存内处理微缩"存
储墙"潜力的一个例子。模拟 CTT 引擎的仿真表明，在 500MHz 的时钟频率下，它可以达到相
当于 76.8 TOPS（8 位）的性能，并且仅消耗 14.8mW 的功率。

也有类似的尝试使用忆阻器和 ReRAM 技术来开发深度学习的存内处理方案。这些例子包
括，使用 ReRAM 技术的 PRIME[95]，使用带有忆阻器的交叉点技术的 ISAAC[96]，普渡大学几项
使用阻变交叉开关（crossbar）技术 [97] 的研究，以及使用模拟阻变交叉开关阵列进行训练的加
速器 [98]。这些论文还指出，在考虑目标技术的情况下，算法的微小变化如何能在加速器的性能
方面带来显著的好处 [99, 100]。无论如何，这些电路低功耗、较小占用空间、性能和精度使它们不
仅适用于低端应用程序，也能作为高端服务器和云端的加速器。

7.9　小结

大数据时代的到来给大型系统的架构带来了许多变化，尤其是服务器、高性能计算系统、
数据中心和云端计算。大量数据的可用性和产生将极大地增加对经济可靠的存储系统的需求。
在这方面，闪存型 SSD 将继续发挥重要作用。SCM 之所以准备进入这个储存领域，主要是因
为它们具有更好的延迟特性。

在计算端，处理和分析产生的海量数据的需求也在不断增加，这将推动对更大容量主存的
需求。这些力量正在将主存和储存之间的差距进一步拉大。除了成本和耐用性外，SCM 具有填
补这一空白的所有匹配特征。有希望的是，需求的增加和规模经济将有助于在不久的将来降低
成本，持续探索器件，辅以软件缓解技术，可以克服耐用性屏障。

在本章中，我们业已尝试列出 SCM 可以发挥这种桥梁作用的各种途径，其中最有希望的是 SCM 作为字节可寻址的持久性内存的作用。我们已经简要描述了几个可以在这种职责下利用 SCM 的服务器类应用程序。我们还观察到，内存和储存层数量的增加加剧了编程的复杂性，并且需要新的框架和语言来减轻这些复杂的多层系统的编程负担。

本章集中讨论 SCM 在服务器和其他大型系统中的应用。SCM 在较小的系统中也扮演着重要的角色，比如物联网和可嵌入系统，这两个领域的发展是分开并行地进行的。但是，摩尔定律的终结可能会使带有 SCM 的嵌入式系统更接近大型服务器，尤其是作为加速器。在加速器的开发中出现了令人兴奋的创新，特别是在新型存内计算体系结构和新型封装技术方面。SCM 技术是为了弥补主存和储存之间的差距而发展起来的，它也应该成为打破"存储墙"壁垒，开创非冯·诺伊曼计算时代的技术，这样的期望是恰如其分的。

参 考 文 献

[1] J. Von Neumann, First draft of a report on the EDVAC, IEEE Ann. Hist. Comput. 15 (4) (1993) 27–75.

[2] IBM, Magnetic Drum Data Processing Machine Announcement—Press Release, IBM Archives, 2022. [Online]. Available from: http://www-03.ibm.com/ibm/history/exhibits/650/650_pr1.html.

[3] Wikipedia, Magnetic-core Memory, 2022, [Online]. Available from: http://en.wikipedia.org/wiki/Magnetic-core_memory.

[4] R. Nair, Evolution of memory architecture, Proc. IEEE 103 (8) (2015) 1331–1345.

[5] R.H. Dennard, F.H. Gaensslen, V. Leo Rideout, E. Bassous, A.R. LeBlanc, Design of ion-implanted MOSFET's with very small physical dimensions, IEEE J. Solid State Circuits 9 (5) (1974) 256–268.

[6] D.E. Lenoski, W.-D. Weber, Scalable Shared-Memory Multiprocessing, Elsevier, 2014.

[7] R.F. Freitas, W.W. Wilcke, Storage-class memory: the next storage system technology, IBM J. Res. Dev. 52 (4.5) (2008) 439–447.

[8] R.R. Schaller, Moore's law: past, present and future, IEEE Spectr. 34 (6) (1997) 52–59.

[9] J. Yoon, R. Godse, A. Walls, A Deep Dive into 3D-NAND Silicon—Linkage to Storage System Performance & Reliability, Flash Memory Summit, August 2019. https://www.flashmemorysummit.com/Proceedings2019/08-07-Wednesday/20190807_FTEC-202-1_Yoon.pdf.

[10] J. Yoon, R. Godse, A. Walls, 3D NAND Technology Scaling Helps Accelerate AI Growth, Flash Memory Summit, August 2018. [Online]. Available from: https://www.flashmemorysummit.com/English/Collaterals/Proceedings/2018/20180808_FTEC-201-1%20Yoon.pdf.

[11] A. Chen, A review of emerging non-volatile memory (NVM) technologies and applications, Solid State Electron. 125 (2016) 25–38.

[12] S. Mittal, J.S. Vetter, A survey of software techniques for using non-volatile memories for storage and main memory systems, IEEE Trans. Parallel Distrib. Syst. 27 (5) (2015) 1537–1550.

[13] International roadmap for devices and systems(IRDS) 2018 Update, Beyond CMOS.

[14] G.W. Burr, M.J. Brightsky, A. Sebastian, H.-Y. Cheng, J.-Y. Wu, S. Kim, N.E. Sos, N. Papandreou, H.-L. Lung, H. Pozidis, E. Eleftheriou, C. Lam, Recent progress in phase-change memory technology, IEEE J. Emerging Sel. Top. Circuits Syst. 6 (2) (2016) 146–162.

[15] S. Raouz, et al., Phase change random access memory: a scalable technology, IBM J. Res. Dev. 52 (4/5) (2008) 465–480.

[16] G.W. Burr, et al., Phase change memory technology, J. Vac. Sci. Technol. B 28 (2) (2010) 223–262.

[17] J. Dong, Intel's Optane 3DXP Technology—PCM, Flash Memory Summit, August 2017. https://www.flashmemorysummit.com/English/Collaterals/Proceedings/2017/20170808_FR12_Choe.pdf.

[18] H.Y. Chen, et al., HfOx based verticle resistive random-access memory for cost effective 3D Cross Point architecture without cell selector, in: IEDM, December 2012, pp. 497–500 (20.7.1–20.7.4).

[19] S. Aggarwal, et al., Demonstration of a reliable 1Gb standalone spin-transfer-torque MRAM for industrial applications, in: IEDM, December 2019, ISBN: 978-1-7281-4032-2 (2.1.1–2.1.4).

[20] K. Conley, The era of Gigabit Universal Memory Begins, MRAM Developer Day, August 6, 2019.

[21] S. Beertalazzi, MRAM Technology and Market Trends, Flash Memory Summit, Santa Clara CA, August 5, 2019.

[22] J. Yoon, R. Godse, G. Tressler, H. Hunter, 3D-NAND and 3D-SCM scaling—Implications to Enterprise Storage, Flash Memory Summit 2017, Santa Clara CA, August 9, 2017.

[23] Intel, Intel Optane DC Persistent Memory, 2019. https://www.intel.com/content/www/us/en/architecture-and-technology/optane-dc-persistent-memory.html.

[24] B. "Truth" Tristian, T. Liao, J. Chou, Analyzing the Performance of Intel Optane DC Persistent Memory in App Direct Mode in Lenovo ThinkSystem Servers, 2019. https://lenovopress.com/lp1083.pdf.

[25] D. Waddington, M. Kunitomi, C. Dickey, S. Rao, A. Abboud, J. Tran, Evaluation of intel 3D-xpoint NVDIMM technology for memory-intensive genomic workloads, in: Proceedings of the International Symposium on Memory Systems, 2019, pp. 277–287.

[26] J. Izraelevitz, J. Yang, L. Zhang, J. Kim, X. Liu, A. Memaripour, Y.J. Soh, et al., Basic Performance Measurements of the Intel Optane DC Persistent Memory Module, arXiv preprint arXiv:1903.05714, 2019.

[27] D. Singer, Understanding the Difference Between Solid State and Hard Disk Drives. Liquidweb.com/blog/how-do-solid-state-drives-work.

[28] Samsung, SSD 970 EVO: Unreal Performance Realized, 2020. https://www.samsung.com/semiconductor/minisite/ssd/product/consumer/970evo/.

[29] Samsung, Storage TCO calculator, 2020. https://www.samsung.com/semiconductor/support/storage-tco-calculator/.

[30] Google, Choosing Between SSD and HDD, 2020. Storagecloud.google.com/bigtable/docs/choosing-ssd-hdd.

[31] IBM, Tivoli Storage Manager V7.1 Documentation, 2013. https://www.ibm.com/support/knowledgecenter/SSGSG7_7.1.0/com.ibm.itsm.tsm.doc/welcome.html.

[32] W. Bhimji, D. Bard, M. Romanus, D. Paul, A. Ovsyannikov, B. Friesen, M. Bryson, et al., Accelerating Science with the NERSC Burst Buffer Early User Program, 2016.

[33] S.S. Vazhkudai, B.R. de Supinski, A.S. Bland, A. Geist, J. Sexton, J. Kahle, C.J. Zimmer, et al., The design, deployment, and evaluation of the CORAL pre-exascale systems, in: SC18: International Conference for High Performance Computing, Networking, Storage and Analysis, IEEE, 2018, pp. 661–672.

[34] M. Wu, W. Zwaenepoel, eNVy: a non-volatile, main memory storage system, ACM SIGOPS Oper. Syst. Rev. 28 (5) (1994) 86–97.

[35] N. Agarwal, T.F. Wenisch, Thermostat: application-transparent page management for two-tiered main memory, in: Proceedings of the Twenty-Second International Conference on Architectural Support for Programming Languages and Operating Systems, 2017, pp. 631–644.

[36] S.R. Dulloor, A. Roy, Z. Zhao, N. Sundaram, N. Satish, R. Sankaran, J. Jackson, K. Schwan, Data tiering in heterogeneous memory systems, in: Proceedings of the Eleventh European Conference on Computer Systems, 2016, pp. 1–16.

[37] S. Zheng, M. Hoseinzadeh, S. Swanson, Ziggurat: a tiered file system for non-volatile main memories and disks, in: 17th {USENIX} Conference on File and Storage Technologies ({FAST} 19), 2019, pp. 207–219.

[38] Memcached, Memcached—A Distributed Memory Object Caching System, https://memcached.org/.

[39] Redis, https://redis.io/.

[40] F. Färber, S. Kyun Cha, J. Primsch, C. Bornhövd, S. Sigg, W. Lehner, SAP HANA database: data management for modern business applications, ACM SIGMOD Rec. 40 (4) (2012) 45–51.

[41] M. Andrei, C. Lemke, G. Radestock, R. Schulze, C. Thiel, R. Blanco, A. Meghlan, et al., SAP HANA adoption of non-volatile memory, Proc. VLDB Endow. 10 (12) (2017) 1754–1765.

[42] J. Shun, G.E. Blelloch, Ligra: a lightweight graph processing framework for shared memory, in: Proceedings of the 18th ACM SIGPLAN Symposium on Principles and Practice of Parallel Programming, 2013, pp. 135–146.

[43] D. Nguyen, A. Lenharth, K. Pingali, A lightweight infrastructure for graph analytics, in: Proceedings of the Twenty-Fourth ACM Symposium on Operating Systems Principles, 2013, pp. 456–471.

[44] Y. Zhang, M. Yang, R. Baghdadi, S. Kamil, J. Shun, S. Amarasinghe, Graphit: a high-performance graph dsl, Proc. ACM Program. Lang. 2 (OOPSLA) (2018) 1–30.

[45] A. Kyrola, G. Blelloch, C. Guestrin, Graphchi: large-scale graph computation on just a {PC}, in: Presented as part of the 10th {USENIX} Symposium on Operating Systems Design and Implementation ({OSDI} 12), 2012, pp. 31–46.

[46] A. Roy, I. Mihailovic, W. Zwaenepoel, X-stream: edge-centric graph processing using streaming partitions, in: Proceedings of the Twenty-Fourth ACM Symposium on Operating Systems Principles, 2013, pp. 472–488.

[47] X. Zhu, W. Han, W. Chen, GridGraph: large-scale graph processing on a single machine using 2-level hierarchical partitioning, in: 2015 {USENIX} Annual Technical Conference ({USENIX}{ATC} 15), 2015, pp. 375–386.

[48] S.-W. Jun, A. Wright, S. Zhang, S. Xu, Arvind, BigSparse: High-Performance External Graph Analytics, arXiv preprint arXiv:1710.07736, 2017.

[49] J.E. Gonzalez, Y. Low, H. Gu, D. Bickson, C. Guestrin, Powergraph: distributed graph-parallel computation on natural graphs, in: Presented as part of the 10th USENIX Symposium on Operating Systems Design and Implementation (OSDI 12), 2012, pp. 17–30.

[50] X. Zhu, W. Chen, W. Zheng, X. Ma, Gemini: a computation-centric distributed graph processing system, in: 12th {USENIX} Symposium on Operating Systems Design and Implementation ({OSDI} 16), 2016, pp. 301–316.

[51] R. Dathathri, G. Gill, L. Hoang, H.-V. Dang, A. Brooks, N. Dryden, M. Snir, K. Pingali, Gluon: a communication-optimizing substrate for distributed heterogeneous graph analytics, in: Proceedings of the 39th ACM SIGPLAN Conference on Programming Language Design and Implementation, 2018, pp. 752–768.

[52] G. Gill, R. Dathathri, L. Hoang, R. Peri, K. Pingali, Single machine graph analytics on massive datasets using Intel Optane DC Persistent Memory, arXiv preprint arXiv:1904.07162, 2019.

[53] I.B. Peng, M.B. Gokhale, E.W. Green, System evaluation of the Intel Optane byte-addressable NVM, in: Proceedings of the International Symposium on Memory Systems, 2019, pp. 304–315.

[54] J. Condit, E.B. Nightingale, C. Frost, E. Ipek, B. Lee, D. Burger, D. Coetzee, Better I/O through byte-addressable, persistent memory, in: Proceedings of the ACM SIGOPS 22nd Symposium on Operating Systems Principles, 2009, pp. 133–146.

[55]　X. Wu, A.L. Narasimha-Reddy, SCMFS: a file system for storage class memory, in: Proceedings of 2011 International Conference for High Performance Computing, Networking, Storage and Analysis, 2011, pp. 1–11.

[56]　S.R. Dulloor, S. Kumar, A. Keshavamurthy, P. Lantz, D. Reddy, R. Sankaran, J. Jackson, System software for persistent memory, in: Proceedings of the Ninth European Conference on Computer Systems, 2014, pp. 1–15.

[57]　Support ext4 on nv-dimms, 2014. http://lwn.net/Articles/588218/.

[58]　J. Ou, J. Shu, Y. Lu, A high performance file system for non-volatile main memory, in: Proceedings of the Eleventh European Conference on Computer Systems, 2016, pp. 1–16.

[59]　Y. Zhang, S. Swanson, A study of application performance with non-volatile main memory, in: 2015 31st Symposium on Mass Storage Systems and Technologies (MSST), IEEE, 2015, pp. 1–10.

[60]　J. Xu, S. Swanson, NOVA: a log-structured file system for hybrid volatile/non-volatile main memories, in: 14th USENIX Conference on File and Storage Technologies (FAST 16), 2016, pp. 323–338.

[61]　V.J. Marathe, M. Seltzer, S. Byan, T. Harris, Persistent memcached: Bringing legacy code to byte-addressable persistent memory, in: 9th USENIX Workshop on Hot Topics in Storage and File Systems (HotStorage 17), 2017.

[62]　Intel, Persistent Memory Programming. https://pmem.io/.

[63]　D.R. Chakrabarti, H.-J. Boehm, K. Bhandari, Atlas: leveraging locks for non-volatile memory consistency, ACM SIGPLAN Not. 49 (10) (2014) 433–452.

[64]　J. Coburn, A.M. Caulfield, A. Akel, L.M. Grupp, R.K. Gupta, R. Jhala, S. Swanson, NV-heaps: making persistent objects fast and safe with next-generation, non-volatile memories, ACM SIGARCH Comput. Archit. News 39 (1) (2011) 105–118.

[65]　H. Volos, A. Jaan Tack, M.M. Swift, Mnemosyne: lightweight persistent memory, ACM SIGARCH Comput. Archit. News 39 (1) (2011) 91–104.

[66]　J.E. Denny, S. Lee, J.S. Vetter, NVL-C: static analysis techniques for efficient, correct programming of non-volatile main memory systems, in: Proceedings of the 25th ACM International Symposium on High-Performance Parallel and Distributed Computing, 2016, pp. 125–136.

[67]　T. Shull, J. Huang, J. Torrellas, Defining a high-level programming model for emerging NVRAM technologies, in: Proceedings of the 15th International Conference on Managed Languages & Runtimes, 2018, pp. 1–7.

[68]　T. Shull, J. Huang, J. Torrellas, AutoPersist: an easy-to-use Java NVM framework based on reachability, in: Proceedings of the 40th ACM SIGPLAN Conference on Programming Language Design and Implementation, 2019, pp. 316–332.

[69]　Google, Available first on Google Cloud: Intel Optane DC Persistent Memory, https://cloud.google.com/blog/topics/partners/available-first-on-google-cloud-intel-optane-dc-persistent-memory.

[70]　AWS, Now Available: Amazon EC2 High Memory Instances with up to 24 TB of memory, Purpose-built to Run Large In-memory Databases, like SAP HANA, https://aws.amazon.com/about-aws/whats-new/2019/10/now-available-amazon-ec2-high-memory-instances-purpose-built-run-large-in-memory-databases/.

[71]　Microsoft, Next Generation SAP HANA Large Instances with Intel®Optane™Drive Lower TCO, https://azure.microsoft.com/en-us/blog/next-generation-sap-hana-large-instances-with-intel-optane-drive-lower-tco/.

[72]　J.E. Smith, R. Nair, The architecture of virtual machines, Computer 38 (5) (2005) 32–38.

[73]　C. Anderson, Docker [Software Engineering], IEEE Softw. 32 (3) (2015) 102–c3.

[74]　J.S. Rellermeyer, M. Amer, R. Smutzer, K. Rajamani, Container density improvements with dynamic memory extension using NAND flash, in: Proceedings of the 9th Asia-Pacific Workshop on Systems, 2018, pp. 1–7.

[75] J.G. Herrera, J.F. Botero, Resource allocation in NFV: a comprehensive survey, IEEE Trans. Netw. Serv. Manag. 13 (3) (2016) 518–553.

[76] Y. Shan, S.-Y. Tsai, Y. Zhang, Distributed shared persistent memory, in: Proceedings of the 2017 Symposium on Cloud Computing, 2017, pp. 323–337.

[77] Y. Lu, J. Shu, Y. Chen, T. Li, Octopus: an RDMA-enabled distributed persistent memory file system, in: 2017 {USENIX} Annual Technical Conference ({USENIX}{ATC} 17), 2017, pp. 773–785.

[78] S.-Y. Tsai, Y. Zhang, Building Atomic, Crash-Consistent Data Stores with Disaggregated Persistent Memory, arXiv preprint arXiv:1901.01628, 2019.

[79] A. Dragojević, D. Narayanan, E.B. Nightingale, M. Renzelmann, A. Shamis, A. Badam, M. Castro, No compromises: Distributed transactions with consistency, availability, and performance, in: Proceedings of the 25th Symposium on Operating Systems Principles, 2015, pp. 54–70.

[80] R. Kateja, A. Badam, S. Govindan, B. Sharma, G. Ganger, Viyojit: decoupling battery and DRAM capacities for battery-backed DRAM, ACM SIGARCH Computer Architecture News 45 (2) (2017) 613–626.

[81] Numonyx, Numonyx Announces Phase-Change Memory for Consumer Devices. https://www.computerworld.com/article/2517403/numonyx-announces-phase-change-memory-for-consumer-devices.html.

[82] A.M. Caulfield, A. De, J. Coburn, T.I. Mollow, R.K. Gupta, S. Swanson, Moneta: a high-performance storage array architecture for next-generation, non-volatile memories, in: 2010 43rd Annual IEEE/ACM International Symposium on Microarchitecture, IEEE, 2010, pp. 385–395.

[83] Panasonic, MN101L Series embedded Panasonic core, https://industrial.panasonic.com/tw/products/semiconductors/microcomputers/mn101l#h01.

[84] https://youtu.be/aRaLclIhexE?t=27263.

[85] F. Khan, E. Cartier, J.C.S. Woo, S.S. Iyer, Charge trap transistor (CTT): an embedded fully logic-compatible multiple-time programmable non-volatile memory element for high-k-metal-gate CMOS technologies, IEEE Electron Device Lett. 38 (1) (2016) 44–47. W. Wang, S. Diestelhorst, Quantify the performance overheads of PMDK, in: Proceedings of the International Symposium on Memory Systems, 2018, pp. 50–52.

[86] M. Donato, B. Reagen, L. Pentecost, U. Gupta, D. Brooks, G.-Y. Wei, On-chip deep neural network storage with multi-level eNVM, in: Proceedings of the 55th Annual Design Automation Conference, 2018, pp. 1–6.

[87] R. Balasubramonian, J. Chang, T. Manning, J.H. Moreno, R. Murphy, R. Nair, S. Swanson, Near-data processing: insights from a MICRO-46 workshop, IEEE Micro 34 (4) (2014) 36–42.

[88] P. Kogge, A Short History of PIM at NotreDame, July 1999. www.cse.nd.edu/pim/projects.html.

[89] W.A. Wulf, S.A. McKee, Hitting the memory wall: implications of the obvious, ACM SIGARCH Computer Architecture News 23 (1) (1995) 20–24.

[90] P. Siegl, R. Buchty, M. Berekovic, Data-centric computing frontiers: A survey on processing-in-memory, in: Proceedings of the Second International Symposium on Memory Systems, 2016, pp. 295–308.

[91] G. Singh, L. Chelini, S. Corda, A.J. Awan, S. Stuijk, R. Jordans, H. Corporaal, A.-J. Boonstra, Near-memory computing: past, present, and future, Microprocess. Microsyst. 71 (2019), 102868.

[92] P. Dlugosch, D. Brown, P. Glendenning, M. Leventhal, H. Noyes, An efficient and scalable semiconductor architecture for parallel automata processing, IEEE Trans. Parallel Distrib. Syst. 25 (12) (2014) 3088–3098.

[93] L. Pentecost, M. Donato, B. Reagen, U. Gupta, S. Ma, G.-Y. Wei, D. Brooks, MaxNVM:

maximizing DNN storage density and inference efficiency with sparse encoding and error mitigation, in: Proceedings of the 52nd Annual IEEE/ACM International Symposium on Microarchitecture, 2019, pp. 769–781.

[94] Y. Du, L. Du, X. Gu, J. Du, X. Shawn Wang, B. Hu, M. Jiang, X. Chen, S.S. Iyer, M.-C.F. Chang, An analog neural network computing engine using CMOS-compatible charge-trap-transistor (CTT), IEEE Trans. Comput. Aided Des. Integr. Circuits Syst. 38 (10) (2018) 1811–1819.

[95] P. Chi, S. Li, C. Xu, T. Zhang, J. Zhao, Y. Liu, Y. Wang, Y. Xie, Prime: a novel processing-in-memory architecture for neural network computation in reram-based main memory, ACM SIGARCH Computer Architecture News 44 (3) (2016) 27–39.

[96] A. Shafiee, A. Nag, N. Muralimanohar, R. Balasubramonian, J.P. Strachan, M. Hu, R. Stanley Williams, V. Srikumar, ISAAC: a convolutional neural network accelerator with in-situ analog arithmetic in crossbars, ACM SIGARCH Computer Architecture News 44 (3) (2016) 14–26.

[97] S. Jain, A. Ankit, I. Chakraborty, T. Gokmen, M. Rasch, W. Haensch, K. Roy, A. Raghunathan, Neural network accelerator design with resistive crossbars: opportunities and challenges, IBM J. Res. Dev. 63 (6) (2019) 10–11.

[98] S. Kim, T. Gokmen, H.-M. Lee, W.E. Haensch, Analog CMOS-based resistive processing unit for deep neural network training, in: 2017 IEEE 60th International Midwest Symposium on Circuits and Systems (MWSCAS), IEEE, 2017, pp. 422–425.

[99] S. Jain, A. Raghunathan, CxDNN: hardware-software compensation methods for deep neural networks on resistive crossbar systems, ACM Trans. Embed. Comput. Syst. 18 (6) (2019) 1–23.

[100] T. Gokmen, W. Haensch, Algorithm for training neural networks on resistive device arrays, Front. Neurosci. 14 (2020) 103.

第 8 章

3DXpoint 技术基础

Fabio Pellizzer[a] 和 Andrea Redaelli[b, c]

[a] 美国爱达荷州博伊西美光科技公司技术开发部
[b] 意大利蒙萨和布里安萨省阿格拉泰布里安扎意法半导体公司技术开发部
[c] 意大利蒙萨和布里安萨省维梅尔卡泰美光科技公司

8.1 分立 PCM 架构的历史回顾

过去的几十年间，得益于新型半导体存储器采用了硫族化合物材料，人们对这一领域重新产生了兴趣，很多关于硫族化合物材料的研究也开展起来。然而，相变存储器（PCM，有时也称为 PCRAM）概念的诞生可以追溯到 20 世纪 70 年代初期 Neal、Nelson 和 Moore 的先驱性工作，他们首次将基于硫族化合物的电阻器组织成阵列来实现一种可编程存储器件[1]。其存储机制依赖于硫族化合物薄膜的热诱导相变，使其在绝缘非晶相和高导电结晶相[2]之间切换，相变引起电阻值变化可以被用于检测在材料结构中存储的数据状态。但是，由于 20 世纪 70 年代使用的器件尺寸较大，引起相变所需的电流非常大，因此无法将其真正用作可编程存储器。PCM器件本质上是一种硫族化合物薄膜电阻器，这种薄膜通常是 Ge-Sb-Te 合金[3-6]，但有时也使用其他材料[7, 8]，其低场电阻会随着有源区材料的相态（如结晶化或非晶化）发生数量级的变化。在存储器操作时，单元的读出是通过低偏压下的阻值感测进行的。与读出操作不同，编程操作则需要相对较大的电流来加热硫族化合物，从而引起局部的相变。因此，通过施加不同幅度和几十纳秒范围时长的电压脉冲，人们可以很容易地实现相变。

8.1.1 文献综述

自 2000 年初，包括英特尔、意法半导体、海力士和三星[3, 5-7]在内的大型微电子公司就开始关注这一概念，并对早期的一些工作[1]产生了兴趣。此时，借助于光刻技术的进步，编程电流过大这一问题可以通过缩小单元尺寸得到有效的解决，因此大部分工作都集中于对单元结构的优化，以构建更高效的单元。在 PCM 中，存储单元可以使用不同的单元结构来实现[3, 9-11]，包含两种主要的单元加热及编程的器件方法：自加热和外加热方法[12]。参考文献 [13] 对器件结构做了比较全面的分析。自加热方法是利用相变材料在导通状态下自身的电学和热学特性在有源区（相变区）内部产生温度。由于导通状态下硫族化合物的导电性和导热性较高，因此其编程操作不是特别高效，这种方法会产生比基于加热器的方法更大的编程电流。另一方面，自加热结构在制造方面更为简单，针对可靠性失效机制的鲁棒性也更好，尤其是与加热器相关的那些机制[14]。降低自加热器件所需的较大编程电流，可以通过优化器件的几何形状以及与硫族化合物接触的材料（电极）来达成，如果设计得当，这些电极材料还能充当加热器。提高编程效率的另一个重要方面是使相变材料完全受限，即将能量直接集中在要发生相变的材料上。此外，从可靠性的角度来看，这种完全受限方法的鲁棒性非常好，它可以减少非受限结构中经常会出现的离子迁移问题[15]。基于这种理解，我们可以将 PCM 单元定义为四类（见表 8.1）：①外加热的非限域相变；②外加热的限域相变；③自加热的非限域相变；④自加热的限域相变。

表 8.1　根据加热器类型和参与到相变中涉及硫族化合物材料量（称为受限）可以将 PCM 单元架构分为不同类型

文献中报道的大多数工作都属于外加热的非限域相变类别，因为这种结构在单元性能和工艺复杂度之间实现了良好的折中[3, 9, 10]。然而，通过启用一种只有两次刻蚀的交叉杆减法方法，自加热的限域相变结构可使制造工艺简化，从而降低了芯片的制造成本。因此，限域相变和电极工程可以减缓预期编程电流增加。此外，在介质材料内的硫族化合物材料受限结构减少了相邻单元之间的热交换，从而降低了由温度引起的热干扰。因此，这种方法是诸如 3DXpoint[16] 等 PCM 低成本解决方案的首选方法，并在以下章节中广泛讨论。其他两种方法在成本和性能方面均存在缺陷，因此未被业界广泛采用。表 8.2 列出了这些方法的主要性能指标基准。有关 PCM 可靠性和单元结构更详细的讨论可以参阅 *Phase Change Memory：Device Physics，Reliability，and Application* 一书[17]。

对于编程能量敏感的应用，外加热的方法更可取。然而，自加热的限域相变结构有更好的表现，展示了在可靠性和工艺复杂度方面的优势，但代价是编程电流难以减小。

对于追求低编程功耗的应用（例如移动终端市场），基于加热器的结构更可取。对于功耗不是主要考虑因素的应用（例如服务器应用），可以采用自加热的限域相变结构来实现更高的可靠性和更低的成本。

表 8.2　不同单元架构的性能指标对比

	外加热的非限域相变	外加热的限域相变	自加热的非限域相变	自加热的限域相变
编程能量	☺	☺	☹	😐
热串扰	☹	☺	☺	☺
耐久性	☹	☹	☹	☺
工艺复杂度	😐	☹	☺	☺

8.1.2　PCM 阵列操作

在前面的章节中，我们针对制造工艺的复杂性和性能讨论了各类不同的 PCM 单元。然而，PCM 有一个共同特点，那就是它就像可变电阻器，根据编程状态的不同，电阻值也不同。因此，当 PCM 单元被组织成阵列，单元的操作将受到寄生电流路径的影响，导致读取和编程的干扰。那么，就需要在每个 PCM 单元上串联另一个器件（称为选择管），它的作用是防止产生潜在旁路，并允许在存储阵列内进行完全的单元寻址。各种文献中提出了各种不同种类的选择管。本节将对主要的选择管方案进行回顾，即基于 CMOS、BJT、二极管和 OTS 的选择管。

为了更好地比较各种现有方案，必须对选择管在存储阵列中读取及编程存储单元的能力做出要求。典型的阵列大小（称为阵列片）在数百万比特（例如 4Mbit）范围内。一个阵列片包含了一系列单元，被组织成多组垂直线，通常被称为位线（BitLine，BL）和字线（WordLine，WL）。每个单元位于一条 BL 和一条 WL 的交叉点处，因此一个 4Mbit（N^2）阵列片需要 2000 条 BL（称为 N）和 2000 条 WL（称为 N）。导通状态的要求显而易见，选择管必须驱动大于 PCM 编程电流的电流，而关断状态的要求则取决于阵列的大小，并且会因读取和编程操作的不同而有不同的约束条件。第一个约束条件来自于对属于特定 WL 和 BL 单元的读取能力。假设感测电路被放置于 WL 一侧，如图 8.1 所示，当读电压被施加在目标单元上时，属于同一 WL 上单元的泄漏电流也会在阵列边缘被感测到。要正确检测器件状态，必须满足以下条件：

$$I_{cell}(V_{read}) \gg (N-1) \times I_{cell}(V\_desel\_BL\_R) \tag{8.1}$$

式中，V_desel_*_R 是在读取阶段施加于各条反选连线的偏置。这是一个关键条件，如果不满足，就完全无法读取单元的状态。此外，还必须考虑另一个条件。在编程阶段，必须提高反选电压来防止属于相同 BL 并 / 或 WL 的单元状态发生翻转。这种情况下，整个阵列都存在电流泄漏，因此需要泄漏电流小于编程电流：

$$(N-1)^2 \times I_{cell}(V\_desel\_BL\_P - V\_desel\_WL\_P) = I_{cell}(V_{prog}) \tag{8.2}$$

式中，V_desel_*_P 是在编程条件下的反选电压。虽然第二个约束与功能没有直接关系，但它给功耗提供了一个关键边界值，即限制阵列在编程一个单元时产生的寄生能量与编程该单元本身所消耗的能量相同。值得注意的是，这种情况涉及阵列片中所有单元（约 400 万个），因此需要施加更强的约束条件。由于 $I_{\text{cell}}(V_{\text{prog}})$ 是开态电流，而式（8.2）只要求在编程阶段每个单元的泄漏电流应当为开态电流除以大约 N^2，其中 N^2 通常被称为选择管的整流比。举个例子，如果一个 PCM 单元的编程电流是 $100\mu\text{A}$，施加反选电压的每个单元的关态电流必须在 0.025nA 左右范围内。表 8.3 汇总了这些目标值。

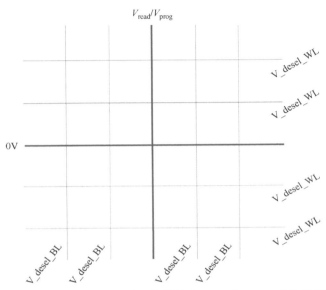

图 8.1　存储阵列偏置电路示意图。目标单元被偏置为 V_{read} 或 V_{prog}，具体偏置取决于要执行的操作。其他单元被偏置为低电位，具体偏置取决于反选的 WL 或 BL 的电位

表 8.3　需要 $100\mu\text{A}$ 进行编程的 PCM 单元所需的选择管特性汇总

	指　标	备　　注
开态	$I_{\text{prog}} \approx 100\mu\text{A}$	必须大于 PCM 的编程电流
关态读取	$I_{\text{read}}/N \approx 5\text{nA}$	I_{read} 通常在几十微安范围内
关态编程	$I_{\text{prog}}/N^2 \approx 25\text{pA}$	这种情况是要求最高的

注：最关键的条件来自编程阶段反选动作，这时所有阵列片同时存在电流泄漏。

除了这些电性目标外，需要指出的是，选择管还有集成工艺的约束条件。对于在同一衬底上集成多个存储层的堆叠方案，制造第二层所需的热预算必须根据第一层 PCM 存储元件的承受程度来确定。由于硫族化合物合金中含有挥发性元素，它们对温度的反应特别弱，因此选择管的选取必须考虑热预算约束条件。值得一提的是，大多数的高性能选择管都需要较高的结晶质量来确保理想的开关比，而高质量结晶通常可以使用热处理来实现，热处理可以在高达 $600 \sim 800\,°\!C$ 条件下促进有源区材料结晶或掺杂活化。PCM 在短时间内能够承受的最大热预算在 $400\,°\!C$ 左右。因此，我们可以根据制造时需要热预算约束与否将 PCM 阵列选择管分为两个主要类别：不可堆叠（无热预算约束）和可堆叠（有热预算约束）。

　　所有在单晶硅衬底上生成 PCM 单元之前生成选择管的方案都属于不可堆叠类。文献报道了两种主要的单晶集成选择管：MOS 选择管和 BJT（或二极管）选择管。第一种解决方案采用在单晶硅衬底上集成 MOS 选择管。通常选用 N 型 MOS 以使待机状态（栅偏置为 0）时无电流通过，因此待机期间不会有功耗。虽然 MOS 选择管能提供很小的漏电流，但是开态电流会受到晶体管 W/L 和编程该单元所需的相对较高电压的限制，从而限制了氧化层厚度和晶体管的最小长度 L。这就导致 MOS 器件的尺寸远大于 PCM 单元，使得选择管成为影响阵列中单元大小的驱动因素。这种解决方案在阵列的整体性能方面很出色，但它显然不适用于高密度存储器，而是更适用于前面一章已讨论到的存储密度并非主要驱动因素的嵌入式应用。意法半导体的 F.Arnaud 等人在 2018 年的 IEDM 上展示了 NMOS 作为选择管的 PCM 单元的截面图[18]，如图 8.2 右图所示。分裂栅 NMOS 选择管的漏极通过单元自身连接到 BL；WL 与 BL 垂直并连接到选择管的栅极。NMOS 管的源极往往接地。栅极和源极连接所需的空间使得这种架构无法达到 $4F^2$ 的最小 PCM 单元尺寸，因此这种解决方案只适用于低密度存储应用。

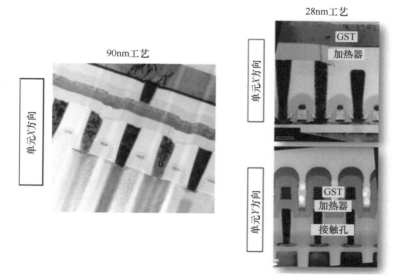

图 8.2　嵌入式应用中 NMOS 作为选择管的 PCM 截面图。左图：90nm 工艺；右图：28nm 工艺

　　另一种可以使用单晶硅实现的选择管选项即所谓的 BJT（或二极管）选择管。这种解决方案的优势在于选择管掺杂扩散可垂直集成，而不像 NMOS 管那样水平集成，因此这种解决方案更紧凑。意法半导体和 Numonyx 公司都采用了这种解决方案[3, 19]。图 8.3 报道了 Numonyx 公司公布的解决方案[3]。在该方案中，pnp-BJT 的发射极通过单元本身连接到 BL，埋入式基极则与垂直的 WL 相连。整个阵列共用集电极，并与衬底相连并接地。应该注意的是，优化后的 pnp 晶体管有很大的开态电流和很小的泄漏电流，导致 BJT 的增益会比较差（BJT $\beta \approx 1$），这意味着有一半的电流流入基极，而另一半流入集电极。也即如此，这种选择管被称为"近 PN 结二极管"。与 NMOS 管解决方案相比，pnp-BJT 提供了更紧凑的单元：Numonyx 工作报道其单元尺寸为 $5.5F^2$。

以分立式BJT为选择管的PCM

以嵌入式BJT为选择管的PCM

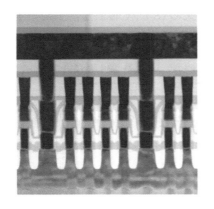
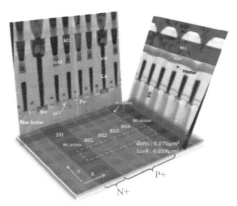

图 8.3　左图：参考文献 [3] 中报道的 BJT 作为选择管的 PCM 阵列，应用于分立式存储器。pnp-BJT 的发射极与单元的加热器相连。每 4 个单元的基极都和铜相连，以减小 n 型基极上的寄生压降。BJT 共用集电极并与衬底接地。右图：最新使用 BJT 作为选择管的 PCM 阵列，用于汽车级嵌入式存储器

还有文献报道称，为了达到最小的 $4F^2$ 单元尺寸，人们还采用了一些其他方法，但这些方法通常是在硅衬底之外实现选择管。三星和海力士提出了一种使用 PN 结二极管的交叉结构。来自三星的 Kang 等人 [6] 提出了一种利用 SEG（Selective Epitaxy，选择性外延工艺）生长 PN 结二极管的方案，与此同时，海力士的 Lee 等人 [4] 提出了多晶硅二极管的方案。PCM 阵列的功能和 PNP 型双极性晶体管非常类似，即所有电流都来自于 p 型区，并全部流向 n 型区，最终流入 WL 金属，而不像 BJT 方法一样仅有一半电流，受益于其 β 系数。使用二极管的方案可以使单元尺寸更小，但选择管的性能会更难控制，尤其是在一致性和良率方面。值得注意的是，尽管这些方法不依赖于单晶硅，但它们仍然需要很高的热预算来获得所需的开关比。因此，它们属于不可堆叠的选择管类别。

对于可堆叠的方案，可以在文献中找到很多种备用方案，即在维持较低温选择管制造工艺的同时，仍能获取合理的开关比。

图 8.4 汇总了 Govoreanu 报告 [20] 中各种选择管的综合基准。该图展示了开关比 [此处名为 NL（Nonlinearity）] 和开态电流的函数关系。值得一提的是，很多初步选择管仅能提供电流密度低于 $1MA/cm^2$，开关比（NL）也较差，而 PCM 所需的电流在几十 MA/cm^2。在所有这些初步方案中，$IMEC^{[21]}$ 的非晶硅二极管和 $IBM^{[22]}$ 的混合离子 – 电子导体（Mixed Ionic-Electronic Conductor，MIEC）展现出最佳性能，且热预算在 400℃ 以下。其中，MIEC 的性能表现最好，可以提供较大的开态电流和优良的开关比，适合 PCM 操作。

然而，驱动 MIEC 所需的电压太低，因此无法为其在 PCM 阵列中实际应用提供足够的裕度。2009 年，Kau 等人 [16] 提出了一种基于硫族化合物的选择管 [双向阈值开关（Ovonic Threshold Switch,OTS）] 来对高密度交叉点阵列中的 PCM 单元进行选择，其结构如图 8.5 所示。设想的方案是在 PCM 单元上串联堆叠一个 OTS。这种选择管可以支持一个较大的 PCM 阵列，

它提供足够的开态电流（>10MA/cm²）和足够的开关比（>10⁴），并且能确保阵列操作所需的电压裕度。在 3DXpoint 发布之后，很多团队都发表了有关 OTS 优化的工作，主要集中于开关比和可靠性方面。更多关于 OTS 优化和阵列操作的详细分析将会在 3DXpoint 部分阐述。

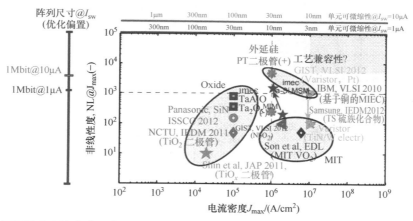

图 8.4　根据最大电流密度和非线性系数 NL，对文献中报道的选择管进行基准测试。能满足 PCM 单元要求的选择管很少

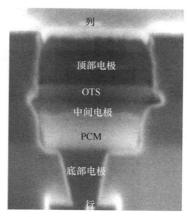

图 8.5　参考文献 [16] 中报道的 4F² 交叉点阵列，由基于硫族化合物的选择管（OTS）堆叠在 PCM 元件上组成

8.1.3　PCM 性能和局限

与闪存相比，PCM 具有性能提升的潜力，并且其可微缩性也得到了证实 [23, 24]，因此 PCM 被认为是最适合作为存储器件领域下一个突破口的候选技术。表 8.4 展示了 PCM、闪存、DRAM 的基准比较。除了非易失和微缩的机会点之外，PCM 还能提供与 DRAM 相当的位元粒度，其延迟时间也和 DRAM 非常接近，并且写入吞吐率也与 NAND 闪存接近。在耐久性方面，PCM 介于 DRAM 和 NAND 闪存之间，可以达到 10⁶ 个写周期。在密度方面（高密度意味着低成本），在目前提出的更紧凑的阵列结构中，PCM 可以达到 4F²，与此同时，如今的 3D NAND 闪存得益于垂

直方向的 3D 堆叠可以达到高得多的密度，远远低于 $1F^2$ 等效尺寸。可堆叠的 PCM 方案将在之后讨论，但是由于阵列通孔开销的增加，低于 $1F^2$ 等效尺寸的可能性微乎其微，尽管如此，将 PCM 置于更昂贵的 DRAM（$6F^2$）与便宜得多的 NAND 闪存（$\ll 1F^2$）之间，倒也不难。正如前面章节讨论那样，PCM 这种独特的性能指标组合可以在系统层级上用于所谓的储存类内存（Storage Class Memory，SCM）。PCM 还能完全取代 NOR 闪存，以更低的成本提供更好的性能。然而，NOR 闪存的市场正在萎缩，所以这并不会成为未来 PCM 发展的主要动力。还值得注意的是，可用的相变材料种类繁多，为特定应用调整性能提供了机会。对于材料优化的深入洞悉可在参考文献 [25, 26] 中探寻，文献中富 Sb 组分材料被认为更适合 SCM 应用，富 Ge 组分材料则更适合汽车系统中的嵌入式存储应用。关于 PCM 可靠性的深入研究请查阅参考文献 [27]。

表 8.4　参考文献 [23] 中提到的 PCM、浮栅存储器（NOR 闪存和 NAND 闪存）以及 DRAM 之间的性能比较

属性	PCM	NOR 闪存	NAND 闪存	DRAM
非易失性	有	有	有	无
明确微缩至	$1 \times nm$	45nm	$1 \times nm$	$1 \times nm$
粒度	小 / 字节	大	大	小 / 字节
擦除	否	是	是	否
软件运行	简单	中等	困难	简单
功耗	～闪存	～闪存	～闪存	高
写带宽	1 ～ 15+ MB/s	0.5 ～ 2 MB/s	10+ MB/s	100+ MB/s
读延时	50 ～ 100ns	70 ～ 100ns	15 ～ 50μs	20 ～ 80ns
耐久性	10^6+	10^5	$10^4 \sim 10^5$	无限

尽管 PCM 有很多优良特性，但仍有三个主要的局限因素有待改进：①编程电流界定了功耗下限；②热干扰的可靠性机制需要一些存储管理方案来避免最坏情况的使用模式；③与性能更好的 DRAM 存储芯片相比，相对较高的成本限制了利润空间。

正如本章开头所说，人们为了降低 PCM 的编程电流做出了很多努力。此外，在单元尺寸小于 20nm[28] 的情况下，微缩能够将编程电流降到一个合理的范围（低于 100μA）。热干扰是一个明显的可靠性特点，尤其在高密度 PCM 中，需要对单元做合适的热界面工程[29]。这一问题不仅可以通过单元设计来缓解，也可以通过系统级中合适的数据模式管理来缓解。最后，如今 PCM 已经被证明为一种高性能 NVM，但约 $4F^2$ 的密度仍然太低。与 DRAM（$6F^2$）相比，PCM 的密度优势并不足以确保在特定应用中可以代替 DRAM。PCM 成本还须继续降低，或者存储密度还须继续提高，才能在半导体市场中占有一席之地。

8.1.4　PCM 应用

最初的 PCM 产品致力于取代蜂窝手机中的 NOR 闪存 [2, 5]。PCM 的产品特性优于 NOR 闪存，定向开发与 LPDDR DRAM 相集成的应用。数千万颗的这些器件被用于手机，展现了 PCM 的预期特性。这可能是当时非电荷式固态存储芯片曾上市的最大出货量。然而，随着智能手机的问世和低成本、高密度的 NAND 闪存芯片的不断涌现，蜂窝手机架构迅速从基于 NOR 闪存

的"原地执行"架构转变为基于 NAND 闪存的"存储和下载"架构。NOR 闪存市场机会迅速消失，取代 NOR 闪存对于 PCM 来说也不再是一条可通行的路径。当时，基于 PCM 的固态硬盘（Solid State Drive，SSD）也在开发，并且在系统中完成了原型验证，即将 PCM 与 NAND 闪存结合在同一个 SSD 中。与纯 NAND 闪存的 SSD 相比，这类混合 SSD 在读取延时和带宽方面展现了大幅性能提升。然而，基于 PCM 的 SSD 还从来没有商业化过：尽管 PCM 的性能优势是显而易见的，但是相同成本下存储密度不够高，而无法合理导入量产。值得一提的是，尽管初代产品规格在读性能、耐久性和非易失性方面已经接近目标，但是在面积密度和写性能方面仍存在较大的差距。正如 Atwood 在参考文献 [30] 中广泛讨论的那样，多种 PCM 产品已经致力于发挥这项技术所具有的全面性能的潜力。尽管如此，与 DRAM 相比，PCM 在密度和成本方面仍存在很大差距。为了与主流技术在成本方面展开有效竞争，PCM 将同样向 3D 方向发展，例如 3DXpoint 阵列架构。关于 PCM 应用的更广泛研究可以查阅参考文献 [30]，并且我们将在下一章节详细讨论 PCM 阵列 3D 堆叠技术。

8.2 3DXpoint 技术：PCM 低成本 SCM 解决方案

如前面章节所述，PCM 商业化有限成功的主要因素是与 DRAM 相比较低的存储密度，因而导致了存储芯片较高的成本。从 2010 年起，美光和英特尔致力于从 Kau 等人于 2009 年的原创研究 [16] 的基础上找到一种低成本的 PCM 解决方案。在那项工作中，作者们提出了在 CMOS 电路之上构建存储阵列层，其中存储单元由 PCM 存储元件和一个基于薄膜硫族化合物材料的选择管元件组成，文献中被称之为双向阈值开关（OTS）[31]。图 8.5 展示了这种单元的构造。PCM 元件和 OTS 元件被中间电极隔开。顶部和底部电极分别将单元堆叠与 WL 和 BL 金属化层连接起来。一款 64Mbit 容量 PCMS 交叉点测试芯片已经将单元尺寸从 40nm 变化到 230nm 来加以评估。90nm CMOS 工艺为 PCMS 集成提供了基本的工艺流程。一个存储层夹在第二层和第三层的铜互连之间。如图 8.6 所示，3D SEM 图像显示了 PCMS 与主流 CMOS 工艺的兼容性以及在垂直堆叠中面积效率较高的拓扑结构。

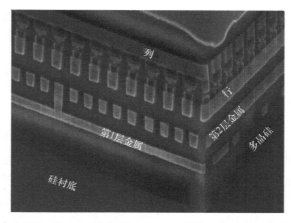

图 8.6 集成在 BEOL 的 PCM 阵列的 3D SEM 图像。每个单元都位于行与列之间

这种方案特别适合于降低成本，有三条理由：

1）它给出了很高的阵列效率，即芯片中被存储单元所填充的百分比；

2）通过实现真正的交叉点阵列，它能够达到理论上最小平面单元尺寸 $4F^2$；

3）在同一表面上，它可以堆叠多于一层的单存储层，从而实现 3D 堆叠阵列。

除了介绍阵列制造 / 架构方面的创新以外，作者们还从阵列管理角度做出了重大创新。OTS 选择管是关键的实现要素，因为它提供了近乎理想的对称开关特性，即当低于特定的阈值时，没有电流流过 PCM+OTS 的串联结构；然而，当高于该阈值时，则几乎有无限大的电流可以流过，而仅仅受限于寄生电阻负载。这就使得鲁棒的抑制方案成为可能，即能够将 PCM 阵列与来自交叉开关阵列潜在旁路的干扰电流隔离开来。值得一提的是，OTS 和 PCM 薄膜材料

性质上很类似，而且从集成的角度来看，它们共有很多特性和约束，因此简化了制造工艺。图 8.7 报道了 PCM 在置位（结晶）和复位（非晶）相态时 PCMS 单元（PCM+OTS）的电性 IV 曲线。需要注意的是，在这种特殊情况下，OTS 阈值电压和非晶相 PCM 的阈值电压是一阶相加性的，因此总的阈值电压窗口等于这两者之和。关态电流在一阶时反而由 OTS 主导，因此单元电阻并不能被用来区分不同的存储状态。如果我们讲得更详细一些，PCM 和 OTS 的阈值电压成分比简单的相加要复杂得多。实际上，开关电流通常是由 OTS 元件来定义的，因而窗口是在 OTS 开关电流条件下由结晶相压降和非晶相压降之间的差来决定的。因此，PCM 的亚阈值行为对于窗口贡献的定义也很重要。

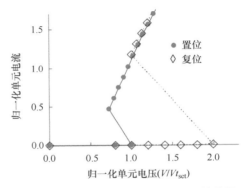

图 8.7　置位和复位相态下（即 PCM 的结晶相和非晶相）PCM+OTS 串联结构的 IV 特性。值得注意的是，PCM 和 OTS 的阈值电压相加，意味着可以通过阈值电压区分这两个状态

阵列管理角度的主要创新是使用阈值电压作为状态变量，而不是使用 PCM 中通常使用的电阻（或等效为单元驱动的电流）作为状态变量。图 8.8 展示了典型的编程特性，即施加编程电流脉冲（幅值由 x 轴表示）后所测得阈值电压 Vt。这里的阈值电压被归一化为 OTS 的阈值电压。编程状态介于 OTS 的阈值电压（置位状态）和 OTS 与 PCM 阈值电压（复位状态）之和之间。中间状态对应于 PCM 结晶相 / 非晶相的中间状态。Vt 开始增大的点由 PCM 熔点来定义，与 PCM 定义相类似。值得一提的是，OTS 的可靠性比 PCM 强，所以 PCMS 性能主要取决于 PCM。在这项工作中，作者们宣称复位速度达到 9ns，耐久性达到 10^6 个写周期，编程窗口大于 1V。置位速度可能取决于 PCM 使用的硫族化合物材料，因此可能介于数十到数百纳秒之间。读操作通过给单元偏置适当的识别电压来完成，这个识别电压介于置位状态和复位状态的阈值电压之间。如果单元处于置位状态，读电压触发 OTS 状态转变，此时单元驱动一个显著的电流，而当单元处于复位状态，没有电流流过单元。在读取置位状态单元时能获得较大电流，可以达到很好的读延时，处于 50 ~ 80ns 之间。另一方面，值得关注的是，在读取时，单元必然

处于 OTS 状态切换的过程，这可能产生可靠性问题，我们将在下一节进行讨论。

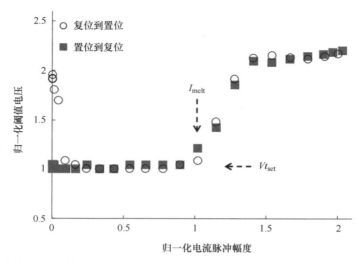

图 8.8　已报道的 PCMS 单元典型编程特性。状态由串联结构的阈值电压表征，范围在 OTS Vt（当 PCM 处于结晶相）和 OTS+PCM Vt（当 PCM 处于非晶相）之间。典型窗口在 1～1.5V 范围以内

经过数年的研究和开发，英特尔和美光在 2015 年公布了 3DXpoint 技术 [32]。发布在英特尔官网上的新闻稿标题是这样的：“英特尔和美光联合研发突破性存储器技术”作为“新型存储器”能够“释放 PC、数据中心等的性能”。他们宣称生产这种名为 3DXpoint 的新型非易失性存储器（NVM）技术，能够比传统的非易失性 NAND 闪存快约 1000 倍。他们报道称：“这两家公司发明了独特的材料化合物和交叉点架构，使该存储器技术比传统存储器密度大 10 倍”，但并未包括材料和阵列结构的细节。2017 年，英特尔发布了它的第一款 3DXpoint 产品，名为傲腾 [33]。之后，其他竞争者公司也开始了这个专题的研发工作，主要参考 TechInsights 在傲腾商业化几个月后发表其对傲腾芯片所做的逆向工程 [34]。在逆向工程的工作中，关于阵列制造和堆叠材料的很多细节被曝光。在那个时间节点，3DXpoint 在存储元件（PCM）和选择管（OTS）两方面都基于硫族化合物材料，这与 2009 年 Kau 等人的早期研究 [16] 比较吻合，这一点非常明确。每个存储层的制造工艺都基于两次正交刻蚀，其单元尺寸为 $4F^2$（F = 20nm），两个板层互相堆叠，与传统 PCM 相比，提供了明显的成本优势，这一点也非常明显。在 2020 年投入生产，第二代 3DXpoint 堆叠了 4 个存储层而非 2 个，这款产品也标志着英特尔和美光联合研发协议的结束 [35, 36]。2019 年，美光也宣布了第一款 3DXpoint 产品，这是一款名为 X100 的 SSD，它的性能能够比常规 SSD 性能快 100 倍 [37]。

正如前面提到的，英特尔和美光公布 3DXpoint 消息之后，其他公司和研究中心也开始了相关的工作。2018 年的 IEDM 上，海力士发表了一项研制看上去与英特尔/美光的 3DXpoint 非常类似的 128 Gbit 堆叠 PCM[38] 的工作。存储阵列由两个板层组成，并由包含 1600 万个单元的若干分片构成，采用交叉点双层刻蚀方法，单元尺寸为 $4F^2$（F 为 2z nm）。单元由选择

管加存储元件构造而成。存储元件是 PCM，但是关于材料的细节并未披露。选择管同样基于硫族化合物薄膜，并且在这种情况下，没有提供任何细节。图 8.9 展示了这款海力士芯片的平面图和 SEM 斜侧视图，看上去非常类似 TechInsights 报道的 2015 年英特尔 / 美光的芯片那样。

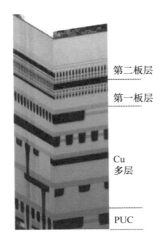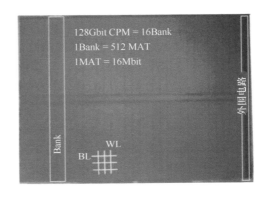

图 8.9　Kim 等人在 2018 年 IEDM 上报道的用于 SCM 的堆叠 PCM。左图是芯片的 SEM 斜侧视图，显示了阵列下的 CMOS 和两个存储层。右图为芯片平面图

8.2.1　3DXpoint 阵列操作

正如前面章节讨论到，3DXpoint 的关键性创新之一就是读取方法依赖于单元的阈值电压。这与之前报道的 $V/2$ 和 $V/3$ 偏置方案相一致，并且在文献中作为交叉开关阵列存储器操作[20]。根据文献报道，为此目的的 $V/2$ 偏置方案最为合适，因为它能在待机运行期间保证小泄漏电流并且在阵列操作期间的大部分单元上保持小泄漏电流。

$V/2$ 方案包括在编程和读取阶段对单元进行对称的 WL 和 BL 操作。这意味着在 WL 上施加比如 $-V/2$，同时，在 BL 上施加 $+V/2$。这样，电压 V 就被施加于目标单元。其他 WL 和 BL，即指反选的 WL 和 BL，则保持接地。对于这种方案，在模块中所有与选中 WL 或 BL 相连的单元相当于看到了 $V/2$ 的偏压，然而，阵列中所有其余单元的偏压为 0V。值得注意的是，这种方案对分布定位和读取裕度具有非常简单的作用。假设，当 PCM 在结晶相（SET）时的单元分布中值为 $\mu_{\mathrm{VT}}^{\mathrm{SET}}$，方差为 $\sigma_{\mathrm{VT}}^{\mathrm{SET}}$，且当 PCM 在非晶相（RESET）时的单元分布中值为 $\mu_{\mathrm{VT}}^{\mathrm{RESET}}$，方差为 $\sigma_{\mathrm{VT}}^{\mathrm{RESET}}$。给定一个允许的单元缺陷水平（例如 4σ），位于 SET VT 分布最小值的单元处于 $\mathrm{VT}_{\mathrm{MIN}}^{\mathrm{SET}} = \mu_{\mathrm{VT}}^{\mathrm{SET}} - 4 \times \sigma_{\mathrm{VT}}^{\mathrm{SET}}$，位于 RESET VT 分布最大值的单元处于 $\mathrm{VT}_{\mathrm{MAX}}^{\mathrm{RESET}} = \mu_{\mathrm{VT}}^{\mathrm{RESET}} + 4 \times \sigma_{\mathrm{VT}}^{\mathrm{RESET}}$。在 $V/2$ 方案中，为了保证选中更高的 RESET VT 单元时不会使低的 SET VT 发生意外转换，需要满足下列条件：

- $\mathrm{VT}_{\mathrm{MIN}}^{\mathrm{SET}} > \mathrm{VT}_{\mathrm{MAX}}^{\mathrm{RESET}} / 2$

根据上述公式得出

- $\mu_{VT}^{SET} - 4 \times \sigma_{VT}^{SET} > (\mu_{VT}^{RESET} + 4 \times \sigma_{VT}^{RESET})/2$

经过变换得到

- $\mu_{VT}^{SET} > (\mu_{VT}^{RESET} - \mu_{VT}^{SET}) + 4 \times \sigma_{VT}^{RESET} + 8 \times \sigma_{VT}^{SET}$

这个式子清楚地表明了 SET VT 的中值与编程窗口之间的联系，其中编程窗口越大，需要的 SET VT 中值越大，这样才能容许 V/2 反选方案成立，即使当 SET 和 RESET 分布的方差趋于零。这也对 PCM 和选择管之间的关系提出了明确的限制，即 μ_{VT}^{SET} 是选择管阈值电压的属性，$\mu_{VT}^{RESET} - \mu_{VT}^{SET}$（编程窗口）是 PCM 的属性。因此，必须根据 PCM 的编程窗口对 OTS 阈值电压进行适当的调整。通常情况下，PCM 窗口必须较大，以适应方差和 PCM 可靠性退化的情况，因此，也就是需要较高的 OTS 阈值电压。

8.2.2 读操作

为了判定 3DXpoint 单元的状态，我们对单元施加了电压，并检测是否有电流流过：如果检测到有电流流过，我们就知道读取电压超过了该单元的阈值电压。因此在这种方案下，如果我们将读取电平放在 SET VT 分布的最大值（$VT_{MAX}^{SET} = \mu_{VT}^{SET} + 4 \times \sigma_{VT}^{SET}$）和 RESET VT 分布的最小值（$VT_{MIN}^{RESET} = \mu_{VT}^{RESET} - 4 \times \sigma_{VT}^{RESET}$）之间，则所有 SET 单元都会在读取过程中抽取电流，而 RESET 单元则不会。

如果我们考虑 SET 和 RESET 单元的统计分布，很容易证明 RESET VT 和 SET VT 之间的中值窗口（$\mu_{VT}^{RESET} - \mu_{VT}^{SET}$）至少需要大于在所需缺陷水平下两个状态的总体波动性，即 $4 \times \sigma_{VT}^{SET} + 4 \times \sigma_{VT}^{RESET}$。

这是一个必要但不充分条件，因为它不能为所有可能存在的可靠性机制提供任意保护带，这将推动对更高中值窗口的需求。

值得注意的是，当单元处于导通状态时，OTS 的快速响应允许器件中流过较大的电流。原则上，这可以缩短读取时间，且仍然保持良好的读裕度。此时，感测时间仅受阵列互连的电阻和电容的限制，这些电阻和电容限制了感测放大器节点的翻转时间。对于尺寸较大的阵列分片区，典型的读取延时为 50/80ns。如果采用尺寸更小的阵列分片区，读取延时可接近 DRAM（10/20ns）。

另一方面，当单元处于高 Vt 状态（非晶相 PCM）时，读取操作转化为施加在单元上的亚阈值偏置动作。这将导致漂移增强（偏置漂移）[39]，进一步增大 PCM 电阻值，从而也增大了阈值电压。在这个意义上，偏置漂移进一步增大了置位和复位阈值电压之间的窗口。然而，值得指出的是，由于电路上的各项约束条件，系统中的最大阈值电压可以被妥善控制，因此也可以妥善控制偏置漂移，以避免 RESET 的 Vt 分布超过允许的最大电压。

8.2.3 编程操作

3DXpoint 的编程操作与 PCM 有一些共同点，因为存储元件是类似的。尤其是要将单元编程至 RESET 状态（高 Vt），必须驱动电流流过单元，超过存储材料的融化温度（约 600℃），并在几纳秒时间内快速淬火，使其处于非晶（即高阻）状态。此外，在这种情况下，寄生电阻和寄生电容界定了复位脉冲的最小宽度，对于典型的阵列分片尺寸，复位脉冲的最小宽度在 5ns 和 10ns 之间变化。与传统的 PCM 不同，3DXpoint 限域单元允许活性体发生完全融化和非晶化，因此更有利于解决第一部分中提到的离子迁移问题。

另一方面，要使单元回到 SET 状态（低 Vt），需要一个中间电流，使单元在相对较高的温度（约 400℃）下保持一段时间（约 100ns），使材料能够结晶，从而达到低电阻率。相对于常规 PCM 而言，这种操作方式存在一些显著的不同之处。首先，与典型的 PCM 相比，其置位时间缩短了。这得益于为了达到这一目的而实施的固有的 PCM 材料工程，容许写吞吐量大幅提高。此外，如前所述，单元是限域的，且在复位操作过程中，整体活性材料被非晶化。这意味着置位时间几乎完全由置位成核时间占主导，也就是为实现目标置位时间必须被优化的材料参数。

在 $V/2$ 方案中，我们需要提供如上所述的编程电压：在单元导通后，专用电路可以调节流经单元的电流，并在操作结束时确定其最终状态。值得一提的是，适当的电压脉冲必须能够超过最大的 RESET 阈值电压（OTS 与 PCM 的阈值电压之和），以便在施加所需的电流脉冲之前允许单元选择。相对于常规 PCM 而言，这也是一个全新的方面。

8.2.4　OTS 与 PCM 的要求及材料特性

从前面的讨论可知，OTS 和 PCM 材料需要满足多个条件才能启动成功的阵列操作。

OTS 材料需要在导通状态下维持较高的电流密度，以使能 PCM 存储元件的非晶化，同时，还必须在关断状态下提供非常小的泄漏电流，以最大限度降低功耗，并防止如前所述的单元选中错误。

这两项要求需要权衡利弊，因为小泄漏电流（即给定 Vt 的非线性度高）通常需要更宽禁带的材料。如前所述，OTS 的阈值电压也应足够高，以适应具有合理 PCM 窗口的 $V/2$ 选择方案，得出相同的结论。这种宽禁带材料在导通状态下可能会存在一些局限，因为所产生的功率及其耗散必须仔细考虑和设计。因此，硒基化物被认为是达到这一目的的引人注意的主要类别。

另一方面，相变材料对于存储器写入速度和功率显而易见很重要。

由于 PCM 的非晶化发生在几纳秒之内，更长时间的操作则为 PCM 的晶化过程，因此重要的是使用针对快速成核优化的材料来提高存储器的性能。得益于过去 20 年发展起来的对 GST 体系的理解，PCM 成核时间工程就是从该体系开始并通过添加合适掺杂物来加以实施。

8.2.5　3DXpoint 单元性能

PCM 材料的物理特性开启并决定了 3DXpoint 单元的性能。且不论其与之前的 PCM 技术的共性，3DXpoint 有着一些独特的属性使更好的性能成为可能。

正如参考文献 [40] 报道的那样，3DXpoint 单元并不包括亚微米光刻的加热器元件，在过去的所有 PCM 架构中，为了降低编程电流都必须使用这样的加热器元件。但是，这也使单元受到与电阻材料属性相关的一些额外的耐久性限制[14]。

如图 8.10 所示的简单结构将存储元件置于选择元件之上，中间用碳电极隔开。得益于这种结构，存储元件可以始终在完全非晶相和完全多晶相之间切换，从而允许对于两种状态的阻值（*Vt*）分布实现更精准控制，最终提升读取操作的裕度。

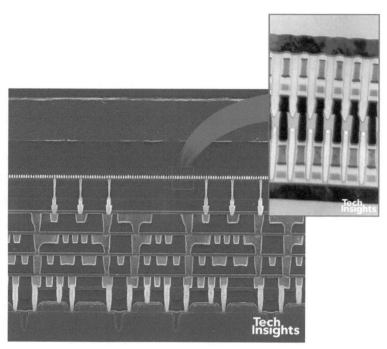

图 8.10　TechInsights[41] 报道的 3DXpoint 单元详细截面图。存储元件堆叠在选择管上方，中间由碳内部扩散层隔开。在两个方向上单元排布的最短距离均为 *F*/2

此外，由于在标准写入操作过程中不存在可能的中间状态，3DXpoint 可以避免任何的编程验证，允许更短的写入时间，而这仅仅受限于存储元件的结晶动力学（即相变材料的成核动力学）。

相对于常规 PCM，3DXpoint 所采用的限域结构是改善抗热干扰性能的关键促成者[29]。再者，如参考文献 [29] 中强调的那样，将一个单元与另一个单元分开的不同界面（单元 – 电介质；电介质 – 电介质）对于在单元间形成高热阻以及防止热量从施动者（即被编程单元）向被动者（即处于非晶相并与施动者相邻的单元）过度传递而言非常重要。

读取干扰（Read Disturb，RD）与在读取置位位元时发生的固有电容放电有关，其归因于 OTS 快速响应期间的负差分电阻。在固定电压下进行读取时（参考文献 [42] 中被称为"R 度量"），置位位元会触发阈值事件，而复位位元则不会：置位位元上的阈值事件触发 WL 和 BL 电容之间的电容均衡，并且位移电流流过被读取单元。如果该电流足够大，可能会使（部分或全部）置位位元变为非晶相，增加其阈值电压，并最终使其看起来像一个复位位元。为了正确处理读取干扰对 3DXpoint 可靠性可能造成的影响，人们必须对阵列架构[43] 和读取操作进行优化。

8.3　3DXpoint 未来发展

3DXpoint 的发展可能集中在两个可能的方向上：一方面，横向尺寸的微缩可以使越来越小的单位单元尺寸成为可能；另一方面，在给定的单位单元尺寸下增加板层数是提高产品密度（Gbit/cm^2）和改善成本的另一条途径。通过这两种方法仍然可以大幅提高密度和降低成本，但有些人已经设想采用类似 3D NAND 架构的垂直结构[43]，如图 8.11 所示。

人们将需要专用的 ALD 材料来符合这些垂直 3D 几何图形典型的高纵横比，但存储元件和选择元件各选项都在研究之中，而且电性结果很有希望[44, 45]。

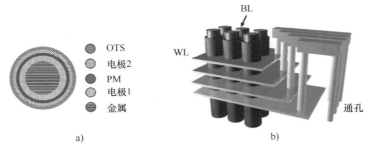

图 8.11　3DXpoint 演化可能的 3D 垂直结构。a）构成整个单元堆叠结构的 BL 孔柱截面图；b）3D 垂直 PCM 的整体架构

8.4　3DXpoint 系统

8.4.1　3DXpoint 产品：储存和内存应用

基于 3DXpoint 的首批商业化产品已由英特尔完成开发。

在储存领域，英特尔为数据中心开发了第一代基于 3DXpoint 的固态硬盘，名为 P4800X，提供容量从 375GB 到 1.5TB 不等，读写（R/W）延时为 10μs。

2020 年底，英特尔发布了第二代固态硬盘 P5800X，容量从 400GB 到 3.2TB 不等，随机读取或者随机写入均达到 1.5M IOPS（70/30 混合模式下高达 1.8M IOPS）。傲腾 P4800X 以 30 DWPD（整盘每天写入次数）写入耐久性等级为其特色，后来提高到 60 DWPD，而 P5800X 则将写入耐久性提高到 100 DWPD。

此外，P5800X 采用了第一代 3DXpoint 技术，由两个板层构成，单元特征尺寸为 20nm。

根据英特尔的设想[40]，3DXpoint 固态硬盘具有耐久度高得多的介质，且没有写放大，其可提供的耐久性远超 NAND 固态硬盘。并且，作为数据缓存或单独的数据层使用，3DXpoint 固态硬盘可以吸收写操作，同时使 NAND 固态硬盘能够保存大块数据，从而节约成本。

另一方面，美光在 2019 年发布了其基于第一代 3DXpoint 部件的 X100 固态硬盘，它展示了当时全球最快的固态硬盘，其特点为读写延时始终低于 8μs，且随机读写性能高达 2.5M IOPS。此外，X100 的带宽（9GB/s）仍然是业界最高的，因为英特尔 P5800X 达到最大带宽约为 8GB/s。

储存并不是 3DXpoint 开始展现其潜力的唯一领域。英特尔还报道了持久性内存模块（PMEM）[40] 的引入，其中 3DXpoint 可被视为系统内存，提供可字节寻址的大容量内存（每个模块 512GB）。基于低延迟硬件的控制器架构可实现 340ns 的平均空闲延时。

图 8.12 可能是 3DXpoint 如何能填补 NAND 固态硬盘和 DRAM 之间缺口的最佳范例，它让系统架构师可以灵活地分配负载和成本，因为他们喜欢优化不同的系统。

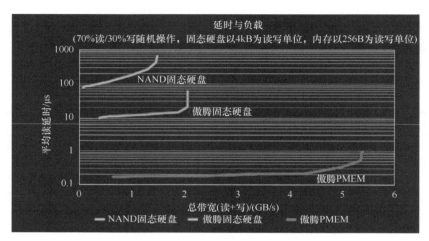

图 8.12　负载延时比较：NAND 固态硬盘与 P4800X 傲腾固态硬盘和 PMEM 的对比，两者都基于第一代 3DXpoint

8.5　小结

幸而 3DXpoint 采用极其紧凑和简单的单位单元布局，它解决了 PCM 在其初期引入阶段所面临的密度和成本限制问题。

这一新架构赋能了性能，该性能在对标储存类内存（SCM）空间方面是理想的，具有成本效益的解决方案，该解决方案易于充当高性能固态硬盘或超高密度持久性内存的基础。

这项技术的不断微缩及堆叠将促进更好、成本更低的产品，而且，未来向垂直 3D 集成的过渡将扩展 3DXpoint 的技术路线图，为发现和优化专用材料的新篇章添砖加瓦。

参 考 文 献

[1] R.G. Neale, D.L. Nelson, G.E. Moore, Electronics 43 (20) (1970) 56.

[2] A. Redaelli (Ed.), Phase Change Memory: Device Physics and Reliability, Springer, 2018, ISBN: 978-3-319-69052-0.

[3] G. Servalli, A 45nm generation phase change memory technology, in: 2009 IEEE International Electron Devices Meeting (IEDM), Baltimore, MD, USA, 2009, pp. 1–4, https://doi.org/10.1109/IEDM.2009.5424409.

[4] S.H. Lee, et al., Highly productive PCRAM technology platform and full chip operation: based on 4F2 (84nm pitch) cell scheme for 1 Gb and beyond, in: 2011 International Electron Devices Meeting, Washington, DC, USA, 2011, pp. 3.3.1–3.3.4, https://doi.org/10.1109/IEDM.2011.6131480.

[5]　Y. Choi, et al., A 20nm 1.8V 8Gb PRAM with 40MB/s program bandwidth, in: 2012 IEEE International Solid-State Circuits Conference, San Francisco, CA, USA, 2012, pp. 46–48, https://doi.org/10.1109/ISSCC.2012.6176872.

[6]　M.J. Kang, et al., PRAM cell technology and characterization in 20nm node size, in: 2011 International Electron Devices Meeting, Washington, DC, USA, 2011, pp. 3.1.1–3.1.4, https://doi.org/10.1109/IEDM.2011.6131478.

[7]　H.Y. Cheng, et al., Novel fast-switching and high-data retention phase-change memory based on new Ga-Sb-Ge material, in: 2015 IEEE International Electron Devices Meeting (IEDM), Washington, DC, USA, 2015, pp. 3.5.1–3.5.4, https://doi.org/10.1109/IEDM.2015.7409620.

[8]　G. Bruns, P. Merkelbach, C. Schlockermann, et al., Nanosecond switching in GeTe phase change memory cells, Appl. Phys. Lett. 95 (2009), 043108.

[9]　S. Lai, T. Lowrey, OUM – a 180 nm nonvolatile memory cell element technology for stand alone and embedded applications, in: International Electron Devices Meeting. Technical Digest (Cat. No.01CH37224), Washington, DC, USA, 2001, pp. 36.5.1–36.5.4, https://doi.org/10.1109/IEDM.2001.979636.

[10]　D.H. Im, et al., A unified 7.5nm dash-type confined cell for high performance PRAM device, in: 2008 IEEE international Electron Devices Meeting, San Francisco, CA, USA, 2008, pp. 1–4, https://doi.org/10.1109/IEDM.2008.4796654.

[11]　K. Attenborough, et al., Phase change memory line concept for embedded memory applications, in: 2010 International Electron Devices Meeting, San Francisco, CA, USA, 2010, pp. 29.2.1–29.2.4, https://doi.org/10.1109/IEDM.2010.5703442.

[12]　M. Boniardi, et al., Optimization metrics for phase change memory (PCM) cell architectures, in: 2014 IEEE International Electron Devices Meeting, San Francisco, CA, USA, 2014, pp. 29.1.1–29.1.4, https://doi.org/10.1109/IEDM.2014.7047131.

[13]　F. Pellizzer, Phase-change memory device architecture (Chapter 9), in: Phase Change Memory: Device Physics and Reliability, Springer, 2018, ISBN: 978-3-319-69052-0.

[14]　A. Redaelli, et al., Impact of the current density increase on reliability in scaled BJT-selected PCM for high-density applications, in: 2010 IEEE International Reliability Physics Symposium, 2010, https://doi.org/10.1109/IRPS.2010.5488760.

[15]　B. Rajendran, et al., On the dynamic resistance and reliability of phase change memory, in: 2008 Symposium on VLSI technology, Honolulu, HI, USA, 2008, pp. 96–97, https://doi.org/10.1109/VLSIT.2008.4588576.

[16]　D.C. Kau, et al., A stackable cross point phase change memory, in: 2009 IEEE International Electron Devices Meeting (IEDM), Baltimore, MD, USA, 2009, pp. 1–4, https://doi.org/10.1109/IEDM.2009.5424263.

[17]　M. Boniardi, Thermal model and remarkable temperature effects on the chalcogenide alloy (Chapter 3), in: Phase Change Memory: Device Physics, Reliability and Applications, Springer, 2018, ISBN: 978-3-319-69052-0.

[18]　F. Arnaud, et al., Truly innovative 28nm FDSOI technology for automotive microcontroller applications embedding 16MB phase change memory, in: 2018 IEEE International Electron Devices Meeting (IEDM), San Francisco, CA, 2018, pp. 18.4.1–18.4.4, https://doi.org/10.1109/IEDM.2018.8614595.

[19]　F. Arnaud, et al., High density embedded PCM cell in 28nm FDSOI technology for automotive micro-controller applications, in: 2020 IEEE International Electron Devices Meeting (IEDM), San Francisco, CA, USA, 2020, pp. 24.2.1–24.2.4, https://doi.org/10.1109/IEDM13553.2020.9371934.

[20]　B. Govoreanu, et al., Selectors for high density crosspoint memory arrays: design considerations, device implementations, and some challenges ahead, in: ICICDT Proceedings, 2015, https://doi.org/10.1109/ICICDT.2015.7165872.

[21] B. Govoreanu, et al., Thin-silicon injector (TSI): an all-silicon engineered barrier, highly nonlinear selector for high density resistive RAM applications, in: 2015 IEEE International Memory Workshop (IMW), Monterey, CA, USA, 2015, pp. 1–4, https://doi.org/10.1109/IMW.2015.7150309.

[22] K. Gopalakrishnan, et al., Highly-scalable novel access device based on mixed ionic electronic conduction (MIEC) materials for high density phase change memory (PCM) arrays, in: 2010 Symposium on VLSI Technology, 2010, https://doi.org/10.1109/VLSIT.2010.5556229.

[23] A. Pirovano, An introduction on phase-change memories (Chapter 1), in: Phase Change Memory: Device Physics and Reliability, Springer, 2018, ISBN: 978-3-319-69052-0.

[24] H. Hayat, et al., The scaling of phase-change memory materials and devices (Chapter 8), in: Phase Change Memory: Device Physics and Reliability, Springer, 2018, ISBN: 978-3-319-69052-0.

[25] V. Sousa, et al., Material engineering for PCM device optimization (Chapter 7), in: Phase Change Memory: Device Physics and Reliability, Springer, 2018, ISBN: 978-3-319-69052-0.

[26] P. Noé, et al., Structure and properties of chalcogenide materials for PCM (Chapter 6), in: Phase Change Memory: Device Physics and Reliability, Springer, 2018, ISBN: 978-3-319-69052-0.

[27] B. Gleixner, PCM main reliability features (Chapter 5), in: Phase Change Memory: Device Physics, Reliability and Applications, Springer, 2018, ISBN: 978-3-319-69052-0.

[28] U. Russo, et al., Modeling of programming and read performance in phase-change memories – part I: cell optimization and scaling, IEEE Trans. Electron Devices 55 (2) (2008) 506–514.

[29] A. Redaelli, et al., Interface engineering for thermal disturb immune phase change memory technology, in: IEEE IEDM Technical Digest, 2013, https://doi.org/10.1109/IEDM.2013.6724724.

[30] G. Atwood, PCM applications and an outlook to the future (Chapter 11), in: Phase Change Memory: Device Physics and Reliability, Springer, 2018, ISBN: 978-3-319-69052-0.

[31] S.R. Ovshinsky, Phys. Rev. Lett. 21 (20) (1968) 1450–1453.

[32] Intel-Micron 3DXpoint Press Release n.d.: https://newsroom.intel.com/news-releases/intel-and-micron-produce-breakthrough-memory-technology/#gs.1io7qt.

[33] Intel Launches Optane Memory M.2 Cache SSDs for Consumer Market, AnandTech, 27 March 2017. Retrieved 13 November 2017.

[34] Intel 3D XPoint Memory Die Removed from Intel Optane PCM (Phase Change Memory), TechInsights, May 2018.

[35] Intel to Release New Generation of Optane Memory by 2020, Industrial Automation, 26 September 2019.

[36] Micron and Intel Announce Update to 3D XPoint Joint Development Program, newsroom.intel.com, 16 July 2018.

[37] X100 NVMe SSD. https://www.micron.com/products/advanced-solutions/3d-xpoint-technology/x100.

[38] T. Kim, et al., High-performance, cost-effective 2z nm two-deck cross-point memory integrated by self-align scheme for 128 Gb SCM, in: IEDM Technical Digest, 2018, https://doi.org/10.1109/IEDM.2018.8614680.

[39] P. Fantini, et al., Field-accelerated structural relaxation in the amorphous state of phase change memory, Appl. Phys. Lett. (2013), https://doi.org/10.1063/1.4812352.

[40] A. Fazio, Advanced technology and systems of cross point memory, in: IEDM Technical Digest, 2020, pp. 497–500.

[41] Product Information: Intel 3D XPoint Analysis Report, Techinsights, 2017. https://www.techinsights.com/blog/intel-3d-xpoint-memory-die-removed-intel-optanetm-pcm-phase-change-memory.

[42]　A. Sebastian, et al., Non-resistance-based cell-state metric for phase-change metric, J. Appl. Phys. 110 (8) (2011) 084505, https://doi.org/10.1063/1.3653279.

[43]　T. Kim, et al., Evolution of phase-change memory for the storage-class memory and beyond, IEEE Trans. Electron Devices 67 (4) (2020) 1394–1406.

[44]　V.K. Narasimhan, et al., Physical and electrical characterization of ALD chalcogenide materials for 3D memory applications, in: Presented at the International Conference at Layer Deposition (ALD), July 22, 2019.

[45]　H.K. Kim, et al., Development of high density PCRAM cell using ALD GST with novel precursors, in: Proceedings of the European Phase Change Ovonix Science Symposium, 2015. [Online]. Available from: https://www.epcos.org.

第 9 章

其他新型存储器

Gabriel Molas 和 Laurent Grenouillet

法国格勒诺布尔微纳米技术创新园法国原子能委员会电子与信息技术实验室

9.1 引言

本章概述了阻变存储器（RRAM）和铁电存储器的特性和性能，特别是重点介绍基于 HfO_2 的各类技术。

在第一部分我们专门介绍基于氧化物的 RRAM（见图 9.1a）。首先概述了 RRAM 技术的国内外研究现状，通过文献中给出的最新演示，证明了 RRAM 在技术成熟度、已报告最大容量、窗口边际耐久度和保持特性方面取得的巨大进步，并讨论了 RRAM 在嵌入式存储器、储存类内存（SCM）以及神经形态计算等方面的应用前景。接着，我们重点讨论 RRAM 的可靠性问题，提出了创新的编程模式，以提高 RRAM 的速度并降低功耗。我们还分析了如何通过优化模式波形，降低编程能耗以保持阻变层的完整性，确保耐久性和保持性能得到显著提高，同时保持良好的窗口裕度。

在本章第二部分我们专门讨论基于 HfO_2 的超低功耗铁电存储器（见图 9.1b）。第一小节介绍基于铁电电容的存储器（FeRAM）、铁电场效应晶体管（FeFET）和铁电隧道结（FTJ）器件

图 9.1　a）集成到位于逻辑工艺上方后道工艺中的 HfO_2/Ti OxRAM 的 SEM 截面图；b）集成到 130nm CMOS 逻辑上方后道工艺中的基于 HfO_2 铁电电容的 16kbit FeRAM 阵列的 SEM 截面图

的工作模式，这些正是目前正在研究的采用铁电 HfO_2 的主要存储器件。然后，重点聚焦这些不同器件的性能，给出了使用这些超低功耗器件所取得的最新成果，并指出了它们在应用于实际产品之前各自面临的挑战。

9.2　导电细丝阻变 RAM

9.2.1　导电细丝阻变 RAM 概述

9.2.1.1　概念

阻变随机存取存储器（Resistive Random Access Memory，RRAM）基于在电阻转变层中可逆地形成 / 中断导电细丝，从而提供低电阻和高电阻状态。根据导电细丝的类型和组分，RRAM 可分为两类：在氧化物 RAM（Oxide RAM，OxRAM）中，细丝由金属氧化物阻变层中的氧空位组成；在导电桥 RAM（Conductive Bridge RAM，CBRAM）中，细丝是由活性电极 [大多数情况下由银（Ag）或铜（Cu）制成] 溶解而产生的，在硫族化合物或金属氧化物阻变层中形成导电桥。

RRAM 技术具有许多优势。它是一种低成本的双端器件，集成步骤数量少于标准闪存，所需的掩模版数量也更少。此外，它还具有低电压工作的特性：典型的 RRAM 工作电压为 1 ~ 3V，远低于 NAND 闪存所需的约 20V。

RRAM 具有良好的可微缩性 [1]、快速开关速度 [2]、高保持特性 [3]、良好的耐久性 [4] 以及与 CMOS 工艺的高度兼容性 [5]。由于其集成成本低，与低温工艺的兼容性高，因此被强烈看好用于嵌入式应用。RRAM 的非易失性、高速度和良好的耐久性也使其在集成到交叉点阵列后成为储存类内存（SCM）应用的理想选择。最后，RRAM 还可以集成到垂直 RRAM（VRRAM）架构中，进一步提高存储密度 [6]。

9.2.1.2　技术现状

RRAM 的性能和成熟度已经有了显著提高。据报道，目前模块的示例已达到 22nm 节点。英特尔实现了小于 $0.05\mu m^2$ 的位单元面积 [7]，松下公司则在高性能场景下展示了 20nm 单元尺寸下的高性能设计基础功能 [8]（见图 9.2a）。

由于构成导电细丝的原子数量有限 [9]，以及所涉及机制（如原子运动、氧化还原反应……）的随机特性，RRAM 存在内在的电阻波动性问题。因此，窗口裕度是一个关键参数，需要加以改进才能为设想的量产提供足够的可靠性。堆叠和工艺改进也是关键的一部分。英特尔报告了 10K 次写周期下的写周期诱导位错误率小于 5×10^{-6} [7]；最近，英飞凌展示了在不修复缺陷位情况下 1Gbit 单元的电阻分布 [10]，且在 ppm 级仍具有尚可的读取窗口。

为了解决内在的波动性问题，人们还提出了编程验证 [11] 和设计优化（如写终止）[12-14]。

目前，1Mbit 以上模块的耐久性已达到 10 ~ 100k 次写周期，而单个单元的固有写周期特性已被证明超过 10^{10} 次（见图 9.2b），这表明该技术的可靠性还可以进一步提高。特别是，松下公司展示了在 10ppm 位单元分辨率下，超过 100k 次写周期的电阻分布偏移量相当有限 [15]。

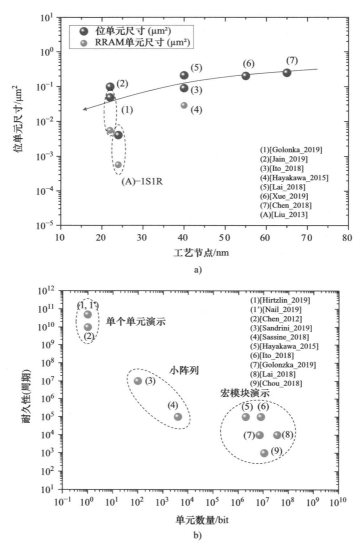

图 9.2 a）文献中介绍的各种模块的位单元尺寸和 RRAM 单元尺寸与工艺节点的关系；b）各种 RRAM 参考中，写周期数与存储阵列中测试单元数的关系

高温操作会受到氧空位（或金属）温度辅助扩散的影响，这限制了 RRAM 的保持特性。特别是当使用小编程电流时，器件稳定性变得至关重要[9]。瑞萨电子的研究表明，RRAM 在 200℃下工作 40min 后（相当于在 85℃下工作 10 年），可以达到 −6σ 的裕量（使用 1 位纠错码），这相当于含 2Mbit 单元的芯片故障率达到 0.1%[16]。

最后，通过实验和理论显然证明了 RRAM 的耐久性、窗口裕度和保持特性之间存在着普遍的折中关系；这意味着改善其中一个特性会导致存储器另一个特性的退化[17]。这也意味着，通过合理选择和微调存储器堆叠和工作条件，调整存储器各项特性以满足目标器件总体规格要求

是可以做到的 [18]。

9.2.1.3　机遇和应用

本节介绍 RRAM 的目标市场（嵌入式、储存类内存（SCM）、存内计算、神经形态……）。

当前，RRAM 主要应用于嵌入式产品领域。对于传统嵌入式技术而言，由于其面积微缩能力有限以及集成到现代 CMOS 节点的复杂性不断增加，芯片成本将很难在 2×nm 节点之后降低 [10]。因此，RRAM 因其简单的位单元结构和相应较低的工艺复杂性，将成为未来节点的有力候选者。在如今的物联网（IoT）领域，RRAM 因其高密度和低功耗特性受到了广泛研究。松下提出了首个商业上可用的 RRAM 实现方案，他们为便携式医疗、安全设备或传感器处理应用提供微控制器 [19]。瑞萨电子也研究了用于物联网应用的低功耗微控制器（MCU）中的 RRAM[16]。英特尔 [7, 20] 和台积电 [21] 双双展示了采用 22nm 1T1R 配置的基于 RRAM 的模块，适用于嵌入式应用，且具有类似的特性（85℃下 10 年保持特性、10k 次写周期耐久性）。英特尔着眼于移动和射频应用，而台积电则瞄准嵌入式闪存（eFlash）、物联网和智能卡领域。

Adesto 提供基于 RRAM 的 EEPROM，作为兼容分立和嵌入式存储应用的串行存储器，他们的目标市场是物联网和其他节能应用 [22]。初创公司 Crossbar 也非常活跃，积极推动 RRAM 在片上系统（SoC）、物联网以及持久性存储等解决方案中的应用 [23]。

在嵌入式应用中，存储器将会被集成到逻辑电路上方的后道工艺（BEOL）中。特别是，在 1T1R 配置中，存储单元将被集成到选择晶体管上方。应该一提的是，位单元面积更多地受到晶体管而非存储单元本身的限制，如图 9.2a 所示 [24]。因此，低工作电压非常重要。理想情况下，RRAM 可以使用电压约为 1V 的逻辑晶体管。由于 RRAM 编程时间较短（约 100ns），晶体管可以工作在过驱动模式下 [24]。因此，为了与逻辑 CMOS 兼容并达到最佳位元密度，RRAM 编程电压的目标值大约为 1.5V。

对于更先进的节点（1×nm 节点），存储单元可按顺序与后道选择管集成到 1S1R 配置中 [25]。

一旦 RRAM 的波动性得到改善，就可以设想更大的容量，并瞄准新的应用领域。特别是，得益于 RRAM 的高速度和良好的耐久性，可以设想为储存类内存（SCM），在存储器层次结构中，RRAM 将位于 DRAM 和储存存储器之间。美光科技几年前推出了一款针对 SCM 应用的 16Gbit ReRAM，采用 27nm 节点且具有出色的可靠性，并且采用优化的编程方案实现了 10^5 次写周期，位错误率（Bit Error Rate，BER）小于 7×10^{-5} [26]。索尼也积极推动交叉点 ReRAM 在 SCM 中的应用，其在 3σ 条件下的窗口裕度达到了 2 个数量级 [27]。

RRAM 还具有实现模拟神经形态计算各项特性的潜力（见第 10 章）。这可以在不增加额外工艺复杂性的情况下，在嵌入式非易失性存储器（NVM）片上系统中实现低功耗神经形态 IP[10]。

松下开发了一种基于模拟 ReRAM 的神经形态计算，即阻变模拟神经形态器件（Resistive Analog Neuromorphic Device，RAND），作为边缘应用的低功耗解决方案 [28]。作者们展示了可以同时配置多个网络的 MNIST 识别和传感器应用。在采用 OxRAM 的 1T4R 配置中，通过渐进式置位（SET）/复位（RESET）操作实现了每个单元存储多个比特，从而使该结构适用于多种深度学习应用。作者们还展示了在理想值 0.01% 范围内的高精度推理准确度 [29]。

RRAM 还可用于实现内容可寻址存储器（Content Addressable Memory，CAM）。CAM 返回输入数据的存储地址。这种能力在网络路由器和其他需要大量查找操作的系统中非常有用，也正在各类新型数据密集型任务中占有用武之地，这些任务包括模式匹配、加速神经网络以及在存储自身内进行逻辑运算。当前 CAM 的主要局限在于面积开销，因为每个 CAM 单元都是由两个 SRAM 单元组成的。因此至少需要 12 个晶体管，且是易失性的。我们可以设想用 RRAM 来实现具有更高密度和非易失特性的器件，其中每个单元由两个晶体管和两个 RRAM 组成 [30]。

9.2.2 关键挑战

9.2.2.1 速度和能耗的改进

在本节中，我们将提出可提高 RRAM 速度和降低能耗的各种新模式 [31]。

由于在 RRAM 中形成导电细丝的机制具有随机性，因此从一个编程操作到另一个编程操作，对存储器进行置位和复位操作所需的时间是不等的。例如，图 9.3 显示了基于 HfO_2/Ti 的 OxRAM 在 $\pm 2\sigma$ 条件下跨越 3 个数量级的变化。

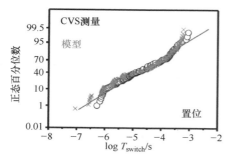
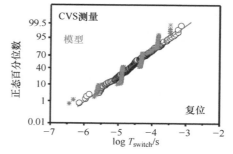

图 9.3　在给定电压下置位和复位操作的 CVS 测量开关时间（T_{switch} CVS）（黑色空心圆圈）和根据分析模型（RVS 开关电压到有效 CVS 开关时间）转换的时间（红色十字）的正态分布示例

结果是，为了确保能够置位或复位所有存储单元，必须施加较大的脉冲宽度。然而，对于大多数单元而言，这种长脉冲的时间将远远超出所需的时间，从而导致编程过程中时间和能量的浪费。

为了解决这个问题，可以使用斜升电压应力（Ramp Voltage Stress，RVS）模式来代替标准的恒定电压应力（Constant Voltage Stress，CVS）。在这种情况下，我们采用一个三角波，即电压随时间逐渐升高。RVS 相对于 CVS 的优势在于，RRAM 的开关时间是编程电压的指数函数。因此，稍微增加编程电压就可以显著减少开关时间，故开关电压的分布非常集中（在图 9.4a 中 99% 被测 RRAM 中，$0.5V < V_{switch} < 0.9V$）。

在 RVS 中，电压的逐步增加提高了编程强度，减少了 RRAM 固有开关时间分散的影响。

在 CVS 中，给定电压 V_i 下的每个时间步长 Δt 可以转换为恒定有效电压（V_{eff}）下的等效有效时间（t_{eff}）。通过对 RVS 中所有时间步长（Δt）进行积分，直到达到开关电压，我们可以得到 CVS 中有效电压下的等效开关时间 [31]。由于有效时间会随着 RVS 中每一步 V_i 的增加而增加，因此发生切换的那一步时间对计算出的总开关时间的贡献最大。例如，我们计算出切换发生的阶跃时间占应力时间的 85%（见图 9.4b）。

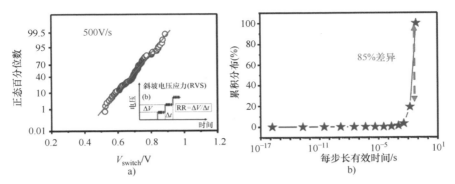

图 9.4　a）固定 RR 下开关电压正态分布示例，获得了收紧的开关电压分布（0.5V<V_{switch}<0.9V）；
　　　　b）在 RVS 中，给定电压下的每个时间步长可转换为 CVS 中恒定有效电压下的等效有效时间。切换发生的阶跃时间占应力时间的 85%

由于 RVS 相对于 CVS 效率更高，因此 RVS 方法可用于加快 RRAM 器件的编程速度。RVS 模式的起始和终止电压可以进行优化，以对应于器件的最小和最大开关电压，分别对应于分布中最快和最慢的器件。这有助于构建一个非常短且高效的电压模式，从而显著节省 RRAM 编程时间。

如图 9.5 所示，经过优化的 RVS 方法在中值编程时间上提高了一个数量级，在尾部 @+5σ 上提高了多达 4 个数量级。因此，RVS 能显著改善尾部分布，对大型存储器阵列来说是一个巨大的优势。典型的 CVS 编程时间标准偏差为 2×10^{-4}s，而经过优化的 RVS 编程电压标准偏差为 0.5V，对应编程时间标准偏差为 2.7×10^{-6}s（假设 140kV/s 的电压爬升斜率）。

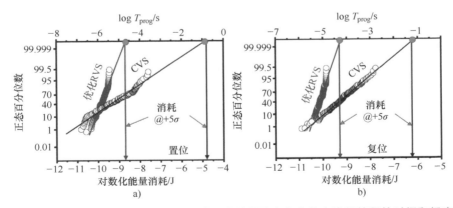

图 9.5　使用 CVS 和优化 RVS 对 RRAM 阵列中的置位和复位状态进行编程的时间和相应计算的能耗。在置位和复位中，使用优化 RVS 方法在分布尾部（+5σ）的编程时间缩短了 3 个数量级以上，且在 +5σ 处使用传统 CVS 和优化 RVS 编程的能耗相差 4 个数量级以上

RVS 的第二大优势在于减少了编程消耗，这种消耗可以通过编程电压、编程时间和流经电流的乘积来估算。在置位期间，能耗主要由存储器切换到开启状态后流经的电流决定。另一方面，在复位期间，大电流会在开关之前流过器件，因此直到施加适合的（短）脉冲宽度为止，开关之前对能耗的贡献最大。RVS 引起的编程时间缩短直接导致能耗的大幅降低。特别是，RVS 能够：①将置位和复位操作的中值能耗降低一个数量级以上；②极大降低分布尾部能耗，在 +5σ 统计下可以减少至少 4 个数量级。我们因而相信，我们的方法是一种减少 RRAM 阵列编程时间和能耗的解决方案。

9.2.2.2 可靠性改善

在上一节中，我们展示了 RVS 优化模式可以显著提高 RRAM 速度，降低能耗。在本节中，我们将分析模式波形如何影响 RRAM 的耐久性和保持特性。

特别是，我们通过固定不同的 V_{start} 和 V_{stop}，比较了三种不同的 RVS 模式：①强置位和复位，即高的 V_{stop} 且 $V_{start} = 0$；②弱置位和复位，即调整 V_{start} 和 V_{stop} 使置位和复位的能量减少到最少；③强置位和弱复位的不对称模式[14]。V_{start} 和 V_{stop} 的变化意味着脉冲持续时间的变化。

图 9.6 显示了耐久性测试期间的低阻态（LRS）和高阻态（HRS）分布。基于这些结果，我们观察到：在模式 1 中，可以看到高阻态分布的退化，高阻态的尾部正在向低阻态阻值移动。在模式 2 中，通过采用弱置位和复位，尽量缩短脉冲持续时间和限制爬升期间的电压范围，在这种情况下，与模式 1 相比，高阻态分布有了明显改善，高阻态阻值 R_{HRS} 得到了更好的控制，在高达 10^6 次写周期内，没测量到高阻态漂移。然而，低阻态分布与高阻态重叠，表明置位脉冲不足以被整个存储器阵列写入操作所用。最后，在模式 3 中，我们保留了弱复位条件，同时采用了模式 1 的置位条件以提高置位效率。在这种情况下，低阻态和高阻态分布都得到了改善，并且在 10^6 次写周期内保持了至少 2σ 的写入裕量。

因此，优化后的模式（模式 3）可显著改善窗口裕度和分布尾部状态。事实上，在 10^7 次写周期期间，窗口裕度的中值保持稳定。对于 1σ 分位数，在 10^6 次写周期后窗口裕度开始退化，这比参考模式（模式 1）高了两个数量级。最后，在经过 10^6 次写周期后 2σ 分位数下的窗口裕度仍然能够保持，而模式 1 在 10^5 次写周期后就失效了。此外，还应注意到，由于可靠性不足，模式 2 在 2σ 分位数下无法达到所需窗口裕度。

给定 RRAM 技术的最大耐久性（N_{cmax}）可与系统失效前所能承受的最大编程能量相关联。特别指出，我们展示了最大编程周期数服从对数正态分布[32]，其中，当产生足够多的缺陷在电极之间形成导电通路时，该硬失效归因于电阻层的击穿。事实上，在每次置位和复位周期中，系统都会获得一定量的能量，导致氧化层逐渐退化，直至在达到最大周期次数时发生击穿。如图 9.7 所示，根据测得的耐久性统计数据，我们计算了在失效发生之前，提供给系统的累积编程能量。有趣的是，对于不同的模式，我们获得了相似的最大能量分布。这证实了电介质在承受最大能量后会断裂，而且在一阶近似下，这个最大值与每次置位/复位周期注入的能量无关。对于优化后的模式，由于每次周期提供给系统的能量较低，因此系统达到失效能量所需的周期数更多。事实上，在模式 3 中，得益于复位期间脉冲时间更短且 V_{max} 更低，RRAM 器件在复位期间承受的电应力也更小。

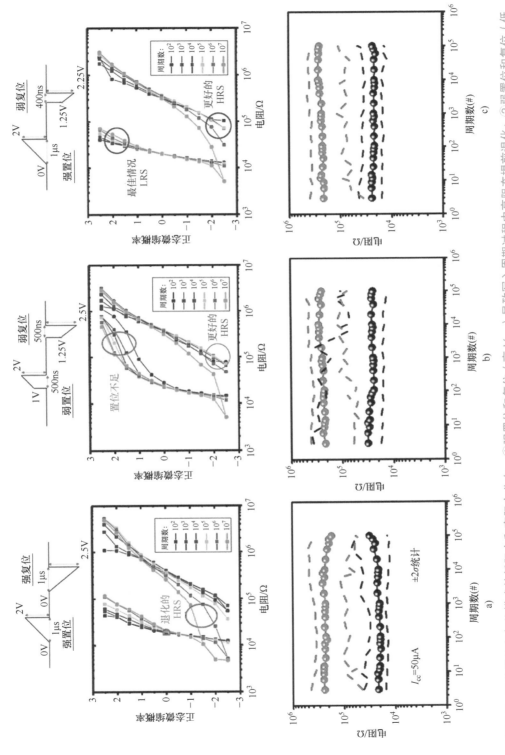

图 9.6　三种置位和复位模式的低阻态和高阻态分布：①强置位和复位（高 V_{stop}）导致写入周期过程中高阻态提前退化；②弱置位和复位（低 V_{start} 和 V_{stop}）导致低阻态提前尾部退化；③强置位和弱复位的优化条件

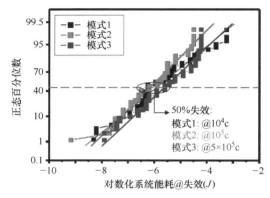

图 9.7 从最大耐久性分布（图 9.6）中提取的，在发生失效时提供给系统的累积能量分布。当 ROFF 下降 20% 时即视为失效。各种模式都有类似的分布。对于优化模式，由于系统每个周期获得的能量较低，因此达到失效能量的写周期数较多

　　保持特性也受到优化的 RVS 模式的影响。在图 9.8 中，我们比较了三种编程模式下 10^4 次写周期后三组单元的保持特性：矩形波的 CVS 参考、RVS 参考和优化 RVS（通过调整复位脉冲的起始和终止电压以降低编程能量）。在 CVS 模式下，测量到低阻态分布明显退化，并与高阻态分布重叠。使用 RVS 编程模式可显著提高低阻态的保持特性，特别是优化后的 RVS 模式，高达 95% 的单元在高温烘焙后保持了足够的窗口裕度，且低阻态和高阻态分布之间没有重叠。得益于向系统中提供的能量减少，我们将这种低阻态电阻漂移减少归因于减缓了的电阻层退化。

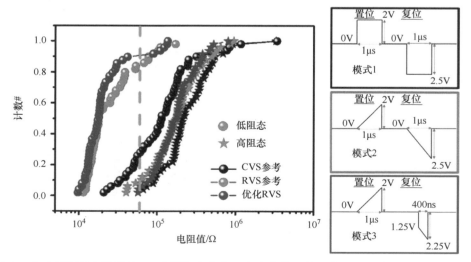

图 9.8 在 140℃下高温烘焙 2h 后低阻态和高阻态分布的比较，在此之前先使用三种不同的编程模式进行 10^4 次写周期，这三种编程模式为：CVS 参考、RVS 参考以及优化 RVS（即复位脉冲的起始和终止电压经过调整从而降低编程能量）。$I_{prog} = 50\mu A$

总之，RVS 编程模式可以改善 RRAM 的编程速度和功耗。通过调整复位脉冲的起始和终止电压可以进一步优化 RVS，从而降低编程能量并限制电阻层退化，显著扩展耐久性和保持特性。

9.2.2.3　与后道选择管的集成

通过前面的章节我们了解到，在 1T1R 配置中，选择晶体管是位单元面积的主要贡献者。因此，这种结构无法满足庞大存储容量的要求，尤其是在 SCM 应用中。为了节省空间，选择管可以与存储器集成在 1S1R 堆叠中，形成交叉开关阵列。原则上，使用 1S1R 结构可以实现密集的 $4F^2$ 位单元尺寸。为了实现这一点，选择管必须沉积在后道工艺中。

根据各种隐含的物理机制和器件堆叠，可以区分出不同类型的后端选择管。我们可以采用以下分类方法（见图 9.9）：

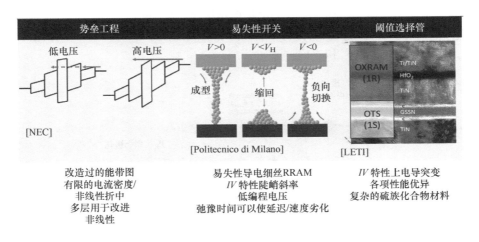

图 9.9　各种后道选择管类别汇总

势垒工程：通过改造能带图，使选择管的 IV 特性呈现出陡峭的斜率。与单层相比，多层结构通常可以提高电流密度和非线性，但代价是堆叠结构更为复杂 [33, 34]。

易失性开关：采用易失性导电细丝 RRAM 作为开关。这种开关可以通过较低的编程电压实现陡峭的斜率；但是，其弛豫时间（可能受操作条件的影响）可能较长，从而增加了延迟时间 [35]。

阈值选择管：在 IV 特性上测量到突然的电导转变，从而实现高选择性 [36-38]，一般使用硫族化合物材料制成。这类选择管提供了一些颇有前景的特性，如突变转换、快速反应以及可以根据材料组成和厚度调整特性（特别是电压 / 隔离特性的折中）的可能性 [39]。

将后道选择管与 RRAM 集成在一起面临着多项挑战，包括工艺兼容性和优化刻蚀配方需求。此外，RRAM 与选择管之间开关电压和电流的相容性也是确保高可靠性的关键 [36]。

9.3 用于超低功耗存储器的铁电 HfO_2

9.3.1 铁电存储器概述

9.3.1.1 概念

铁电材料具有非中心对称的晶体结构，使得电荷在中心点周围无法平衡为零，这导致铁电材料内部存在电偶极子。电偶极子产生于晶体内部的一些微小电畴区域，在原始状态下，晶体的净电极化近似于零。然而，在外加电场的作用下，电偶极子会沿着电场方向排列，排列的电畴越多，整体的净偶极子就越强。

因此，通过施加高于临界值（称为矫顽场 $\pm E_C$）的外加电场，铁电材料具有电极化特性，可以在如图 9.10 所示的向上态和向下态两种稳定状态之间切换。这两种状态的高度稳定性产生了如图 9.10 所示的迟滞曲线，在没有外加电场的情况下，P_{up} 和 P_{down} 状态的剩余极化值分别为 $-P_R$ 和 $+P_R$。根据这些示意图，铁电材料可以作为非易失性存储器（NVM）来存储信息，例如，P_{down} 和 P_{up} 状态分别存储 "0" 和 "1"。

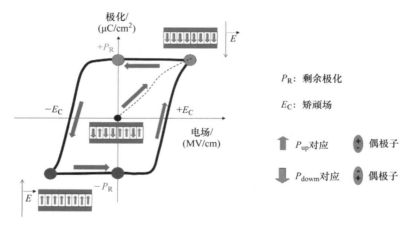

图 9.10 铁电材料的极化状态与电场迟滞曲线示意图，显示出两种稳定状态 P_{up} 和 P_{down}，在无外加电场的情况下，它们各自的剩余磁极化值分别为 $-P_R$ 和 $+P_R$，以及从一种状态切换到另一种状态所需的矫顽场 $+E_C$ 和 $-E_C$

由于铁电材料切换机制完全由电场驱动，因此，与其他需要有电流流经器件才能操作的存储器相比，铁电存储器的能效极高。事实上，铁电存储器通常只需要 10fJ 就能编程 1bit，这相当于闪存或电阻式存储器（RRAM、PCM、MRAM）能耗的千分之一。

9.3.1.2 铁电 HfO_2：铁电存储器领域的革新者

尽管铁电存储器具有上述非常吸引人的特性，但直到最近，像铁电随机存取存储器（Ferro-electric Random Access Memory，FeRAM）这样的铁电存储器还很少出现在 NVM 领域，仍被局限在一些特定的应用领域。这些铁电存储器主要基于钙钛矿材料，特别是锆钛酸铅（Lead Zirconate Titanate，PZT）。虽然有报道称基于 PZT 的 FeRAM 具有卓越的性能和可靠性[40, 41]，且产品如今

已实现商业化 [42, 43]，但由于 PZT 材料中含有铅，这使其与 CMOS 技术兼容性成为一个问题。此外，由于 PZT 薄膜厚度在 100nm 量级，其可微缩性被局限在 130nm 节点 [40]。

2007 年，HfO_2 中铁电相的发现（后于 2011 年报道 [44]），重新激发了人们对铁电存储器的兴趣。HfO_2 中的铁电相是一种非中心对称亚稳态（Pbc21）正交相，其典型 k 值为 25，介于低 k 单斜相和高 k 四方相之间 [45]。在适当的掺杂、膜厚、应力和退火条件下，可以稳定这种铁电相。

铁电 HfO_2 因其卓越的 CMOS 兼容性和可微缩性，实际上正在改变铁电存储器的发展模式 [46]。由于可以通过原子层沉积（Atomic Layer Deposition，ALD）等保形技术沉积出 10nm 厚的铁电 HfO_2 薄膜，使得二维和三维集成成为可能，从而将铁电存储器的实现可能性扩展到最先进的节点。

9.3.1.3　基于 HfO_2 的铁电存储器

铁电存储器分为三种不同的概念，下文将依次从较为成熟的器件到更具发展前景的器件进行逐一介绍：

- FeRAM 涉及铁电电容，由金属 / 铁电 / 金属（MFM）堆叠结构组成，如图 9.11 所示。

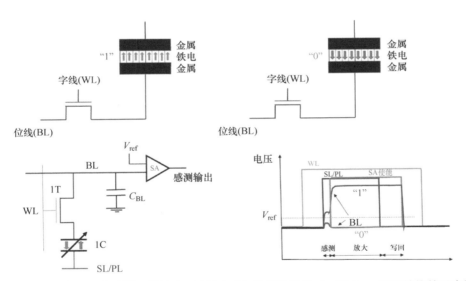

图 9.11　（上图）用于存储器应用的 FeRAM 1T1C 单元堆叠及 P_{up} 和 P_{down} 配置结构的示意图；（下图）FeRAM 存储器阵列中的位单元实现，以及在（破坏性）读出阶段相应的 WL、PL、SA 使能电压时序，以便进行感测、放大和写回

- 铁电场效应晶体管（Ferroelectric Field Effect Transistor，FeFET），由金属 / 铁电 / 绝缘体 / 半导体（MFIS）堆叠结构组成，如图 9.12 所示。
- 铁电隧道结（Ferroelectric Tunneling Junction，FTJ），由金属 / 铁电 / 金属（MFM）堆叠结构组成，具有极薄（<5nm）的铁电层和不同屏蔽长度的电极，或由金属 / 绝缘体 / 铁电 / 金属（MIFM）双层堆叠结构组成，如图 9.13 所示。

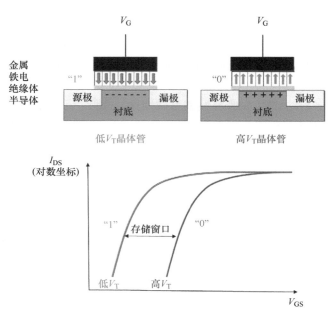

图 9.12 （上图）在存储器应用中具有 P_{up} 和 P_{down} 配置的 FeFET 堆叠示意图；（下图）FeFET 的 I_{DS}-V_{GS} 传输特性取决于栅极堆叠内的铁电极化状态

1. FeRAM

MFM 铁电电容是最简单的铁电堆叠结构。当这些简单的 1C 单元以存储器阵列的形式组合在一起时，它们各自与晶体管（1T）相串联而相互关联。如图 9.11 所示，1T1C 位元组中的晶体管可以选中各自的电容，对其状态（P_{up} 或 P_{down}）进行编程或读取。选择晶体管在 CMOS 晶圆的前道工艺（FEOL）中制造，而电容则集成在后道工艺（BEOL）的两条金属线之间。

在 FeRAM 中，写操作仅仅涉及在晶体管（WL）开启时给源线（Source Line，SL）或者位线（Bit Line，BL）施加脉冲，源线也被称为板线（Plate Line，PL），与此对应，FeRAM 的读操作则更为复杂，涉及读取切换情况和无损情况之间的对比（破坏性读出）。

FeRAM 单元的布局实际上与 DRAM 单元非常相似，但有两点不同。在 FeRAM 单元中，①PL 不能接地，因为需要给它施加脉冲以切换电容状态；②BL 必须预充电到 0V（而不是 V_{DD}）。在读取操作中，首先将 BL 预充电至 0V，开启晶体管。接着，向 PL 施加脉冲，铁电电容会根据其极化状态发生切换（如果之前极化在 P_{up} 或 "1" 状态）或不切换（如果之前极化在 P_{down} 或 "0" 状态），这会导致 BL 上分别流过高电平电流（切换电流和位移电流）或低电平电流（仅位移电流）。因此，BL 电压取决于铁电电容的极化状态。然后，通过激活感测放大器（Sense Amplifier，SA）将这一电压差放大至全电平摆幅。完成这一步骤后，PL 电压回到 0V，同时存取晶体管保持在开启状态，从而允许自动恢复电容的铁电极化状态，因为此时 SA 仍处于被激活状态（见图 9.11）。

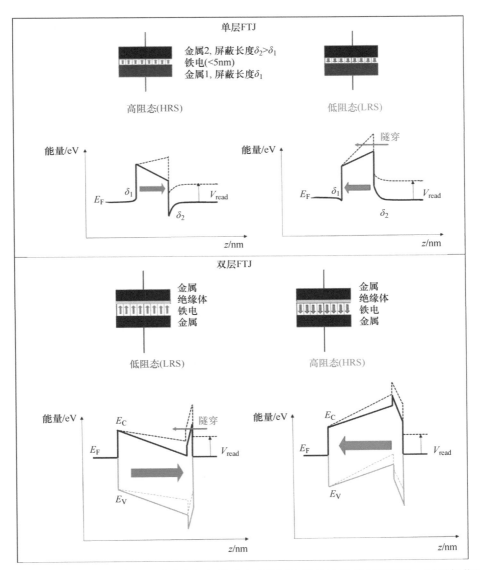

图 9.13　具有 P_{up} 和 P_{down} 配置的（上图）单层和（下图）双层 FTJ 堆叠示意图，以及极化时相应能带结构演变，形成低阻态和高阻态

FeRAM 存储窗口与电容中存储的电荷直接相关，该电荷量又与电容的面积和剩余极化值成正比。

2. FeFET

铁电场效应晶体管（FeFET）是一种三端器件，其中铁电材料被连接到 MOSFET 的栅极堆叠中。因为在半导体 / 栅极堆叠界面处总是有一层薄薄的绝缘层，通常称为中间层（InterLayer,

IL），所以 FeFET 具有 MFIS 堆叠结构。该器件通常集成在前道工艺（FEOL）中。如图 9.12 所示，晶体管的铁电极化方向与栅极电压方向平行，导致阈值电压（V_T）会根据铁电层的状态发生偏移，故 FeFET 可以用作存储器，并根据施加在栅极上的电压，编程为低 V_T（"1"态）或高 V_T（"0"态）配置。与 FeRAM 的情况不同，FeFET 的读出是非破坏性的，它只需要在两个 V_T 值之间慎重地选择一个栅极电压来检查晶体管是导通还是关断即可。因此，V_T 偏移量与这种存储器件的存储窗口相一致，它与铁电材料的厚度及其矫顽场成正比。

FeFET 的一个有趣特性在于，这种器件既可用作存储器，也可用于逻辑运算，或者可以将两者结合起来，实现存内逻辑（Logic-in-Memory，LiM）应用[47]。

3. FTJ

尽管铁电隧道结（FTJ）的概念早在 50 年前就由诺贝尔奖得主 Esaki 提出[48]，但直到先进的钙钛矿材料沉积技术的出现[49]以及近年来铁电 HfO_2 的发现[50, 51]，这一概念才于近期得以实现。与 FeRAM 和 FeFET 不同，FTJ 是一种电阻式存储器，它利用铁电层的极化状态以非易失性方式改变这种双端器件的能带结构。在低阻态（LRS）下，对应的能带结构有利于载流子直接隧穿和 Fowler-Nordheim 辅助隧穿，而在高阻态（HRS）下，隧穿可能性太低。

图 9.13 报告了两种不同的 FTJ 结构。在单层 FTJ 堆叠中，需要一层非常薄的铁电薄膜（通常小于 5nm），并且上下电极必须具有不同的屏蔽长度，以产生器件的非对称性。在这种情况下，铁电层就是隧道势垒。已报道的大多数研究表明，当薄膜厚度减小到 5nm 以下时，铁电 HfO_2 往往会失去其铁电特性，因此这种方法可能存在问题。在双层 FTJ 堆叠中，隧穿（介质）层与铁电层是分开的，后者被用作"杠杆"，在极化反转时弯曲能带结构，有利于载流子隧穿通过介质层。FTJ 的主要参数是隧道电阻（Tunneling Electro Resistance，TER），它被定义为高阻态和低阻态之间的电阻比。

9.3.2 技术现状

9.3.2.1 FeRAM

1. 铁电电容性能

自从参考文献 [44] 的突破性工作之后，在过去十年中发表的有关铁电 HfO_2 主题的论文数量迅速增加[52]。这些研究主要集中在大尺寸（直径通常为 50μm）的单电容结构上，探索了在 HfO_2 中掺杂各种元素（硅、铝、钇、镧、锆、锗）[52, 53]，以稳定其正交相并进一步优化剩余极化值和耐久性。这些持续的研究工作推进镧掺杂铪氧化锆（Hafnium Zirconium Oxide，HZO）的剩余极化值通常达到 $30\mu C/cm^2$，表现出卓越的切换写周期耐久性，达到了 4×10^{10} 次写周期[54]。基于铁电 HfO_2 材料的极化切换动力学也表现出极快的特性，在高电场下通常可降到 1ns[55]。最后，切换这些器件确实需要存在电压–时间的折中，切换效率图可以清楚地证明这一点[56]。

2. 可微缩性和后道工艺集成演示

然而，基于 HfO_2 电容的可微缩性和后道工艺集成能力直到最近才得到证实[56-59]，这为 130nm 及以下节点的未来工业应用铺平了道路。

后道工艺集成所需的低热预算（最高 450℃）足以使 10nm HZO[56] 和 10nm 硅注入 HfO$_2$[57] 铁电薄膜发生结晶，其剩余极化值高达 $2P_R = 40\mu C/cm^2$，在 125℃下具有良好的数据保持能力，并且在微缩尺寸（0.28μm^2）的电容上测得 10^{11} 次写周期耐久性[56]。有趣的是，微缩电容面积可显著提高击穿前的写周期次数，从而使直径为 600nm 的 HZO 电容在 2.5MV/cm 写周期条件下的预计耐久值可达到 10^{14} 次[60]。基于 HfO$_2$ 的电容具有这样的耐久性能，有望弥合与所报道的基于钙钛矿的商业存储器的 10^{15} 次写周期能力之间的差距。此外，这还表明，即使对于基于 HfO$_2$ 的 FeRAM 来说，归功于其出色的写周期耐久性，破坏性读出可能也不是一个重大问题。

在实际存储器性能方面，最近展示的基于 TiN/HZO/TiN 电容的 64kbit 1T1C FeRAM 阵列，面积缩小至 0.4μm^2[58]。该阵列具有出色的性能，在整个 64kbit 阵列内 100% 的位元具备读写功能，具有卓越的分布性能，分布精度 ±4σ 以上时，读取裕量大于 480mV，运行速度低于 10ns，操作电压低于 2.5V。

尽管数据保持和耐久性仍需在阵列层面进行进一步评估，但在 130nm 节点上进行的演示表明，在无法集成钙钛矿材料的 130nm 及以下节点，基于 HfO$_2$ 的超低功耗、低电压 FeRAM 存储器具有很大潜力（见图 9.14）。此外，与钙钛矿材料不同，基于 HfO$_2$ 的铁电材料可以通过原子层沉积（ALD）等保形技术沉积，这些薄膜在 10nm 的典型厚度下仍具有铁电性。因此，在未来的工艺节点中，位单元面积会更小，如果单位面积上的电荷量不足以在二维电容上被感应到，可以使用三维电容来进一步微缩。参考文献 [61，62] 的探索性研究表明，大胆采用纵横比为 13∶1 的深沟槽铁电电容可在高达 2×10^9 次切换周期内具备完全读写功能，报告的剩余极化值为 152$\mu C/cm^2$（标志性工作），表明垂直集成导致的剩余极化损耗极小，这对于三维非易失性存储应用具有广阔前景。最近，这项工作得到了参考文献 [59] 的确认，在 2T2C 配置中，三维 TiN/HZO/TiN 铁电电容被集成在 CMOS 上方，耐久性大于 10^9，外推估算可在 85℃下保持 10 年。

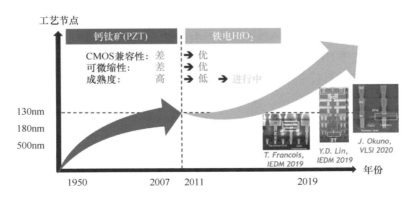

图 9.14　与钙钛矿相对比，铁电 HfO$_2$ 薄膜在 130nm 节点以下延续后道工艺集成 FeRAM 微缩化潜力的示意图

9.3.2.2 FeFET

基于铁电 HfO$_2$ 的 FeFET 在要求低功耗和高数据吞吐量的存储器应用中展现出巨大的前景，由于将 FeFET 集成到传统高 K 金属栅（High-K Metal Gate，HKMG）晶体管中的前道工艺（FEOL）所需的掩模数量较少（2），因此具有低成本的潜在优势[63]。2016 年，研究人员展示了一个集成到 28nm HKMG CMOS 中的具有全功能的 64kbit FeFET 嵌入式非易失性存储器（eNVM）阵列[64]，具有 1V 的存储窗口，高达 250℃的高温数据保持能力以及达到 $10^4 \sim 10^5$ 次写周期范围的耐久性。这项工作随后有了进一步成果展示，即在 22nm FDSOI 工艺中集成了 32Mbit FeFET 阵列[65]，据报道，其存储窗口为 1.5V，并且在 4.2V 电压下的快速编程 / 擦除脉冲低于 100ns。具有 10nm 厚度多晶 Si：HfO$_2$ 栅极堆叠的 FeFET 与传统逻辑晶体管的成功共同集成技术已被证实，展示了前道工艺集成方法具有完全 CMOS 兼容性和高微缩能力[66]。然而，研究也表明，随着 FeFET 栅极面积的减小，存储窗口会显著下降，因为微小器件不可避免地对于多晶栅极氧化物薄膜的晶粒度非常敏感[67]，从而导致越微缩器件的 V_T 离散度越大。当然，通过采用更厚的 20nm 铁电薄膜[68]，可分别将存储窗口和耐久性进一步提高到 $2.5 \sim 3V$ 和 $10^5 \sim 10^6$ 范围，其代价为更高的编程 / 擦除电压。

FeFET 耐久性受限的主要原因是硅沟道和铁电层之间的电介质界面退化，导致电荷很容易被捕获，这是 MFIS 堆叠结构的固有特性。有人提出了通过加热来恢复失效器件的方法[69]，从而在存储窗口关闭前将耐久性提高到 10^6 次写周期。

与基于钙钛矿的 FeFET 相比，基于二维 HfO$_2$ 的 FeFET 具有出色的横向和纵向微缩能力，此外，三维 FeFET 微缩技术也已经被报道[70]，即类似于三维闪存架构，在垂直集成中采用 ALD 沉积 Si：HfO$_2$。但迄今为止，采用这种方法达到的耐久性仅限于 $10^3 \sim 10^4$ 次写周期范围。

值得强调的是，FeFET 还可用于模拟大脑功能的非常规计算。为此目的，人们已经展示了使用基于 HfO$_2$ 的 FeFET 的铁电突触[71]和铁电神经元[72]。对于铁电突触，由其多晶性质和随机电畴取向所决定的铁电 HfO$_2$ 渐变切换特性，可对 FeFET 沟道电导率进行模拟调节，从而被用来模拟突触权重更新。在参考文献 [71] 中，人们通过尖峰时序相关可塑性（Spike Timing Dependent Plasticity，STDP）演示了尖峰传递和突触可塑性。对于突触神经元，比如在栅极脉冲的整合复现来自其他神经元的尖峰整合的过程中，以及在突变开关复现神经元发射的过程中，人们均利用了纳米级基于 HfO$_2$ 的 FeFET 中累积极化反转的特性。

此外，铁电切换的随机特点[73]也可被用于随机数生成和随机计算。最后但同样重要的是，FeFET 的两种功能，即逻辑和存储，可以直接结合以产生可重新配置的 NAND/NOR 逻辑门，用于存内逻辑（LiM）应用[47]。

9.3.2.3 FTJ

基于铁电 HfO$_2$ 的电阻式开关的首次演示实际上是最近才出现的[50]。这项初期工作同时报告了亚 100nA，自限流和本征二极管特性，采用 MFIM 堆叠结构的导通 / 关断比一般为 10。使用 MFM 叠层和 4nm 铁电 HZO 薄膜，多值单元操作的 TER 高达 30[74]。不过，这种堆叠结构的耐久性通常较差（仅 10^3 次写周期）。最近，由 TiN/HZO/Al$_2$O$_3$/TiN 堆叠组成的 MIFM 堆叠结构的耐久性已经有所改善[51]，达到写周期耐久能力 10^6 次以上[75]。然而，在这些 FTJ 中，导通 / 关断比仍受限在 10。迄今为止，在类似堆叠中，有报道的最高导通 / 关断比为 100[76]。

9.3.3　持续发展和关键挑战

基于 HfO_2 的 FeRAM 具有高耐久性、快速切换能力和超低功耗，它有潜力替代慢速 SRAM[58]，并在物联网应用的微控制器单元（MCU）中替代闪存 [77]，但仍然作为最近展示的高密度三维嵌入式 DRAM[78] 中的一员。

然而，尽管在过去 3 年中取得了巨大进展，迄今为止仍然存在一些可靠性问题需要解决，以便能够获得有限压印尺寸，高剩余极化值，高达 165℃ 的出色数据保持能力以及大于 10^{15} 次写周期耐久性的免唤醒器件。

特别地，氧空位对铁电 HfO_2 电性能的作用及其在写周期过程中的演进作用仍需进行一些研究（通过从头模拟和实验）。了解界面的作用也是优化 MFM 堆叠结构和使去极化场最小化的关键 [79] 所在。

此外，现在必须使用多 kbit 1T1C FeRAM 阵列的分布来生成具有更好统计相关性的数据，如参考文献 [58] 那样。

FeRAM 在 130nm 节点以下的演示仍有待报道，以充分展示铁电 HfO_2 在那些更先进节点上取代基于 PZT 的 FeRAM 产品的潜力。考虑到 FeRAM 中的铁电极化强度远高于 DRAM 电容中可存储的电荷，并且基于 HfO_2 的铁电电容可以实现三维化，因此原则上，在具有较小深宽比的 DRAM 中引入非易失性是相当有前景的。

对于 FeFET，主要挑战之一是提高耐久性，因为目前其耐久性仅限于约 10^6 次写周期，热处理和界面工程以及新的集成方案（如后栅工艺）将是近期的关键课题。更多的前瞻性探讨，如将 FeFET 集成到后道工艺（BEOL）中，可能会成为值得评估的提高器件密度的方法。

关于 FTJ 的后续发展，目前的发展方向是为了实现更高的导通 / 关断比，以增加存储窗口以及用于存储计算和神经形态应用的中间状态数量 [80]，同时增加导通状态下的电流密度，以便能够微缩器件面积。

总之，预计在不久的将来，基于 HfO_2 的铁电器件（如 FeRAM、FeFET 和 FTJ）不仅会在要求超低功耗的纯存储器应用中发挥关键作用，而且还会在人工智能（AI）的神经形态应用中发挥关键作用。

9.4　小结

阻变存储器和铁电存储器为各个新的存储器世代提供了令人振奋的远景。由于阻变存储器减少了新增掩模数量并易于集成，而成为嵌入式应用的强有力的候选者。这使它们特别适合于射频、物联网和智能卡应用。关键挑战在于开发创新性编程电路，以减少波动性、提高良率和延长器件寿命。

基于开关操作固有的随机特性，阻变存储器也可以是实现随机数生成器（Random Number Generator，RNG）或物理不可克隆函数（Physical Unclonable Function，PUF）等安全和计算电路的理想元件。

RRAM 还有潜力实现神经形态计算和生物启发系统。在这种情况下，开发基于优化编程方案的多值存储器件将是激活器件级模拟行为的关键。

FeRAM 的集成流程与 OxRAM 的情况非常相似，因此 FeRAM 在低成本嵌入式存储器应用中大有可为，特别在需要超低功耗的可穿戴器件方面。由于其快速开关操作、高耐久性和三维集成潜力，它也可以被放置在储存类内存（SCM）和 DRAM 之间的存储器层次结构中。FeRAM 面临的关键挑战之一是减少压印尺寸和提高数据保持能力，尤其在 85℃ 以上的温度条件下。像 FeFET 这样的铁电器件，不仅用于存储器应用，而且在逻辑和存储更加紧密结合的电路中（存内逻辑、存内计算）以及在神经形态应用中，也表现出了一定的潜力，在这些方面，FTJ 也可以在其中发挥作用。

参 考 文 献

[1] Y. Lu, J.H. Lee, I.-W. Chen, Scalability of voltage-controlled filamentary and nanometallic resistance memory devices, Nanoscale 9 (2017) 12690–12697, https://doi.org/10.1039/C7NR02915B.

[2] A.C. Torrezan, J.P. Strachan, G. Medeiros-Ribeiro, R.S. Williams, Sub-nanosecond switching of a tantalum oxide memristor, Nanotechnology 22 (48) (2011) 485203–485209, https://doi.org/10.1088/0957-4484/22/48/485203.

[3] H.-S.P. Wong, et al., Metal–oxide RRAM, Proc. IEEE 100 (6) (2012) 1951–1970, https://doi.org/10.1109/JPROC.2012.2190369.

[4] M.-J. Lee, et al., A fast, high-endurance and scalable non-volatile memory device made from asymmetric Ta2O(5-x)/TaO(2-x) bilayer structures, Nat. Mater. 10 (8) (2011) 625–630, https://doi.org/10.1038/nmat3070.

[5] S. Yu, H.-Y. Chen, B. Gao, J. Kang, H.-S.P. Wong, HfOx-based vertical resistive switching random access memory suitable for bitcost-effective three-dimensional cross-point architecture, ACS Nano 7 (3) (2013) 2320–2325, https://doi.org/10.1021/nn305510u.

[6] I.G. Baek, et al., IEDM 2011 Technical Digest, 2011, pp. 737–740.

[7] O. Golonzka, et al., Non-volatile RRAM embedded into 22FFL FinFET technology, in: 2019 Symposium on VLSI Technology, Kyoto, Japan, 2019, pp. T230–T231, https://doi.org/10.23919/VLSIT.2019.8776570.

[8] Y. Hayakawa, et al., Highly reliable TaOx ReRAM with centralized filament for 28-nm embedded application, in: 2015 Symposium on VLSI Technology (VLSI Technology), Kyoto, 2015, pp. T14–T15, https://doi.org/10.1109/VLSIT.2015.7223684.

[9] J. Guy, G. Molas, C. Cagli, M. Bernard, A. Roule, C. Carabasse, A. Toffoli, F. Clermidy, B. De Salvo, L. Perniola, Guidance to reliability improvement in CBRAM using advanced KMC modelling, in: Proceedings of 2017 IRPS, 2017.

[10] R. Strenz, Review and outlook on embedded NVM technologies – from evolution to revolution, in: Proceedings of IMW 2020, Dresden, Germany, 2020, pp. 71–74.

[11] A. Hayakawa, et al., Resolving endurance and program time trade-off of 40nm TaOx-based ReRAM by co-optimizing verify cycles, reset voltage and ECC strength, in: 2017 IEEE International Memory Workshop (IMW), Monterey, CA, 2017, pp. 1–4, https://doi.org/10.1109/IMW.2017.7939101.

[12] M. Alayan, et al., Switching event detection and self-termination programming circuit for energy efficient ReRAM memory arrays, IEEE Trans. Circuits Syst. Express Briefs 66 (5) (2019) 748–752, https://doi.org/10.1109/TCSII.2019.2908967.

[13] M. Chang, et al., Low VDDmin swing-sample-and-couple sense amplifier and energy-efficient self-boost-write-termination scheme for embedded ReRAM macros against resistance and switch-time variations, IEEE J. Solid State Circuits 50 (11) (2015) 2786–2795, https://doi.org/10.1109/JSSC.2015.2472601.

[14] G. Sassine, D. Alfaro Robayo, C. Nail, J.-F. Nodin, J. Coignus, G. Molas, E. Nowak, Optimizing programming energy for improved RRAM reliability for high endurance applications, in: Proceedings of IMW, 2018, pp. 54–57.

[15] S. Ito, et al., ReRAM technologies for embedded memory and further applications, in: 2018 IEEE International Memory Workshop (IMW), Kyoto, 2018, pp. 1–4, https://doi.org/10.1109/IMW.2018.8388846.

[16] M. Ueki, et al., Low-power embedded ReRAM technology for IoT applications, in: 2015 Symposium on VLSI Technology (VLSI Technology), Kyoto, 2015, pp. T108–T109, https://doi.org/10.1109/VLSIT.2015.7223640.

[17] G. Sassine, et al., Adv. Electron. Mater. 5 (2019) 1800658, https://doi.org/10.1002/aelm.201800658.

[18] C. Nail, et al., Understanding RRAM endurance, retention and window margin trade-off using experimental results and simulations, in: 2016 IEEE International Electron Devices Meeting (IEDM), San Francisco, CA, 2016, pp. 4.5.1–4.5.4, https://doi.org/10.1109/IEDM.2016.7838346.

[19] https://www.rram-info.com/panasonic-and-umc-co-develop-and-produce-rram-chips-2019.

[20] P. Jain, et al., 13.2 A 3.6Mb 10.1Mb/mm^2 embedded non-volatile ReRAM macro in 22nm FinFET technology with adaptive forming/set/reset schemes yielding down to 0.5V with sensing time of 5ns at 0.7V, in: 2019 IEEE International Solid-State Circuits Conference (ISSCC), San Francisco, CA, USA, 2019, pp. 212–214, https://doi.org/10.1109/ISSCC.2019.8662393.

[21] C.-C. Chou, et al., A 22nm 96KX144 RRAM macro with a self-tracking reference and a low ripple charge pump to achieve a configurable read window and a wide operating voltage range, in: 2020 IEEE Symposium on VLSI Circuits, Honolulu, HI, USA, 2020, pp. 1–2, https://doi.org/10.1109/VLSICircuits18222.2020.9163014.

[22] http://www.adestotech.com/products/mavriq/.

[23] https://www.crossbar-inc.com/en/products/t-series/.

[24] J. Sandrini, et al., OxRAM for embedded solutions on advanced node: scaling perspectives considering statistical reliability and design constraints, in: 2019 IEEE International Electron Devices Meeting (IEDM), San Francisco, CA, USA, 2019, pp. 30.5.1–30.5.4, https://doi.org/10.1109/IEDM19573.2019.8993484.

[25] J. Minguet Lopez, et al., in: Proceedings of the 2020 IEEE IMW, 2020.

[26] S. Sills, et al., Challenges for high-density 16Gb ReRAM with 27nm technology, in: 2015 Symposium on VLSI Technology (VLSI Technology), Kyoto, 2015, pp. T106–T107, https://doi.org/10.1109/VLSIT.2015.7223639.

[27] K. Ohba, et al., Cross point Cu-ReRAM with BC-doped selector, in: 2018 IEEE International Memory Workshop (IMW), Kyoto, 2018, pp. 1–3, https://doi.org/10.1109/IMW.2018.8388824.

[28] T. Mikawa, et al., Neuromorphic computing based on analog ReRAM as low power solution for edge application, in: 2019 IEEE 11th International Memory Workshop (IMW), Monterey, CA, USA, 2019, pp. 1–4, https://doi.org/10.1109/IMW.2019.8739720.

[29] E.R. Hsieh, et al., High-density multiple bits-per-cell 1T4R RRAM array with gradual SET/RESET and its effectiveness for deep learning, in: 2019 IEEE International Electron Devices Meeting (IEDM), San Francisco, CA, USA, 2019, pp. 35.6.1–35.6.4, https://doi.org/10.1109/IEDM19573.2019.8993514.

[30] D.R.B. Ly, et al., Novel 1T2R1T RRAM-based ternary content addressable memory for large scale pattern recognition, in: 2019 IEEE International Electron Devices Meeting (IEDM), San Francisco, CA, USA, 2019, pp. 35.5.1–35.5.4, https://doi.org/10.1109/IEDM19573.2019.8993621.

[31] G. Sassine, C. Cagli, J. Nodin, G. Molas, E. Nowak, Novel computing method for short programming time and low energy consumption in HfO$_2$ based RRAM arrays, IEEE J. Electron Devices Soc. 6 (2018) 696–702, https://doi.org/10.1109/JEDS.2018.2830999.

[32] D. Alfaro Robayo, G. Sassine, Q. Rafhay, G. Ghibaudo, G. Molas, E. Nowak, Endurance statistical behavior of resistive memories based on experimental and theoretical investigation, IEEE Trans. Electron Devices 66 (8) (2019) 3318–3325, https://doi.org/10.1109/TED.2019.2911661.

[33] N. Banno, et al., 50×20 crossbar switch block (CSB) with two-varistors (a-Si/SiN/a-Si) selected complementary atom switch for a highly-dense reconfigurable logic, in: 2016 IEEE International Electron Devices Meeting (IEDM), San Francisco, CA, 2016, pp. 16.4.1–16.4.4, https://doi.org/10.1109/IEDM.2016.7838431.

[34] A. Kawahara, et al., An 8Mb multi-layered cross-point ReRAM macro with 443MB/s write throughput, in: 2012 IEEE International Solid-State Circuits Conference, San Francisco, CA, 2012, pp. 432–434, https://doi.org/10.1109/ISSCC.2012.6177078.

[35] A. Bricalli, E. Ambrosi, M. Laudato, M. Maestro, R. Rodriguez, D. Ielmini, SiOx-based resistive switching memory (RRAM) for crossbar storage/select elements with high on/off ratio, in: 2016 IEEE International Electron Devices Meeting (IEDM), San Francisco, CA, 2016, pp. 4.3.1–4.3.4, https://doi.org/10.1109/IEDM.2016.7838344.

[36] D.A. Robayo, et al., Reliability and variability of 1S1R OxRAM-OTS for high density crossbar integration, in: 2019 IEEE International Electron Devices Meeting (IEDM), San Francisco, CA, USA, 2019, pp. 35.3.1–35.3.4, https://doi.org/10.1109/IEDM19573.2019.8993439.

[37] S. Kim, et al., Ultrathin (<10nm) Nb2O5/NbO2 hybrid memory with both memory and selector characteristics for high density 3D vertically stackable RRAM applications, in: 2012 Symposium on VLSI Technology (VLSIT), Honolulu, HI, 2012, pp. 155–156, https://doi.org/10.1109/VLSIT.2012.6242508.

[38] S. Yasuda, et al., A cross point Cu-ReRAM with a novel OTS selector for storage class memory applications, in: 2017 Symposium on VLSI Technology, Kyoto, 2017, pp. T30–T31, https://doi.org/10.23919/VLSIT.2017.7998189.

[39] A. Verdy, et al., Optimized reading window for crossbar arrays thanks to Ge-Se-Sb-N-based OTS selectors, in: 2018 IEEE International Electron Devices Meeting (IEDM), San Francisco, CA, 2018, pp. 37.4.1–37.4.4, https://doi.org/10.1109/IEDM.2018.8614686.

[40] J.A. Rodriguez, K. Remack, K. Boku, K.R. Udayakumar, S. Aggarwal, S.R. Summerfelt, F.G. Celii, S. Martin, L. Hall, K. Taylor, T. Moise, H. McAdams, J. McPherson, R. Bailey, G. Fox, M. Depner, Reliability properties of low-voltage ferroelectric capacitors and memory arrays, IEEE Trans. Device Mater. Reliab. 4 (3) (2004) 436–449, https://doi.org/10.1109/TDMR.2004.837210.

[41] J. Rodriguez, K. Remack, J. Gertas, L. Wang, C. Zhou, K. Boku, J. Rodriguez-Latorre, K.R. Udayakumar, S. Summerfelt, T. Moise, Reliability of ferroelectric random access memory embedded within 130nm CMOS, in: 2010 IEEE International Reliability Physics Symposium (IRPS), 2010, pp. 6C.4.1–6C.4.9, https://doi.org/10.1109/IRPS.2010.5488738.

[42] https://www.cypress.com/products/f-ram-nonvolatile-ferroelectric-ram.

[43] https://www.fujitsu.com/global/products/devices/semiconductor/memory/fram/.

[44] T.S. Böscke, J. Müller, D. Bräuhaus, U. Schröder, U. Böttger, Ferroelectricity in hafnium oxide thin films, Appl. Phys. Lett. 99 (2011), https://doi.org/10.1063/1.3634052, 102903.

[45] T.S. Böscke, S.T. Teichert, D. Bräuhaus, J. Müller, U. Schröder, U. Böttger, T. Mikolajick, Phase transitions in ferroelectric silicon doped hafnium oxide, Appl. Phys. Lett. 99 (2011), https://doi.org/10.1063/1.3636434, 112904.

[46] T. Mikolajick, U. Schroeder, P.D. Lomenzo, E.T. Breyer, H. Mulaosmanovic, M. Hoffmann, T. Mittmann, F. Mehmood, B. Max, S. Slesazeck, Next generation ferroelectric memories enabled by hafnium oxide, in: 2019 IEEE International Electron Devices Meeting (IEDM), 2019, pp. 15.5.2–15.5.4, https://doi.org/10.1109/IEDM19573.2019.8993447.

[47] E. Breyer, H. Mulaosmanovic, T. Mikolajick, S. Slesazeck, Reconfigurable NAND/ NOR logic gates in 28 nm HKMG and 22 nm FD-SOI FeFET technology, in: 2017 IEEE International Electron Devices Meeting (IEDM), 2017, https://doi.org/10.1109/ IEDM.2017.8268471.

[48] L. Esaki, B.B. Laibowitz, P.J. Stiles, Polar switch, IBM Tech. Discl. Bull. 13 (8) (1971) 2161.

[49] A. Chanthbouala, A. Crassous, V. Garcia, K. Bouzehouane, S. Fusil, X. Moya, J. Allibe, B. Dlubak, J. Grollier, S. Xavier, C. Deranlot, A. Moshar, R. Proksch, N.D. Mathur, M. Bibes, A. Barthelemy, Solid-state memories based on ferroelectric tunnel junctions, Nat. Nanotechnol. 7 (2011) 101–104, https://doi.org/10.1038/NNANO.2011.213.

[50] S. Fujii, Y. Kamimuta, T. Ino, Y. Nakasaki, R. Takaishi, M. Saitoh, First demonstration and performance improvement of ferroelectric HfO_2-based resistive switch with low operation current and intrinsic diode property, in: 2016 IEEE Symposium on VLSI Technology, 2016, https://doi.org/10.1109/VLSIT.2016.7573413.

[51] B. Max, M. Hoffmann, S. Slesazeck, T. Mikolajick, Ferroelectric tunnel junctions based on ferroelectric-dielectric Hf0.5Zr0.5O2/Al2O3 capacitor stacks, in: 2018 48th European Solid-State Device Research Conference (ESSDERC), 2018, https://doi.org/10.1109/ ESSDERC.2018.8486882.

[52] M.H. Park, Y.H. Lee, T. Mikolajick, U. Schroeder, C.S. Hwang, Review and perspective on ferroelectric HfO_2-based thin films for memory applications, MRS Commun. 8 (2018) 795–808, https://doi.org/10.1557/mrc.2018.175.

[53] A. Toriumi, L. Xu, Y. Mori, X. Tian, P.D. Lomenzo, H. Mulaosmanovic, M. Materano, T. Mikolajick, U. Schroeder, Material perspectives of HfO_2-based ferroelectric films for device applications, in: International Electron Devices Meeting (IEDM), 2019, IEEE, 2019, pp. 15.1.1–15.1.4, https://doi.org/10.1109/IEDM19573.2019.8993464.

[54] A.G. Chernikova, M.G. Kozodaev, D.V. Negrov, E.V. Korostylev, M.H. Park, U. Schroeder, C.S. Hwang, A.M. Markeev, Improved ferroelectric switching endurance of La-doped Hf0.5Zr0.5O2 thin films, ACS Appl. Mater. Interfaces 10 (2018) 2701, https:// doi.org/10.1021/acsami.7b15110.

[55] X. Lyu, M. Si, P.R. Shrestha, K.P. Cheung, P.D. Ye, First direct measurement of sub-nanosecond polarization switching in ferroelectric hafnium zirconium oxide, in: 2019 IEEE International Electron Devices Meeting (IEDM), 2019, https://doi.org/10.1109/ IEDM19573.2019.8993509.

[56] T. Francois, L. Grenouillet, J. Coignus, P. Blaise, C. Carabasse, N. Vaxelaire, T. Magis, F. Aussenac, V. Loup, C. Pellissier, S. Slesazeck, V. Havel, C. Richter, A. Makosiej, B. Giraud, E.T. Breyer, M. Materano, P. Chiquet, M. Bocquet, E. Nowak, U. Schroeder, F. Gaillard, Demonstration of BEOL-compatible ferroelectric Hf0.5Zr0.5O2 scaled FeRAM co integrated with 130nm CMOS for embedded NVM applications, in: IEDM, 2019, https://doi.org/10.1109/IEDM19573.2019.8993485.

[57] L. Grenouillet, T. Francois, J. Coignus, S. Kerdilès, N. Vaxelaire, C. Carabasse, F. Mehmood, S. Chevalliez, C. Pellissier, F. Triozon, F. Mazen, G. Rodriguez, T. Magis, V. Havel, S. Slesazeck, F. Gaillard, U. Schroeder, T. Mikolajick, E. Nowak, Nanosecond laser anneal (NLA) for Si-implanted HfO_2 ferroelectric memories integrated in back-end of line (BEOL), in: Symposium on VLSI Technology, 2020, https://doi.org/10.1109/ VLSITechnology18217.2020.9265061.

[58] J. Okuno, T. Kunihiro, K. Konishi, H. Maemura, Y. Shuto, F. Sugaya, M. Materano, T. Ali, K. Kuehnel, K. Seidel, U. Schroeder, T. Mikolajick, M. Tsukamoto, T. Umebayashi, SoC compatible 1T1C FeRAM memory array based on ferroelectric Hf0.5Zr0.5O2, in: 2020 IEEE Symposium on VLSI Technology, 2020, https://doi.org/10.1109/VLSITechnology18217.2020.9265063. TF2.1.

[59] Y.D. Lin, H.Y. Lee, Y.T. Tang, P.C. Yeh, H.Y. Yang, P.S. Yeh, C.Y. Wang, J.W. Su, S.H. Li, S.S. Sheu, T.H. Hou, W.C. Lo, M.H. Lee, M.F. Chang, Y.C. King, C.J. Lin, 3D scalable, wake-up free, and highly reliable FRAM technology with stress-engineered HfZrOx, in: 2019 IEEE International Electron Devices Meeting (IEDM), 2019, https://doi.org/10.1109/IEDM19573.2019.8993504.

[60] T. Francois, L. Grenouillet, J. Coignus, N. Vaxelaire, C. Carabasse, F. Aussenac, S. Chevalliez, S. Slesazeck, C. Richter, P. Chiquet, M. Bocquet, U. Schroeder, T. Mikolajick, F. Gaillard, E. Nowak, Impact of area scaling on the ferroelectric properties of back-end of line compatible Hf0.5Zr0.5O2 and Si:HfO2-based MFM capacitors, Appl. Phys. Lett. 118 (2021), https://doi.org/10.1063/5.0035650, 062904.

[61] J. Müller, T.S. Böscke, S. Müller, E. Yurchuk, P. Polakowski, J. Paul, D. Martin, T. Schenk, K. Khüllar, A. Kersch, W. Weinreich, S. Riedel, K. Seidel, A. Kumar, T.M. Arruda, S.V. Kalinin, T. Schlösser, R. Böschke, R. van Bentum, U. Schröder, T. Mikolajick, Ferroelectric hafnium oxide: a CMOS-compatible and highly scalable approach to future ferroelectric memories, in: International Electron Devices Meeting (IEDM), 2013 IEEE, 2013, pp. 10.8.1–10.8.4, https://doi.org/10.1109/IEDM.2013.6724605.

[62] P. Polakowski, S. Riedel, W. Weinreich, M. Rudolf, J. Sundqvist, K. Seidel, J. Müller, Ferroelectric deep trench capacitors based on Al:HfO2 for 3D nonvolatile memory applications, in: 2014 IEEE 6th International Memory Workshop (IMW), 2014, https://doi.org/10.1109/IMW.2014.6849367.

[63] https://ferroelectric-memory.com/.

[64] M. Trentzsch, S. Flachowsky, R. Richter, J. Paul, B. Reimer, D. Utess, S. Jansen, H. Mulaosmanovic, S. Müller, S. Slesazeck, J. Ocker, M. Noack, J. Müller, P. Polakowski, J. Schreiter, S. Beyer, T. Mikolajick, B. Rice, A 28nm HKMG super low power embedded NVM technology based on ferroelectric FETs, in: 2016 IEEE International Electron Devices Meeting (IEDM), 2016, pp. 294–297, https://doi.org/10.1109/IEDM.2016.7838397.

[65] S. Dünkel, M. Trentzsch, R. Richter, P. Moll, C. Fuchs, O. Gehring, M. Majer, S. Wittek, B. Müller, T. Melde, H. Mulaosmanovic, S. Slesazeck, S. Müller, J. Ocker, M. Noack, D.-A. Löhr, P. Polakowski, A FeFET based super-low-power ultra-fast embedded NVM technology for 22nm FDSOI and beyond, in: 2017 IEEE International Electron Devices Meeting (IEDM), 2017, pp. 19.7.1–19.7-4, https://doi.org/10.1109/IEDM.2017.8268425.

[66] Beyer, Embedded FeFETs as a low power and non-volatile beyond-von-Neumann memory solution, in: Proceedings of the IEEE NVMTS, 2018.

[67] H. Mulaosmanovic, S. Slesazeck, J. Ocker, M. Pesic, S. Müller, S. Flachowsky, J. Müller, P. Polakowski, J. Paul, S. Jansen, S. Kolodinski, C. Richter, S. Piontek, T. Schenk, A. Kersch, C. Künneth, R. van Bentum, U. Schröder, T. Mikolajicka, Evidence of single domain switching in hafnium oxide based FeFETs: enabler for multi-level FeFET memory cells, in: IEDM, 2015, pp. 688–690, https://doi.org/10.1109/IEDM.2015.7409777.

[68] H. Mulaosmanovic, E.T. Breyer, T. Mikolajick, S. Slesazeck, Ferroelectric FETs with 20-nm-thick HfO2 layer for large memory window and high performance, IEEE Trans. Electron Devices 66 (9) (2019) 3828–3833, https://doi.org/10.1109/TED.2019.2930749.

[69] H. Mulaosmanovic, E.T. Breyer, T. Mikolajick, S. Slesazeck, Recovery of cycling endurance failure in ferroelectric FETs by self-heating, IEEE Electron Device Lett. 40 (2) (2019) 216–219, https://doi.org/10.1109/LED.2018.2889412.

[70] K. Florent, M. Pesic, A. Subirats, K. Banerjee, S. Lavizzari, A. Arreghini, L. Di Piazza, G. Potoms, F. Sebaai, S.R.C. McMitchell, M. Popovici, G. Groeseneken, J. Van Houdt, Vertical ferroelectric HfO$_2$ FET based on 3-D NAND architecture: towards dense low-power memory, in: 2018 IEEE International Electron Devices Meeting (IEDM), 2018, https://doi.org/10.1109/IEDM.2018.8614710.

[71] H. Mulaosmanovic, J. Ocker, S. Müller, M. Noack, J. Müller, P. Polakowski, T. Mikolajick, S. Slesazeck, Novel ferroelectric FET based synapse for neuromorphic systems, in: 2017 Symposium on VLSI Technology, 2017, pp. T176–T177, https://doi.org/10.23919/VLSIT.2017.7998165.

[72] H. Mulaosmanovic, E. Chicca, M. Bertele, T. Mikolajick, S. Slesazeck, Mimicking biological neurons with a nanoscale ferroelectric transistor, Nanoscale 10 (2018) 21755–21763, https://doi.org/10.1039/C8NR07135G.

[73] H. Mulaosmanovic, J. Ocker, S. Müller, U. Schroeder, J. Müller, P. Polakowski, S. Flachowsky, R. van Bentum, T. Mikolajick, S. Slesazeck, Switching kinetics in nanoscale hafnium oxide based ferroelectric field-effect transistors, ACS Appl. Mater. Interfaces 9 (4) (2017) 3792–3798, https://doi.org/10.1021/acsami.6b13866.

[74] M. Kobayashi, Y. Tagawa, F. Mo, T. Saraya, T. Hiramoto, Ferroelectric HfO$_2$ tunnel junction memory with high TER and multi-level operation featuring metal replacement process, IEEE J. Electron Devices Soc. 7 (2018) 134–139, https://doi.org/10.1109/JEDS.2018.2885932.

[75] B. Max, M. Hoffmann, S. Slesazeck, T. Mikolajick, Direct correlation of ferroelectric properties and memory characteristics in ferroelectric tunnel junctions, IEEE J. Electron Devices Soc. 7 (2019) 1175–1181, https://doi.org/10.1109/JEDS.2019.2932138.

[76] J. Hur, Y.-C. Luo, P. Wang, N. Tasneem, A.I. Khan, S. Yu, Ferroelectric tunnel junction optimization by plasma-enhanced atomic layer deposition, in: 2020 IEEE Silicon Nanoelectronics Workshop (SNW), 2020, https://doi.org/10.1109/SNW50361.2020.9131649.

[77] https://www.3eferro.eu/.

[78] S.-C. Chang, N. Haratipour, S. Shivaraman, T.L. Brown-Heft, J. Peck, C.-C. Lin, I.-C. Tung, D.R. Merrill, H. Liu, C.-Y. Lin, F. Hamzaoglu, M.V. Metz, I.A. Young, J. Kavalieros, U.E. Avci, Anti-ferroelectric HfxZr1-xO2 capacitors for high-density 3-D embedded-DRAM, in: 2020 IEEE International Electron Devices Meeting (IEDM), 2020.

[79] W. Hamouda, C. Lubin, S. Ueda, Y. Yamashita, O. Renault, F. Mehmood, T. Mikolajick, U. Schroeder, R. Negrea, N. Barrett, Interface chemistry of pristine TiN/La:Hf0.5Zr0.5O2 capacitors, Appl. Phys. Lett. 116 (2020), https://doi.org/10.1063/5.0012595, 252903.

[80] S. Slesazeck, E. Covi, Q.T. Duong, V. Havel, J. Coignus, S. Lancaster, O. Richter, P. Klein, E. Chicca, J. Barbot, L. Grenouillet, A. Dimoulas, T. Mikolajick, Ferroelectric tunneling junctions for edge computing, in: International Symposium on Circuits and Systems (ISCAS), 2021.

进一步阅读

[81] Y.Y. Chen, et al., Balancing SET/RESET pulse for $>10^{10}$ endurance in HfO$_2$/Hf 1T1R bipolar RRAM, IEEE Trans. Electron Devices 59 (12) (2012) 3243–3249, https://doi.org/10.1109/TED.2012.2218607.

[82] J. Guy, G. Molas, P. Blaise, C. Carabasse, M. Bernard, A. Roule, G. Le Carval, V. Sousa, H. Grampeix, V. Delaye, A. Toffoli, J. Cluzel, P. Brianceau, O. Pollet, V. Balan, S. Barraud, O. Cueto, G. Ghibaudo, F. Clermidy, B. De Salvo, L. Perniola, Experimental and theoretical understanding of Forming, SET and RESET operations in Conductive Bridge RAM (CBRAM) for memory stack optimization, in: IEDM 2014 Technical Digest, 2014, pp. 152–155.

[83] C. Nail, G. Molas, P. Blaise, G. Piccolboni, B. Sklenard, C. Cagli, M. Bernard, A. Roule, M. Azzaz, E. Vianello, C. Carabasse, R. Berthier, D. Cooper, C. Pelissier, T. Magis, G. Ghibaudo, C. Vallée, D. Bedau, O. Mosendz, B. De Salvo, L. Perniola, Understanding RRAM endurance, retention and window margin trade-off using experimental results and simulations, in: IEDM 2016 Technical Digest, 2016, pp. 95–98.

[84] W. Chen, et al., A 65nm 1Mb nonvolatile computing-in-memory ReRAM macro with sub-16ns multiply-and-accumulate for binary DNN AI edge processors, in: 2018 IEEE International Solid-State Circuits Conference (ISSCC), San Francisco, CA, 2018, pp. 494–496, https://doi.org/10.1109/ISSCC.2018.8310400.

[85] C. Chou, et al., An N40 256K×44 embedded RRAM macro with SL-precharge SA and low-voltage current limiter to improve read and write performance, in: 2018 IEEE International Solid-State Circuits Conference (ISSCC), San Francisco, CA, 2018, pp. 478–480, https://doi.org/10.1109/ISSCC.2018.8310392.

[86] B. Govoreanu, G.S. Kar, Y.-Y. Chen, V. Paraschiv, S. Kubicek, A. Fantini, I.P. Radu, L. Goux, S. Clima, R. Degraeve, N. Jossart, O. Richard, T. Vandeweyer, K. Seo, P. Hendrickx, G. Pourtois, H. Bender, L. Altimime, D.J. Wouters, J.A. Kittl, M. Jurczak, 10x10nm^2 Hf/HfOx crossbar resistive RAM with excellent performance, reliability and low-energy operation, in: IEDM 2011 Technical Digest, 2011, pp. 729–732. 31.6.

[87] T. Hirtzlin, et al., Hybrid analog-digital learning with differential RRAM synapses, in: 2019 IEEE International Electron Devices Meeting (IEDM), San Francisco, CA, USA, 2019, pp. 22.6.1–22.6.4, https://doi.org/10.1109/IEDM19573.2019.8993555.

[88] C. Lai, et al., Logic process compatible 40nm 256K×144 embedded RRAM with low voltage current limiter and ambient compensation scheme to improve the read window, in: 2018 IEEE Asian Solid-State Circuits Conference (A-SSCC), Tainan, 2018, pp. 13–16, https://doi.org/10.1109/ASSCC.2018.8579345.

[89] T. Liu, et al., A 130.7 mm^2 2-layer 32Gb ReRAM memory device in 24nm technology, in: 2013 IEEE International Solid-State Circuits Conference Digest of Technical Papers, San Francisco, CA, 2013, pp. 210–211, https://doi.org/10.1109/ISSCC.2013.6487703.

[90] C. Xue, et al., 24.1 A 1Mb multibit ReRAM computing-in-memory macro with 14.6ns parallel MAC computing time for CNN based AI edge processors, in: 2019 IEEE International Solid-State Circuits Conference (ISSCC), San Francisco, CA, USA, 2019, pp. 388–390, https://doi.org/10.1109/ISSCC.2019.8662395.

[91] H. Mulaosmanovic, T. Mikolajick, S. Slesazeck, Accumulative polarization reversal in nanoscale ferroelectric transistors, ACS Appl. Mater. Interfaces 10 (28) (2018) 23997–24002, https://doi.org/10.1021/acsami.8b08967.

[92] M. Saitoh, R. Ichihara, M. Yamaguchi, K. Suzuki, K. Takano, K. Akari, K. Takahashi, Y. Kamiya, K. Matsuo, Y. Kamimuta, K. Sakuma, K. Ota, S. Fujii, HfO$_2$-based FeFET and FTJ for ferroelectric-memory centric 3D LSI toward low-power and high-density storage and AI applications, in: 2020 IEEE International Electron Devices Meeting (IEDM), 2020.

[93] K. Ota, M. Yamaguchi, R. Berdan, T. Marukame, Y. Nishi, K. Matsuo, K. Takahashi, Y. Kamiya, S. Miyano, J. Deguchi, S. Fujii, M. Saitoh, Performance maximization of in-memory reinforcement learning with variability-controlled Hf1-xZrxO2 ferroelectric tunnel junction, in: 2019 IEEE International Electron Devices Meeting (IEDM), 2019, https://doi.org/10.1109/IEDM19573.2019.8993564.

[94] S. Fujii, M. Yamaguchi, S. Kabuyanagi, K. Ota, M. Saitoh, Improved state stability of HfO$_2$ ferroelectric tunnel junction by template-induced crystallization and remote scavenging for efficient in-memory reinforcement learning, in: 2020 IEEE Symposium on VLSI Technology, 2020, https://doi.org/10.1109/VLSITechnology18217.2020.9265059.

第 10 章

面向人工智能的非易失性存内计算

Giacomo Pedretti 和 Daniele Ielmini

意大利米兰理工大学兼意大利大学纳米电子学联盟（IU.NET）信息与生物工程学院电子学系

10.1 引言

  人工智能（AI）存在能耗问题。据估计，在 GPU 上使用神经网络搜索算法训练单个 Transformer 模型，将排放超过 626000lb$^\ominus$ 的二氧化碳（CO_2），相当于 5 辆汽车在其使用寿命期间排放的二氧化碳总量[1]。训练人工智能模型所需的资源数量也在迅速[2, 3]呈指数上升，即所需的资源数量每 3.4 个月翻一番，最终 6 年间增长了近 30000 倍。在过去的 50 年里，摩尔定律[4]通过预测晶体管尺寸的微缩，推动了微电子工业的指数增长，从而进一步推动了微处理器资源的增长。然而，由于器件微缩的物理极限和制造成本的增加[5]，摩尔定律的作用正在放缓。因此，人们需要新的纳米电子器件来跟上摩尔定律的步伐。不过，应该注意的是，根据摩尔定律，每平方毫米的晶体管数量（即计算资源）每 18 个月就会翻一番，这与人工智能模型所需资源的增长相去甚远，因此不仅需要技术迭代，还需要架构转换。典型的计算系统（如 CPU 和 GPU）都基于冯·诺依曼架构[6]，其中内存和计算单元在物理上是分开的。这就造成了计算瓶颈，大部分时间和能量都消耗在应付处理器到内存（以及反过来内存到处理器）的数据传输上[7]。为了解决这个冯·诺依曼瓶颈问题，在传统 CMOS 技术下，人们提出了通过乘加（Multiply-Accumulate，MAC）加速器为人工智能工作负载定制的一系列非冯·诺依曼架构[8]，这些架构分别基于光学计算[9]、量子计算[10]和存内计算（In-Memory Computing，IMC）[11-17]来实现。IMC 包括直接在存储器中运行 MAC 和其他类型的计算，从而抑制数据传输所引起的任何时间和能量消耗[18]。例如，人们可以在模拟域中的交叉点存储器阵列内通过物理计算矩阵向量乘法来加速 MAC，MAC 运行时间与矩阵大小及其他因素无关，其时间复杂度为 $O(1)$。此外，最近人们提出了可以求解闭式逆代数问题的电路，来单步训练机器学习（Machine Learning，ML）模型，而无需迭代[19, 20]。

  本章我们将回顾 IMC 存储器件和架构方面的进展。首先，将介绍 IMC 存储器件，重点关注存储器阵列可能的电路结构。然后，回顾存储器编程和网络训练的各项技术，还将讨论存储

 ⊖ 1lb = 0.45359237kg。

和电路的非理想特性，这些特性将影响 IMC 电路性能和精度。最后，将介绍未来最有望成功的 IMC 计算架构。

10.2　用于 IMC 的存储器件

近年来，人们提出了不同的纳米级非易失性存储技术，这些技术的共同特点是能够在材料结构变化过程中记忆状态，并使它们本身作为高密度、低能耗和高速的存储器件 [11, 12, 18, 21, 22] 来使用。基本想法是，通过局部改变材料的属性，如相态结构或磁化自旋，可以改变材料本身的电导，从而产生一种或多种存储态，这些存储态可通过外部电路进行切换和感测。在已开发的器件中，双端结构可在几纳米尺度内提供一种精简的实现方法 [23, 24]，同时能够进行三维集成 [25, 26]，使其成为存储和计算的理想选择。

图 10.1 给出了不同存储技术的概念示意图，包括阻变随机存取存储器（Resistive Switching Random Memories，RRAM）、相变存储器（Phase Change Memories，PCM）、磁随机存取存储器（Magnetic Random Access Memories，MRAM）和铁电随机存取存储器（Ferroelectric Random Access Memories，FeRAM）。

　　a) RRAM　　　　　b) PCM　　　　　c) STT-MRAM　　　　d) FeRAM

图 10.1　各种非易失性存储器件示意图，包括 a) RRAM、b) PCM、c) STT-MRAM 和 d) FeRAM

10.2.1　RRAM

如图 10.1a 所示（也见第 9 章），RRAM 器件由金属顶部电极（Top Electrode，TE）和底部电极（Bottom Electrode，BE）以及夹在中间的绝缘金属氧化物层组成 [27, 28]。由于绝缘层的存在，该结构通常呈现高阻态。在 TE 和 BE 之间施加相对较高的成形电压后，器件经历材料成分的局部变化，TE 和 BE 之间出现导电细丝，导致器件呈现低阻态（Low Resistance State，LRS）。在双极器件中，通过在 TE 和 BE 之间施加负电压，可以在细丝中产生间隙完成复位转换，以恢复高阻态（High Resistance State，HRS），间隙的大小可以由所施加的最大负电压来控制。然后，一般利用小于成形电压的正电压进行置位操作，使器件回到 LRS。导电细丝的尺寸可通过置位操作期间的最大电流 [即受限电流（IC）] 来控制，这通常借助于同样充当选择管的串联晶体管来实现。

10.2.2　PCM

PCM 器件由相变材料组成，通常是硫族化合物，如 $Ge_2Sb_2Te_5$（GST），这种材料可以在结晶相和非晶相之间切换 [29, 30]（详见第 6 章）。图 10.1b 展示了典型的蘑菇结构 PCM。由于材料的无序组成，非晶相通常是 HRS，与此同时，结晶相则表现为 LRS。人们通过在 TE 和 BE 之间施加不同的正电压脉冲来控制器件的相态。从结晶相开始，通过施加高于 GST 熔化温度对应电压的正脉冲，有可能使材料非晶化，从而变为 HRS。非晶相材料的量，也就是电阻，可以通过施加正脉冲的最大电压来控制。施加低于熔化电压的正电压，材料便恢复结晶相。与 RRAM 相比，PCM 通常能够提供更大的电阻窗口，使其更适合作为多值单元（Multilevel Cell，MLC）工作。PCM 器件存在一些主要缺点；其一是大工作电流，必须通过微缩相变材料区域来减小电流[31, 32]；其二是电阻漂移，即由于非晶相的结构弛豫而导致电阻变化[33]。

10.2.3　MRAM

通过改变 CoFeB 等铁磁材料的磁化方向，可以获得不同的电阻状态。如图 10.1c 所示的 MRAM 就是这种情况（见第 6 章），在自由极化层（即磁化方向可改变的层）和固定极化层（即磁化方向不可改变的层）之间夹着隧道绝缘层 [高结晶化金属氧化物，如氧化镁（MgO）]，从而形成磁隧道结（Magnetic Tunnel Junction，MTJ）。如果两个磁层的磁化方向相向平行，则堆叠电阻相对较低，与此同时，如果两个磁层的磁化方向逆向平行，则堆叠电阻较高[34]。利用场致开关改变磁化方向可写入不同的状态，在场致开关中，电流脉冲在合适的写入线上产生局部磁场[35]，或者利用自旋转移矩（Spin-Transfer Torque，STT）[36, 37] 改变磁化方向也可写入不同的状态，即在 MTJ 上直接施加脉冲，通常可实现几纳秒范围内的快速切换[38]。MRAM 的主要缺点是电阻窗口较小，使感测比较复杂，限制了计算应用[39]。

10.2.4　FeRAM

对于一些铁电材料，可通过施加电场来切换其静电极化，图 10.1d 所示的 FeRAM 就采用了这一概念。$PbZr_{1-x}Ti_xO_3$（PZT）和 $StBi_2Ta_2O_9$（SBT）等铁电材料曾被应用于 FeRAM 实现，但它们与 CMOS 工艺的兼容性较低，因此在工艺线上并不可行[40]。最近，基于与 CMOS 工艺兼容的掺杂 HfO_x 的 FeRAM 被提出来[41]。通过插入一个与铁电层串联的介电层，将极化转换为电阻，从而形成铁电隧道结（Ferroelectric Tunnel Junction，FTJ）[42]。

10.3　存储结构

双端存储器可以按图 10.2 所示的不同阵列结构排列。最简单的一种阵列结构是图 10.2a 所示的单电阻（1R）结构，其中多个存储器的 TE 连接在一起，形成一行存储单元，BE 连接在一起，形成一列存储单元，通过组合多个行和列，可获得交叉点阵列[18]，交叉点阵列可以有效地用于存储和计算应用。事实上，考虑编程到矩阵第 i 行和第 j 列交叉点处的电导值 G_{ij}，通过在列线上施加电压矢量并将行线接地，在行线上产生的电流为

$$I_i = \sum_j G_{ij}V_j \tag{10.1}$$

其结果是矩阵 G 与向量 V 的点积，即矩阵 – 向量乘法（Matrix-Vector Multiplication，MVM），可以用简洁的形式 $I = GV$ 表示[11-14, 43]。

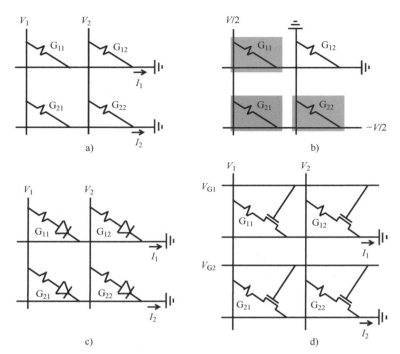

图 10.2　IMC 各种电路结构示意图，包括 a）1R 交叉点阵列、b）具有 $V/2$ 偏置方案的交叉点阵列、c）具有非线性选择管单元的 1S1R 阵列、d）1T1R 阵列

得益于结构紧凑，这种阵列结构可实现高密度，1R 器件的理论面积为 $4F^2$，其中 F 为光刻特征尺寸。多个阵列可以堆叠成三维结构，从而进一步提高密度[44]（见第 8 章）。例如，通过堆叠两个交叉点阵列，器件面积变为 $2F^2$，如果堆叠四个交叉点阵列，器件面积则仅有 F^2。此外，三维堆叠还可以创建新的计算范式，如复杂的卷积网络[45]。

这种阵列结构的主要缺点是难以对电导状态进行编程，而且可能会因潜在旁路效应而造成读取干扰[46]。在对单个单元施加置位、复位或读取信号时，相应的整行和整列都会被极化。即使让未使用的行和列浮空，电流也会流入未选择的器件，导致读取干扰，在编程操作期间则可能改变电导状态。例如，对存储器件施加置位电压会导致整行置位，使交叉点无法使用。

解决这一问题的方法是在置位和复位操作期间使用 $V/2$ 编程方案，如图 10.2b[47, 48]所示，其中 V 是编程电压。当需要写入一个存储单元时，将 $V/2$ 和 $-V/2$ 分别施加到对应的列线和行线上，而其他行线和列线则接地。这样，被选中的单元偏置为 V，而相同列和行的其他单元分别偏置为 $V/2$ 和 $-V/2$，阵列中的其他单元则完全不偏置。这样，只有极化在 V 的单元被编程，而其他单元则保持未编程和不变。在读取过程中，电压 V_R 施加到所选列上，而所有行都接地。这样，通过感测每一行的电流 $I_i = G_{ij}V_R$ 就可以并行读取一列中的所有电导[48]。

遗憾的是，由于在置位和复位转换过程中会产生较大的待机电流，以及置位电压和复位电压的波动性，即使在 $V/2$ 偏置下也会导致在编程操作过程中干扰未选择单元。因此，这种阵列结构对于大型存储器架构来说是不可行的。

10.3.1　1S1R 结构

为避免潜在旁路问题，应当插入选择器件与电阻式存储器件串联。最简单的结构是单选择管 / 单电阻（1S1R）结构[49-51]，如图 10.2c 所示，理想情况下，选择器件应具有双极性或单极强非线性 I-V 特性，这取决于存储器的类型，从而在施加电压 $|V|<|V_t|$ 时抑制任何流过的电流，其中 V_t 为阈值电压。以这种方式应用 $V/2$ 偏置方案，只有选定的单元会打开，而其他单元将保持关闭。现已在不同的技术中提出各种选择管，包括基于氧化物的 p-n 二极管[52]、基于氧化物的隧道层[53, 54]、金属氧化物（如氧化钒和氧化铌，由于 Mott 型绝缘体 – 金属转换而能够进行阈值开关）[55]、混合离子 – 电子导体（MIEC）[56] 以及双向阈值开关（OTS）材料[57-59]。OTS 受益于低亚阈值泄漏、高阈值电压和高非线性等特性，因而十分具有应用前景。此外，已证实 OTS 具有大于 10^{11} 的耐久性[60]，并且可以多层堆叠[57, 60]。

1S1R 结构是有希望开发储存类内存（SCM）的候选结构。SCM 是一种新型存储栈，应该介于 DRAM 和闪存之间，具有比 DRAM 更高的密度以及比闪存更快的速度。

10.3.2　1T1R 结构

最后，可在电阻元件上串联插入一个 MOS 晶体管作为选择管。图 10.2d 展示了单晶体管单电阻（1T1R）结构，其中晶体管的漏极连接存储器的 BE，源极连接存储器各行。还需要额外插入一条控制栅极的连线，以便正确存取相应的行。由于晶体管的存在，使得此结构易于使用且可靠，实际上通过偏置一个栅极行和一个 TE 列，只有一个存储器件被选中，其余将被关闭。此外，晶体管还可以通过限制置位操作过程中的最大受限电流来微调 RRAM 器件的 LRS[61, 62]。在 RRAM 复位、读取和运行 MVM 操作时，栅极保持高电平，允许电流在器件上流过而不受限制。

这种结构的代价是面积开销，即单元面积不再受存储器件尺寸的限制，而是受晶体管尺寸的限制，晶体管尺寸可大幅增加到 $36F^2$[63] 或 $54F^2$[64]。采用晶体管共享技术可将有效单元尺寸减小到 $7F^2$[65]，但是需要采用更复杂的编程算法。不过，1T1R 结构仍然是计算应用的最佳选择。

10.4　计算型存储

最吸引人的 IMC 应用之一是 MVM 加速，如图 10.2a 所示，对于 MVM 加速而言，其应用非常广泛。其中最常见的是神经网络的前向评估[11, 13-15]。图 10.3a 展示了一个典型的多层感知器，它是一种前馈神经网络，输入信号从左侧输入，然后向右传播，直至到达输出层。在前向传播过程中，为了评估各层的贡献，神经元 η_j 会产生一个信号 s_j，该信号经突触权重 w_{ij} 加权后发送给所有输出神经元 m_i。为了评估神经元 m_i 的状态 y_i，所有输入电流相加，即

$$y_i = \sum_j w_{ij} s_j \qquad\qquad (10.2)$$

与式（10.1）等价。因此，神经网络前馈评估可在存储器内完成，与传统数字计算机上的乘加（MAC）运算相比，预计速度可提高 10000 倍左右[66]。然而，神经网络的权重通常是双极性的，由于只能对正电导进行编程，所以单个存储器件本身并不能代表所有可能的权重。图 10.3b、c 说明了使用两个存储器件表示双极权重的两种不同技术，基本原理是利用基尔霍夫定律，计算两个相反读取电压偏置所得到的电导之和。在第一个示意图（见图 10.3b）中，存储器电流与负偏置参考电导 G_{ref} 的电流相加，得到对应的总电导（$G-G_{ref}$）。第二个示意图中使用两种不同的计算型存储器 G^+ 和 G^-，可将权重表示为（G^+-G^-）[67, 68]。由于两个电导都可以编程，所以后者更加灵活，而第一种方法会更稳定。

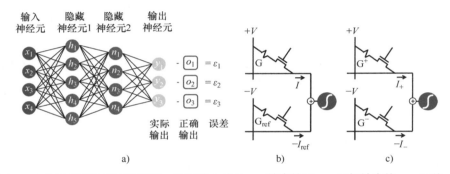

图 10.3 a）全连接神经网络示意图，显示输入信号 x_i、输出信号 y_i、目标输出值 o_i、误差 $\varepsilon_i = y_i - o_i$；b）突触结构示意图，与参考值相比较和与 c）具有电导 G^+、G^- 的差分存储相比较

其他类型的运算也可以用 MVM 加速[12, 43, 69, 70]，一般来说，我们把用于这些应用的存储器称为计算型存储器。与通常只需要一比特或几比特的储存型存储器相比，要充分发挥计算型存储器的威力，每个单元应存储多位数据，以便进行精确的 MVM 计算。为限制每列的最大电流，计算型存储器应被编程到相对较高的电阻，事实上，多个器件产生的电流相加会产生相对较大的总电流。相反，储存型存储器需要较高的信噪比，因此在相对较低的电阻下编程，从而更利于能够感应到较大的电流。最后，在编程方面，与储存型存储器相比，对于计算型存储器的大多数应用来说，编程时间可以放宽，但不包括通常被称为在线学习的神经网络训练。如果存储器只需要零星更新，编程时间就可以忽略不计，此时的权重更新通常被称为离线训练。表 10.1 总结了对储存型和计算型存储器的不同要求。

表 10.1 储存型和计算型存储器的主要要求汇总

	储存型	计算型
位数	1 ~ 2bit	>8bit
电阻范围	10 ~ 100kΩ	100kΩ ~ 1MΩ
编程速度	~ ns	~ μs

10.4.1　离线训练

即使离线训练不要求很高的编程速度，但它在多位操作和电导稳定性方面仍有很多要求。如图 10.4a 插图 [71] 所示，在计算型存储器分析中，可以考虑 1T1R 结构的 RRAM 器件。图 10.4a 给出了典型的 RRAM *I-V* 特性，即在置位操作时增加受限电流，在复位操作时增加停止电压。这种 RRAM 器件是由钛（Ti）TE 和碳（C）BE 以及夹在中间的 HfO$_2$ 开关层构成，并与晶体管的漏极相连 [72]。随着栅极电压变化，电导似乎更为可控，其扩展结果如图 10.4b 所示，在单个器件上进行了 100 次测量，每次测量都从相同的 HRS 开始，并将器件设置为栅极电压递增，固定置位电压 V_{set} = 3V。可以看到，中位电导（蓝色线）随 V_G-V_T 线性增加，其中 V_T = 0.7V 是晶体管的阈值电压。然而，在置位过程中，由于随机离子迁移作用，单条轨迹会出现起伏变化 [73, 74]。这些变化可以如图 10.4c 所呈现，其展示了不同编程水平下电导的概率密度函数（PDF），基本呈现出均值不断增大、标准差 σ_G = 3.8μS 基本不变的高斯分布，这个问题可称为周期间波动。

另一个问题是器件间波动，这是由于阵列内单元的成分、结构和几何形状不同造成的。图 10.4d 展示了在 V_{read} = 0.5V 下 HfO$_2$ RRAM 单元 4kB 阵列读取电流的 PDF，该阵列采用四种不同的受限电流（$L_2 \sim L_5$）和由 HRS（L_1）编程 [62]。周期间波动以及器件间差异导致了高斯分布的变化。

周期间波动以及器件间波动等问题可以通过编程和验证算法来缓解。例如，人们可以用栅极电压来锁定电导，如果电导较低，可以提高栅极电压，如果电导较高，则可以施加一个小的复位脉冲，直到电导达到一定的容差 ΔG 范围 [19, 75]。这样，RRAM 器件中的渐进置位和渐进复位都得以利用，从而提高了成功率。然而，对位数较多（即大于 4 位）的存储器进行编程通常需要耗费大量的能量和时间。如果存储器只需要编程一次，如神经网络推理机那样，这不是什么问题。用一种类似 ADC 折叠的技术，称为位切片 [76]，人们可以使用多个器件表示信息，从而增加位数。借助位切片，如果一个存储单元可以记忆 N 个电平，即 $\log_2 N$ 位，那么并行的两个存储单元就可以记忆 $N \times N$ 个电平，即 $2\log_2 N$ 位。

存储器编程的其他问题是发现固定故障器件的可能性。经过多次编程周期后，存储器件可能会处于非理想状态、LRS、HRS 甚至中间态，该中间态由于写周期耐久性失效而无法恢复 LRS 或 HRS [77-79]。此外，有些存储器件完全无法被成形，导致器件固定在 HRS。为了解决这个问题，可以采用冗余方案，用多个单元来表示目标矩阵的单个值。在 MVM 运行过程中产生的电流被均值化处理 [80]。神经网络推理机的另一种可能选项是在考虑故障器件的情况下训练网络，从而提高精度 [15, 81]。

遗憾的是，将目标电导精确编程到计算型存储器后，问题并没有解决。实际上，由于器件结构会发生后续弛豫或微观波动，电导可能会随着时间的推移而发生变化。图 10.4e 说明了 HfO$_2$ RRAM 器件的测量电阻与时间的函数关系 [82]。可以从中观察到两种不同的电导变化现象，即随机漫步和随机电报噪声。存储器件最初编程时的电阻值是相同的，一段时间后，电阻值可能会增大、减小，甚至保持不变，因此无法预测电阻随时间变化的行为。PCM 还存在另一种不稳定性，即电阻漂移 [83]，从图 10.4f 中可以看到四个不同编程态下的电阻漂移情

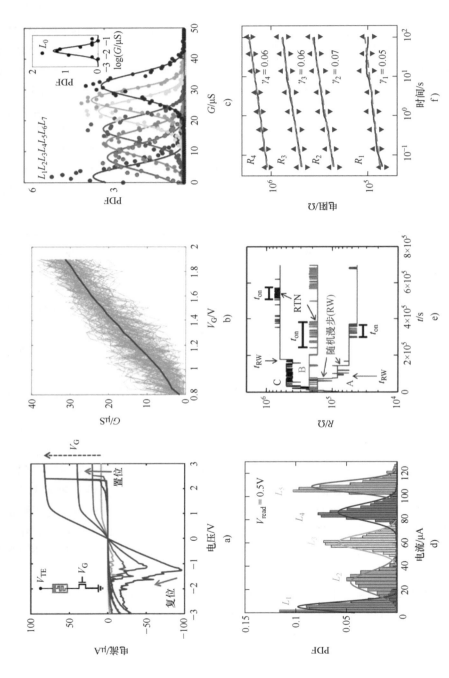

图 10.4 a）RRAM 器件的 I-V 特性随受限电流的增加而变化；b）随受限电流增加，编程后 RRAM 的电导栅极电压的函数关系，列出了 100 次测量值和相应量值的中值，以突显周期间差异；c）图 b 中 7 个递增 V_G 值的 RRAM 电导值的分布，插图显示了 HRS 分布；d）4kB 阵列 RRAM 按 5 个编程态的读电流分布，突显器件间的差异；e）在 HRS 编程过程中 RRAM 器件一段时间内的电阻波动，突显了随机漫步和 RTN 行为；f）在编程到速增增电阻态下，PCM 器件的电阻随时间漂移现象

况。电阻随时间增加的原因是非晶相的结构驰豫[84]，包括 Ge-Ge 键等缺陷的湮灭[85]，这导致迁移率间隙的增加[86]。RRAM 和 PCM 器件都存在随机电阻变化问题，这影响了它们作为计算型存储的应用，不过，人们可以运用算法和器件级技术来缓解这一问题[87, 88]。

10.4.2　在线训练

通过反向传播算法，计算型存储不仅可以加速神经网络的推理，还可以加速训练过程[67, 89]。在反向传播过程中，人们将数据集作为神经网络的输入并将输出与相应的目标输出进行比较，以更新权重。考虑如图 10.3a 所示网络，将网络评估的输出 y_j 与理想输出 o_j 进行比较，计算误差 $\delta_j = y_j - o_j$。该误差可以反向传播并根据权重更新规则来更新权重：

$$\Delta w_{ij} = \eta x_i \delta_j \tag{10.3}$$

利用相应层的输入数据 x_i 和学习率 η[89, 90]。原则上，为了与传统的数字硬件竞争，权重更新应该是非确定的，即不需要读取或者编程和校验操作。因此，最有效的学习信号是一系列增加权重的置位脉冲和一系列减少权重的复位脉冲。

图 10.5a 表明了用于神经网络训练的计算型存储的理想情况，其中电导 G 应在 0 和 1 之间线性变化，并且对称，$\Delta G = \Delta w_{ij}$ 应保持恒定。然而，这种理想路径往往很难获得。大多数器件会呈现非线性电导变化，如图 10.5b 所示，双极 RRAM 器件就是这种情况[68]。此外，权重更新还可能呈现非对称形态，例如，如图 10.5c 所示，置位过程中的权重更新比复位过程中的权重更新更快速，反之亦然，这意味着增加一个 ΔG 的电导值比减少一个 ΔG 的电导值需要更多的脉冲数。通常，存在一个特定的电导 G_{sym}，其中电导增加量和电导减少量的导数相同[91]。研究人员使用等于 G_{sym} 的参考电导，可以获得对称响应，这种技术则称为零点移动[91, 92]。

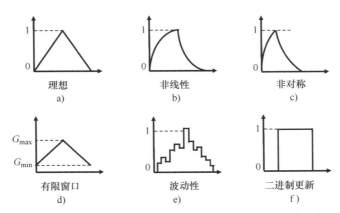

图 10.5　编程特性的图示，即电导 G 作为增强（增加）周期和抑制（减少）周期时脉冲数量的函数：a）理想、线性和对称行为；b）非线性特性；c）非对称特性；d）有限窗口；e）波动性；f）二进制更新

事实上，PCM 有着典型非对称的权重更新形状，置位过程可以通过控制结晶速度渐进进行，而复位过程通常是突变的[89]。为了正确使用 PCM 作为计算型存储器，人们应将两个不同的

PCM 器件进行极化配置，如图 10.3c 所示。通过置位存储器件 G^+，可以增加电导，通过置位存储器件 G^-，则可以减小电导。问题是，在某一点上会达到与有源体完全结晶所对应的最大电导 G_{max}，此时 PCM 需要复位。这种权重更新被称为单向更新，如图 10.6a 所示，它展示了一个菱形图，其最终电导 G 由纵坐标表示。对于单向器件，G 只能向右移动，直至到达 $G^+ = G_{max}$ 或 $G^- = G_{max}$ 的边界为止。另一方面，RRAM 器件提供双向权重更新[68, 93]，如图 10.6b 所示，其中 G 可以在菱形内向任意方向移动。

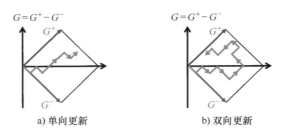

a) 单向更新　　　　　　　　　　　　b) 双向更新

图 10.6　差分突触的权重更新轨迹，其中通过独立改变 G^+ 和 G^- 来更新等效电导 $G = G^+ - G^-$。a）单向更新，其中 G^+ 和 G^- 只可单向增加；b）双向更新，其中 G^+ 和 G^- 可以增加或减少

除了电导最大值 G_{max} 外，由于 HRS 电导不为零，存储器件通常还有一个最小电导 G_{min}，从而形成如图 10.5d 所示的权重更新曲线。然而，通过使用差分突触，可以调整 $G^+ = G^-$ 使得 $G = G^+ - G^- = 0$。

离线学习段落中提出的所有非理想情况在在线学习中也同样存在，并且可能会影响电导更新特性。图 10.5e 说明了置位 / 复位过程中电导波动性的影响，导致了随机权重更新和颗粒状特征。有一种可能的解决方案，即使用计算型存储器作为最高有效位（MSB）和易失性线性器件（如电容）作为最低有效位（LSB）的混合突触[16]。混合 CMOS-PCM 突触的 LSB 由一对用于恰当双极更新的 CMOS 突触（LSP）组成，每个突触由两个晶体管（一个 NMOS 和一个 PMOS）构成，负责对连接到第三个晶体管栅极的电容进行充电和放电。从而，LSP 线路中的电流由跨过电容的电压控制，类似于模拟 DRAM[94]那样。因此，精细的权重更新在线性电容上进行，然后在经过特定时间后传输到一对 1T1R PCM 器件上，这对器件与构成 MSB 的正负部分相对应，被称为最高有效对（MSP）。当 LSP 对和 MSP 对的等效电导分别为 g 和 G 时，则总电导为 $W = FG + g$。这种突触在训练神经网络时显示出与软件同等精度[16]，但所占面积相对较大（每个突触有 8 个晶体管、2 个电容和 2 个 PCM）。

最后，某些计算型存储技术只有两种电阻态，只能作为二进制突触使用。由此产生的电导更新曲线具有二进制形状，如图 10.5f 所示。二进制突触包括 STT-MRAM，其中部分极化不可能发生[95]，以及某类能够进行快速双向切换的双极 RRAM[96-98]。最直接的解决方案是使用多个二进制计算型存储器来表示模拟态。通过并行连接多个二进制突触，并以测温方式一个接一个相继激活，可获得模拟权重更新特性[98]。

对于离线训练来说，并不对器件耐久性做严格要求，因为该存储器是读密集或不经常更新的，但是，耐久性却会严重影响在线训练的收敛性和最终精度。在储存型存储器应用中，只要在写周期过程中能够清晰区分电平即可，即保留可检测的电阻窗口，而对于计算型存储器而言，可编程性需求通常会随着写周期而降低[99, 100]。此外，人们通常需要多次写周期来更新模拟存储器状态，从而增加了单次写入过程的应力。由于这些原因，给出计算型存储器的具体耐久性要求并非微不足道。

10.5 IMC 电路非理想性

存储器件的一些偏差和非理想因素，如电导波动和漂移，会影响 IMC 内核的计算精度。例如，某人可以探讨神经网络推理，在此情形下，单个器件如发生"卡开（stuck on）"或"卡关（stuck off）"故障，通过抑制分类神经元的激活，导致网络完全丧失正确识别输入数据的能力。某人可以采用网络级技术，如使用更多的参数，即突触和神经元，或利用冗余技术来以多个器件表示单一信息，以对这种偏差具有抗扰能力弹性。然而，器件偏差也会在前馈操作过程中通过误差积累而影响更大的深度网络[101]。

在设计 IMC 加速器时，人们要关注的不仅仅是那些与器件相关的误差。事实上，当阵列尺寸增大，不同器件之间的连线不再是理想的连线时，就会出现许多问题。器件间的连接可以由电阻和电容组成的小型网络来模拟，这些电阻和电容会恶化信号完整性和信号质量。误差的主要来源是连线电阻的作用，它会导致阵列行和列上的电流 – 电阻（IR）压降问题。图 10.7a 为 IR 压降问题的电路示意图，其中每个存储单元之间的行和列连线电阻 r 都会导致不必要的压降[102, 103]。考虑到噪声和其他 CMOS 电路限制，典型的读取电压为 $V_{read} = 0.1V$，存储器平均电导可被认为等于 $R = 100k\Omega$，因此每个单元预计将携带 $I = 100\mu A$ 的电流。如果每个单元都流过相同的电流 I，则连线电阻的计算公式为 $rI + 2rI + 3rI + \cdots + NrI = rIN^2/2$。对于 100×100 的存储器阵列，连线电阻为 $r = 1\Omega$[81]，则总 IR 压降为 5mV，相当于 5% 的误差，甚至都还未考虑其他器件和电路的非理想性。由于误差随阵列大小呈二次方增加，这令人对 IMC 存储器阵列的微缩前景感到特别担忧。

在器件级，为了减轻 IR 压降误差的影响，人们应尽可能地增加器件电阻。这使得存储器阵列的每个单元中流过的电流 I 减小，从而使 IR 压降误差减小。然而，较大的电阻通常更容易受到器件非理想性的影响，例如电阻波动和漂移，这在 HRS 中更为常见[73, 74]。此外，读取深度 HRS 会因 CMOS 噪声而变得复杂，从而导致需要大量时间来正确感测状态，通过对电流进行积分来平均统计波动，这在需要以高时钟频率运行的神经网络训练加速器中尤为棘手。目前，已经提出缩小阵列尺寸并且在架构层面使用平铺式 RRAM 阵列运行，作为解决 IR 压降问题的方案[103]，但它可能会受到操作次数开销的影响，也可能受到从模拟到数字再到模拟的多次转换所导致的量化误差的影响，从而限制了 IMC 的优势。

在算法层面，已有多种技术来缓解训练或推理神经网络时的 IR 压降和其他非理想因素。例如，非理想因素感知编程和验证算法可用于使 IR 压降效应最小化[102, 104]。通过将理想 MVM 结果 $i = vG$ 与测量的交叉点输出 $i' = vG'$ 进行比较，可以计算所要编程的新矩阵 G'。这种方法可以重复多次，直到误差 $\varepsilon = |i - i'|$ 最小化为止。为了保证高质量的结果，MVM 操作应该尽可能线性，因此要适当表征和校准 CMOS 感测电路。

如图 10.7b[94] 所示，使用电流控制的突触元件也可减轻 *IR* 压降。闪存、离子晶体管或 FeFET 等三端晶体管存储器件以不同的饱和电流编程，代表不同的突触权重。利用栅极电压脉冲宽度编码输入信号，通过基尔霍夫定律对列上的电流求和，并在一个电容上积分，就可以改变实现 MVM 的方式，得到结果，即电荷由下式给出：

$$Q_i = \sum_j i_{ij} t_j \qquad (10.4)$$

图 10.7c 比较了 *IR* 压降对于电流控制器件和欧姆器件的影响，表明突触晶体管的饱和特性受 *IR* 压降问题的影响较小。此外，在这种架构中，可以使用直接连接到栅极的数字输入，从而减少面积占用以及 DAC 和信号量化引起的误差。

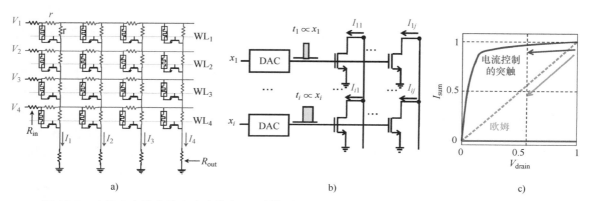

图 10.7　交叉点电路中的寄生连线电阻及缓解方法：a）1T1R 阵列中 *IR* 压降示意图；b）电流控制突触元件通过电流 – 时间乘积而不是电压 – 电导乘积来防止 *IR* 压降；c）与传统的电压控制欧姆特性相比，突触元件的电流控制特性

10.6　IMC 电路架构

人们提出了各种电路架构来加速解决人工智能和机器学习问题，图 10.8 展示了这些架构的电路原理图，其中 MVM 加速器是最流行的模拟 IMC 加速方法[13-15]，其他架构包括模拟闭环交叉点加速器[19, 20]，以及模拟内容可寻址存储器[105]。

10.6.1　矩阵向量乘法（MVM）加速器

图 10.8a 为运行 MVM（即查找向量 $x = A \times b$）架构的电路原理图。在交叉点存储器阵列中将矩阵 $G = A$ 编程为电导，同时通过连接到交叉点行的 DAC 施加输入电压矢量 $v = b$。列与地相连，通常是跨阻放大器（TIA）的负极，该放大器还负责将电流 $i = x$ 转换为电压，并通过 ADC 能够进行数字域转换。因此，MVM 方程可改写为 $i = G \times v$。这种电路架构能够一步完成 MVM 运算，即时间复杂度为 $O(1)$，有必要与 GPU 处理 MVM 的时间复杂度相比较，后者总是大于 $O(N)$。

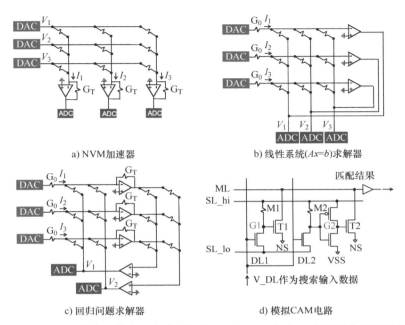

图 10.8　适用于各种计算应用的交叉点阵列架构：a）MVM 电路；b）通过负反馈连接的运算放大器求解线性系统和矩阵求逆的电路；c）用于求解回归问题的电路；d）模拟 CAM 电路

　　神经网络前向计算由级联的乘加运算和神经元激活处理构成[90]。可用 MVM IMC 加速器计算 MAC，最近人们已经提出了各种不同的神经网络 IMC 实现方法，包括用于推理的离线训练[62, 106]和在线训练[14, 15]。在这里，已知向量是 A 层的输出信号，电导矩阵代表 A 层和 B 层之间的突触权重，输出电流则是 B 层的输入。由于神经元激活是在数字域被运行的，因此各种不同的激活函数和训练算法可以在同一个加速器内核得以实现。例如，监督学习[14, 15]、无监督学习[107]和强化学习[108]都已经在 IMC 阵列上得到演示。此外，MVM 是多种类型神经网络的核心操作，因此该操作与网络拓扑无相关性。如多层深度神经网络和卷积神经网络都可以通过使用多个交叉点阵列得以加速[16]，或者通过将一个大型交叉点阵列划分为多个区域而以每个区域代表一层神经网络得以加速[14]，甚至通过证明神经网络突触内部存在多个模式，并将其排列在单个或多个交叉点存储器的几个片区上来加速[103]。与传统数字加速器相比，人们已证明由交叉点存储器阵列及其驱动电路，如 DAC、TIA、ADC 和路由开关矩阵组成的集成电路，能够以前所未有的提速和节能方式进行神经网络训练和推理[17, 109-112]。

　　MVM 不仅仅是传统深度学习网络的主干操作，其他类型的神经网络也可以使用 MVM 内核进行加速。例如，一种基于迭代 MVM 操作的特殊类型递归神经网络，名为 Hopfield 网络[113]，可用于加速一些优化任务，比如解决约束满足问题（Constraint Satisfaction Problem，CSP）[114]。Hopfield 网络是一种受大脑构造机能启发的结构，能够执行基于吸引子的认知任务，即代表能量最小值的记忆状态，其中整个图景被写入网络连接中。人们已经由 IMC 实现吸引子学习和信息召回计算等认知功能[115]。在信息召回操作过程中，Hopfield 网络会通过使突触连接中编码的能量函数 $E = -\frac{1}{2}\sum G_{ij}v_i v_j$ 最小化来收敛到稳定状态。有趣的是，人们可以对突触连接进行编程，因此，使能量的最小化过程相当于困难优化任务（即 CSP）的求解过程。然而，Hopfield 网络本身可能会停滞于能量函数的任意极小值，但 CSP 有多个局部极小值，使得 Hopfield 网络无法有效地在它们之间求解最小值。计算退火技术可用于摆脱局部极小值[116]。IMC 会有其用武之地，它既能加速能量计算，又能帮助系统脱出局部极小值困境。已有多种不同的实现方法被提出来，包括利用 MVM 内核加速能量计算，以及利用存储噪声进行计算退火[117-119]。存储器件的各种非线性动力学机制同样可以用来产生噪声[120] 和混沌[121]，从而加速求解过程。

脉冲神经网络（Spiking Neural Network，SNN）也可以通过 MVM 运算加速。SNN 旨在通过对脉冲信息进行编码，来更接近地模仿人脑行为，这就实现了低功耗和高效运算，人们已经演示了采用传统 CMOS 技术的 SNN，它可以执行不同的任务[7, 122, 123]。不过，IMC 通过模仿人脑的学习功能，提供了一种神经元和突触功能更直接的实现方式。生物学习规则，例如尖峰时序相关可塑性（Spike-Timing-Dependent Plasticity，STDP）[124]，已经通过 IMC 在 1R 器件[125-127]、1T1R[128, 129] 和 2T1R[130] 结构上得以实现。存储器件的易失动力学特性可用于实现 STDP 学习[131] 和基于三元组的学习规则，如 Bienenstock-Cooper-Munro（BMC）规则[132]，该规则能够自然地在存储器件中实现[133]。IMC 代表了实现类脑计算的一种合适的方式。

最后，交叉点阵列可以利用 MVM 代数函数加速，能够执行图像处理[43]、稀疏编码[69] 和方程组求解[70, 134] 等任务。这类运算需要高精度，因此 IMC 可被用来与传统浮点加速器进行迭代来获得近似解，形成混合精度架构[134, 135]。

10.6.2　模拟闭环加速器

当需要求解线性系统时，包括雅可比方法、高斯－赛德尔方法和修正理查德森方法在内的几种技术都需要在同一矩阵上执行迭代 MVM 运算来求解问题，迭代 IMC 求解器[70, 134] 同理。最近，已经有电路能够在模拟域中进行迭代，从而在一个步骤内求解线性系统[19]。图 10.8b 为相关电路示意图，能够一步求解 $Ax = b$。将矩阵 $G = A$ 编码在交叉点电导中，而已知矢量 $i = b$ 作为电流注入交叉点行上，交叉点行连接到运算放大器的负输入端，负输入端固定在虚地，正输入端连接到地线。如果保持负反馈，运算放大器的输出电压需要满足基尔霍夫定律 $Gv - i = 0$，故得到线性方程组的解。

通过使用两个交叉点 G 和 G' 阵列，该电路可以求解包含正项、负项和零项的矩阵。将运算放大器的输出电压 v 连接到 G 和 G'，并向 G 和 G' 注入相同的电流 I，可以求解方程 $(G + G')v = i$。同时，在连接第二个交叉点之前将电压 v 取反，可以求解方程 $(G - G')v = i$。存在一种特殊情况即计算特征向量，其中 G' 是对角矩阵，矩阵 G 的特征值 λ 编码在 G' 的对角元素中。通过让输入上下波动，输出将调整到匹配基尔霍夫定律 $(G - \lambda I)v = 0$ 为止。因此，矩阵的特征向量也可以由一步计算得到[71]。线性系统的求解和特征向量计算可用于求解微分方程，例如可编码为线性系统问题的傅里叶方程和薛定谔方程，并且研究人员已经展示电路，能够一步求解这类方程[19]。但是，特征向量的计算仅限于矩阵 G 最大和最小特征值所对应的特征向量，以保证电路的正确稳定性，并且特征值必须先验已知，或者必须采用迭代技术来计算它们，这限制了该电路在线性代数问题中的应用。然而，一些机器学习算法，比如谷歌搜索引擎背后的算法 Pagerank[136]，需要计算与链接矩阵的最大特征值相对应的特征向量，该特征向量代表不同网页之间的连接。该问题可以被编码，使得最大特征值始终已知并且等于 1，例如通过写入相应的随机矩阵来实现。因此，该电路对于实现 Pagerank 是可行的[71]。如图 10.8b 所示的电路能够一步求解线性系统并计算特征向量，而与矩阵大小无关，从而实现 $O(1)$ 的时间复杂度，优于传统方法和量子方法[137, 138]。

　　许多代数问题是用矩形线性系统来描述的，例如未知数的数量小于方程的数量，这些问题通常没有精确解，但人们可以采用使最小二乘误差达到最小值的求解方法。线性回归就是这种情况，它是一种流行的机器学习算法，可以很好地拟合给定的数据集。该问题相当于最小化范数 $\|Xw - y\|$，其中 X 是自变量，y 是因变量，w 是拟合问题的最佳权重。可以通过求解方程 $w = (XX^{\mathrm{T}})^{-1}X^{\mathrm{T}}y$ 并借助 Moore-Penrose 伪逆来计算权重。最近，相关研究人员提出了一种能够一步解决回归问题的电路[20]。图 10.8c 为电路原理图，输入电流 i 被注入交叉点阵列 G 的各行，这些行连接到运算放大器负输入端并保持接虚地。电流 $i + Gv$（其中 v 是施加到 G 各列的电压）流过跨阻电导 G_{TI}，产生电压 $v_{\varepsilon} = (i + Gv)/G_{\mathrm{TI}}$。该电压被施加到第二个交叉点阵列 G_{T} 各行，G_{T} 各列则连接到运算放大器的第二级。当正确工作时，流向运算放大器输入端的电流必须为零，因此需要保证方程 $[(i + Gv)/G_{\mathrm{TI}}]G^{\mathrm{T}} = 0$，该方程重新整理，就能一步计算线性回归。表示自变量的矩阵 X 可以在存储器阵列 G 中加以编码，而因变量作为输入给出，权重 w 则被作为电压一步求得。该电路已然呈现其可以在大型数据集（即波士顿房屋价格数据集）上计算回归的能力，而产生较小的误差[20]。以因变量二进制类给出，则可一步计算分类权重，即计算逻辑回归，这相当于在没有迭代的情况下训练神经网络的输出层。例如，人们可以采用极限学习机（Extreme Learning Machine，ELM），也即两层神经网络，其中第一层权重是随机生成的，输出层通过逻辑回归得以优化。该电路可以达到与使用 MNIST 数据集训练的 ELM 相同的软件精度[20]。

　　图 10.8b、c 的电路均已呈现出能一步解决各类复杂问题的能力，通过驾驭模拟 IMC 的全部威力，与传统的数字 CMOS 技术和量子计算相比，实现了前所未有的速度提升和节能。

10.6.3　模拟内容可寻址存储器

　　使用内容可寻址存储器（Content-Addressable Memory，CAM）来加速机器学习问题是一种截然不同的方法。一般来说，存储器是通过地址存取的，当发出地址查询时，就会返回数据。CAM 的工作正好相反，提供数据进行查询，返回与数据位置相对应的地址。原则上，数据会在一个时钟周期内返回而与存储器大小无关，与软件搜索相比，产生很强的加速效果。CAM 已经得到了广泛的应用，包括搜索、IP 路由和正则表达式匹配[139]。然而，采用传统 CMOS 技术设计的 CAM 占用面积较大，从而限制了大规模硬件的实现。借助新兴存储器件（如 RRAM），可以大幅减少面积占用[140-144]。

最近，研究人员提出了一种带有忆阻器的模拟 CAM[105]，可以搜索在存储器件的模拟电导内保存的范围，而不是搜索数据。图 10.8d 为由两个 RRAM 器件和六个 CMOS 晶体管组成的模拟 CAM 电路结构。在两个 RRAM 电导中编程两种不同的电导值，为了对器件进行编程，可以分别向 SL_hi 和 SL_lo 施加置位或复位电压，同时通过分离的数据线 DL1 和 DL2 来控制对存储器元件 M1 和 M2 的存取。当需要查找数据，即需要检查模拟输入是否处于所保存的范围之内时，对匹配线 ML 预充电，同时给数据线 DL 提供模拟输入。如果栅极电压 G1 足以导通晶体管 T1，即电压（SL_hi-SL_lo）被 M1 的电阻与其选择晶体管所分压，其分压电压高于 T1 的阈值，则 ML 将放电。这意味着模拟输入低于范围的下限，实际上，最高的 DL 是最低的 G1。另一方面，如果电压（SL_hi-SL_lo）被 M2 及其选择晶体管所分压，其分压电压足以切换 CMOS 反相器的输出，则晶体管 T2 将保持截止状态，ML 将不会放电。这意味着模拟输入数据低于编程范围的最高界限，实际上，最低的 DL 是最低的 G2。通过公共 ML 将多个模拟 CAM 单元连接在同一行上，可以在不同范围之间执行 NOR 操作，只有当所有范围都与不同的 DL 模拟输入相匹配时才会得到匹配结果。多个单元可以成列连接，共享公共 DL，因此，可以构建存储器架构来搜索范围内的字。

通过对模拟 CAM 电导进行多位编码，可以解决与传统 CAM 相同的问题，而且占用的面积更小，其面积减少的系数几乎等于所使用的位数[105]。更有趣的是，将模拟 CAM 视为自动控制处理器，可以用它来加速决策树和随机森林的推理[105, 145, 146]。决策树是一种能够对输入数据进行分类的机器学习算法，因具有可解释性、抗异常值干扰以及无需改变树结构的情况下新增特性的灵活性，为数据科学家广泛使用并普遍青睐[147]。通过将决策树分支编码为决策树的各行，可以一步完成数据分类，不受内存大小的影响，与传统的 CMOS 加速器相比，实现了强劲提速[105]。

10.7 小结

人工智能硬件加速器必须兼具高识别精度、就计算时间而言的高性能和能源可持续性。由于其在存储数据的存储器内进行物理、模拟和高度并行化计算，IMC 在准确性和时间 / 能源性能之间提供了最佳权衡。由于其高可扩展性、矢量矩阵计算的 $O(1)$ 复杂度和高能效，这种非冯·诺依曼计算显示了各项关键优势。然而，在存储器件、实现最高编程精度的算法以及计算架构等方面，仍存在诸多未解决的问题。本章针对器件、电路和系统层面，回顾了在此场景下的现状和挑战。IMC 现今存在的主要局限可通过开发具有超高电阻的新型器件和新型架构来解决，这些器件和架构不仅可以进一步加快推理速度，还可以加快训练和求解线性代数问题等更高级别计算任务的速度，最终目的是开发一款专为机器学习和人工智能设计的模拟数字混合 IMC 协处理器。

参 考 文 献

[1] E. Strubell, A. Ganesh, A. McCallum, Energy and Policy Considerations for Deep Learning in NLP, June 2019, ArXiv190602243 Cs [Online]. Available from: http://arxiv.org/abs/1906.02243. (Accessed 8 July 2020).

[2] E. Strubell, A. Ganesh, A. McCallum, Energy and policy considerations for modern deep learning research, Proc. AAAI Conf. Artif. Intell. 34 (9) (2020) 13693–13696, https://doi.org/10.1609/aaai.v34i09.7123.

[3] D. Amodei, D. Hernandez, AI and Compute. https://openai.com/blog/ai-and-compute/.

[4] G.E. Moore, Cramming more components onto integrated circuits, reprinted from electronics, volume 38, number 8, April 19, 1965, pp. 114 ff, IEEE Solid-State Circuits Soc. Newsl. 11 (3) (2006) 33–35, https://doi.org/10.1109/N-SSC.2006.4785860.

[5] S. Salahuddin, K. Ni, S. Datta, The era of hyper-scaling in electronics, Nat. Electron. 1 (8) (2018) 442–450, https://doi.org/10.1038/s41928-018-0117-x.

[6] J. von Neumann, First draft of a report on the EDVAC, 1945, https://doi.org/10.5555/1102046.

[7] P.A. Merolla, et al., A million spiking-neuron integrated circuit with a scalable communication network and interface, Science 345 (6197) (2014) 668–673, https://doi.org/10.1126/science.1254642.

[8] N.P. Jouppi, et al., In-datacenter performance analysis of a tensor processing unit, in: Proceedings of the 44th Annual International Symposium on Computer Architecture – ISCA '17, Toronto, ON, Canada, 2017, pp. 1–12, https://doi.org/10.1145/3079856.3080246.

[9] D.E. Tamir, N.T. Shaked, P.J. Wilson, S. Dolev, High-speed and low-power electro-optical DSP coprocessor, J. Opt. Soc. Am. A 26 (2009) A11–A20.

[10] N. Wiebe, A. Kapoor, K. Svore, Quantum Perceptron Models, arXiv, 2016, arXiv:1602.04799.

[11] D. Ielmini, H.-S.P. Wong, In-memory computing with resistive switching devices, Nat. Electron. 1 (6) (2018) 333–343, https://doi.org/10.1038/s41928-018-0092-2.

[12] D. Ielmini, G. Pedretti, Device and circuit architectures for in-memory computing, Adv. Intell. Syst. (2020), https://doi.org/10.1002/aisy.202000040, 2000040.

[13] S.N. Truong, K.-S. Min, New Memristor-based crossbar array architecture with 50-% area reduction and 48-% power saving for matrix-vector multiplication of analog neuromorphic computing, J. Semicond. Technol. Sci. 14 (3) (2014) 356–363, https://doi.org/10.5573/JSTS.2014.14.3.356.

[14] M. Hu, et al., Memristor-based analog computation and neural network classification with a dot product engine, Adv. Mater. 30 (9) (2018) 1705914, https://doi.org/10.1002/adma.201705914.

[15] C. Li, et al., Efficient and self-adaptive in-situ learning in multilayer memristor neural networks, Nat. Commun. 9 (1) (2018) 2385, https://doi.org/10.1038/s41467-018-04484-2.

[16] S. Ambrogio, et al., Equivalent-accuracy accelerated neural-network training using analogue memory, Nature 558 (7708) (2018) 60–67, https://doi.org/10.1038/s41586-018-0180-5.

[17] P. Yao, et al., Fully hardware-implemented memristor convolutional neural network, Nature 577 (7792) (2020) 641–646, https://doi.org/10.1038/s41586-020-1942-4.

[18] J.J. Yang, D.B. Strukov, D.R. Stewart, Memristive devices for computing, Nat. Nanotechnol. 8 (1) (2013) 13–24, https://doi.org/10.1038/nnano.2012.240.

[19] Z. Sun, G. Pedretti, E. Ambrosi, A. Bricalli, W. Wang, D. Ielmini, Solving matrix equations in one step with cross-point resistive arrays, Proc. Natl. Acad. Sci. 116 (10) (2019) 4123–4128, https://doi.org/10.1073/pnas.1815682116.

[20] Z. Sun, G. Pedretti, A. Bricalli, D. Ielmini, One-step regression and classification with cross-point resistive memory arrays, Sci. Adv. 6 (5) (2020), https://doi.org/10.1126/sciadv.aay2378, eaay2378.

[21] M.A. Zidan, J.P. Strachan, W.D. Lu, The future of electronics based on memristive systems, Nat. Electron. 1 (1) (2018) 22–29, https://doi.org/10.1038/s41928-017-0006-8.

[22] H.-S.P. Wong, S. Salahuddin, Memory leads the way to better computing, Nat. Nanotechnol. 10 (3) (2015) 191–194, https://doi.org/10.1038/nnano.2015.29.

[23] B. Govoreanu, et al., 10x10nm^2 Hf/HfOx crossbar resistive RAM with excellent performance, reliability and low-energy operation, in: 2011 *International Electron devices meeting*, Washington, DC, USA, December, 2011, pp. 31.6.1–31.6.4, https://doi.org/10.1109/IEDM.2011.6131652.

[24] S. Pi, et al., Memristor crossbar arrays with 6-nm half-pitch and 2-nm critical dimension, Nat. Nanotechnol. 14 (1) (2019) 35–39, https://doi.org/10.1038/s41565-018-0302-0.

[25] M. Yu, et al., Novel vertical 3D structure of TaOx-based RRAM with self-localized switching region by sidewall electrode oxidation, Sci. Rep. 6 (1) (2016) 21020, https://doi.org/10.1038/srep21020.

[26] S. Yu, H.-Y. Chen, B. Gao, J. Kang, H.-S.P. Wong, HfO$_x$-based vertical resistive switching random access memory suitable for bit-cost-effective three-dimensional cross-point architecture, ACS Nano 7 (3) (2013) 2320–2325, https://doi.org/10.1021/nn305510u.

[27] H.-S.P. Wong, et al., Metal–oxide RRAM, Proc. IEEE 100 (6) (2012) 1951–1970, https://doi.org/10.1109/JPROC.2012.2190369.

[28] D. Ielmini, Resistive switching memories based on metal oxides: mechanisms, reliability and scaling, Semicond. Sci. Technol. 31 (6) (2016), https://doi.org/10.1088/0268-1242/31/6/063002, 063002.

[29] S. Raoux, W. Wełnic, D. Ielmini, Phase change materials and their application to nonvolatile memories, Chem. Rev. 110 (1) (2010) 240–267, https://doi.org/10.1021/cr900040x.

[30] G.W. Burr, et al., Phase change memory technology, J. Vac. Sci. Technol. B Nanotechnol. Microelectron. Mater. Process. Meas. Phenom. 28 (2) (2010) 223–262, https://doi.org/10.1116/1.3301579.

[31] G. Servalli, A 45nm generation phase change memory technology, in: 2009 IEEE international Electron Devices Meeting (IEDM), Baltimore, MD, USA, December, 2009, pp. 1–4, https://doi.org/10.1109/IEDM.2009.5424409.

[32] F. Xiong, A.D. Liao, D. Estrada, E. Pop, Low-power switching of phase-change materials with carbon nanotube electrodes, Science 332 (6029) (2011) 568–570, https://doi.org/10.1126/science.1201938.

[33] D. Ielmini, A.L. Lacaita, D. Mantegazza, Recovery and drift dynamics of resistance and threshold voltages in phase-change memories, IEEE Trans. Electron Devices 54 (2) (2007) 308–315, https://doi.org/10.1109/TED.2006.888752.

[34] C. Chappert, A. Fert, F.N. Van Dau, The emergence of spin electronics in data storage, Nat. Mater. 6 (2007) 813–823.

[35] B.N. Engel, et al., A 4-Mb toggle MRAM based on a novel bit and switching method, IEEE Trans. Magn. 41 (1) (2005) 132–136, https://doi.org/10.1109/TMAG.2004.840847.

[36] M. Hosomi, et al., A novel nonvolatile memory with spin torque transfer magnetization switching: spin-ram, in: IEEE International Electron Devices Meeting, 2005. IEDM Technical Digest., Tempe, Arizon, USA, 2005, pp. 459–462, https://doi.org/10.1109/IEDM.2005.1609379.

[37] S. Ikeda, et al., A perpendicular-anisotropy CoFeB–MgO magnetic tunnel junction, Nat. Mater. 9 (9) (2010) 721–724, https://doi.org/10.1038/nmat2804.

[38] S. Sakhare, et al., Enablement of STT-MRAM as last level cache for the high performance computing domain at the 5nm node, in: 2018 IEEE International Electron Devices Meeting (IEDM), San Francisco, CA, December, 2018, pp. 18.3.1–18.3.4, https://doi.org/10.1109/IEDM.2018.8614637.

[39] J. Grollier, D. Querlioz, M.D. Stiles, Spintronic nanodevices for bioinspired computing, Proc. IEEE 104 (10) (2016) 2024–2039, https://doi.org/10.1109/JPROC.2016.2597152.

[40] T. Mikolajick, et al., FeRAM technology for high density applications, Microelectron. Reliab. 41 (7) (2001) 947–950, https://doi.org/10.1016/S0026-2714(01)00049-X.

[41] J. Muller, et al., Ferroelectric hafnium oxide: a CMOS-compatible and highly scalable approach to future ferroelectric memories, in: 2013 IEEE International Electron Devices Meeting, Washington, DC, USA, December, 2013, pp. 10.8.1–10.8.4, https://doi.org/10.1109/IEDM.2013.6724605.

[42] A. Chanthbouala, et al., Solid-state memories based on ferroelectric tunnel junctions, Nat. Nanotechnol. 7 (2) (2012) 101–104, https://doi.org/10.1038/nnano.2011.213.

[43] C. Li, et al., Analogue signal and image processing with large memristor crossbars, Nat. Electron. 1 (1) (2018) 52–59, https://doi.org/10.1038/s41928-017-0002-z.

[44] M.-C. Hsieh, et al., Ultra high density 3D via RRAM in pure 28nm CMOS process, in: 2013 IEEE international Electron devices meeting, Washington, DC, USA, December, 2013, pp. 10.3.1–10.3.4, https://doi.org/10.1109/IEDM.2013.6724600.

[45] P. Lin, et al., Three-dimensional memristor circuits as complex neural networks, Nat. Electron. (2020), https://doi.org/10.1038/s41928-020-0397-9.

[46] E. Linn, R. Rosezin, C. Kügeler, R. Waser, Complementary resistive switches for passive nanocrossbar memories, Nat. Mater. 9 (5) (2010) 403–406, https://doi.org/10.1038/nmat2748.

[47] D. Ielmini, Y. Zhang, Physics-based analytical model of chalcogenide-based memories for array simulation, in: 2006 International Electron Devices Meeting, San Francisco, CA, USA, 2006, pp. 1–4, https://doi.org/10.1109/IEDM.2006.346795.

[48] L. Gao, P.-Y. Chen, R. Liu, S. Yu, Physical Unclonable function exploiting sneak paths in resistive cross-point array, IEEE Trans. Electron Devices 63 (8) (2016) 3109–3115, https://doi.org/10.1109/TED.2016.2578720.

[49] F. Li, X. Yang, A.T. Meeks, J.T. Shearer, K.Y. Le, Evaluation of SiO_2 antifuse in a 3D-OTP memory, IEEE Trans. Device Mater. Reliab. 4 (3) (2004) 416–421, https://doi.org/10.1109/TDMR.2004.837118.

[50] T.-Y. Liu, et al., A 130.7mm^2 2-layer 32Gb ReRAM memory device in 24nm technology, in: 2013 IEEE International Solid-State Circuits Conference Digest of Technical Papers, San Francisco, CA, February, 2013, pp. 210–211, https://doi.org/10.1109/ISSCC.2013.6487703.

[51] G.W. Burr, et al., Access devices for 3D crosspoint memory, J. Vac. Sci. Technol. B Nanotechnol. Microelectron. Mater. Process. Meas. Phenom. 32 (4) (2014), https://doi.org/10.1116/1.4889999, 040802.

[52] I.G. Baek, et al., Realization of vertical resistive memory (VRRAM) using cost effective 3D process, in: 2011 International Electron Devices Meeting, Washington, DC, USA, December, 2011, pp. 31.8.1–31.8.4, https://doi.org/10.1109/IEDM.2011.6131654.

[53] W. Lee, et al., Varistor-type bidirectional switch (JMAX>10^7A/cm^2, selectivity~10^4) for 3D bipolar resistive memory arrays, in: 2012 Symposium on VLSI technology (VLSIT), Honolulu, HI, USA, June, 2012, pp. 37–38, https://doi.org/10.1109/VLSIT.2012.6242449.

[54] J. Woo, et al., Multi-layer tunnel barrier (Ta2O5/TaOx/TiO2) engineering for bipolar RRAM selector applications, in: 2013 Symposium on VLSI Technology, 2013, pp. T168–T169.

[55] M. Son, et al., Excellent selector characteristics of nanoscale VO$_2$ for high-density bipolar ReRAM applications, IEEE Electron Device Lett. 32 (11) (2011) 1579–1581, https://doi.org/10.1109/LED.2011.2163697.

[56] K. Gopalakrishnan, et al., Highly-scalable novel access device based on Mixed Ionic Electronic conduction (MIEC) materials for high density phase change memory (PCM) arrays, in: 2010 Symposium on VLSI Technology, Honolulu, June, 2010, pp. 205–206, https://doi.org/10.1109/VLSIT.2010.5556229.

[57] D.C. Kau, et al., A stackable cross point Phase Change Memory, in: 2009 IEEE International Electron Devices Meeting (IEDM), Baltimore, MD, USA, December, 2009, pp. 1–4, https://doi.org/10.1109/IEDM.2009.5424263.

[58] M.-J. Lee, et al., A plasma-treated chalcogenide switch device for stackable scalable 3D nanoscale memory, Nat. Commun. 4 (1) (2013) 2629, https://doi.org/10.1038/ncomms3629.

[59] T. Kim, et al., High-performance, cost-effective 2z nm two-deck cross-point memory integrated by self-align scheme for 128 Gb SCM, in: 2018 IEEE International Electron Devices Meeting (IEDM), San Francisco, CA, December, 2018, pp. 37.1.1–37.1.4, https://doi.org/10.1109/IEDM.2018.8614680.

[60] H.Y. Cheng, et al., Ultra-high endurance and low IOFF selector based on AsSeGe chalcogenides for wide memory window 3D stackable crosspoint memory, in: 2018 IEEE International Electron Devices Meeting (IEDM), San Francisco, CA, December, 2018, pp. 37.3.1–37.3.4, https://doi.org/10.1109/IEDM.2018.8614580.

[61] D. Ielmini, Modeling the universal set/reset characteristics of bipolar RRAM by field- and temperature-driven filament growth, IEEE Trans. Electron Devices 58 (12) (2011) 4309–4317, https://doi.org/10.1109/TED.2011.2167513.

[62] V. Milo, et al., Multilevel HfO$_2$-based RRAM devices for low-power neuromorphic networks, APL Mater. 7 (8) (2019), https://doi.org/10.1063/1.5108650, 081120.

[63] R. Annunziata, et al., Phase change memory technology for embedded non volatile memory applications for 90nm and beyond, in: 2009 IEEE International Electron Devices Meeting (IEDM), Baltimore, MD, USA, December, 2009, pp. 1–4, https://doi.org/10.1109/IEDM.2009.5424413.

[64] C.-C. Chou, et al., An N40 256K×44 embedded RRAM macro with SL-precharge SA and low-voltage current limiter to improve read and write performance, in: 2018 IEEE International Solid-State Circuits Conference – (ISSCC), San Francisco, CA, February, 2018, pp. 478–480, https://doi.org/10.1109/ISSCC.2018.8310392.

[65] E.R. Hsieh, et al., High-density multiple bits-per-cell 1T4R RRAM array with gradual SET/RESET and its effectiveness for deep learning, in: 2019 IEEE International Electron Devices Meeting (IEDM), San Francisco, CA, USA, December, 2019, pp. 35.6.1–35.6.4, https://doi.org/10.1109/IEDM19573.2019.8993514.

[66] P. Chi, et al., PRIME: a novel processing-in-memory architecture for neural network computation in ReRAM-based main memory, in: 2016 ACM/IEEE 43rd Annual International Symposium on Computer Architecture (ISCA), Seoul, South Korea, June, 2016, pp. 27–39, https://doi.org/10.1109/ISCA.2016.13.

[67] T. Gokmen, Y. Vlasov, Acceleration of deep neural network training with resistive cross-point devices: design considerations, Front. Neurosci. 10 (2016), https://doi.org/10.3389/fnins.2016.00333.

[68] S. Yu, Neuro-inspired computing with emerging nonvolatile memorys, Proc. IEEE 106 (2) (2018) 260–285, https://doi.org/10.1109/JPROC.2018.2790840.

[69] P.M. Sheridan, F. Cai, C. Du, W. Ma, Z. Zhang, W.D. Lu, Sparse coding with memristor networks, Nat. Nanotechnol. 12 (8) (2017) 784–789, https://doi.org/10.1038/nnano.2017.83.

[70] M.A. Zidan, et al., A general memristor-based partial differential equation solver, Nat. Electron. 1 (7) (2018) 411–420, https://doi.org/10.1038/s41928-018-0100-6.

[71] Z. Sun, E. Ambrosi, G. Pedretti, A. Bricalli, D. Ielmini, In-memory PageRank accelerator with a cross-point array of resistive memories, IEEE Trans. Electron Devices 67 (4) (2020) 1466–1470, https://doi.org/10.1109/TED.2020.2966908.

[72] E. Ambrosi, A. Bricalli, M. Laudato, D. Ielmini, Impact of oxide and electrode materials on the switching characteristics of oxide ReRAM devices, Faraday Discuss. 213 (2019) 87–98, https://doi.org/10.1039/C8FD00106E.

[73] S. Balatti, S. Ambrogio, D.C. Gilmer, D. Ielmini, Set variability and failure induced by complementary switching in bipolar RRAM, IEEE Electron Device Lett. 34 (7) (2013) 861–863, https://doi.org/10.1109/LED.2013.2261451.

[74] S. Ambrogio, S. Balatti, A. Cubeta, A. Calderoni, N. Ramaswamy, D. Ielmini, Statistical fluctuations in HfO_x resistive-switching memory: part I – set/reset variability, IEEE Trans. Electron Devices 61 (8) (2014) 2912–2919, https://doi.org/10.1109/TED.2014.2330200.

[75] Y.-H. Lin, et al., Performance impacts of analog ReRAM non-ideality on neuromorphic computing, IEEE Trans. Electron Devices 66 (3) (2019) 1289–1295, https://doi.org/10.1109/TED.2019.2894273.

[76] A. Shafiee, et al., ISAAC: a convolutional neural network accelerator with in-situ analog arithmetic in crossbars, in: 2016 ACM/IEEE 43rd Annual International Symposium on Computer Architecture (ISCA), Seoul, South Korea, June, 2016, pp. 14–26, https://doi.org/10.1109/ISCA.2016.12.

[77] S. Balatti, et al., Voltage-controlled cycling endurance of HfO_x-based resistive-switching memory, IEEE Trans. Electron Devices 62 (10) (2015) 3365–3372, https://doi.org/10.1109/TED.2015.2463104.

[78] R. Carboni, et al., Modeling of breakdown-limited endurance in spin-transfer torque magnetic memory under pulsed cycling regime, IEEE Trans. Electron Devices 65 (6) (2018) 2470–2478, https://doi.org/10.1109/TED.2018.2822343.

[79] M. Zhao, et al., Characterizing endurance degradation of incremental switching in analog RRAM for neuromorphic systems, in: 2018 IEEE International Electron Devices Meeting (IEDM), San Francisco, CA, December, 2018, pp. 20.2.1–20.2.4, https://doi.org/10.1109/IEDM.2018.8614664.

[80] I. Boybat, et al., Neuromorphic computing with multi-memristive synapses, Nat. Commun. 9 (1) (2018) 2514, https://doi.org/10.1038/s41467-018-04933-y.

[81] T. Gokmen, M.J. Rasch, W. Haensch, The marriage of training and inference for scaled deep learning analog hardware, in: 2019 IEEE International Electron Devices Meeting (IEDM), San Francisco, CA, USA, December, 2019, pp. 22.3.1–22.3.4, https://doi.org/10.1109/IEDM19573.2019.8993573.

[82] S. Ambrogio, S. Balatti, V. McCaffrey, D.C. Wang, D. Ielmini, Noise-induced resistance broadening in resistive switching memory—part II: array statistics, IEEE Trans. Electron Devices 62 (11) (2015) 3812–3819, https://doi.org/10.1109/TED.2015.2477135.

[83] S. Kim, et al., A phase change memory cell with metallic surfactant layer as a resistance drift stabilizer, in: 2013 IEEE International Electron Devices Meeting, Washington, DC, USA, December, 2013, pp. 30.7.1–30.7.4, https://doi.org/10.1109/IEDM.2013.6724727.

[84] D. Ielmini, D. Sharma, S. Lavizzari, A.L. Lacaita, Reliability impact of chalcogenide-structure relaxation in phase-change memory (PCM) cells—part I: experimental study, IEEE Trans. Electron Devices 56 (5) (2009) 1070–1077, https://doi.org/10.1109/TED.2009.2016397.

[85] S. Gabardi, S. Caravati, G.C. Sosso, J. Behler, M. Bernasconi, Microscopic origin of resistance drift in the amorphous state of the phase-change compound GeTe, Phys. Rev. B 92 (5) (2015), https://doi.org/10.1103/PhysRevB.92.054201, 054201.

[86] P. Fantini, S. Brazzelli, E. Cazzini, A. Mani, Band gap widening with time induced by structural relaxation in amorphous $Ge_2Sb_2Te_5$ films, Appl. Phys. Lett. 100 (1) (2012), https://doi.org/10.1063/1.3674311, 013505.

[87] S. Ambrogio, et al., Reducing the impact of phase-change memory conductance drift on the inference of large-scale hardware neural networks, in: 2019 IEEE International Electron Devices Meeting (IEDM), San Francisco, CA, USA, December, 2019, pp. 6.1.1–6.1.4, https://doi.org/10.1109/IEDM19573.2019.8993482.

[88] V. Joshi, et al., Accurate deep neural network inference using computational phase-change memory, Nat. Commun. 11 (1) (2020) 2473, https://doi.org/10.1038/s41467-020-16108-9.

[89] G.W. Burr, et al., Experimental demonstration and Tolerancing of a large-scale neural network (165 000 synapses) using phase-change memory as the synaptic weight element, IEEE Trans. Electron Devices 62 (11) (2015) 3498–3507, https://doi.org/10.1109/TED.2015.2439635.

[90] Y. LeCun, Y. Bengio, G. Hinton, Deep learning, Nature 521 (7553) (2015) 436–444, https://doi.org/10.1038/nature14539.

[91] H. Kim, et al., Zero-shifting technique for deep neural network training on resistive cross-point arrays, ArXiv190710228 Cs (2019).

[92] S. Kim, et al., Metal-oxide based, CMOS-compatible ECRAM for deep learning accelerator, in: 2019 IEEE International Electron Devices Meeting (IEDM), San Francisco, CA, USA, December, 2019, pp. 35.7.1–35.7.4, https://doi.org/10.1109/IEDM19573.2019.8993463.

[93] J.-W. Jang, S. Park, G.W. Burr, H. Hwang, Y.-H. Jeong, Optimization of conductance change in $Pr_{1-x}Ca_xMnO_3$-based synaptic devices for neuromorphic systems, IEEE Electron Device Lett. 36 (5) (2015) 457–459, https://doi.org/10.1109/LED.2015.2418342.

[94] S. Cosemans, et al., Toward 10000TOPS/W DNN inference with analog in-memory computing – a circuit blueprint, device options and requirements, in: 2019 IEEE International Electron Devices Meeting (IEDM), San Francisco, CA, USA, December, 2019, pp. 22.2.1–22.2.4, https://doi.org/10.1109/IEDM19573.2019.8993599.

[95] R. Carboni, et al., A physics-based compact model of stochastic switching in spin-transfer torque magnetic memory, IEEE Trans. Electron Devices 66 (10) (2019) 4176–4182, https://doi.org/10.1109/TED.2019.2933315.

[96] C.-C. Chang, et al., Challenges and opportunities toward online training acceleration using RRAM-based hardware neural network, in: 2017 IEEE International Electron Devices Meeting (IEDM), San Francisco, CA, USA, December, 2017, pp. 11.6.1–11.6.4.

[97] Z. Zhou, et al., A new hardware implementation approach of BNNs based on nonlinear 2T2R synaptic cell, in: 2018 IEEE International Electron Devices Meeting (IEDM), San Francisco, CA, December, 2018, pp. 20.7.1–20.7.4, https://doi.org/10.1109/IEDM.2018.8614642.

[98] D. Garbin, et al., HfO_2-based OxRAM devices as synapses for convolutional neural networks, IEEE Trans. Electron Devices 62 (8) (2015) 2494–2501, https://doi.org/10.1109/TED.2015.2440102.

[99] Z. Wang, et al., Postcycling degradation in metal-oxide bipolar resistive switching memory, IEEE Trans. Electron Devices 63 (11) (2016) 4279–4287, https://doi.org/10.1109/TED.2016.2604370.

[100] P.-Y. Chen, S. Yu, Reliability perspective of resistive synaptic devices on the neuromorphic system performance, in: 2018 IEEE International Reliability Physics Symposium (IRPS), Burlingame, CA, March, 2018, pp. 5C.4-1–5C.4-4, https://doi.org/10.1109/IRPS.2018.8353615.

[101] T.-J. Yang, V. Sze, Design considerations for efficient deep neural networks on processing-in-memory accelerators, in: 2019 IEEE International Electron Devices Meeting (IEDM), San Francisco, CA, USA, December, 2019, pp. 22.1.1–22.1.4, https://doi.org/10.1109/IEDM19573.2019.8993662.

[102] F. Zhang, M. Hu, Mitigate parasitic resistance in resistive crossbar-based convolutional neural networks, ACM J. Emerg. Technol. Comput. Syst. 16 (3) (2020) 1–20, https://doi.org/10.1145/3371277.

[103] Q. Wang, X. Wang, S.H. Lee, F.-H. Meng, W.D. Lu, A deep neural network accelerator based on tiled RRAM architecture, in: 2019 IEEE International Electron Devices Meeting (IEDM), San Francisco, CA, USA, December, 2019, pp. 14.4.1–14.4.4, https://doi.org/10.1109/IEDM19573.2019.8993641.

[104] M. Hu, et al., Dot-product engine for neuromorphic computing: programming 1T1M crossbar to accelerate matrix-vector multiplication, in: Proceedings of the 53rd Annual Design Automation Conference on – DAC '16, Austin, Texas, 2016, pp. 1–6, https://doi.org/10.1145/2897937.2898010.

[105] C. Li, et al., Analog content-addressable memories with memristors, Nat. Commun. 11 (1) (2020) 1638, https://doi.org/10.1038/s41467-020-15254-4.

[106] P. Yao, et al., Face classification using electronic synapses, Nat. Commun. 8 (1) (2017) 15199, https://doi.org/10.1038/ncomms15199.

[107] S. Oh, Y. Shi, X. Liu, J. Song, D. Kuzum, Drift-enhanced unsupervised learning of handwritten digits in spiking neural network with PCM synapses, IEEE Electron Device Lett. 39 (11) (2018) 1768–1771, https://doi.org/10.1109/LED.2018.2872434.

[108] Z. Wang, et al., Reinforcement learning with analogue memristor arrays, Nat. Electron. 2 (3) (2019) 115–124, https://doi.org/10.1038/s41928-019-0221-6.

[109] W. Wan, et al., A 74 TMACS/W CMOS-RRAM neurosynaptic core with dynamically reconfigurable dataflow and in-situ transposable weights for probabilistic graphical models, in: 2020 IEEE International Solid-State Circuits Conference – (ISSCC), San Francisco, CA, USA, February, 2020, pp. 498–500, https://doi.org/10.1109/ISSCC19947.2020.9062979.

[110] F. Cai, et al., A fully integrated reprogrammable memristor–CMOS system for efficient multiply–accumulate operations, Nat. Electron. 2 (7) (2019) 290–299, https://doi.org/10.1038/s41928-019-0270-x.

[111] A. Regev, et al., Fully-integrated spiking neural network using SiOx-based RRAM as synaptic device, in: 2020 2nd IEEE International Conference on Artificial Intelligence Circuits and Systems (AICAS), Genova, Italy, 2020, pp. 145–148, https://doi.org/10.1109/AICAS48895.2020.9073840.

[112] C. Li, et al., CMOS-integrated nanoscale memristive crossbars for CNN and optimization acceleration, in: 2020 IEEE International Memory Workshop (IMW), Dresden, Germany, May, 2020, pp. 1–4, https://doi.org/10.1109/IMW48823.2020.9108112.

[113] J. Hopfield, D. Tank, Computing with neural circuits: a model, Science 233 (4764) (1986) 625–633, https://doi.org/10.1126/science.3755256.

[114] J.J. Hopfield, D.W. Tank, 'Neural' computation of decisions in optimization problems, Biol. Cybern. 52 (1985) 141–152.

[115] V. Milo, D. Ielmini, E. Chicca, Attractor networks and associative memories with STDP learning in RRAM synapses, in: 2017 IEEE International Electron Devices Meeting

(IEDM), San Francisco, CA, USA, December, 2017, pp. 11.2.1–11.2.4, https://doi.org/10.1109/IEDM.2017.8268369.

[116] S. Kirkpatrick, C.D. Gelatt, M.P. Vecchi, Optimization by simulated annealing, Science 220 (4598) (1983) 671–680.

[117] F. Cai, S. Kumar, T. Van Vaerenbergh, et al., Power-efficient combinatorial optimization using intrinsic noise in memristor Hopfield neural networks, Nat. Electron. 3 (2020) 409–418.

[118] M.R. Mahmoodi, M. Prezioso, D.B. Strukov, Versatile stochastic dot product circuits based on nonvolatile memories for high performance neurocomputing and neurooptimization, Nat. Commun. 10 (1) (2019) 5113, https://doi.org/10.1038/s41467-019-13103-7.

[119] M.R. Mahmoodi, et al., An analog neuro-optimizer with adaptable annealing based on 64x64 0T1R crossbar circuit, in: 2019 IEEE International Electron Devices Meeting (IEDM), San Francisco, CA, 2019, pp. 14.7.1–14.7.4, https://doi.org/10.1109/IEDM19573.2019.8993442.

[120] G. Pedretti, et al., A spiking recurrent neural network with phase change memory neurons and synapses for the accelerated solution of constraint satisfaction problems, IEEE J. Explor. Solid-State Comput. Devices Circuits (2020) 1, https://doi.org/10.1109/JXCDC.2020.2992691.

[121] S. Kumar, J.P. Strachan, R.S. Williams, Chaotic dynamics in nanoscale NbO2 Mott memristors for analogue computing, Nature 548 (7667) (2017) 318–321, https://doi.org/10.1038/nature23307.

[122] G. Indiveri, S.-C. Liu, Memory and information processing in neuromorphic systems, Proc. IEEE 103 (8) (2015) 1379–1397, https://doi.org/10.1109/JPROC.2015.2444094.

[123] E. Chicca, F. Stefanini, C. Bartolozzi, G. Indiveri, Neuromorphic electronic circuits for building autonomous cognitive systems, Proc. IEEE 102 (9) (2014) 1367–1388, https://doi.org/10.1109/JPROC.2014.2313954.

[124] G. Bi, M. Poo, Synaptic modifications in cultured hippocampal neurons: dependence on spike timing, synaptic strength, and postsynaptic cell type, J. Neurosci. 18 (24) (1998) 10464–10472, https://doi.org/10.1523/JNEUROSCI.18-24-10464.1998.

[125] S.H. Jo, T. Chang, I. Ebong, B.B. Bhadviya, P. Mazumder, W. Lu, Nanoscale Memristor device as synapse in neuromorphic systems, Nano Lett. 10 (4) (2010) 1297–1301, https://doi.org/10.1021/nl904092h.

[126] D. Kuzum, R.G.D. Jeyasingh, B. Lee, H.-S.P. Wong, Nanoelectronic programmable synapses based on phase change materials for brain-inspired computing, Nano Lett. 12 (5) (2012) 2179–2186, https://doi.org/10.1021/nl201040y.

[127] M. Prezioso, et al., Spike-timing-dependent plasticity learning of coincidence detection with passively integrated memristive circuits, Nat. Commun. 9 (1) (2018) 5311, https://doi.org/10.1038/s41467-018-07757-y.

[128] G. Pedretti, et al., Memristive neural network for on-line learning and tracking with brain-inspired spike timing dependent plasticity, Sci. Rep. 7 (1) (2017) 5288, https://doi.org/10.1038/s41598-017-05480-0.

[129] S. Ambrogio, et al., Neuromorphic learning and recognition with one-transistor-one-resistor synapses and bistable metal oxide RRAM, IEEE Trans. Electron Devices 63 (4) (2016) 1508–1515, https://doi.org/10.1109/TED.2016.2526647.

[130] Z. Wang, S. Ambrogio, S. Balatti, D. Ielmini, A 2-transistor/1-resistor artificial synapse capable of communication and stochastic learning in neuromorphic systems, Front. Neurosci. 8 (2015), https://doi.org/10.3389/fnins.2014.00438.

[131] Z. Wang, et al., Memristors with diffusive dynamics as synaptic emulators for neuromorphic computing, Nat. Mater. 16 (1) (2017) 101–108, https://doi.org/10.1038/nmat4756.

[132] E. Bienenstock, L. Cooper, P. Munro, Theory for the development of neuron selectivity: orientation specificity and binocular interaction in visual cortex, J. Neurosci. 2 (1) (1982) 32, https://doi.org/10.1523/JNEUROSCI.02-01-00032.1982.

[133] Z. Wang, et al., Toward a generalized Bienenstock-Cooper-Munro rule for spatiotemporal learning via triplet-STDP in memristive devices, Nat. Commun. 11 (1) (2020) 1510, https://doi.org/10.1038/s41467-020-15158-3.

[134] M. Le Gallo, et al., Mixed-precision in-memory computing, Nat. Electron. 1 (4) (2018) 246–253, https://doi.org/10.1038/s41928-018-0054-8.

[135] I. Richter, et al., Memristive accelerator for extreme scale linear solvers, in: Government Microcircuit Applications & Critical Technology Conf. (GOMACTech), 2015.

[136] K. Bryan, T. Leise, The $25,000,000,000 eigenvector: the linear algebra behind Google, SIAM Rev. 48 (3) (2006) 569–581, https://doi.org/10.1137/050623280.

[137] Z. Sun, G. Pedretti, P. Mannocci, E. Ambrosi, A. Bricalli, D. Ielmini, Time complexity of in-memory solution of linear systems, IEEE Trans. Electron Devices (2020) 1–7, https://doi.org/10.1109/TED.2020.2992435.

[138] Z. Sun, G. Pedretti, E. Ambrosi, A. Bricalli, D. Ielmini, In-memory Eigenvector computation in time O (1), Adv. Intell. Syst. (2020), https://doi.org/10.1002/aisy.202000042, 2000042.

[139] K. Pagiamtzis, A. Sheikholeslami, Content-addressable memory (CAM) circuits and architectures: a tutorial and survey, IEEE J. Solid State Circuits 41 (3) (2006) 712–727, https://doi.org/10.1109/JSSC.2005.864128.

[140] C.E. Graves, et al., Memristor TCAMs accelerate regular expression matching for network intrusion detection, IEEE Trans. Nanotechnol. 18 (2019) 963–970, https://doi.org/10.1109/TNANO.2019.2936239.

[141] Q. Guo, X. Guo, Y. Bai, E. İpek, A resistive TCAM accelerator for data-intensive computing, in: Proceedings of the 44th Annual IEEE/ACM International Symposium on Microarchitecture – MICRO-44 '11, Porto Alegre, Brazil, 2011, p. 339, https://doi.org/10.1145/2155620.2155660.

[142] Q. Guo, X. Guo, R. Patel, E. Ipek, E.G. Friedman, AC-DIMM: associative computing with STT-MRAM, SIGARCH Comput. Archit. News 41 (3) (2013) 189–200.

[143] K. Ni, et al., Ferroelectric ternary content-addressable memory for one-shot learning, Nat. Electron. 2 (11) (2019) 521–529, https://doi.org/10.1038/s41928-019-0321-3.

[144] L.-Y. Huang, et al., ReRAM-based 4T2R nonvolatile TCAM with 7x NVM-stress reduction, and 4x improvement in speed-wordlength-capacity for normally-off instant-on filter-based search engines used in big-data processing, in: 2014 Symposium on VLSI circuits digest of Technical Papers, Honolulu, HI, USA, June, 2014, pp. 1–2, https://doi.org/10.1109/VLSIC.2014.6858404.

[145] T. Tracy, Y. Fu, I. Roy, E. Jonas, P. Glendenning, Toward machine learning on the automata processor, in: J.M. Kunkel, P. Balaji, J. Dongarra (Eds.), High Performance Computing, vol. 9697, Springer International Publishing, Cham, 2016, pp. 200–218.

[146] G. Pedretti, et al., Tree-based machine learning performed in-memory with memristive analog CAM, Nat. Commun. 12 (5806) (2021).

[147] The State of Data Science & Machine Learning, Kaggle, 2017. https://www.kaggle.com/surveys/2017.

结语

Fabio Pellizzer，Andrea Redaelli

通过本书的各个章节，我们重新回顾了过去 50 年令人兴奋的进化与创新的历史，生动刻画了各类半导体存储器的发展。伴随着 DRAM 推动光刻技术的发展来达到越来越小特征尺寸，也伴随着 3D NAND 闪存不断增加堆叠层数来达到以往难以企及的存储密度，这一增长趋势仍在持续演进。

未来，各类数据中心和消费应用将继续增加它们对存储的需求，源于与我们的生活形态和基础设施密切关联数据的速度、复杂度和精度。这将继续推动现有技术（特别是 DRAM 及 NAND 闪存）实现越来越高的性能和越来越低的成本，同时，可能为各种新型存储器打开空间，以在某些领域（如物联网）补充它们的特色，这些领域的边界条件要求在成本和性能之间进行不同的权衡。

鉴于此，为了理解为什么不同的存储器适用于不同的应用，以及各类新型概念在哪里有颠覆性机会，对于存储层次（在第 2 章进行了详细介绍和回顾）的理解是至关重要的。

尤其，储存类内存（SCM）代表了多种多样潜在存储器部件，这些存储器部件可以针对各种可能的应用，并且，我们将见证致力于实现其中一些应用的发展。

最后，在人工智能和机器学习领域，通过开发各种创新架构方案，可能基于各类新型存储概念，存内计算可能为降低功耗和提高准确度开创新的解决方案。

事实上，即使是在 50 年后，半导体存储产业似乎一直以学习和机会的扩张及加速而蓬勃发展，这一点将使其成为未来几年经济、技术和科学创新的驱动力。